ESG(전기안전기술지침)-1008
다중이용시설중 공연장의 전기설비 시설지침

공연장 전기설비의 계획과 설계

한국전기안전공사
전기안전연구원

㈜ 圖書出版 技多利

머리말

　국민의 소득증가와 생활수준 향상에 따른 문화 충족욕구의 증가로 뮤지컬, 콘서트 등 문화생활을 영위하기 위한 공연장의 이용도가 높아지고 있으며, 실제로 공연장은 지방자치제 도입 등으로 전국적으로 그 수가 크게 증가하고 있습니다.

　그러나, 공연장은 문화적 공간이기에 앞서 많은 사람이 동시에 운집하는 대규모 집회시설이며, 그 특성상 복잡한 내부공간 및 다양한 용도로 인해 전기화재 등 사고발생시에는 재산피해는 물론 많은 인명피해가 우려되는 대표적인 다중이용시설중의 하나입니다.

　눈부신 과학기술의 발전으로 공연장의 설비도 첨단화.다양화되고 있는데 반하여 국내의 경우 아직도 공연장 연출공간이 지닌 특수성으로 인해 전기안전이 제대로 반영되지 않은 채 전기설비가 시설되고 있으며 또한, 공연장의 전기관련 법규 등도 아주 간단히 규정하고 있어 공연장의 안전대책은 매우 중요한 문제로 부각되고 있습니다.

　따라서 본 지침은 공연장의 전기설비에서 발생할 수 있는 전기재해로부터 관객, 출연자 및 설비취급자의 안전을 도모하기 위하여 다음과 같이 두 가지의 목적을 두고 있습니다.

　첫째, 공연장의 전기설비에 대한 설계, 시공, 검사 및 유지관리를 담당하는 전기기술자에게는 공연장의 전기설비가 지닌 특수성과 기본적 사항 등을 제시하였으며

　둘째, 공연장의 연출공간에 시설되는 무대조명, 무대기계기구 및 무대음향설비를 취급하고 운영하는 무대예술인에게는 전기적 측면의 안전을 이해시킴으로써 공연장의 전기설비에 관한 효율적인 안전관리가 행해질 수 있도록 하였습니다.

　본 지침서가 공연장의 안전을 위하여 널리 사용되어 전기재해를 줄이는데 기여할 수 있게 되기를 바라며 끝으로 본 지침서가 출간되기까지 도움을 주신 관계자 여러분께 깊은 감사를 드립니다.

2005. 12.

한국전기안전공사

사장 송 인 회

목 차

제 1 장 총론 ·· 9
1.1 지침의 목적 ··· 9
1.2 지침의 적용범위 ··· 9
1.3 용어의 정의 ··· 9

제 2 장 일반사항 ·· 17
2.1 공연장 등 연출공간에 관하여 ······················ 17
2.1.1 공연장 등 연출공간의 정의 ················· 17
2.1.2 공연장 등 연출공간의 개요 ················· 17
2.1.3 공연장 등 연출공간의 설비 ················· 26
2.1.4 공연장 등 연출공간의 특수성 ············· 26
2.2 관련법규 ··· 30

제 3 장 전원설비 ·· 33
3.1 수·변전 설비 ·· 33
3.1.1 전원계통 ·· 33
3.1.2 무대관련 설비의 전기방식 ················· 40
3.1.3 전원용량 ·· 43
3.2 간선 설비 ··· 53
3.2.1 간선계통 ·· 53
3.2.2 간선긍장 ·· 54
3.2.3 시설장소 ·· 56
3.2.4 배선방법 ·· 57

목 차

제 4 장 무대조명설비 ······ 63
4.1 무대조명기구 ······ 64
4.1.1 조명기구의 종류 ······ 64
4.1.2 무대조명기구의 안전사항 ······ 77
4.2 무대조명용 배선기구 ······ 81
4.2.1 꽂음 접속기 ······ 81
4.2.2 접속함 ······ 86
4.2.3 콘센트박스 ······ 87
4.2.4 플라이덕트 ······ 90
4.3 전선과 케이블 ······ 93
4.3.1 보더케이블 ······ 93
4.3.2 전원코드 및 연장코드 ······ 95
4.3.3 제어용 신호케이블 ······ 100
4.3.4 복합케이블 ······ 102
4.4 조광장치 ······ 105
4.4.1 조광장치의 구성과 기타 기기 ······ 105
4.4.2 조광장치의 형식 ······ 108
4.4.3 조광특성과 부하 선정 ······ 109
4.4.4 조광장치의 안전사항 ······ 116
4.5 무대조명설비의 설계 ······ 122
4.5.1 분기회로 ······ 122
4.5.2 무대조명설비의 과전류보호 ······ 126
4.5.3 무대조명설비의 지락보호 ······ 145
4.5.4 배선방법의 선정과 시설 ······ 154
4.5.5 전압강하 ······ 156
4.5.6 무대조명설비의 접지 ······ 159
4.5.7 위치 및 구조 ······ 159
4.6 무대조명설비의 시공 ······ 167
4.6.1 옥내배선의 시공 ······ 167

목 차

    4.6.2 기기 등의 시공 ·· 172

제 5 장 무대기계·기구설비 ·· 181

5.1 무대기계·기구설비의 종류 ··· 182
    5.1.1 구성도 ·· 182
    5.1.2 상부기구설비 ·· 183
    5.1.3 하부기구설비 ·· 196

5.2 무대기계·기구의 전기설비 ··· 204
    5.2.1 전원반, 제어반 ··· 204
    5.2.2 조작반 ·· 207
    5.2.3 전동장치 ·· 209
    5.2.4 배선설비 ·· 213
    5.2.5 과전류보호설비 ·· 217
    5.2.6 지락보호설비 ·· 225
    5.2.7 접지설비 ·· 231

5.3 무대기계의 시공상 유의사항 ··· 232
    5.3.1 배선공사 ·· 232
    5.3.2 조작선 공사 ·· 234
    5.3.3 기기설치 ·· 235

제 6 장 무대음향설비 ·· 239

6.1 무대음향설비의 구성과 그 기기 ··· 239
    6.1.1 입력계 설비 ·· 241
    6.1.2 출력계 설비 ·· 249
    6.1.3 케이블 및 커넥터류 ·· 255
    6.1.4 전기음향장치 ·· 260

6.2 무대음향설비의 전기설비 ··· 272
    6.2.1 전원설비 ·· 272
    6.2.2 음향설비의 배선공사 ·· 273

목   차

    6.2.3 과전류보호설비 ·· 276
    6.2.4 지락보호설비 ··· 281
    6.2.5 접지설비 ··· 283
  6.3 음향기기의 설치시 유의사항 ··························· 284
    6.3.1 음향기기의 설치시 유의사항 ····················· 284

제 7 장 무대운영용 설비 ································ 291

  7.1 TV 중계설비 ··· 291
    7.1.1 중계설비용 설치 공간 ································ 291
    7.1.2 중계설비용 전원과 케이블의 시설 ············· 293
    7.1.3 방송 중계용 기타 설비 ······························ 296
  7.2 연락, 확인설비 ·· 297
    7.2.1 인터컴 ·· 297
    7.2.2 CCTV설비 등 ·· 305
    7.2.3 큐 램프 및 큐 번호표시설비 ······················ 309
  7.3 영사설비 ··· 311
    7.3.1 종류 ··· 311
    7.3.2 구성 ··· 312
    7.3.3 설계 및 시공 ·· 315
  7.4 기타 조명설비 ·· 324
    7.4.1 객석 조명설비 ·· 324
    7.4.2 보면등 ·· 328
    7.4.3 작업등 ·· 329

제 8 장 접지설비 ·· 335

  8.1 접지설비 ··· 336
    8.1.1 접지설비의 목적에 따른 분류 ····················· 336
    8.1.2 접지공사의 종류 ··· 337

8.2 공연장 전기설비의 접지 ……………………………………………… 342
8.2.1 공연장 전기설비의 특수성 ……………………………………… 342
8.2.2 계통접지 ……………………………………………………………… 343
8.2.3 기기접지 ……………………………………………………………… 347
8.2.4 신호회로에 관한 접지 ……………………………………………… 356
8.2.5 인버터제어식 전동기의 노이즈 필터용 접지 …………………… 360
8.3 공연장 전기설비의 접지계통의 개념도 ……………………………… 361

제 9 장 고조파 및 노이즈 방지 대책 …………………………… 367
9.1 고조파 대책 ………………………………………………………………… 367
9.1.1 고조파 정의 및 이론 ……………………………………………… 367
9.1.2 고조파 장해의 실태 ………………………………………………… 368
9.1.3 고조파 발생원 ……………………………………………………… 370
9.1.4 고조파 억제대책 …………………………………………………… 372
9.2 노이즈와 그 방지책 ……………………………………………………… 383
9.2.1 무대음향설비에 발생하는 노이즈 ………………………………… 384
9.2.2 조명기기 등에서 발생하는 노이즈 ……………………………… 400
9.2.3 정전기에 의한 장해 및 방지대책 ………………………………… 405
9.2.4 무대시설 시공상의 노이즈 방지책 ……………………………… 406

제 10 장 방재 및 보안설비 ………………………………………… 409
10.1 방재설비의 종류 ………………………………………………………… 410
10.1.1 경보설비 …………………………………………………………… 411
10.1.2 피난 유도설비 ……………………………………………………… 417
10.1.3 방화설비 …………………………………………………………… 423
10.1.4 제연설비 …………………………………………………………… 425
10.1.5 소화설비 …………………………………………………………… 427
10.1.6 그 밖의 방재설비 ………………………………………………… 431

목 차

10.2 방재전원설비 ·· 432
　10.2.1 방재전원의 설치대상과 기준 ································ 432
　10.2.2 방재설비의 결선 ··· 436
10.3 방재배선 ·· 437
　10.3.1 소방용 전선 ··· 437
10.4 기타 방재설비 ··· 443
　10.4.1 비상용 조명 ··· 443
　10.4.2 금연표시등 ··· 443
　10.4.3 무대용 특별보안설비(소방법 및 건축기준법으로 요구되는 것
　　　　 이외의 보안설비) ·· 444

제 11 장 안전관리 ·· 449

11.1 건축 및 설비 설계상의 유의점 ··································· 449
11.2 설비의 제작, 시공상의 유의점 ··································· 450
11.3 보수점검상의 유의점 ··· 450
　11.3.1 일상 보수점검작업 ·· 450
　11.3.2 정기 보수점검작업 ·· 451

부　　록 ·· 455
참고문헌 ·· 479

제 1 장

총 론

1.1 지침의 목적
1.2 지침의 적용범위
1.3 용어의 정의

제 1 장 총 론

1.1 지침의 목적

공연장 등 연출공간에 설치하는 전기설비는 출연자, 설비취급자, 관객 등에 대한 서비스를 제공함에 앞서 무엇보다 안전성을 확실히 강구하여야 함에도 불구하고 공연장의 무대 전기설비는 공간연출의 다양한 변화에 따라 기구 및 장치 등이 발달되어졌고 또한, 대형화 및 복잡화되어지고 있어 수동식에서 전동식으로 최근에는 컴퓨터 제어화 되어짐에 따라 이들 설비들에 대한 안전사고의 위험은 더욱 커져가고 있다.

그러나 국내에서는 공연장의 전기설비에 대한 관리 및 설치에 대한 안전관리 규정이나 적용지침 등이 마련되어 있지 않을 뿐만 아니라 관리자의 전기안전에 대한 인식과 기술인력의 부족 등으로 효과적인 전기안전관리가 어려운 실정이다.

이러한 이유로 관련된 법규를 준수하는 것은 물론 공연장 전기설비의 설계자, 시공자, 검사자, 시설관리자 등이 서로 각각의 입장을 이해한 후 현장의 기술수준에 적합하도록 하여 공통적인 이익을 얻을 수 있는 전문적이고 구체적인 지침의 책정이 요망되고 있다.

따라서 본 지침은 공연장의 전기설비가 출연자, 설비취급자 및 관객 등에게 전기적 위해를 끼치지 않도록 하기 위하여 설계, 시공, 검사 및 유지관리상 지켜야 할 기술적인 사항 등을 제시하여 공공의 안전 확보에 기여함을 목적으로 하였다.

1.2 지침의 적용범위

본 지침은 공연장 등 연출공간에 시설되는 전기설비에 대하여 적용한다. 그 적용범위는 다음과 같다.

① 연출공간에 전원을 공급하는 간선 및 전원설비
② 무대조명, 무대기계기구, 무대음향 및 무대운영용 설비 등의 무대전기설비
③ 접지설비, 고조파 및 노이즈방지대책
④ 방재 및 보안설비, 안전에 관한 사항 등

1.3 용어의 정의

본 지침에서 사용하는 용어의 정의는 다음과 같다.
1. **보더라이트(Border Light)**
 : 무대상부에 설치되어 무대전체를 밝고 부드러운 빛으로 균등하게 비추는 조명기구를 말한다.

제 1 장 총 론

2. 서스펜션라이트 (Suspension Light)

: 무대상부에 설치하여 연출되는 연기면의 포인트에 세부 조명을 비추기 위한 조명기구를 말한다.

3. 하늘막조명 (Horizont Light)

: 배경 및 효과연출을 하기 위한 조명기구로서 하늘막 앞의 무대상부에 설치하는 Upper Horizont Light 및 무대하부 하늘막 앞에 설치되는 Low Horizont Light가 있다.

4. 실링라이트 (Ceiling Light)

: 보통 객석천장에 설치되어 무대전면을 비추어 배우의 전면 명암을 결정하는 주 광원이다.

5. 타워라이트 (Tower Light)

: 무대 양측면에 무대 중앙부의 배우를 향하여 측광을 비추는 조명기구를 말한다.

6. 토멘터 라이트 (Tomentor Light)

: 무대 안쪽 프로시니엄 벽의 프레임을 이용하여 무대 중앙부의 무대장치 또는 배우를 향하여 측광을 투사하는 조명기구를 말한다.

7. 푸트라이트 (Foot Light)

: 객석 쪽 무대 끝 부분에 설치하여 배우의 하부를 조명하여 그림자를 제거하기 위한 조명기구로 노출형과 매입형이 있다.

8. 스포트라이트 (Spot Light)

: 스포트라이트 이외에 객석 천장에 고정되어 배우의 연기면을 따라 움직이는 팔로우 스포트라이트, 프론트사이드 스포트라이트 및 프로시니엄 라이트 등이 있다.

9. 웝류 (Inrush Current)

: 전기제품의 전원을 투입할 때 회로 내에서 일시적으로 발생하는 대용량의 초기돌입전류를 말한다.

10. 그리드 (Grid)

: 무대의 가장 상부에 설치되어 무대기계 설비 등을 지탱해 주는 부분으로, 보통 철골로 된 극장 고정구조물이다. 바톤보다 더 상부에 설치된 것으로 주로 천장에 가장 가까이 설치되어 무대기계장치의 하중을 지탱한다. 공연에 따라서는 여기에 특수장치를 달아 사용하기도 한다.

11. 바톤 (Batten)

: 그리드로부터 강철와이어에 매달아 오르내리는 긴 쇠파이프나 트러스로 여기에 장치를 단다.

12. 갤러리(Gallery)
: 달기시설에 평형추를 싣기 위한 무대 옆쪽 상공에 있는 작업통로이다.

13. 무대상수
: 객석에서 무대를 보아 우측을 말한다.

14. 무대하수
: 객석에서 무대를 보아 좌측을 말한다.

15. 하울링(Howling)
: 어떤 장치에서의 출력이 입력장치로 다시 입력되어서, 증폭되어 다시 출력으로 되고 이것이 되풀이되는 것. 예를 들면, 전화기에 있어서 수화기 출력이 송화기로 들어가서 증폭되고, 또 수화기단에 출력이 되어 나타나고 소음이 지속되는 현상을 말한다.
무선 수신기와 오디오 기기에 있어서도, 동일한 전기적, 음향적인 피드백에 의한 바람직하지 않은 지속음이 생길 수 있다.

16. 크로스토크(Crosstalk : 누화(漏話))
: 서로 다른 전송 선로상의 신호가 정전결합, 전자결합 등 전기적 결합에 의하여 다른 회선에 영향을 주는 현상으로서 통신의 품질을 저하시키는 직접적인 원인이 된다. 선로상에서 누화가 송단측에서 전파되는 것을 근단 누화, 수단측으로 전해지는 것을 원단 누화라 한다.

17. 스퀠치(Squelch)회로
: 무선 수신기에 있어서 미리 정하여진 성질을 가진 신호가 없을 때는 (증폭기 이득을 줄여서) AF(가청주파수) 출력이 생기지 않도록 하는 회로로서, 수신기의 통과대역에 있어서의 신호에너지에 의해서 동작하거나 잡음 억제 동작에 의하거나 또는 이들의 조합 억압법(ratio squelch)을 사용하는 등 여러 가지 방법이 있다. 잡음억압장치(noise suppressor)라고도 말한다.

18. 플러터 에코(Flutter Echo)
: 마주 보는 두 개의 벽 사이에서 발생하는 빠른 연속적인 에코(메아리)로서, 연주하는 악기의 음질을 저해하여 엔지니어는 음악을 정확하게 모니터할 수 없다.

19. 전로
: 보통의 사용상태에서 전기를 통하는 회로의 전부 또는 일부를 말한다.

20. 배선
: 전기사용장소에 고정하여 시설하는 전선을 말하고 기계기구내(배·분전반을 포함한다)에 그 일부분으로 시설된 전선, 소세력회로의 전선 등은 포함하지 아니한다.

제 1 장 총 론

21. 대지전압
  : 접지식 전로에서는 전선과 대지사이의 전압을 말하고 또 비접지식 전로에서는 전선과 그 전로중의 임의의 다른 전선 사이의 전압을 말한다.

22. 간선
  : 인입구에서 분기과전류차단기에 이르는 배선으로서 분기회로의 분기점에서 전원측의 부분을 말한다.

23. 분기회로
  : 간선에서 분기하여 분기과전류차단기를 거쳐서 부하에 이르는 사이의 배선을 말한다.

24. 이동전선
  : 전기사용장소에 시설하는 전선 가운데서 조영재에 고정하여 시설하지 아니하는 것을 말한다. 전구선, 전기사용 기계기구내의 전선, 포설된 케이블 등은 포함하지 아니한다.

25. 과전류차단기
  : 배선용차단기, 퓨즈, 기중차단기(ACB)와 같이 과부하전류 및 단락전류를 자동차단하는 기능을 가지는 기구를 말한다.

26. 누전차단장치
  : 전로에 지락이 생겼을 경우에 부하기기, 금속제 외함 등에 발생하는 고장전압 또는 지락전류를 검출하는 부분과 차단기 부분을 조합하여 자동적으로 전로를 차단하는 장치를 말한다.

27. 주개폐기
  : 간선에 설치하는 개폐기(개폐기를 겸하는 배선용차단기를 포함한다) 중에서 인입구 장치 이외의 것을 말한다.

28. 분기개폐기
  : 간선과 분기회로와의 분기점에서 부하측에 설치하는 전원측으로부터 최초의 개폐기 (개폐기를 겸하는 배선용차단기를 포함한다)를 말한다.

29. SCR(Silicon Controlled Rectifier)
  : 사이리스터의 일종으로서 3극 역저지 사이리스터라 불리는 전력 제어용 반도체로서, SCR은 고전압화와 고전류화, 고속 스위칭화 등의 성능이 뛰어나므로 사이리스터 중에서도 가장 널리 보급되고 있는 소자이며 단순히 사이리스터라 하면 SCR을 가리킨다.

30. 단락전류
  : 전로의 선간이 임피던스가 적은 상태로 접촉되었을 경우에, 그 부분을 통하여 흐르는 큰 전류를 말한다.

제 1 장 총 론

31. 지락전류
: 지락에 의하여 전로의 외부로 유출되어 화재, 인축의 감전 또는 전로나 기기의 손상 등 사고를 일으킬 우려가 있는 전류를 말한다.

32. 누설전류
: 전로 이외를 흐르는 전류로서 전로의 절연체(전선의 피복절연체, 애자, 부싱, 스페이서 및 기타 기기의 부분으로 사용하는 절연체 등)의 내부 및 표면과 공간을 통하여 선간 또는 대지 사이를 흐르는 전류를 말한다.

33. 잔향 및 에코
: 실내에서 소리를 발생시키면 소리가 벽, 천장 그리고 바닥 등으로부터 반사음이 서로 중첩되어 아주 복잡한 음장이 형성된다. 실내에서 박수 소리와 같이 지속시간이 짧은 음을 발생시키면, 반사음의 울림을 들을 수 있다. 이것이 잔향이며, 반사음이 분리되어 들릴 경우에는 에코(echo)라고 한다.

34. 전송주파수 특성
: 실내에서 음원을 방사시키고 임의의 측정점에서의 주파수 응답을 음원과 측정점 사이의 전송주파수 특성이라고 한다.

35. 최대재생 음압레벨
: 스피커 시스템의 재생 주파수 대역을 소요대역으로 하는 핑크 잡음을 연속 입력하여, 확성용 전기음향설비가 객석내 측정 대표점에 미칠 수 있는 최대재생 음압레벨을 말한다.

36. 안전확성이득
: 확성용 전기음향설비의 증폭도를 하울링이 발생하는 한계점보다 6dB 내린 상태일 때 객석내 측정 대표점에 있어서의 확성음 레벨과 1차 음원에 의한 마이크로폰 입력 음압레벨의 차를 안전확성이득이라고 한다.

37. 잔류잡음
: 확성용 전기음향설비가 최대재생 음압레벨 상태로 설정되어 있고, 마이크/라인의 입력의 요인을 막고 조정점 출력의 주요 요인을 규정 레벨로 설정했을 때 확성 스피커로부터 나오는 잡음을 말한다.

38. 정상음 음압레벨분포
: 방송음향 시스템은 전 객석에서 음압레벨이 균등하게 재생되어야 한다. 이 성능을 나타내는 것이 음압레벨분포이고, 중앙의 객석을 기준으로 하여 각 점의 음압레벨의 상대적인 분포로서 나타낸다.

제 1 장 총 론

39. NC 곡선(Noise Criteria Curve)
: 소음의 평가 기준으로 소음의 옥타브 밴드 분석값에 대하여, 회화의 청취 방해 데이터로부터 Beranek가 정의한 NC 곡선을 사용한다.

40. 정재파(Standing Wave)
: 전송선로에 있어서, 전원으로부터의 전진파와 수단으로부터의 반사파가 중첩하여서 생기는 파이며 선로의 어떤 점 A와 다른 점 B에 걸친 파의 순시치의 비가 시간에 관계없이 일정한 파를 말한다. 보통 매질 중에 있어서의 변위의 진폭이 파의 전파 방향에 있어서의 거리가 주기함수가 되는 경우가 많으며 정상파(Stationary Wave)라고도 한다.

제 2 장

일반사항

2.1 공연장 등 연출공간에 관하여
2.2 관련법규

제 2 장   일반사항

2.1 공연장 등 연출공간에 관하여

2.1.1 공연장 등 연출공간의 정의

연출공간이란 일반관객이 직접 또는 간접적으로 관람하기 위한 "작품"을 공연 또는 제작하는 장소를 말하며 더 나아가 관객이 앉아있는 객석도 연출공간으로 포함하여야 한다.

넓은 의미에서 연출공간이란 공연장 등의 무대, 객석 또는 TV스튜디오, 호텔 연회장, 카바레, 디스코텍 등도 연출공간이고 동일한 의도로 공원, 광장 또는 빌딩가, 도로를 포함하는 도시공간도 연출공간의 범위라고 볼 수 있다.

즉, 인위적으로 연출하는 대상으로 존재하는 모든 공간을 연출공간이라고 할 수 있다.

그러나 본 지침에서 일컫는 공연장에서의 연출공간이란 옥내에서 관객을 모아 뮤지컬, 오페라 등을 하는 장소로 특정한 의도에 의해 세워진 공연장 또는 텔레비전 프로그램 제작을 위한 텔레비전 스튜디오 등에 한정하며 이것을 "공연장 등 연출공간"으로 정의한다.

2.1.2 공연장 등 연출공간의 개요

I. 공연장 등 연출공간에서 실행될 수 있는 공연물의 종류

공연물에는 그 목적에 따라서 여러 가지의 종류가 있지만 일반적으로는 <표 2.1>과 같이 분류한다.

<표 2.1> 연극, 공연 등의 종류

구 분	종 류
오페라	오페레타, 그랜드오페라, 오페라세리아 등
무용	현대무용, 발레, 한국무용,
연극	현대극, 아동극, 뮤지컬
쇼	가요 쇼, 리뷰
클래식 콘서트	오케스트라 콘서트, 실내악 콘서트, 리사이틀, 합창
라이브 콘서트	재즈 콘서트, 락 콘서트, 팝스 콘서트
이벤트	페스티벌, 전시
연예	연예장, 마술쇼
파티	디너쇼, 파티
어트랙션	물놀이파크, 모터스포츠, 스카이다이빙 등
패션쇼	비즈니스 쇼, 프레스 쇼, 판촉 관련 쇼, 디자이너 연합쇼 등

제 2 장 일반사항

구 분	종 류
사교 댄스	모던댄스, 라틴댄스 등
프로그램 제작	생방송, 음악 등
영화	단편, 다큐멘터리 등
일반 행사	강연회, 집회, 세미나, 연구회

2. 공연장 등 연출공간의 운용방법에 의한 호칭

공연장 등 연출공간은 운용방법에 의해 다른 호칭이 사용되고 있다. 일반적인 호칭의 종류를 분류하면 <표 2.2>와 같이 나타낼 수 있다.

<표 2.2> 연출공간의 운용방법에 의한 호칭

공연장 등 연출공간의 호칭	운 용 방 법
상업극장	자체공연, 또는 전속흥행회사에 의한 연극공연을 주체로 운영되는 극장
전용극장	연극상연의 기획운영자에게 공연장소를 제공하는 운영방법(전용 홀)으로 특히, 연극공연에 알맞은 홀 또는 연극공연만 대여하도록 제한하여 설치된 극장
임대 홀	연극뿐만 아니라 식전, 강연회, 단체집회, 발표회 등 공연물의 전반에 걸쳐 기획운영자에게 대여하는 운영방법(다목적 사용의 임대 홀)으로 주로 공공 홀이 이 형식이다.
콘서트 홀	클래식 콘서트를 목적으로 만들어진 음악전용 홀. 콘서트형식의 오페라의 상연 등도 행한다.
강당	학교의 부속시설로서 학내의 집회행사 또는 연극 활동을 하는 장소로서 사용되며 또한, 다목적 임대 홀로도 이용되는 홀
체육관	옥내 스포츠장으로서 사용되는 주목적 외에 집회장, 식전 등의 회장으로서도 이용되는 장소
이벤트 홀	대규모 스포츠회장으로서 체육관과 같은 사용목적 이외에 대집회장, 전시, 축제 이벤트 등 관객참가의 집회장으로서 또한, 라이브콘서트 등 대관객 동원장소로서 이용되는 임대 홀
다목적 공연장	연극, 콘서트, 쇼, 이벤트 또는 식전, 영화회, 회의 등 다목적으로 이용되는 공연장
영화관	영화를 상영하는 전문 홀
텔레비전 스튜디오	드라마, 뮤직, 토크, 뉴스 등 다방면에 걸친 텔레비전 프로그램 제작장소로 사용되는 스튜디오
호텔 연회장	결혼피로연, 파티, 만찬회, 디너 쇼, 축전, 회의, 강연회 등에 이용되는 임대 홀
기타	① 음식을 주로 하며 이것에 부속한 쇼, 어트랙션, 연예 등을 공연하는 카바레, 나이트클럽 등 ② 입장자가 유흥하는 장소인 댄스홀, 디스코텍 등 ③ 관객이 유람하기 위한 유원시설의 테마관 등 연출설비를 필요로 하는 장소 ④ 회의장, 돔 구장, 종합전시장 등으로 연출설비를 설치하고 있는 집회시설

제 2 장 일반사항

3. 공연장 등 연출공간의 형태에 의한 분류

연출공간은 그 곳에서 행해지는 공연물에 의해 형태가 다르다.

일반적으로 연출공간은 프로시니엄(proscenium) 형식의 공간과 오픈 스테이지(open stage) 형식의 공간으로 나누어진다.

프로시니엄 형식의 공간은 프로시니엄 아치(액자)에 의해 무대공간과 객석공간의 둘로 나누어지며, 이 형식의 공연장에서는 주로 연극, 오페라, 발레, 콘서트 등이 공연된다.

오픈 스테이지 형식의 공간은 프로시니엄 아치가 없는 무대와 객석이 일체가 된 공간이고, 소규모의 연극 등을 상연하는 것 외에 패션쇼, 각종 공연, 파티 등에 사용된다.

콘서트홀은 오케스트라의 연주를 전문으로 행하는 공연장으로서 연주하는 무대와 청중이 있는 객석은 하나의 공간으로 이루어진다.

가) 프로시니엄 형식의 공연장, 홀

국립극장, 예술의 전당 등 우리나라의 공연장에서 가장 널리 쓰이는 공연장의 형태로서 객석으로부터 무대를 숨기고 있어 다양한 장치의 이동이 용이하기 때문에 극적 환상을 불러일으키기에 적합하다.

<그림 2.1> 프로시니엄 형식의 홀의 일례

제 2 장 일반사항

나) 오픈 스테이지 형식의 홀
(1) 평평한 마루 홀

패션쇼, 파티, 전시회 등 다목적 공연, 연극 등의 상연에도 대응할 수 있는 평평한 마루 홀이다.

가동 칸막이의 위치를 변환하는 것으로 사용 장소의 크기나 레이아웃 등을 변경할 수 있고 또한, 연극 등을 상연할 때 무대와 객석의 배치나 크기를 변환할 수 있는 등 시설활용도가 높은 홀이다. 평평한 마루 홀의 일례를 <그림 2.2>에 나타낸다.

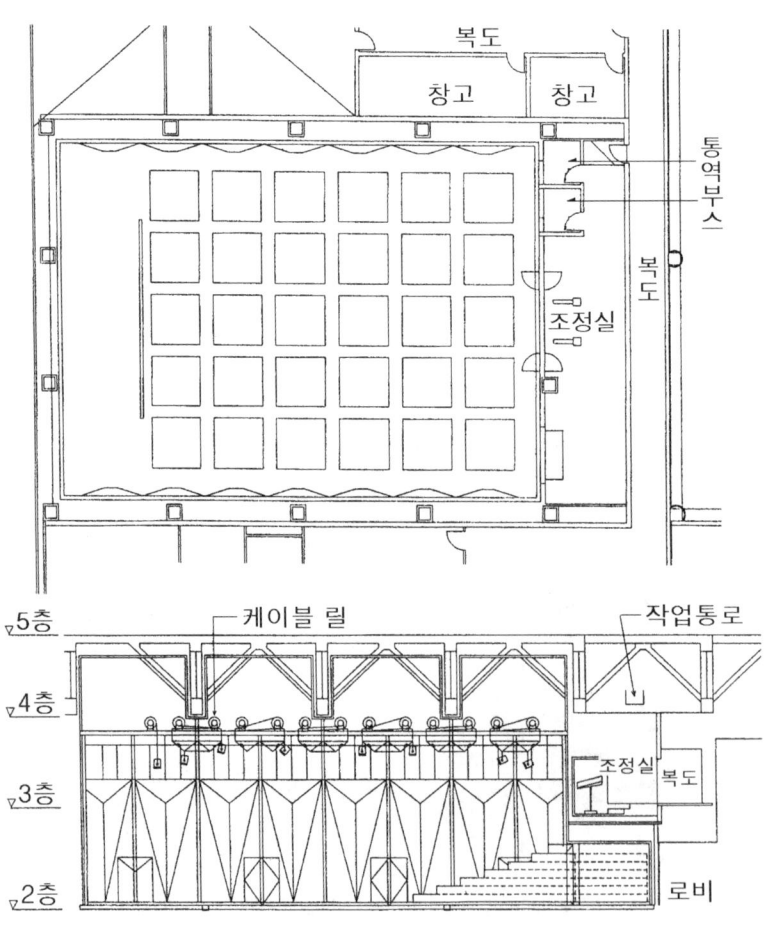

<그림 2.2> 평평한 마루 홀의 일례

제 2 장 일반사항

(2) 이벤트 홀

큰 공간용적을 갖는 회장으로 대집회, 라이브 콘서트, 전시회 등 규모가 큰 공연물에 사용된다.

대집회, 라이브 콘서트 등의 공연에 사용되는 것을 고려하여 가설무대 등의 기본적인 설비가 시설된다. 또한, 전시 등에 사용하는 장치걸이대나 이동용 조명기기 전원을 설치하여 놓을 필요가 있다.

이벤트 홀의 일례를 <그림 2.3>에 나타낸다.

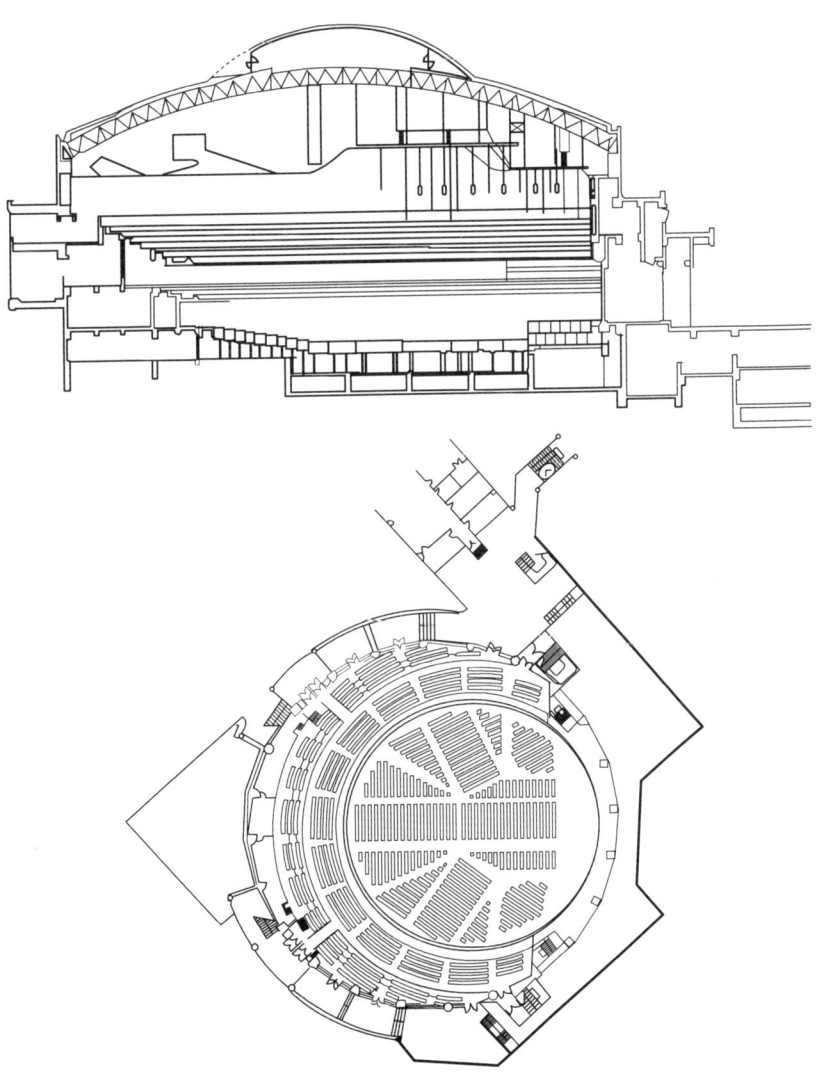

<그림 2.3> 이벤트 홀의 일례

제 2 장 일반사항

(3) 텔레비전 스튜디오

텔레비전 스튜디오는 일반 극장, 홀과 같이 관객을 앞에 두고 행하는 공연과는 달리 텔레비전 카메라 등의 매체를 통해 관객에게 제공하는 영상제작을 하는 장소이기 때문에 화상에 만들어지는 장면제작에 필요한 설비가 시설되어 있다.

또한, 공개 방송과 같이 관객이 스튜디오에 참여하는 경우도 있지만, 이러한 경우에는 관객도 출연자의 일부라고 생각되며 공연장, 홀 등의 일반 관객과는 목적을 달리하고 있다.

텔레비전 스튜디오는 제작되는 내용에 의해 자유롭게 공간을 이용하기 때문에 여러 설비는 천장전면에 분포하여 설치된다.

텔레비전 스튜디오의 일례를 <그림 2.4>에 나타낸다.

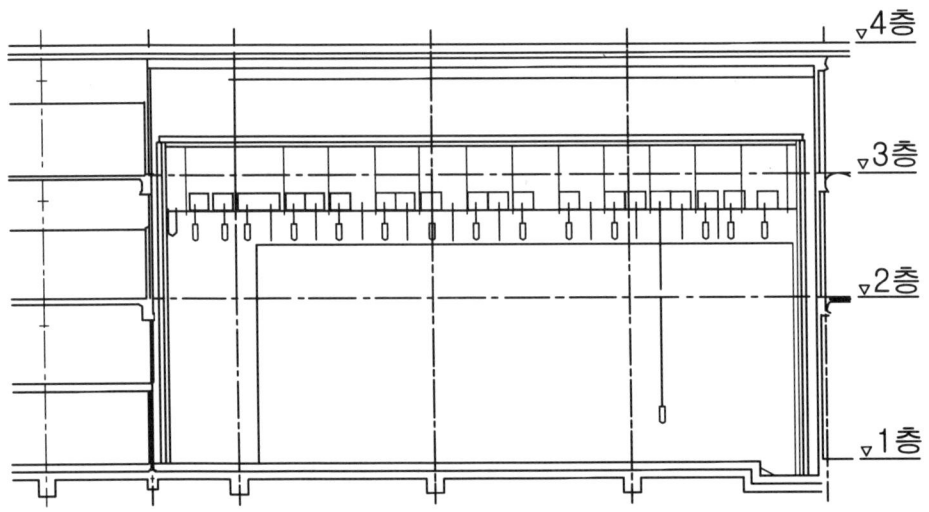

<그림 2.4> 텔레비전 스튜디오의 일례

제 2 장 일반사항

(4) 연회장

　연회장은 이용효율을 높이기 위하여 연회 외에 각종 공연의 규모 등에 맞추어 사용될 수 있도록 되어 있다. 대형 연회장에서는 파티션(가동간 칸막이)으로 나누며, 여러 가지의 행사를 동시에 개최할 수 있는 공간으로 구성되어 있다.

　연회장의 일례를 <그림 2.5>에 나타낸다.

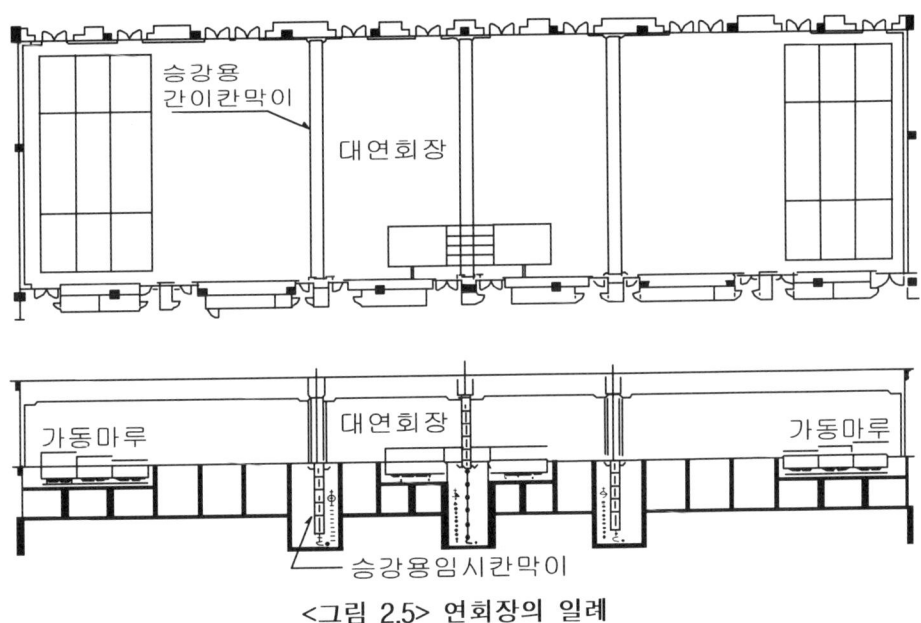

<그림 2.5> 연회장의 일례

다) 콘서트 홀

　오케스트라 연주를 하는 전용의 홀이며 연주자와 청중을 일체공간으로 하여 청중에게 양질의 소리를 제공할 수 있도록 특히, 건축음향을 고려한 홀이다.

　콘서트홀의 형태에는 엔드 스테이지(end stage) 형식의 슈 박스(shoe box), 아레나(arena)형식의 와인 야드(wine yard)형 등이 있다. 또한, 콘서트홀의 설비에는 파이프 오르간을 설치한 홀, 콘서트 형식의 오페라의 상연을 고려하여 무대의 모든 설비를 설치하는 홀도 있다. <그림 2.6>에 콘서트홀의 일례를 나타낸다.

제 2 장 일반사항

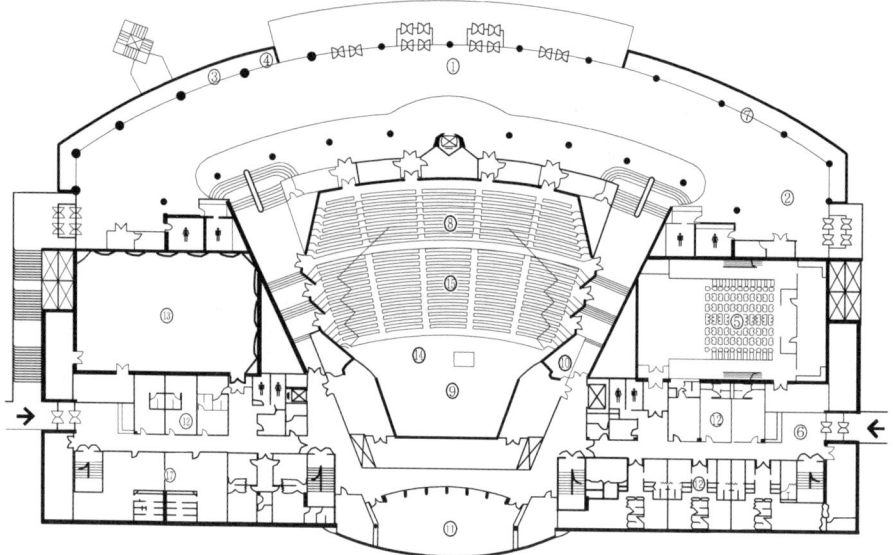

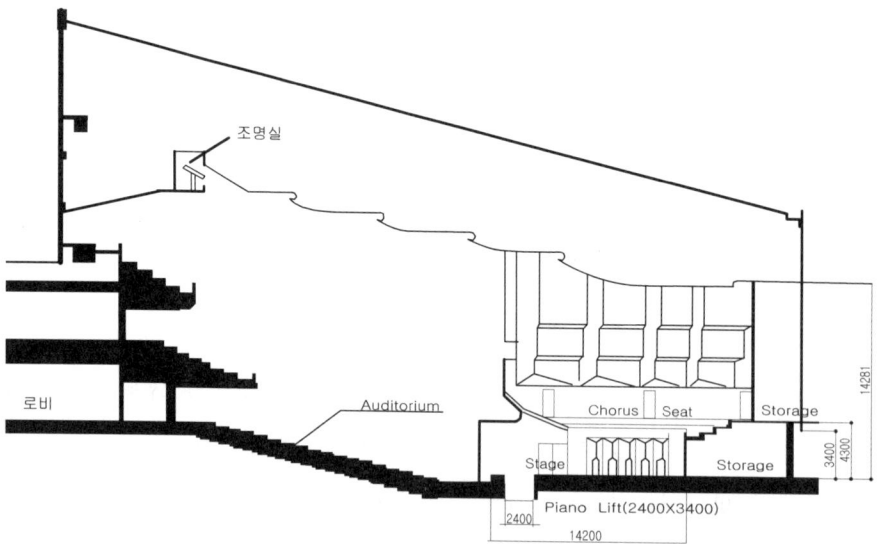

<그림 2.6> 콘서트 홀의 일례

제 2 장 일반사항

4. 공연장 등 연출공간과 공연과의 관계

공연장 등 연출공간의 호칭에 대하여 주로 이용되는 공연물의 종류 및 그 형태에 관해서 표기하면 <표 2.3>과 같다.

<표 2.3> 공연장 등 연출공간과 공연물의 종류 및 형태

		공연물의 종류																	
																일반		행사	
		오페라	발레	구미형연극	쇼	클래식콘서트	라이브콘서트	이벤트	연예	파티	패션쇼	어트랙션	사교댄스	프로그램제작	영화상영	식전	강연회	세미나·연구회	집회
운용방법에 의한 호칭	상업극장			O	O		O	O											
	전용극장	O	O	O	O														
	임대 홀	O	O	O	O		O				O					O	O	O	O
	콘서트 홀					O													
	강당						O	O								O	O	O	O
	체육관						O									O	O	O	O
	이벤트 홀						O	O									O		
	다목적 공연장	O	O	O	O	O	O	O	O			O							
	영화관														O				
	텔레비전 스튜디오													O					
	호텔 연회장							O	O	O						O	O	O	
	카바레·나이트클럽								O				O						
	디스코텍·댄스 홀									O			O						
형태구분	프로시니엄 형식	O	O	O	O			O								O	O	O	O
	오픈스테이지 형식 - 관람석 홀			O	O						O	O	O			O	O	O	O
	오픈스테이지 형식 - 이벤트 홀						O	O	O							O			O
	오픈스테이지 형식 - 텔레비전 스튜디오													O					
	오픈스테이지 형식 - 연회장							O	O	O						O		O	O
	콘서트 홀					O													

2.1.3 공연장 등 연출공간의 설비

일반주택, 오피스 빌딩 등의 기본적 설비는 전기, 위생, 공조 등의 생활환경에 필요한 일반설비이지만, 공연장 등 연출공간에 있어서는 연극, 공연 등으로 인해 이들 일반설비 외에 특별한 설비가 필요하다.

이 설비는 일반적으로 무대조명, 무대기구, 무대음향의 3가지 설비로 통상 "무대설비"(연출용 설비)라고 한다. 이들 무대설비는 공연장, 홀 등의 건축물에 장착하여 설치되는 설비와 하나의 공연물을 상연하기 위해 보충 설치되는 설비가 있다. 특히, 무대조명설비에서 조명기구 등의 전기기계기구는 특정한 공연물의 연출조명에 알맞도록 이동용 조명기구를 사용하기도 한다.

2.1.4 공연장 등 연출공간의 특수성

공연장을 건축하는 경우에는 관객이 안락하고 편안하게 공연을 관람할 수 있도록 운용관리상의 노하우를 최대한 수용하여 건축물에 반영을 하여야 한다.

공연장은 물리적 공간이나 공간의 배치를 보기 위해 관객이 참여하는 것이 아니며 어디까지나 내면적, 심리적으로 사람의 감성에 호소하고 감동을 주는 공연을 상연함으로써 관객도 공연장도 본래의 목적을 달성할 수 있는 것이다.

온갖 정성을 담은 작품을 제공하는 것이 공연장이 존속하는 이유이며 심혈을 기울인 상연 노력이 계속되어야 한다는 것을 건축설비설계자는 잘 인식하여야 한다.

이것이 일반건물의 목적, 취급과는 다른 공연장 등 연출공간의 특수성이다.

I. 운용

가) 공연장의 형태

대중 전달매체(Mass Media)의 발달과 급속한 문화예술의 변화에 따른 관객들의 다양한 욕구를 충족시키기 위하여 공연장의 시설은 연출 등의 창의적인 연구에 의해 각양각색으로 변화하는 다목적성을 가지고 있다.

우리나라의 공연장은 일정규모 이하의 소공연장을 제외하면 거의 대부분이 다목적 공연장이라고 할 수 있다. 이것은 우리나라만의 현상이 아닌 세계적으로 공통된 경향으로서 다목적 공연장의 필요성을 말해주고 있는 것이라고 할 수 있다.

나) 연출공간

무대예술의 상연공간으로서의 무대는 인위적으로 만들어진 배경, 시간의 경과, 등장인물의 심리 묘사 등이 연출적으로 표현되어 있어야 한다. 그로 인해, 연출공간 전

제 2 장 일반사항

체를 물리적으로 외부로부터 차단하며 자체 설비된 무대용 설비를 구사하여 의도한 공간을 만들어야 한다.

　연출공간은 무대위로 한정되지 않으며 관람석도 상연 중에는 연출공간의 일부로 취급하며 막간(幕間), 휴게 등 모든 시간에 그 여운을 이어서 시작될 무대에 대한 기대를 높이는 데에 매우 중요한 것이다.

　연출공간은 이렇게 관계된 모든 시설, 시간을 이용하여 관객이 공연에 집중할 수 있도록 무대효과를 상승시키는 운용을 도모해야 한다.

다) 연출공간설비

　공연장 등 연출공간설비에서의 무대조명설비, 무대기구설비, 무대음향설비 등은 전기를 응용하여 구동 조작되는 특수하고 고도화된 전기설비로서 무대위의 연출을 궁리하고 이들을 조합하여 종합적으로 운용함으로써 무대예술을 창조하는 필수 불가결한 장치이다.

　즉, 이들 전기설비는 무대 관계자의 조작에 따라 연출공간에 색채와 음향의 세계를 만들어 내며 현란한 무대를 펼치기 위한 장치가 된다.

라) 설비의 운전조작

　연출공간설비의 전기설비의 조작은 극의 내용을 쫓아가는 연출방법을 따른다.

　조작판에는 각종 계기(meter)류가 부착되지만 계기의 지시값을 주시하여야 할 뿐만 아니라 무대에 신경을 집중시켜 그 진행에 부합된 조작을 하여야 한다.

　그 단계에서는 전기설비를 단순히 운전·조작하는 차원을 넘어 무대예술로 되어 오로지 그 정경을 쫓아가는 심경이 되어야 한다.

　때로는 무대조명설비 전체를 점등 또는 소등하는 것과 같이 기기의 한계라고도 생각되는 정도의 가혹한 취급을 할 수도 있으므로 이 점을 충분히 고려하여 전기설비를 설계·시공하는 것이 바람직하다.

마) 조작 미스(miss)의 영향

　무대란 연출, 연기, 진행 등의 전부가 일체가 되어 약속된 순서대로 행해지지 않으면 안 된다. 실제 경치를 능가하는 무대에서 열연하여 박수갈채를 받더라도 한번 사고를 야기하면 일순간에 모두 실패하게 되어 다시 관객의 마음을 끌 수 없을 뿐만 아니라, 인명사고로 발전할 위험이 있다.

　공연일자에 임박하여 자만심으로 인한 잠깐의 조작상의 실수나 부주의가 원인이

제 2 장 일반사항

되어 대형사고가 된 예도 많기 때문에 항상 세심한 주의를 하여 무대 공연에 임할 필요가 있다.

바) 공연의 스케줄과 관객동원

공연의 구체적 기일이 결정되는 2~3년 전에 출연자, 제작 스텝의 확보 및 관객동원을 위한 활동을 개시한다.

공연에 앞서 티켓의 판매를 시작하지만, 그 공연 스케줄은 공연장이 관객을 비롯한 관계자에게 공식적으로 약속한 것이기 때문에 용이하게 변경될 수 있는 것이 아니다.

따라서 공연장의 대규모 정비, 설비구조 등의 공사도 미리 계획, 입안, 실행에 옮기지 않으면 안 된다. 더구나 사고에 의해 공연이 중단될 경우에는 큰 영향을 미치게 된다.

2. 관리

가) 설비관리

연출공간설비에 시설되는 무대조명설비, 무대기구설비, 무대음향설비 등의 전기설비는 대부분 자가용 전기설비로 취급되어 그 유지기준이 적용되기 때문에 공연장 등을 포함한 해당 건축물의 전기안전관리자의 관리 하에 전기설비기술기준(이하 「기술기준」이라 한다.)을 근거로 하는 유지관리가 되어진다.

최근 공연장의 무대장치 부분은 고도화되고 특수설비가 많아지고 있기 때문에 그 부분에 관해서는 전기안전관리자보다 무대장치 관계자에게 유지관리를 위임하는 경우가 많다.

공연장은 불특정 다수의 관객 및 출연자를 포함하는 외부 관계자가 많이 출입하기 때문에 재해위험도가 높고 무대장치 관계자가 취급하는 전기기기의 안전이 중요하므로 전기안전관리자와 긴밀한 협조를 하여 공연장의 전기안전 관리에 소홀함이 없도록 노력하여야 한다.

연출공간전기설비는 건축물에 부대(附帶)하여 고정적으로 시설되는 것으로 공연마다 임시로 설치하는 가설물도 있지만, 이에 관계없이 항상 무대진행에 따라 장면마다 설치와 해체를 반복하는 이동용 기구, 배선 코드류가 있으며 특히, 임대 홀에서는 공연을 위한 반입용 기기나 대도구류에 세트되어 있는 매다는 전기장식품도 있으므로 엄격한 사전 검사를 필요로 한다.

대도구 바톤과 상부 조명바톤(서스펜션 라이트 등) 및 매다는 전기 장식품 등의 관리에 대해서는 기구의 발열, 바톤의 동작범위 등을 정지한 상태가 아닌 실제로 승강조작을 통해 그 파급범위를 확인하고 위험이 없는 것을 확인하여 세팅작업을 결정함으로써 고정금구 또는 보호 와이어 등을 설치하여 안전을 기하도록 한다.

나) 방재관리

공연장에서는 불특정 다수의 관객이 공연을 관람하는 동안 좁은 객석 의자에 앉아 있고 실내는 매우 어두운 상태이다. 이러한 장소에서 예측하지 못한 사태를 짐작하는 경우 처음 공연장에 온 사람이 아니더라도 불안하게 된다.

무대상부에는 대도구 막류나 각종 조명기구가 시설되어 있고, 무대마루 밑으로도 바닥과의 설치높이가 있어 조물의 낙하사고, 오동작, 오조작에 의한 전락사고(轉落事故)가 우려되며 가장 위험도가 높은 것은 무대 화재사고이다.

무대 전체를 크게 둘러싼 형태의 벽 등은 무대 장치에 가연물을 취급한 큰 부뚜막과 같고 이 막류에 한 번 인화되면 대형화재를 유발할 우려가 크다.

막류의 방염처리, 피난유도훈련, 방재설비의 취급훈련을 실시하는 것도 중요하지만 무엇보다도 무대에서 화재가 일어나지 않도록 스스로 무대를 지키는 마음의 준비를 가지고 행동하여야만 화재를 예방할 수 있다.

다) 무대관리

최근 공연장의 무대도 널리 문호가 개방되어 폭넓은 층, 장르뿐만 아니라 풍습, 관습이 다른 외국의 출연자도 많아지고 있다.

또한, 기술혁신에 의한 고도화된 각종 특수기기의 도입은 고용형태에 변화를 가져와 무대 전문인력도 직접적인 고용관계가 적어지게 되었고 하청, 외주 등의 제도가 사회적으로 정착되어지고 있다.

그로 인해 무대 전문인력이 자주 교체되고 공연장의 무대관리, 무대 전문인력의 관리는 많이 복잡해 졌다. 관리를 철저히 하기 위해서는 관리자가 솔선하여 융화를 도모하면서 안전에 노력할 필요가 있다.

무대는 종합예술이며 공연에 관계되는 모든 사람이 조화롭게 움직일 때 성공적인 공연이 이루어진다. 화려한 스포트라이트를 받으며 열연하는 출연자의 음지에는 언제나 무대 운영자가 막을 내리며, 그 운영자가 조작하는 기기를 정성을 기울여 보수하는 사람이 필요하다.

공연장은 이와 같은 사람들의 이해와 협력과 신뢰를 기초로 성립되고 그 마음이 하나로 되었을 때 훌륭한 막이 열리는 것이다.

제 2 장 일반사항

2.2 관련법규

전기설비에 관련하는 법규는 대단히 많지만, 공연장 등 연출공간의 전기설비에 관계된 법규는 <표 2.4>와 같이 나타낼 수 있다.

<표 2.4> 전기설비 관련법규

관련분야	법령·규격	시행령·규칙·기타
전력설비	전기사업법 (산업자원부)	- 전기사업법 시행령 - 전기사업법 시행규칙 - 전기설비 기술기준 - 내선규정
	전기용품안전관리법 (산업자원부)	- 전기용품안전관리법 시행령 - 전기용품안전관리법 시행규칙 - 전기용품 안전기준
	전기공사업법(산업자원부)	- 전기공사업법 시행령 - 전기공사업법 시행규칙
	한국산업규격(산업자원부)	- KSC 등
정보설비	전기통신사업법 (정보통신부)	단말설비의 접속기준 - 단말설비 등 규칙
	고시(정보통신부)	특정소출력 무선국용 무선설비의 기기
방재설비	소방법(행정자치부)	소방법 시행령, 소방법 시행규칙, 화재예방조례(지방조례), 화재조사 및 보고규정
	건축법(건설교통부)	건축법 시행령, 건축법 시행규칙
기 타	산업안전보건법(노동부)	산업안전보건법 시행규칙
	공연법(문화관광부)	공연장 무대시설 안전진단 시행세칙

제 3 장

전원설비

3.1 수·변전 설비
3.2 간선 설비

제 3 장 전원설비

3.1 수·변전설비

무대설비를 갖춘 건축물이나 공연장의 수변전설비는 기본적으로는 일반적인 건축설비에서의 수변전설비와 유사하며 또한 적용하는 법령이나 기준도 동일하다. 본 지침에서는 공연장의 특성을 고려한 전원설비를 시설하는데 필요한 사항에 관하여 규정하였다.

3.1.1 전원계통

전원계통은 수전측의 계통과 수·변전설비 이하의 배전계통으로 크게 구분할 수 있다.

Ⅰ. 수전계통

　가) 수전용량에 따른 전압

　　전력회사로부터 공급받는 전력의 전압이 저압인 경우에는 220/110V, 380/220V, 고압의 경우는 3.3kV, 6.6kV 특별고압의 경우는 22kV급(22.9kV), 66kV, 154kV, 345kV의 전압 등급 중 하나로 공급을 받는다. <표 3.1>은 수전용량과 수전전압의 관계를 나타낸다.

<표 3.1> 수전전압과 수전용량의 관계

수전 용량	수전 전압
100kW 미만	교류 단상 220V 또는 교류 삼상 380V 중 전력회사가 적당하다고 결정한 한 가지 수전방식 및 수전전압
100kW 이상 10,000kW 이하	교류 삼상 22,900V
10,000kW 초과 300,000kW 이하	교류 삼상 154,000V
300,000kW 초과	교류 삼상 345,000V 이상

[비고] 이 표는 한국전력공사의 전기공급약관에 의함

제 3 장 전원설비

나) 수전방식

　수전 방식은 수전장소, 전력회사 및 송배전 계통에 따라 다르지만, 일반적으로 저압에서는 1회선 단독 수전방식을 사용하고 있으며 고압수전 이상의 수전방식은 다음 5종류로 구분할 수 있다.

(1) 일회선 수전
(2) 본선·예비선 수전
(3) 평행 2회선(π인입) 수전
(4) 루프(loop)수전
(5) 스폿네트워크(Spot Network)수전

　종류별 비교는 <표 3.2>와 같다.

2. 배전계통

　배전계통은 사용전압, 계통의 신뢰성, 경제성, 보수성, 안전성 등 여러 가지의 조건에 의해 결정된다.

가) 사용전압

　무대전기설비에 사용되는 기기의 대부분은 저압이고, 고압 및 특별고압 수전의 경우에는 변압기에 의해 필요한 전압으로 강압되어 공급된다. 일반적인 변압기에 의한 공급 가능한 전압을 <표 3.3>에 나타낸다.

나) 변압기의 전원구분

　무대전기설비의 전원을 구분하면 무대조명전원, 무대기구전원, 무대음향전원의 3종류로 구분할 수 있다.
　변압기는 각 설비의 사용전압, 변압기의 용량, 고조파의 발생 등을 고려하여 각각의 설비마다 구분하는 것이 최선의 방법이지만, 소규모의 공연장에서 전원변압기의 구분은 비경제적일 수 있으므로 변압기를 공용으로 하는 경우도 있다. 변압기를 구분할 때 유의점은 다음과 같다.

제 3 장 전원설비

<표 3.2> 수전방식의 비교

명칭	계통구성도	특징
1회선 수전		○ 가장 간단하고, 경제적이다. ○ 주로 소규모 용량에 많이 쓰인다. ○ 송전선사고로 정전시 복구시간이 송전선 복구시간과 동일하다. ○ 상기 이외 타 수용가의 영향을 받는다.
본선·예비선 수전		○ 송전선 사고시 일단 정전을 시키고 예비선 절환에 의한 정전시간 단축이 가능 ○ 전원이 정전되었을 때에도 다른 건전회선으로 절환하여 사용할 수 있다. ○ 수전회선 절환으로 정전이 필요하다. ○ **현재 대부분의 공연장이 채택하고 있는 방식임**
평행 2회선 수전		○ 전원측 전로의 어느 한쪽선로에 사고가 발생해도 무정전 수전이 된다. ○ 수전선 보호장치와 2회선 평행 수전장치가 필요하다. ○ 1회선에 대한 시설비 투자 증가 ○ **공연장 수전설비의 신뢰도 향상을 위해 권장되는 방식임**
loop 수전		○ 상시 2회선 수전으로 한 회선 사고에도 정전되지 않는다. ○ 송전선의 보수시 1회선씩 정지하기 때문에 무정전 공급이 가능 ○ 보호계전방식이 복잡
스폿 네트워크 수전		○ 배전선 1회선, 변압기 정전사고에도 무정전 ○ 송전선의 보수시 1회선씩 정지함으로써 정전이 불필요. ○ 시설 투자액이 비싸다. ○ 보호장치를 전량 수입하여야 한다.

제 3 장 전원설비

<표 3.3> 변압기로부터의 공급전압

결선방식	2차전압	변압기의 결선	비 고
단상3선식	E_{21}:110 E_{22}:220		○ 일반조명전원용 ○ 일반콘센트전원용 ○ 무대조명전원용 ○ 무대음향전원용
3상3선식	E_{21}:220		○ 일반동력전원용 ○ 무대기구전원용
3상3선식	E_{21}:220		○ 일반동력전원용 ○ 무대기구전원용
3상4선식	E_{21}:220 E_{22}:380		○ 일반조명전원용 ○ 일반동력전원용 ○ 무대기구전원용 ○ 무대음향전원용
3상7선식	E_{21}:100 E_{22}:200		○ 일반조명전원용 ○ 일반콘센트전원용 ○ 일반동력전원용
3상4선식 (2회선)	E_{21}:100 E_{22}:200		○ 일반조명전원용 ○ 일반콘센트전원용 (1차측의 부하평형을 위한 변압기)

제 3 장 전원설비

(1) 무대 조명전원
   ㉮ 무대 조명설비는 사이리스터 조광회로가 대부분이므로 고조파의 발생량이 많다. 따라서, 가능한 독립된 전용의 변압기에 의해 전원을 공급하는 것이 바람직하다.
   ㉯ 무대 조명설비의 사용전압은 일반적으로 380/220V이다. 따라서 대지전압을 300V 이하(「기술기준」 제187조)로 제한하기 위해서는 중성선을 포함하는 전원을 설비할 필요가 있다.

(2) 무대기구전원
   ㉮ 무대기구는 대부분 전동기 부하이므로 전원은 일반 동력전원과 동등하지만 사용빈도가 매우 간헐적이다. 또한, 동작의 정확성이 요구되기 때문에 전압변동 등의 영향을 받지 않도록 다른 동력전원과 공용되지 않은 독립된 전용의 변압기로 구분할 필요가 있다.
   ㉯ 컴퓨터 시스템(computer system)으로 제어를 하는 대규모 무대기구설비에는 제어용 공급전원을 동일한 동력전원이 아닌 다른 일반전원으로부터 공급하는 것이 바람직하다.

(3) 무대음향전원
   ㉮ 무대음향설비는 다른 부하설비 등에 의해 노이즈의 영향을 받지 않도록 하기 위하여 독립된 전용의 변압기에 의해 전원을 공급하는 것이 바람직하다.
   ㉯ 음향설비용량이 작은 경우 또는 부득이 다른 전원과 변압기를 공용하는 경우에는 음향설비의 전원부에 노이즈컷(noise cut) 변압기 등의 노이즈 차단기능을 갖는 음향전용변압기를 설치하는 것이 바람직하다.

다) 전원변압기의 구분
   무대설비의 전원설비에 필요한 변압기 구분의 예는 <그림 3.1>과 같다.

제 3 장 전원설비

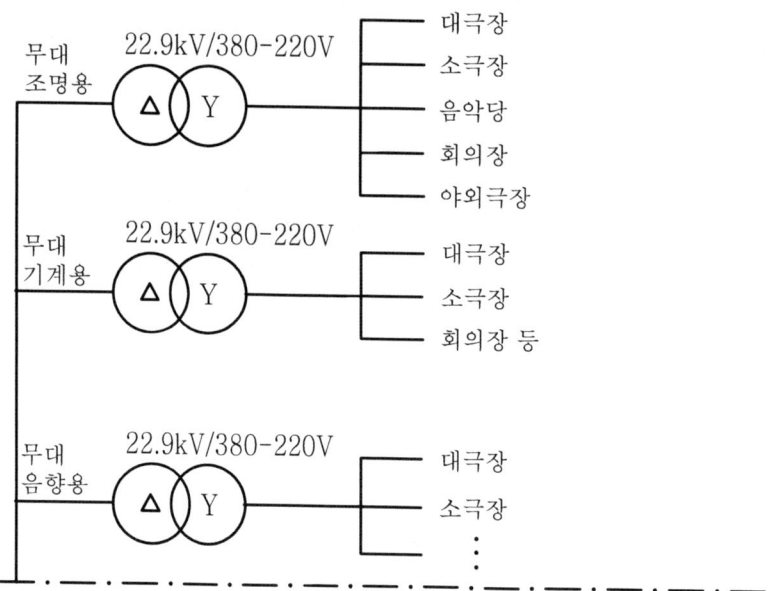

무대전기설비별로 변압기가 구분된 경우

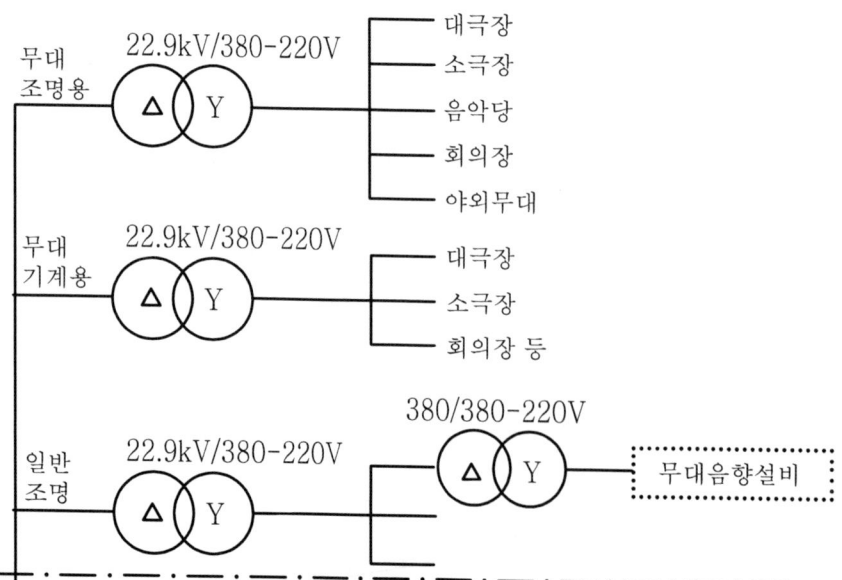

무대음향설비가 다른 설비와 공용하는 경우

제 3 장 전원설비

무대음향설비와 무대기계설비가 다른 설비와 공용하는 경우

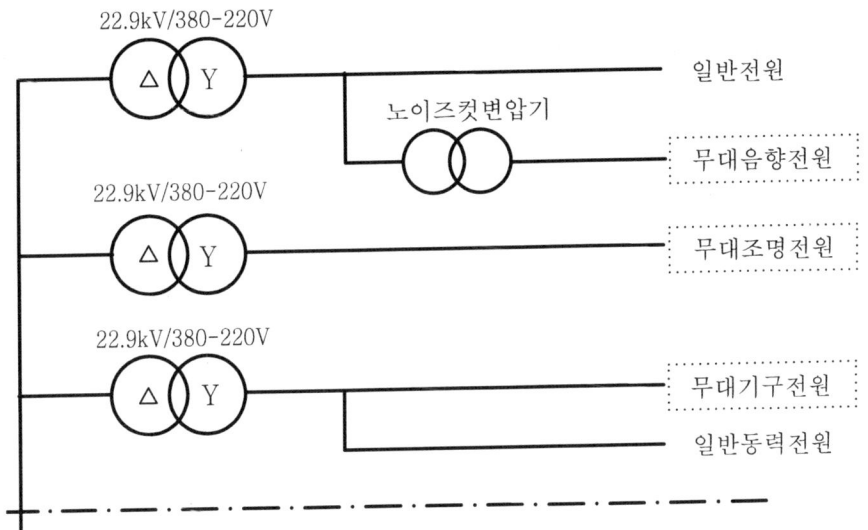

무대관련설비의 전원을 일괄 공용하는 경우

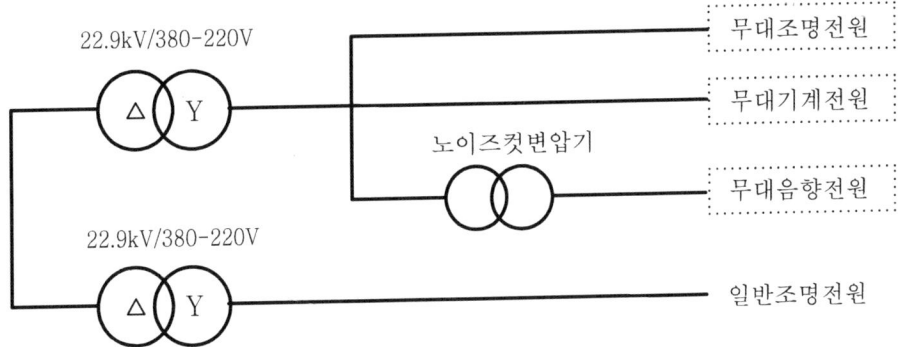

<그림 3.1> 공연장 무대전기설비의 전원변압기 구분사례

제 3 장   전원설비

3.1.2 무대관련 설비의 전기방식

I. 무대조명

가) 무대조명설비전원

(1) 무대조명에서 중성선이 있는 전기방식을 일반적으로 사용하는 것은 공연 중 사용하는 부하의 상태가 큰 폭으로 변동하기 때문에 각각의 사용상태마다 전원의 각상을 평형시키는 것이 용이하기 때문이다.

이것은 무대조명제어기기가 소형화되어 설치면적을 적게 할 수 있음과 동시에 용이한 제어조작이 가능하다.

(2) 무대 조명설비에서 전원 각 상의 부하는 가능한 평형이 되도록 설정할 필요가 있지만 실제로는 조광 조작에 의한 각 부하의 변화에 의하여 평형상태가 항상 유지되는 것은 곤란하기 때문에 중성선에는 상시 상당한 전류가 흐르고 있다고 생각하여야 한다.

특히 사이리스터 조광기의 경우에는 완전 평형부하로 조광도가 동일한 경우라도 100%로 조광하는 경우 외에는 고조파전류가 발생하므로 중성선의 전류가 0이 되지 않는다.

(3) 무대 조명부하는 일반적으로 220V이며 조광기로부터 부하말단에 이르는 배선거리가 긴 경우가 많다. 이로 인해 긴 배선거리로 인한 전압강하를 방지하기 위하여 전선의 단면적을 크게 하는 방법이 있다. 다만, 시공 및 경제적인 측면에서 전 긍장을 굵은 전선으로 조달하는 것은 곤란하기 때문에 무대 조명전원의 공급전압을 높이는 방법을 병행하기도 한다.

또한, 무대조명설비 콘솔 전원용으로 무정전전원장치(UPS)를 설치하여 정전에 대비하는 것이 바람직하다.

(4) 무대조명설비의 전원은 일반적으로 3상4선식(380/220V)의 전기방식을 사용한다.

나) 반입(搬入)조명기기전원

(1) 행사에 따라서는 공연장에 시설되어 있는 조명설비로 공연하는 것이 곤란한 경우가 있다.

예를 들면 순회공연 등은 전국 각지를 돌며 공연을 하므로 조명기구의 설치와 철수가 신속하게 이루어질 수 있도록 반입용 조명기구를 이용한다.

이러한 경우의 공급전원으로 무대측면에 시설된 반입조명기기 전원 또는 이동용 발전기 전원을 사용하는 경우가 많다.

(2) 무대 조명으로 사용하고 있는 조명기구는 매우 다양하며, 백열등기구 이외의 방전등

제 3 장 전원설비

기구도 대부분 여러 종류의 외국제품을 사용하고 있다.

    이러한 설비의 사용전압은 주로 220V이므로 반입조명기기 전원반의 계획시 고려하여야 한다.

(3) 반입조명기기의 전원은 일반적으로 3상4선식(380/220V)의 전기방식을 사용한다.

2. 무대기구

가) 무대기구는 승강 또는 주행 등의 왕복운동이 기본이기 때문에 그 동력원은 안전하고 또한 단순한 유도전동기의 가역운전에 의해서 행해지고 있다. 따라서 소형 소용량의 설비를 제외하고는 일반적으로 삼상 유도전동기를 사용하고 있다.

    그 때문에 무대기구전원도 일반의 동력전원과 똑같은 3상4선식(380/220V)으로 시설된다.

나) 무대기구설비 전원은 소형 소용량의 설비를 제외하고는 전술의 이유에 의해 다른 동력전원과 분리 독립한 변압기를 가진 전원으로 하여야 한다.

    특히 속도조절, 위치설정 인버터(inverter)제어식의 경우에는 고조파 발생 등이 전원에 영향을 주기 때문에 반드시 독립한 변압기를 설비하여야 한다.

다) 무대기구의 조작은 일반적으로는 동작시의 안전성 및 조작시의 용이성을 위해 각각의 기구마다 승강, 정지, 하강 등의 푸시버튼조작방식이 채용되고 있다.

    그러나 대규모 공연장의 설비에는 동작의 고속화, 복수의 동시운전, 더욱이 컴퓨터(computer)제어에 의한 장면 전환 운전, 복잡한 모형(pattern) 운전 등을 할 수 있는 시스템이 사용되고 있다.

    특히, 컴퓨터제어의 운전방식에서 장면 설정상 동시 동작 대수에 제한이 없는 경우에는 모든 설비를 동시에 기동시키는 것도 가능하여 그 시동전류는 현저히 상승하게 된다. (최대값은 일반 유도전동기의 경우에는 정격전류 값의 6배, 인버터식 유도전동기는 정격값의 1.5배)

    그러므로 전원측에 전압강하가 발생하여 전자개폐기가 입력 전압 부족에 의하여 개방되지 않을 수도 있으며 이로 인해 전동기가 잠금(Lock) 상태가 되는 경우가 발생한다. 이 상태는 입력전류가 더 상승하는 결과를 초래해 과전류차단기가 동작하게 되고 경우에 따라서는 전동기가 소손될 위험이 있다.

    따라서 운용하는 방법을 충분히 검토하여 사용조건을 확립한 뒤에 전원계획을 결정하여야 한다.

제 3 장 전원설비

라) 컴퓨터 제어방식에 의한 제어전원은 전동기 기동시의 전압변동, 특히 인버터식 유도전동기의 경우에는 고조파발생에 의한 장해 등으로 인해서 오동작을 유발하는 일이 없도록 동일한 동력전원이 아닌 일반전원 등의 별도의 전원으로부터 공급하는 것이 필요하다.

또한, 무대기구설비 콘솔 전원용으로 무정전전원장치(UPS)를 설치하여 정전에 대비하는 것이 바람직하다.

마) 무대기구설비 전원에는 일반적으로 3상4선식(380/220V)의 전기방식이 채용되어 있다.

3. 무대음향

가) 무대음향설비전원

(1) 무대음향기기의 사용전압은 일반적으로 220V이다. 따라서 설비용량이 작은 공연장, 회의실, 소연회장 등에는 단상3선식 110/220V, 설비용량이 큰(10kVA 이상) 중·대규모 공연장의 경우에는 3상4선식 380/220V로서 설비하는 것이 바람직하다.

또한 무대음향의 부하는 고조파성분이 많은 전류가 흐르기 때문에 20kVA 이상의 전원용량을 필요로 하는 대규모 공연장에서는 고조파에 의한 전압파형 왜곡억제를 위하여 전원을 3상4선식 380/220V의 전기방식으로 사용하는 것이 바람직하다.

(2) 음향설비는 음질향상, 고 충실도가 요구되기 때문에 다른 설비로부터 받는 노이즈(noise)방지대책이 반드시 필요하다. 음향설비가 받는 노이즈장해에는 여러 가지가 있지만 특히 전원으로부터의 장해가 크다. 이것의 방지대책으로 전원설비측에서 고려할 필요가 있다.(제9장 고조파 및 노이즈 방지대책 참조)

㉮ 전원에 사용되는 절연변압기에는 1차측, 2차측의 각 권선에 실드(shield)를 실행한 노이즈 컷(noise cut)변압기를 설치하여 노이즈 장해에 대한 방지를 하는 것이 바람직하다.

㉯ 음향전원은 다른 설비전원과 공용하지 않은 독립된 절연 변압기를 설치하는 것이 바람직하다.

㉰ 경제성, 설치장소 등의 여러 가지 조건에 의해 부득이 변압기를 공용하는 경우에는 일반 조명전원과 공용하는 것이 바람직하다. (무대 조명전원과의 공용은 절대로 피하는 것이 좋다).

(3) 무대음향의 부하전류는 음성신호에 의해 항상 변동하고 있다.

따라서 전원 각상의 부하설비가 평형을 유지할 수 있도록 부하배분에 고려하여야 한다.

제 3 장 전원설비

(4) 무대음향설비에는 무대상부에 마이크로폰 엘리베이터(elevator)장치, 객석 천장부에 3점 매달린 마이크로폰장치 등의 전동장치가 설비되어 있다. 여기에 사용되는 전동기는 일반적으로 3상유도전동기이기 때문에 3상 전원을 필요로 한다.
　　이 전동기의 용량은 작기 때문에 일반 동력전원과의 공용으로 충분하며 일반적으로는 무대기구전원으로부터 분기하는 경우가 많다.

(5) 음향설비 전원의 간선에는 자동전압조정기(AVR)를 설치하여 사용하는 전압(110V 및 220V)을 일정하게 유지하고 음향콘솔 전원용으로는 무정전전원장치(UPS)를 설치하여 정전에 대비하는 것이 바람직하다.

나) 반입(搬込)음향기기전원

순회공연에서 사용되는 음향설비는 반입음향기기로 공연하는 경우가 많으므로 공급전원으로부터 반입음향기기 전원을 준비하여 놓는 공연장이 많아지고 있다.

반입음향기기 전원은 일반적으로 단상3선식(110/220V) 및 3상4선식(380/220V)의 2가지의 전기방식을 준비하는 것이 바람직하다.

3.1.3 전원용량

연출공간 전기설비의 전원용량의 결정은 일반 전기설비의 경우와 원칙적으로 동일하며 다음에 따라서 계산용량을 구할 수 있다.

$$전원용량 = 총\ 부하설비용량 \times 수용률 \times 여유율$$

또한 연출공간 전기설비는 예상되는 공연의 내용에 적합하게 설비나 장비를 시설하기 때문에 하나의 공연에서 모든 설비를 사용하는 경우는 없으며, 공연의 형태에 따라 사용되는 설비기기에는 큰 차이가 있다.

따라서 설비 전체에 대한 수용률 및 사용빈도는 일반 전기설비와 다르고 수용률이 매우 낮은 편이다.

그러나 음악공연장 등의 경우에는 공연내용이 비교적 획일화되기 때문에 설비의 이용효율이 높아 설비의 수용률도 높다.

그리고 다목적 공연장의 경우에는 설비를 최대로 사용하는 공연에 대하여 충분히 대처할 수 있는 전원용량을 준비할 필요가 있다.

연출공간 전기설비는 각각의 설비목적에 따라서 산정조건이 다르기 때문에 다음 각 설비에 관해서 서술하면 다음과 같다.

제 3 장 전원설비

I. 무대 조명설비의 전원용량

무대 조명설비의 총 부하설비용량은 일반적으로 무대조명 부하용량, 반입(搬入)조명기기 전원용량 및 객석조명 부하용량의 총합이지만 공연장의 특징으로부터 전원용량의 산출기준은 다음과 같다.

가) 무대조명설비의 전원용량 산정

(1) 공연장의 형태 및 운용상 무대조명과 객석조명이 동시에 점등하지 않는 경우에는 객석조명 부하용량을 제외하고 다음 식에 의해 산출한 값의 직근(直近) 상위의 정격용량으로 한다.

(일반의 극장, 공연장, 텔레비전 스튜디오 등)

$$\text{전원용량} = (\text{무대조명부하용량} + \text{반입조명기기전원용량}) \times \text{수용률} \times \text{여유율}$$

(2) 무대조명과 객석조명이 동시에 점등하는 사용상황이 있는 공연장의 경우에는 무대조명 부하용량과 객석조명 부하용량의 합으로 하여 다음 식에 의해 산출한 값의 직근 상위의 정격용량으로 한다.

(연회장, 전시장, 학교강당 등)

$$\text{전원용량} = [(\text{무대조명부하용량} + \text{반입조명기기전원용량}) \times \text{수용률} \times \text{여유율}] + \text{객석조명부하용량}$$

(3) 공연장 계획에 있어서 다목적으로 이용하기 위해 무대조명은 임시로 사용하는 이동 기기에 의해 주로 공연을 하는 경우에는 반입조명기기전원이 전원용량의 주된 부하용량이 된다. 따라서, 전원용량의 산출은 다음 식에 의한다.

(행사장, 대형체육관 등)

$$\text{전원용량} = [(\text{무대조명부하용량} \times \text{수용률} + \text{반입조명기기전원용량}) \times \text{여유율}] + \text{객석조명부하용량}$$

나) 부하설비용량의 산정

무대 조명설비는 공연장의 형식, 공연의 종류 특히 공연의 내용에 의해서 설비의 내용이 다르다. 따라서 부하설비용량의 산출은 기본건축계획에 근거하여 구체적 설비내용을 계획하고 그 총화로서 산출하는 것이 바람직하다.

(1) 무대조명 부하용량

무대조명의 부하설비는 일반사무실과 같이 조명기구가 고정되어 있지 않고 공연의

제 3 장 전원설비

상태에 따라서 조명기구의 배치를 변경하기 위해 조명기구를 접속할 수 있는 콘센트 설비로 시설되어 있다.

무대조명 부하용량은 확정하기 어렵기 때문에 부하분기 회로용량(과전류차단기의 정격용량)의 총합계를 무대조명 부하용량으로 한다.

(2) 반입조명기기 전원용량

무대 뒤편에 예비전원으로 하여 반입조명기기 전원반을 설비하는 경우에는 그 전원 수전용의 간선(幹線) 차단기의 정격용량을 반입조명 부하용량으로 한다.

(3) 객석조명 부하용량

일반적으로 총 부하 설비용량의 산정대상으로 하는 객석조명부하는 조광제어를 필요로 하는 부하이다.(비상등, 유도등 또는 방전등기구 등의 일반용조명부하는 무대조명의 범위에는 포함되지 않는다.)

다) 수용률

(1) 무대 조명은 공연중 과부하전류에 의해 과전류차단기가 동작하지 않도록 하여야 한다. 따라서 무대 조명설비의 전원용량산정을 위한 수용률은 사용하는 전기설비용량이 전원용량을 넘지 않도록 최대 수용률을 기초로 계산하여야 한다.

(2) 무대 조명의 수용률은 공연장의 용도, 규모, 설비의 정도에 의해서 다르지만 안전하게 사용하기 위하여 일반적으로 <표 3.4>에 의하는 것이 바람직하다.

(3) 수용률의 결정에 해당되는 <표 3.4>에 의한 각각의 수용률의 범위에 있어서 설비용량이 비교적 작은 경우에는 수용률이 높으며 대용량의 경우에는 낮은 값의 수용률을 채용하면 좋다. 여기에 나타낸 수용률은 일반적인 공연장을 대상으로 한 값이기 때문에 특수한 사용목적으로 하는 경우에는 그 사용상태에 따라서 산정하여야 한다.

<표 3.4> 무대조명 부하용량에 대한 수용률

공연장의 종류	수용률	공연장의 형태	비 고
연극 공연장	0.5 ~ 0.6	프로시니엄	※ 소규모 공연장의 수용인원은 1,000명 이하, 무대조명 면적 약 130㎡ 이하를 대상으로 함.
상업극장	0.45 ~ 0.55	〃	
시민회관	0.55 ~ 0.75	〃	
소규모 공연장	0.6 ~ 0.9	〃	
음악 공연장	0.7 ~ 0.85		
다목적 공연장	0.4 ~ 0.6		

※ 전기설비학회(일)

제 3 장 전원설비

라) 여유율(余裕率)

무대 조명설비의 여유율은 공연장 운영의 장래를 고려하여 그 값이 결정된다. 예를 들면 장래에 설비의 증설이 예상되는 경우에는 여유율을 고려하여야 한다. 일반적으로는 여유율은 1~1.2를 선정하고 있다.

마) 무대조명 단위면적당의 전원용량

(1) 무대 조명설비의 전원용량은 부하설비용량이 확정되지 않으면 정확한 전원용량이 요구되지 않지만, 일반적으로는 공연장의 계획 단계에서 개략적인 전원용량을 산정하는 경우가 많다. 이 경우에는 다음 식으로 구한 값을 기초로 하여 이 값 이상의 정격값으로 하여야 한다.

$$\text{전원용량 계산 값(kVA)} = \text{무대 조명면적}(m^2) \times \rho$$

(2) 무대 조명면적이란 <그림 3.2>에 나타낸바와 같이 무대의 연출 면적으로 한다. ρ는 무대 조명면적의 단위면적당의 전원용량이고 공연장의 크기, 용도, 규모 등에 따라 필요한 전원용량이 다르다.

일반적인 공연장의 경우에 무대조명면적의 단위면적당의 전원용량은 <표 3.5>에 나타낸다.

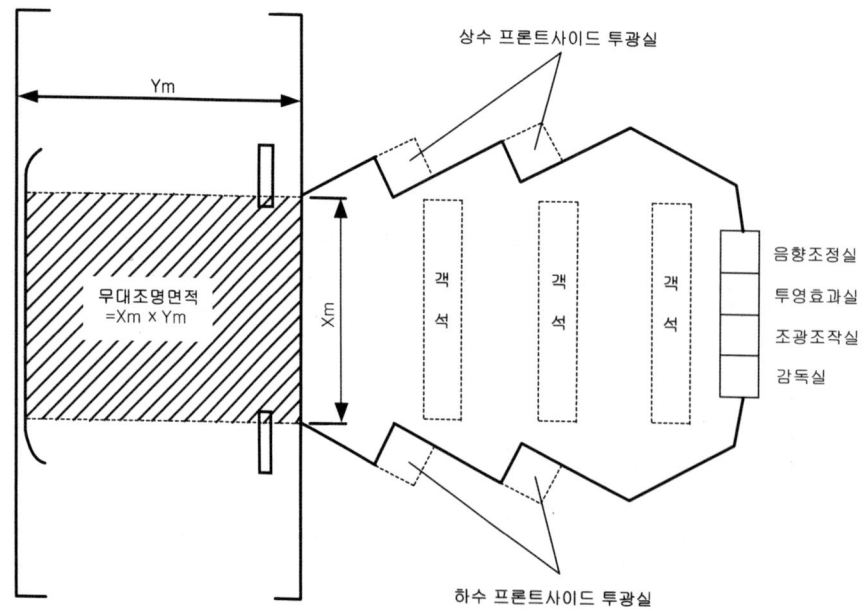

<그림 3.2> 무대조명면적

제 3 장 전원설비

<표 3.5> 무대조명면적의 단위면적당의 전원용량

공연장의 종류	ρ(kVA/m²)	공연장의 형태	비 고
연극 공연장	2.3 ~ 3.5	프로시니엄	※ 소규모 공연장의 수용인원은 1,000명 이하, 무대조명면적 약 130m² 이하를 대상으로 함.
상업극장			
시민회관	1.2 ~ 1.8	〃	
소규모 공연장	1.5 ~ 2.5	〃	
음악 공연장	0.9 ~ 1.5		
다목적 공연장	0.4 ~ 1.0		

※ 전기설비학회(일)

(3) 수용인원이 많아 무대공간이 큰 공연장은 투광거리가 길어 조명기구의 용량이 커지기 때문에 <표 3.5>에 의한 각각의 단위면적당의 전원용량의 범위에 있어서 ρ를 높은 값으로 하는 것이 바람직하다.

여기에 나타낸 ρ의 값은 일반적인 공연장을 대상으로 한 값이기 때문에 특수한 용도, 특정한 사용을 목적으로 하는 공연장의 경우에는 그 사용상태에 따라서 산정하여야 한다.

2. 무대기구설비의 전원용량

가) 무대기구설비의 전원용량 산정

무대기구설비는 무대상부의 그리드 위에 설비되는 상부 무대기구와 무대를 여러 가지로 가변 하는 무대 밑에 설비되는 하부 무대기구가 있다.

(1) 전원용량의 산정은 일반적으로 각각의 기구의 계산 값의 합으로 하므로 다음 식에 의해서 산출된 값의 직근(直近) 상위의 정격용량으로 하고 있다.

$$전원용량 = 상부기구의 전원용량 + 하부기구의 전원용량$$

(2) 무대기구는 연극의 진행에 따라서 변화시킬 필요로부터 무대구성상 가변하는 모든 설비에 각각의 전동장치를 설비한다. 따라서 무대기구설비의 총 용량은 방대하여진다.

그러나 모든 무대기구설비가 동시에 동작하는 경우는 드물기 때문에 전원용량은 설비계획단계에서 사전에 공연장의 운용을 상정한 후 전원용량을 산정하여야 한다.

(3) 무대기구설비의 전원용량의 산정은 무대의 진행에 따라 동시에 시동하는 부하용량과 누적 병렬운전을 필요로 하는 부하용량과의 합계 값의 최대부하용량을 허용할 수 있는 전원용량이어야 한다.

그러므로 일반적으로는 다음 식에 의해 산출한 값의 직근 상위를 정격용량으로 하고 있다.

제 3 장 전원설비

> 전원용량 = 동시 운전되는 최대부하용량 × 수용률 × 여유율

(4) 무대기구의 조작방식에는 조작버튼식에 의한 수동(manual) 조작방식과 컴퓨터제어에 의한 프로그램조작방식이 있다.

특히, 컴퓨터제어의 경우에는 프로그램에 의한 동시 시동의 전동기군과 더불어 그 운전 중에 추가되는 다른 전동기군의 동시 시동이 연속하여 누적병렬 운전되는 것도 가능하게 되기 때문에 전원용량의 결정과 동시에 사용상의 제한을 할 수 있는 대책을 강구하여야 한다.

(5) 목표로 하는 전원용량의 계산

무대기구설비는 공연장 계획의 단계에서 운영구상과 건축설계에 밀접한 관계가 되기 때문에 설비내용의 구체화는 초기단계에서 행해지는 것이 많다. 그러나 설비용량과 전원용량과의 관계는 확정하기가 어렵기 때문에 목표로 하는 전원용량을 계산하는 것은 매우 어렵다.

공연장 전체의 전원용량 산출자료로서 무대기구설비의 전원용량을 필요로 하는 경우에는 설비의 변동이 없는 일반 공연장에서 목표로 하는 계산용량은 다음 식에 의한 산출 값을 기준치로 하여 여러 가지의 조건을 더한 값의 직근 상위를 정격용량으로 하는 것이 바람직하다.

상부 무대기구의 전원용량(A) = 총부하 설비용량 × 0.4 ~ 0.6
하부 무대기구의 전원용량(B) = 총부하 설비용량 × 1.0
무대기구설비의 전원용량 = (A) + (B)

나) 부하설비용량의 산정

무대기구설비는 공연장의 형식, 운영형태 및 공연의 종류 등에 의해서 설비내용이 전혀 다를 뿐만 아니라 무대의 크기, 운용상의 동작속도 등에 의해서도 전동기의 종류, 용량 등에 큰 차이가 있다. 또한 건축계획과 밀접한 관계가 있다.

이러한 사정에 의해서 부하설비용량은 계획단계에서 구체적으로 설비내용을 명확히 하고 그 총 합계로서 산출하여야 한다.

(1) 무대기구의 부하설비는 전동기이고, 일반적으로는 고정설비로 시설되기 때문에 부하설비용량은 전동기 정격용량으로 하고 있다.

상부 무대기구의 경우에는 매다는 위치를 임의로 바꿀 필요가 있기 때문에 이동식의 승강장치를 전원접속기로 사용할 수 있도록 설비하는 경우도 있다.

(2) 오페라(Opera), 뮤지컬(Musical) 등의 공연에 중점을 둔 공연장 등은 반입 무대기구

제 3 장 전원설비

용의 전원을 준비하는 경우도 있다.
반입 무대기구는 수전용의 간선(幹線) 차단기의 정격용량을 부하설비용량으로 하고 있다.

다) 수용률

무대기구설비의 경우에는 실 부하 상태에서의 전원용량을 산정하기 때문에 수용률을 1.0으로 계산하여야 한다.

라) 여유율(餘裕率)

무대기구설비에 있어서는 계획시의 상정을 전제 조건으로 하고 있기 때문에 운용 개시 후에 있어서의 사용조건이 계획시와 다른 경우가 있다. 공연장 운용의 과정에서 어느 정도의 설비 증설을 예상하여 여유율은 1.1~1.2로 하는 것이 바람직하다.

3. 무대음향설비의 전원용량

가) 무대음향설비의 전원용량 산정

(1) 공연장의 사용목적 중에 순회공연(tour concert) 등의 공연이 있는 경우에는 시설되어 있는 무대음향설비 이외에 반입 음향기기용 전원이 필요하다.
이 경우 그 전원용량은 시설되는 무대음향 설비용량보다 훨씬 큰 용량을 준비하여야 한다.

(2) 반입 음향기기에 의해 공연을 할 때 시설된 모든 무대음향설비를 공용하는 경우는 거의 없지만 확성장치의 공용 또는 공연장 운용을 위한 장내방송 등 시설된 무대음향 기기를 공통으로 사용할 경우를 고려하여야 한다.
따라서 무대음향설비의 전원용량의 산정에는 다음 사항을 유의하여야 한다.

㉮ 반입 음향기기 전원이 필요 없는 공연장의 전원용량

$$전원용량 = 총\ 부하설비용량 \times 수용률 \times 여유율(단, 수용률\ 1.0)$$

㉯ 반입 음향기기 전원이 필요한 공연장의 전원용량

○ 총 부하설비용량 × 0.4 > 반입음향기기 전원용량

$$전원용량 = 총\ 부하설비용량 \times 수용률 \times 여유율(단, 수용률\ 1.0)$$

제 3 장 전원설비

○ 총 부하설비용량 × 0.4 < 반입음향기기 전원용량

> 전원용량 = 총 부하설비용량 × 수용률 × 여유율 +
> 반입음향기기 전원용량(단, 수용률 0.6)

다만, 전원변압기를 각각 독립하여 설비하는 경우에는 각각의 전원용량으로 하여야 한다.

나) 부하설비용량의 산정

무대음향설비는 양질의 소리를 관객에게 제공하는 시설이므로 공연장의 사용목적에 의한 객석 평균음압의 설정치에 따라서 설비내용이 변화한다. 또한 건축계획에 의한 객석의 구조 및 형태에 의해서도 설비의 내용에 차이가 생긴다.

그러므로 부하설비용량은 이들을 고려한 내용을 구체적으로 설계한 부하설비로부터 산출하는 것이 바람직하다.

(1) 무대음향설비 부하용량

무대음향설비의 부하용량의 산정은 기기명판에 표시된 정격용량을 기초로 하며 무대음향기기의 실제 최대소비전력을 고려하여 산정하여야 한다.

다음 <표 3.6>은 음향기기의 명판을 알 수 없는 경우 소비전력을 산정하는데 참고할 수 있다.

<표 3.6> 음향기기의 일반적인 소비전력 산정

기기 명칭	소비전력(W)
디지털효과기(1~2 랙 유닛)	10~40
디지털효과기(3~5 랙 유닛)	150
녹음재생기기	75
12채널 콘솔	300
24채널 콘솔(저급)	600
24채널 콘솔(중급 이상)	1000
녹음기(24트랙 이상)	평균 700, 최대 2000
전력증폭기	정격용량의 2.5배 예) 50W, 2채널 파워앰프의 경우 최대소비전력은 250W를 적용

※Audio systems design and installation, Philip Giddings

(2) 반입 음향기기 용량

무대 뒤 등에 예비전원으로 반입 음향기기 전원반을 설비하는 경우에는 그 전원 수전용의 간선(幹線) 차단기의 정격용량으로 한다.

다) 수용률

무대음향설비의 전원용량은 음질이 변형(일그러짐)되지 않도록 하기 위해 음성출력의 최대치를 공급할 수 있는 용량이어야 한다.

또한, 음향 전류파형에는 고조파함유량이 많기 때문에 전원에 대한 고조파 억제대책 방법으로 수용률은 1.0으로 하고 있다.

다만, 반입음향기기 전원이 필요하고 또한, 그 용량이 시설의 총 부하설비용량의 40% 이상의 용량이 준비된 경우에는 수용률은 0.6으로 한다.

이것은 반입기기에 의한 공연에 있어서도 시설되어 있는 음향설비로 기록녹음, 분장실계 모니터, 로비 확성 등이 사용되기 때문에 무대음향설비는 상시 가동상태로서 유지할 필요가 있다.

라) 여유율

공연장의 음향전원설비 설계시 계산상 예측되는 효과는 건축디자인, 내장재질 등의 건축음향과의 관계로 실제로는 약간의 차이가 생긴다.

또한, 무대음향설비는 시설 이후 운용하는 도중에 음향효과기기 또는 녹음기기 등을 증설하는 경우가 많으므로 이를 고려하여 전원용량은 다소 여유를 갖는 것이 바람직하다.

일반적으로 여유율은 1.2~1.3이 바람직하다.

마) 목표로 하는 전원용량

무대음향설비는 앞서 언급한 바와 같이 객석의 평균 음압의 설정치에 따라 설비내용이 현저히 다르기 때문에 전원용량의 간이산정은 어렵지만 공연장 설계시 대략적인 목표값을 위한 참고치를 <표 3.7>에 제시하였다.

제 3 장 전원설비

<표 3.7> 목표로 하는 무대음향설비의 전원용량

고정설비 평균음압 설정치(dB)	공연장 객석수	음향전원용량	
		고정설비전원 (kVA)	반입음향기기전원 (kVA)
90	약 2,000석	50~100	60~300
90	약 1,000석	40~70	30~100
90	약 500석	20~40	20~60
85	약 2,000석	40~80	50~200
85	약 1,000석	30~70	30~100
85	약 500석	20~40	20~60
80	약 2,000석	30~70	40~200
80	약 1,000석	20~60	20~80
80	약 500석	20~40	20~60

제 3 장 전원설비

3.2 간선(幹線)설비

간선설비는 본질적으로는 일반적인 건축설비에 있어서의 간선설비와 유사하지만 연출공간 전기설비 특유의 기능상, 특성상 또는 운용상 특히 유의할 필요가 있는 것에 관하여 서술한다.

3.2.1 간선계통

1. **무대 조명**

   가) 무대 조명용의 전원은 시스템구성 또는 조작상에서 1회로의 간선(幹線) 차단기를 설치하는 것이 바람직하다.

   특히, 사이리스터 조광기를 사용하는 경우에는 제어용전원(위상각 제어회로)을 완전히 동기시킬 필요가 있기 때문에 간선을 여러 회선으로 나눠 공급하는 것은 그 회선수만큼 위상각 제어회로를 설치하는 것이 되므로 비용이 상승할 뿐만 아니라, 시스템구성이 복잡하게 되어 조작상 또한 조광특성에도 적합하지 않은 경우가 발생할 수 있다.

   따라서 무대 조명전원은 1회선으로 공급하는 것이 대부분이며, 설비의 고도화, 규모의 대형화에 따라 대용량의 간선이 필요해진다.

   나) 간선용량의 산출에는 대단원(finale)에 있어서의 최대부하를 상정하고 최대수요전력의 1.1~1.2배의 값을 채용하는 것이 바람직하다.

   또한, 상술한 바와 같이 사이리스터 조광기를 사용하는 경우에는 중성선에 고조파 전류가 흘러서 조광 특성에 악영향을 주기 때문에 전압강하의 계산은 특히 주의하여야 한다.

   다) 반입조명기기 전원을 설비하는 경우에는 그 설치장소가 일반적으로 무대 뒤편 등의 무대 마루면에서 취급할 수 있는 장소에 설정되어 조광실과는 다른 장소이므로 무대조명용 간선과는 별도 계통의 간선설비를 설치하여야 한다.

2. **무대기구**

   무대기구설비는 상부기구와 하부기구로 구성되어 있다. 상부기구의 주 설비는 무대상부의 브리지 위에 설치되고, 하부기구는 무대 하부에 시설되어지므로 관리운영상 공급전원계통은 분리하는 것이 바람직하다.

   따라서 일반적으로 무대기구설비 간선은 2계통으로 시설하고 있다.

제 3 장 전원설비

3. 무대음향

무대음향설비는 공연장내 기존 설치된 음향설비에 의한 공연은 물론 반입음향기기에 의해 공연을 행하는 경우도 많아지고 있다.

따라서, 반입음향기기 전원설비는 무대음향설비의 필수조건이라고 할 수 있다.

그러므로 무대음향용 간선은 무대음향기계실에 그리고, 일반적으로 무대 뒤편에 설치되는 반입음향기기 전원반의 2계통의 간선설비로 하는 것이 바람직하다.

3.2.2 간선 긍장(亘長)

대용량의 간선의 경우에는 버스 덕트, 케이블 또는 전선을 병렬로 하여 사용하는 방법이 채용되고 있다. 배선의 긍장이 긴 경우, 특히 버스 덕트를 사용하는 때에는 상간의 임피던스 차를 작게 하기 위해서 연가(撚架)를 하여야 한다.

일반적으로 간선의 긍장을 결정할 때에 주의하여야 할 사항은 다음과 같다.

1. **최단 거리로 하고, 긍장은 될 수 있는 한 70m 이내로 한다.**

    사이리스터 조광기를 사용하는 무대 조명전원은 다음의 이유로부터 간선의 긍장을 짧게 할 필요가 있다.

    가) 사이리스터 조광은 게이트신호에 의한 부하전류 회로의 위상각제어를 하기 때문에 전류파형에는 조광도에 의한 고조파 함유량이 많고 첨예한 왜형파에 의해서 변화가 심하다.

    또한, 무대조명의 부하회로는 여러 가지 조광도로 사용하기 때문에 전원의 전류파형이 배선의 임피던스에 의한 전압강하에 의해서 각각 다른 조광도에 반응하여 개방 및 투입하는 오동작이 발생 할 수 있다.

    나) 사이리스터 조광기의 부하전류 회로의 위상각제어는 사이리스터에 인가되는 전원의 파형과 게이트신호를 완전히 동기(同期)시키는 방법으로서 일반적으로 전원 파형이 0이 된 순간을 감지하여 점호(点弧)회로를 복귀하는 방법이 사용되고 있다.

    무대조명의 조광 중에 동기(同期)가 벗어나면 빛이 흩어져서 불안정하게 되는 경우가 발생하기도 한다.

    조광 중에 동기가 벗어나는 원인은 간선의 배선 임피던스에 의한 전압강하로부터 생기는 전류 파형이 개방 및 투입하는 장해가 가장 크다. 최악의 경우에는 이 개방 및 투입이 0점에까지 달하여 점호(点弧)회로가 복귀되어 조광이 되지 않는 경우도 있다.

    따라서 간선의 전압강하를 줄이기 위해서는 조광기까지의 간선거리를 될 수 있는

제 3 장 전원설비

한 짧게 하는 것이 바람직하다.

2. 간선의 긍장이 70 m 이상인 경우

일반적으로 변전실은 구내 지하에 시설되는 것이 대부분이며, 연출공간전기설비는 하부 무대기구설비를 제외하면 대부분의 설비가 지상의 무대 위쪽에 설비되는 경우가 많다. 또한 전원용량은 대단히 크므로 간선의 용량도 커진다.

특히 무대 조명설비는 상술한 바와 같이 시설하는 전 부하에 대하여 1회선으로 할 필요가 있기 때문에 간선의 용량이 매우 커지게 된다. 더욱이 무대 조명은 대부분이 사이리스터 조광부하이므로 간선 긍장이 긴 경우에는 여러 가지의 장해가 발생할 우려가 있다.

따라서 대용량 간선의 시설거리가 길어지는 경우에는 경제성을 고려하여 조광기실의 가까이에 2차 변전실을 시설하는 것이 바람직하다

3. 간선의 전압강하

전압강하의 계산에 의하여 간선에 의한 전압강하는 3% 이하가 되는 굵기를 선정하여야 한다.

4. 케이블 또는 전선을 병렬로 설치

케이블 또는 전선을 병렬로 설치하는 경우에는 굵기와 길이를 동일하게 하고, 반드시 연가(撚架)를 하여야 한다.

5. 간선의 통로(Route)

지하 변전실에서 각 설비기기의 수전단에 이르는 간선의 통로가 동일한 기둥 또는 동일한 마루의 면을 2번 통과하는 경우에는 각각에 함유되어 있는 철골이나 철근을 자화(磁化)하게 되어 개체(個体) 진동을 일으키는 원인이 된다.

이 진동은 건물 전체에 잡음으로 발생하기 때문에 충분히 주의하여야 한다. 또한, 같은 이유에 의해서 간선을 구성하는 전선간에 자성체의 지지물이 존재하면 경우에 따라서 발열하여 누전 및 화재 발생의 우려가 있기 때문에 특히 주의를 하여야 한다.

그러므로 간선의 통로가 건물의 자성체를 환상(環狀)하지 않도록 하여야 하며, 또한 케이블 또는 전선이 지지물 등의 자성체를 환상(環狀) 하지 않도록 하여야 한다.

3.2.3 시설장소

각종 설비에 전력을 공급하는 간선설비는 전력공급 신뢰성을 확보하기 위하여 시설장소의 선정시 신중한 고려가 필요하다.

전기실 또는 기계실이 집중하는 지하층에는 전기설비·공조설비·위생설비의 배관, 덕트 등이 밀집·교차되는 곳이 많다.

천장 옆으로 가로지르는 간선이 급·배수관의 하단에 설치되어 있으면 누수사고가 일어날 경우 절연불량에 의한 정전사고의 우려가 있으므로 전기의 배선 통로는 급·배수관의 상단에 설치하는 등의 고려가 필요하다.

그러나 금속관공사의 경우에 풀박스(Pool box) 위치의 아래쪽에 배관 또는 덕트 등이 설치되어 있는 부분에 설정되면 배선공사시 또는 개수할 때에 풀박스 덮개의 개폐가 곤란하게 되어 공사에 지장을 초래할 수 있기 때문에 주의가 필요하게 된다.

또한, 금속관, 케이블 트레이 및 금속덕트 등이 벽 및 마루 관통시에는 방화조치, 연소방지 조치를 실행하여야 한다.

따라서 간선의 시설장소는 다음 사항을 유의하여야 한다.

1. **전용샤프트(EPS : Electrical Power Shaft)**

    전기설비 전용으로서 건물에 종(縱)으로 이어진 설정된 공간이고 다른 설비도 부착되어 있는 전개된 장소이다. 또한, 독립된 구획으로 되어있기 때문에 간선의 시설장소로서 적합하며 금속관공사, 케이블공사, 버스 덕트공사 등 모든 재료, 공법에 적용할 수 있다.

    또한, 장래의 증설, 변경에도 대응이 용이하고 중규모 이상의 건물에는 필요한 공간이다. EPS 설치시의 주의할 점은 다음과 같다.

    가) 침수에 대비하여 EPS 내의 바닥은 기준바닥의 면보다도 높게 하고 문은 바닥의 면보다 높게 설치하여야 한다.

    나) 벽과 바닥은 배관, 케이블 트레이, 분전반 등의 중량물을 유지할 수 있도록 하중에 견디는 구조로 하여야 한다.

2. **전개된 장소**

    일반적으로 전기실, 기계실 등의 장소로서 간선시공의 제약은 비교적 적지만, 기본적으로 전체가 노출배선이고 또한, 다른 설비가 많이 부착되어 있으므로 경우에 따라서는 간선시공에도 충분한 검토가 필요하다.

3. 점검이 가능한 은폐장소

이중 천장 내부 등의 장소에서는 점검할 수 있는 점검구와 개수공사를 할 수 있는 곳이 별도로 되어 있도록 유의할 필요가 있다. 간선과 같은 배선 설비는 장래의 증설·변경을 예상하여 케이블 트레이공사 또는 금속덕트공사가 바람직하다. 이 경우에는 천장면에 설치하는 점검구는 필요한 만큼 충분한 곳을 설치하는 것이 중요하다.

3.2.4 배선방법

1. 배선방법의 선정

간선의 배선방법에는 여러 가지의 종류의 것이 있지만 일반적으로 채용되고 있는 것을 다음에 나타낸다.
가) 비닐절연전선에 의한 금속관공사
나) 케이블 트레이에 의한 케이블공사
다) 버스덕트공사

각 방법의 선정은 건물의 조건, 부하의 용량과 분포상황, 허용전압강하, 시공법, 경제성 등을 고려하여 결정한다. 배선방법의 특징을 <표 3.8>에 나타낸다.

<표 3.8> 배선방법의 특징

배선공사의 방법	장 점	단 점
비닐절연전선에 의한 금속관공사	· 전선이 금속관으로 보호되어 물리적인 손상에 대해 보호 가능 · 방화구획 관통처리가 간단	· 세로(縱)로 하는 배선방법에 있어서 전선의 지지가 어렵고 과대한 장력이 걸리기 쉽다.
케이블 트레이에 의한 케이블 공사	· 방열이 잘되며 허용전류가 크다. · 장래의 부하 증설에 대하여 비교적 대응하기 쉽다.	· 굵은 전선은 굴곡반경이 커서 공간 및 시공면에서 불리하다. · 방화구획 관통처리가 복잡하다.
버스 덕트 공사	· 대용량 간선에 적응할 수 있다. · 예정된 부하증설에 신속히 대응할 수 있다. · 전압강하가 적다	· 긍장이 긴 때에는 연가(撚架)가 필요하다. · 접속개소가 많다.

2. 재료의 선정

간선설비에 사용되는 재료에는 도체 재료로서의 비닐전선을 비롯하여 각종의 전선, 케이블류, 버스덕트 등이 있고, 전선보호 재료로서는 금속전선관, 케이블 트레이, 금속덕트 등이 있다.

제 3 장 전원설비

가) 도체재료

도체 재료는 도체 자체의 재질의 종별, 절연피복 또는 시이즈의 유무, 절연재 및 시이즈재의 종별 또한, 케이블에 있어서의 도체수, 완성된 형상 등 많은 종류가 있어 사용목적, 조건에 의해 사용이 구분되어 있다.

일반적으로는 안전성, 신뢰성, 시공성 등의 면에서 동도체를 많이 사용한다. 또한, 알루미늄도체의 경우에는 열 팽창률의 크기, 산화피막의 형성되어 접촉저항의 증대에 의한 접속 신뢰성의 저하 등의 문제가 있어 동도체의 사용영역이 넓다.

그러나, 부족한 인장강도를 보완하는 강철와이어의 채용 또는 산화방지부착(paste), 압축접속 등이 보편화됨에 따라 알루미늄소재가 갖는 염가, 경량이라고 하는 장점을 활용하여 중용량, 대용량 간선설비로서의 버스덕트 또는 분기부 케이블에 있어서는 알루미늄도체의 사용이 많아지고 있다.

나) 전로(電路)재료
  (1) 금속관

   금속관은 옥내, 옥외 등 어느 쪽의 장소에서도 시설할 수 있다. 절연전선이나 케이블 등이 금속관의 속에 있기 때문에 외부로부터 손상을 받을 우려가 적고 피복이 자연 열화하는 등의 위험은 없지만, 공사방법이 부적절한 경우 금속관에 누전이 되어 감전 및 화재의 원인이 된다. 사용되는 금속관에는 박강전선관, 후강전선관, 나사로 접속하는 전선관이 있다.

  (2) 금속덕트

   연출공간전기설비는 전원용량이 크기 때문에 버스덕트를 사용하는 경우가 많지만 간선루트가 복잡한 경우에는 경제성, 시공성 등을 고려하여 케이블 또는 전선을 사용하는 경우도 있다.

   특히, 간선용량과 전선용량의 관계로부터 복수의 케이블 또는 전선에 의한 경우 배선처리를 쉽게 하기 위해서 사용장소에 따라서 설계 제작되는 금속덕트를 채용하는 경우도 있다.

  (3) 케이블 트레이

   ㉮ 케이블 트레이는 강제와 알루미늄제가 있다. 케이블 트레이의 크기를 선정하는 경우에는 케이블의 조수, 완성외경, 허용 굴곡 반경, 중량, 장래에 대비한 예비 공간 등을 고려하여야 한다.

   ㉯ 케이블 트레이의 포설에 관하여는 일반적으로 전력용은 방열을 고려하여 1단으로 포설하는 것이 바람직하지만 부득이 2단 이상으로 포설하는 경우에는 상단과 하단

의 사이에 간격을 두어 통풍이 잘되게 하고 또한, 자기결합이 발생하지 않도록 하여야 한다.

㈐ 트레이의 케이블 결속방법은 수평 트레이의 경우에는 케이블의 이동 및 교차가 생기지 않도록 케이블 트레이의 가로대에 결속한다. 이 경우, 직선구간의 지지간격은 통상 2.4~6m 이내마다, 분기형 트레이 등 기타 트레이의 개소에서는 60㎝ 전후로 케이블의 굴곡부분을 케이블 트레이에 결속한다.

수직 트레이의 경우에는 케이블의 자중을 결속끈 등에 의해 하중을 분산시키기 때문에 직선부분은 1m 이내마다 가로대에 결속하여 간다. 이 가로대에 결속하여 가는 경우에 동일한 부분에 하중이 집중되는 것보다 1/2 ~ 1/3마다 하중이 분산되는 것이 트레이의 구조상 바람직하다.

특히 트레이의 폭이 클수록, 케이블의 자중이 무거울수록 그리고, 개수가 많은 경우에는 중요하다.

다) 지지(支持)재료

간선은 그 중요성으로 인해 견고히 부착할 필요가 있다. 천장 옆으로 설치되는 금속관, 금속덕트, 케이블 트레이, 버스 덕트는 강재(Angle), 경량형강(C channel) 등을 대들보, 천장에 볼트로 매달아 지지하여야 한다. 또한 강재 및 볼트는 간선재료의 하중에 충분히 견디는 것이어야 한다.

구조체에 미리 매다는 볼트를 끼워 놓거나 또는 매설하여야 한다.

제 4 장
무대조명설비

4.1 무대조명기구
4.2 무대조명용 배선기구
4.3 전선과 케이블
4.4 조광장치
4.5 무대조명설비의 설계
4.6 무대조명설비의 시공

제 4 장 무대 조명설비

　공연장에 있어서 무대조명설비는 작품에서 표현하고자 하는 다양한 효과를 연출하는데 반드시 필요한 설비로서 예를 들면, 무대를 보이게 하는 기본적인 기능, 춘하추동, 아침·저녁, 맑고 흐린 날씨 등의 정경묘사, 무대를 현란하게 하거나 또는 정적인 느낌을 주는 등의 미적묘사, 출연자의 심리묘사 또는 주시하기 위한 팔로우조명 등의 효과에 필수적이다.
　무대 조명설비의 내용은 극장, 홀의 형태, 크기, 규모 등 또는 운영방법에 의해 다르지만 일반적으로 <그림 4.1>에 나타낸 바와 같이 무대 조명기구, 무대배선기구 및 무대 조명제어를 하는 조광장치로 구성되어 있다.

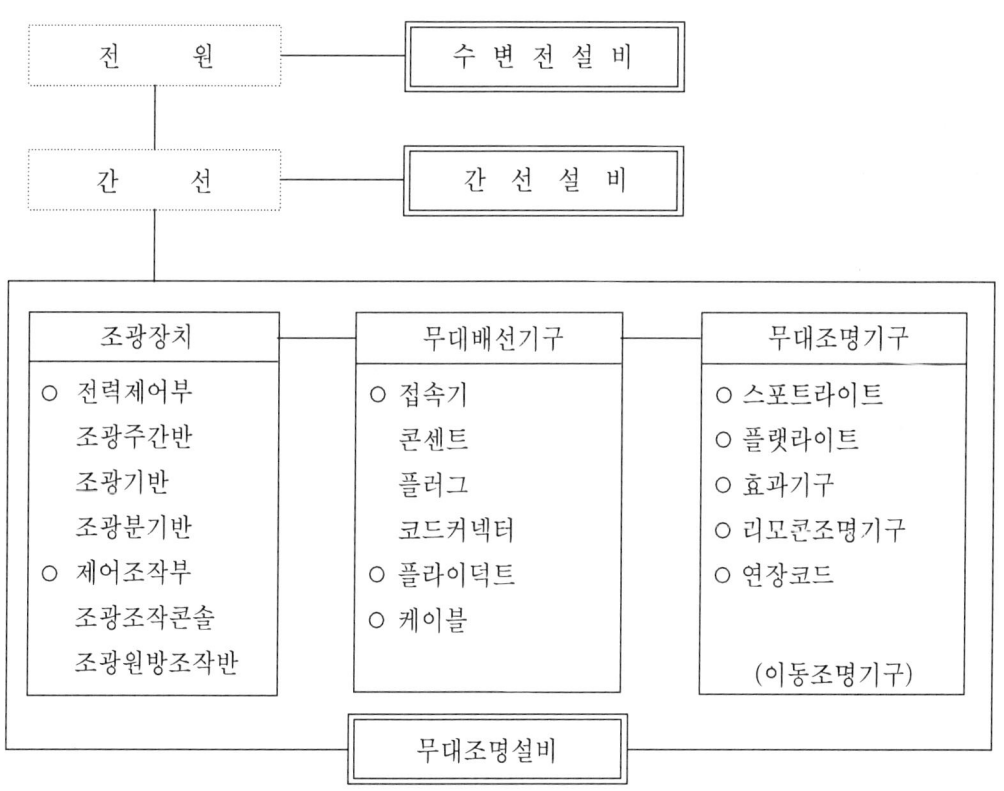

<그림 4.1> 무대조명설비의 구성

제 4 장 무대 조명설비

4.1 무대 조명기구

무대 조명기구는 사용장소, 조명효과 등에 따라 일반 주택, 빌딩 또는 공장 등에 사용되는 일반조명기구와 다른 점이 많다. 그 차이점을 열거하면 다음과 같다.

① 무대 조명기구는 큰 공간을 조명할 필요성이 있으며 투광거리가 길다. 따라서, 일반적으로 용량이 500W~5kW이고 광원의 색온도가 3050K 이상인 대용량의 할로겐전구 등이 사용된다.

② 무대 조명기구는 필요한 여러 가지 조명효과를 얻어야 하기 때문에 각각의 빛의 성질에 알맞은 성능을 가지는 기종이 많다.

③ 무대 조명은 공연의 시작에서 끝까지 모든 장면에 필요한 조명기구를 준비해야 하므로 대단히 많은 종류의 기구설비가 필요하다.

④ 무대 조명은 공연되는 작품에 따라 전혀 다른 조명효과를 필요로 하기 때문에 대개의 조명기구는 접속기를 사용한 이동형태의 조명기구이다. 따라서, 무대 조명의 부하설비는 거의 콘센트설비이다.

⑤ 콘센트에 접속하는 조명기구는 분기회로의 정격용량과 같은 부하용량의 조명기구를 사용하는 경우가 많다. 예컨대, 30A 회로에는 1kW×3대 또는 1.5kW×2대로 또한, 20A 회로에는 500W×4대 또는 1kW×2대 등으로 하는 경우가 많다.

⑥ 무대조명의 부하회로는 사이리스터 조광기에 의해 0~100%의 조광제어 및 회로의 ON-OFF 점멸조작이 공연하는 동안 자주 반복하여 행해진다.

⑦ 무대조명에 있어서, 연극 등의 공연시에는 과전류차단기의 오동작에 의한 소등은 보안상, 연출효과상 절대 피하지 않으면 안 된다.

본 지침에서는 무대조명기구의 안전사항, 설계와 시공 등에 관하여 서술하였다.

4.1.1 조명기구의 종류

무대 조명기구의 명칭은 일반적으로 설치장소의 설비명칭과 조명기구의 구조, 성질에 의한 호칭을 사용하고 있다.

1. 설치장소에 의한 분류

무대 조명기구를 취급하는 장소와 그 조명설비의 명칭 및 그 설비에 일반적으로 사용되는 조명기구의 종류를 <표 4.1>과 <그림 4.2>에 나타낸다.

제 4 장 무대 조명설비

<표 4.1> 무대상부와 조명기구의 명칭

취부장소	기호	취부명칭	조명기구의 성질	기구명칭	입력접속 방법
포털브리지	PB, PBL	포털보더라이트	플랫라이트	보더라이트	플러그접속 (플라이덕트)
	PS,SL	포털서스펜션 라이트	스포트라이트	퍼넬렌즈스포트라이트 플라노컨벡스라이트 파라이트 엘립소이달스포트라이트	플 러 그 접 속 (플라이덕트)
			특수효과기구	효과프로젝터 스트로브	
플라이 브리지	B,BL	보더라이트	플랫라이트	보더라이트	단자접속
	SL	서스펜션라이트	스포트라이트	퍼넬렌즈스포트라이트 플라노컨벡스라이트 파라이트 엘립소이달스포트라이트	플 러 그 접 속 (플라이덕트)
			특수효과기구	효과프로젝터 스트로브	
조명바톤	B,BL	보더라이트	플랫라이트	보더라이트	단자접속
조명바톤	SL	서스펜션라이트	스포트라이트	퍼넬렌즈스포트라이트 플라노컨벡스라이트 파라이트 엘립소이달스포트라이트	플 러 그 접 속 (플라이덕트)
			특수효과기구	효과프로젝터 스트로브	
조명바톤	UH		플랫라이트		단자접속

제 4 장 무대 조명설비

<표 4.2> 무대측면과 조명기구의 명칭

취부장소	기호	취부명칭	조명기구의 성질	기구명칭	입력접속 방법
프로시니엄이면	TL, TCL	토멘터라이트	스포트라이트	플라노컨벡스라이트 엘립소이달스포트라이트 퍼넬렌즈스포트라이트 파라이트	플러그접속(플라이덕트)
무대측면 조명봉	TW TCW	타워라이트	스포트라이트	플라노컨벡스라이트 엘립소이달스포트라이트 퍼넬렌즈스포트라이트 파라이트	
무대양측 갤러리	GL	갤러리라이트	스포트라이트	플라노컨벡스라이트 퍼넬렌즈스포트라이트 엘립소이달스포트라이트 팔로우스포트라이트	플러그접속(콘센트)
			특수효과기구	스트로브 포그머신	
포털양측	PT	포털타워라이트	스포트라이트	플라노컨벡스라이트 엘립소이달스포트라이트 파라이트	플러그접속(플라이덕트)
			특수효과기구	효과 프로젝터 스트로브	

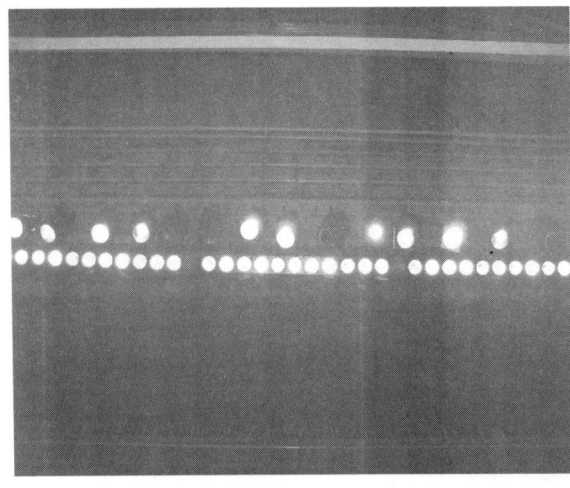

<그림 4.2> 무대상부의 조명기구

<그림 4.3> 무대측면의 조명기구

제 4 장 무대 조명설비

<표 4.3> 무대마루와 조명기구의 명칭

취부장소	기호	취부명칭	조명기구의 성질	기구명칭	입력접속 방법
앞무대	F,FL	푸트라이트	플랫라이트	-	플러그접속 (플라이덕트)
주무대	LH	하단하늘막조명	플랫라이트	-	
무대전체	FC	스테이지라이트	플랫라이트	-	
			스포트라이트	퍼넬렌즈스포트라이트 플라노킨벡스라이트 파라이트 엘립소이달스포트라이트 푸트스포트라이트	
			특수효과기구	효과프로젝터 스트로브 포그머신 드라이아이스머신	

<그림 4.4> 무대마루의 조명기구

제 4 장 무대 조명설비

<표 4.5> 객석천장·측면·후부와 조명기구의 명칭

취부장소	기호	취부명칭	조명기구의 성질	기구명칭	입력접속 방법
○객석천장					
프로시니엄	PL, PSL	프로시니엄 서스펜션라이트	스포트라이트	퍼넬렌즈스포트라이트 플라노컨벡스라이트 파라이트 엘립소이달스포트라이트	플러그 접속 (플라이덕트)
			특수효과기구	효과 프로젝터 스트로브	
객석천장 투광실	CL	실링라이트	스포트라이트	퍼넬렌즈스포트라이트 플라노컨벡스라이트 엘립소이달스포트라이트 팔로우스포트라이트	플러그 접속 (플라이덕트)
			특수효과기구	효과 프로젝터	
○객석측면					
객석측면 투광실	FSL, FR	프론트사이드 라이트	스포트라이트	퍼넬렌즈스포트라이트 플라노컨벡스라이트 엘립소이달스포트라이트 팔로우스포트라이트	플러그 접속 (플라이덕트)
			특수효과기구	효과 프로젝터	
○객석후부					
발코니	BAL	프론트사이드 라이트	스포트라이트	퍼넬렌즈스포트라이트 플라노컨벡스라이트 엘립소이달스포트라이트 파라이트	플러그 접속 (플라이덕트)
			특수효과기구	효과프로젝터	
팔로우스포트 라이트실	CS, HS	팔로우 스포트라이트	스포트라이트	팔로우스포트라이트	플러그 접속 (플라이덕트)
효과기실	PJ	프로젝션라이트	특수효과기구	효과프로젝터	

제 4 장 무대 조명설비

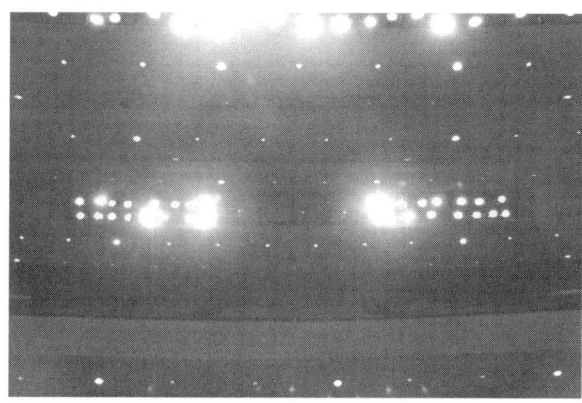

<그림 4.5> 객석천장의 조명기구

<그림 4.6> 객석측면의 조명기구

<그림 4.7> 객석후부의 조명기구

제 4 장 무대 조명설비

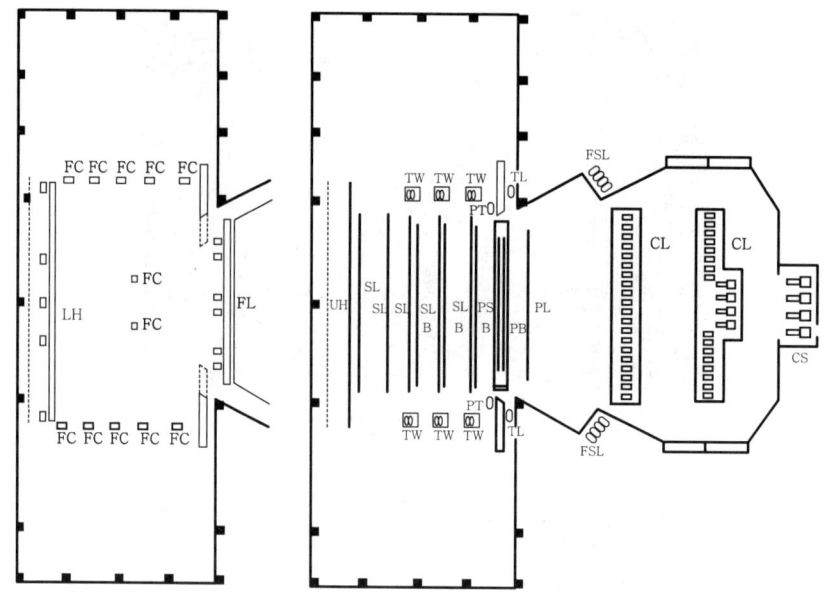

(a) 무대마루 평면도   (b) 무대상부 평면도

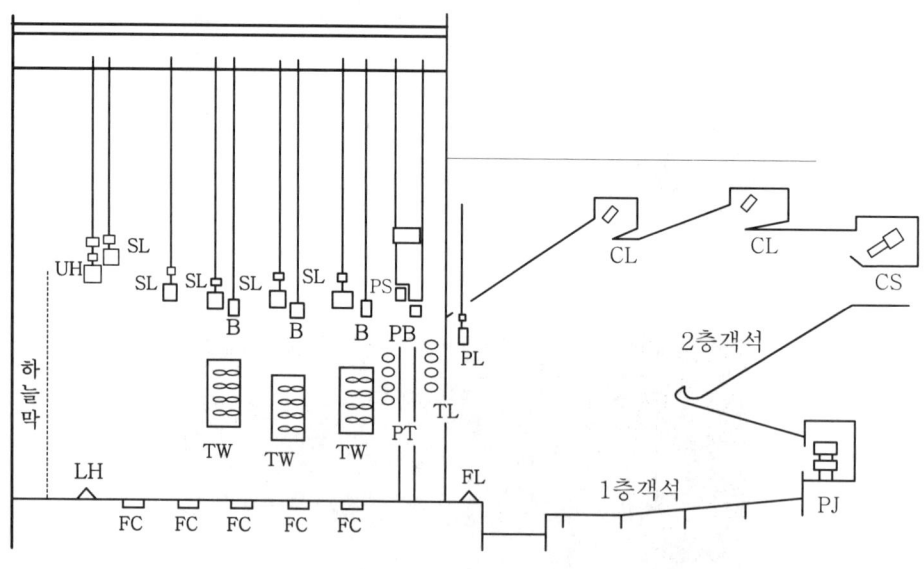

(c) 무대 단면도

<그림 4.8> 무대조명기구배치도의 일례

제 4 장 무대 조명설비

2. 조명기구의 구조, 특성에 의한 분류

무대 조명기구는 그 구조와 투광하는 빛의 특성에 의해 일반적으로 다음과 같이 분류하고 있다.

가) 스포트라이트

투광범위와 밝기에 의해 빛의 강도를 조절할 수 있고 부분조명의 효과를 얻을 수 있는 무대 조명의 주체가 되는 조명기구이다. <표 4.6>에는 일반적인 스포트라이트의 종류와 빛의 목적과 대부분 사용되는 취부장소를 나타내며 <그림 4.9>에 그 일례를 나타낸다.

<표 4.6> 스포트라이트의 종류

조명명칭	조명의 목적	기구의 용량
평볼록렌즈 스포트라이트	무대, 객석 전체에 사용되어 광선이 강한 조명효과를 얻을 수 있고 목적에 따라서 투광범위, 조사각도를 조정할 수 있다.	할로겐전구 500W, 1kW 1.5kW, 2kW
퍼넬렌즈 스포트라이트	무대 전체에 사용되어 평볼록렌즈 스포트라이트보다 부드럽고 플랫라이트보다 강한 조명효과를 얻을 수 있어 목적에 따라서 투광범위, 조사각도를 조정할 수 있다.	할로겐전구 500W, 1kW 1.5kW, 2kW, 3kW HMI램프 2.5kW, 4kW
엘립소이달 스포트라이트	조사면의 윤곽을 선명하고 명확하게 보여줄 수 있어 4매의 컷터판으로 불필요한 부분을 컷할 수 있어 사진원판을 넣어 모양조명에도 사용된다. 투광면, 투광범위, 조사각도를 조정할 수 있다.	할로겐전구 500W, 575W 650W, 750W 1kW, 2kW HMI램프 1.2kW, 2.5kW
파라이트	무대, 객석 전체에 사용된다. 전구의 종류에 의해 최협각(VNSP), 중각(MSP), 광각(WFL) 등이 있어 사용 목적에 맞추어 이용한다. VNSP보다 가는 빔각이 필요한 경우는 ACL전구를 사용하여 4대를 직렬접속하여 사용한다.	할로겐전구 500W, 1kW 24W - 250W
팔로우 스포트라이트	조사범위의 윤곽이 분명하고 강한 밝기를 얻을 수 있는 조명기구이다. 특정한 출연자의 부각시키는데 사용한다.	할로겐전구 650W, 1kW, 2kW 크세논램프 500W, 700W 1kW, 2kW, 3kW

제 4 장 무대 조명설비

퍼넬렌즈스포트라이트

엘립소이달스포트라이트

파라이트

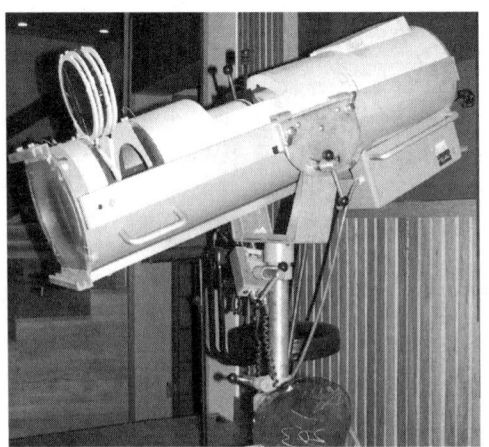

팔로우스포트라이트

<그림 4.9> 스포트라이트의 일례

제 4 장 무대 조명설비

나) 플랫라이트

광원과 반사경과의 조합에 의하여 비교적 광범위하고 부드러운 평활한 조명을 할 수 있는 조명기구로 그 종류와 사용장소를 <표 4.7>에 표시하고 <그림 4.10>에 그 일례를 나타내었다.

<표 4.7> 플랫스포트라이트의 종류

조명기구	사용장소	조명의 목적	기구의 용량
보더라이트	무대상부	무대면에 균등한 조명을 얻을 수 있는 연속등구로 3색 또는 4색의 배선방식으로 하여 무대전체 또는 광범위한 색채조명에 사용한다.	텅스텐전구 100W, 200W / 할로겐전구 100W, 200W, 300W
상단하늘막조명	무대안쪽 상부	하늘막에서의 균등한 조명을 무대상부로부터 얻기 위한 기구로 사계의 아침, 낮, 밤의 하늘 등의 자연현상의 표현 및 무대배경의 색채조명을 목적으로 한다. 등구는 연속등구와 단체등구가 있다. 연속등구는 3색 또는 4색의 배선방식이고 단체등구는 플라이덕트로부터 급전된다. 플라이덕트는 4색~8색의 배선방식이다.	텅스텐전구 100W 200W / 할로겐전구 100W 300W 500W 750W 1000W
하단하늘막조명	무대안쪽 마루	하늘막에서의 균등한 조명을 무대마루의 면에서 얻기 위한 연속등구로 3색 또는 4색의 배선방식으로 하여 자연현상의 수평선이나 지평선상의 공간의 표현 또는 무대배경의 색채조명에 사용한다.	텅스텐전구 100W, 200W / 할로겐전구 100W, 300W, 500W
푸트라이트	무대앞마루	출연자의 보조광이나 단장의 조명을 목적으로 한 연속등구로 3색 또는 4색의 배선방식으로 사용된다.	텅스텐전구 60W, 100W / 할로겐전구 80W, 100W
스트립라이트	무대위	무대장치의 부분조명이나 지평선의 보조광으로 사용하는 연속등구로 2색 또는 3색의 배선방식으로 사용된다.	텅스텐전구 60W, 100W / 할로겐전구 65W, 100W
플러드라이트	무대위	무대장치나 배경막의 부분조명에 사용하는 단체등구이다.	할로겐전구 500W, 1000W

제 4 장 무대 조명설비

보더라이트

상단하늘막조명

푸트라이트

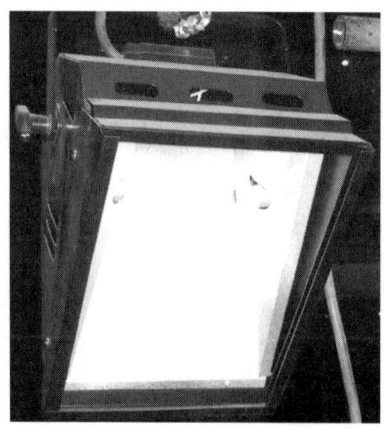
스트립라이트

플러드라이트

<그림 4.10> 플랫라이트의 일례

다) 효과기

효과기는 공연중 작품의 장면에 대한 시각적 효과를 극대화하기 위하여 마술과도 같은 환상적인 효과를 표현하는데 이용되는 각종 장치를 말하며 조명기구뿐만 아니라 무대면에 오일을 이용해 연기를 내뿜는 포그머신 등도 효과기의 일종이다.

일반적인 효과기의 종류는 <표 4.8>과 같으며 그 일례는 <그림 4.11>과 같다.

<표 4.8> 효과기의 종류

조명명칭	효과의 목적	기구용량
효과프로젝터	비, 눈, 구름, 불, 물결 등의 자연현상과 가동모양 등의 환상효과에 사용한다. 등체와 머신류와 투영렌즈를 조합하여 사용한다.	할로겐전구 500W, 1kW, 2kW
		HMI램프 575W, 2.5kW, 4kW
스트로브	번개불의 효과, 록콘서트 등의 무대효과에 사용한다.	
별의 효과	밤하늘의 별을 표현하는 효과에 사용한다.	핀코드 1.2W×200~400개
물결의 효과	물결을 표현하는 효과기구	할로겐전구 500W×2개
포그머신	안개상의 무대공간을 만들어 스포트라이트의 빛줄기를 공간에 표현하는 효과에 이용된다.	소비전력 1635W, 1350W 1050W
드라이아이스머신	무대마루면에 드라이아이스의 연무를 선면에 깔아 구름효과, 환상적인 효과를 표현하기 위해 사용된다.	소비전력 7040W, 1440W
전식장치	소형전구나 네온사인으로 무대 장치를 장식하여 호화스럽고 현란한 장면을 만들기 위한 장치이다.	연출기획에 의해 전용 제작한다

제 4 장 무대 조명설비

효과프로젝터

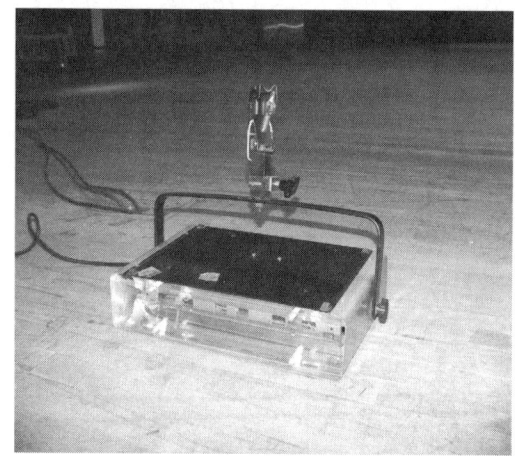
스트로브

<그림 4.11> 효과기의 일례

라) 리모콘 조명기구

조명기구의 투광각도, 조사각도, 광선의 색채, 광선의 모양 등의 변화를 연극장면에 맞추어 동작시키거나 이러한 변화 그 자체를 "움직이는 조명"으로서 무대효과에 사용하는 무대 조명기구이다. 이들 모든 동작은 원격조작방식으로 조작설비와 조합한 시스템으로서 리모콘조작으로 제어되는 조명기구이다.

무빙스포트라이트

미러스캔스포트라이트

<그림 4.12> 리모콘조명기구의 일례

4.1.2 무대조명기구의 안전사항

무대조명기구는 전기사용기기이므로 전기용품안전관리법,「기술기준」등 법규에 준하여 시설하여야 하며 더욱이 앞서 언급한 바와 같이 일반주택, 사무실 등으로 사용되는 일반조명기구와 다르기 때문에 그 특이조건에 따른 안전을 확보하여야 한다. 여기서는 무대 조명설비에 관계되는 무대 조명기구에 있어서의 구조상의 안전대책 및 취급에 관한 안전사용을 위한 표시에 관해서 서술한다.

I. 공통사항

가) 무대 조명기구에 전기를 공급하는 전로는 대지전압이 300V 이하이어야 한다(「기술기준」제187조1항).

나) 대지전압 50V 이상의 전기회로를 가지는 무대 조명기구의 비충전 금속부분은 영구적이고 또한, 신뢰성을 얻을 수 있도록 접지단자를 설치하여 전용접지선에 의해 등기구 외함을 접지하는 구조(등급 I 기구)이어야 한다. 또한, 접속기를 부속하는 경우는 접속기는 접지극부가 있는 것이어야 한다.

  [비고] 등급 I 기구는 기초절연만으로 전체를 보호한 기구로서, 보호 접지단자 혹은 보호 접지선 접속부를 갖든가 또는 보호 접지선에 연결된 코드와 보호 접지선 접속부가 있는 플러그를 갖추고 있는 기구를 말한다(KS C 8000)

  다만, 등기구가 접지단자에 접속되어 있는 금속부분에 의해서 충전부에서 차폐되어 있는 금속부분 및 이중절연 또는 강화절연에 의해 충전부에서 분리되어 있는 금속부분은 제외한다.

  [비고] 여기서 말하는 접지는 제3종 접지공사에 의한 보안접지이다.(제8장 접지설비 참조)

다) 리모콘 조명기구 등의 제어신호회로(소세력회로 및 출퇴표시등 회로를 제외한 대지전압 50V 이하의 전기회로)를 부속하고 있는 무대 조명기구에 있어서 신호회로의 접지선(공통선)은 독립한 접지선으로 하여 등기구 접지와 공용해서는 아니된다.

  [비고] 여기서 말하는 접지는 신호회로에 관한 접지로 독립한 접지공사에 의한 것이다.(제8장 접지설비 참조)

제 4 장 무대 조명설비

라) 무대 조명기구에 부속하는 전원코드는 <4.3.2 전원코드 및 연장코드>에서 정하는 규정에 적합한 것이어야 한다.

마) 매달아 사용할 수 있는 조명기구에는 보조의 조물기구로서 낙하방지와이어를 부속하여야 한다. 다만, 복수의 조물기구를 갖는 기구는 제외한다.

2. 백열등기구

무대조명용 백열등조명기구는 안전 확보를 위해 <4.1.2의 1> 이외 다음 각호에 의하여야 한다.

가) 무대 조명기구의 기구내 배선은 그 기구에 적합한 최대사용전력의 전구가 정격용량으로 발생하는 열량에 의한 온도상승에 견디는 전선이어야 한다.

나) 접속기를 사용하는 무대 조명기구의 기구내 배선에 사용하는 전선의 굵기는 전선의 단면적이 2㎟ 이상의 것이며 또한, 조명기구의 정격용량 이상의 허용전류를 갖는 것이어야 한다.

예컨대, 500W의 스포트라이트의 표준사양이 전원코드 0.75㎟, 접속기 15A인 경우 무대 조명의 분기회로의 종류에 의해 20A 또는 30A에서 사용하는 경우는 전원코드를 2㎟, 접속기를 20A 또는 30A로 교환할 필요가 있다. 따라서, 무대조명기구 내의 배선 및 전원코드의 전선의 굵기는 최소한 2㎟일 필요가 있다.

다) 무대 조명으로 사용하는 연속등기구의 기구내 배선은 다음에 의하여야 한다.
 (1) 보더라이트 등의 전원입력이 단자접속에 의해서 고정되어 있는 경우 기구내 전원모선은 무대 조명의 분기회로에 시설된 과전류차단기의 정격전류치 이상의 허용전류를 가지며 또한, 전선의 단면적이 2㎟ 이상의 굵기의 전선일 것
 (2) 푸트라이트, 스트립라이트 등의 전원입력에 접속기를 사용하는 이동형의 연속등기구의 기구내 전원모선은 접속기의 정격전류치 이상의 허용전류를 가지며 또한, 전선의 단면적이 2㎟ 이상의 굵기의 전선일 것
 (3) 연속등기구 내의 배선에 있어서 전원모선으로부터 하나의 전구소켓까지의 전선(탭)의 굵기는 사용하는 전구의 정격용량에 적합한 전류치 이상의 허용전류를 가지며 또한, 전선의 단면적이 2㎟ 이상일 것

제 4 장 무대 조명설비

라) 백열등기구에 사용하는 전구는 등기구 명판에 표시된 적합전구 이외의 전구를 사용하여서는 아니된다. 무대 조명기구에 사용하는 전구는 조명기구의 특성에 의해서 점등각도, 필라멘트의 형상, 색온도, LCL(광중심거리 : 소켓에서 필라멘트까지의 거리) 등에 차이가 있어 그 종류는 매우 많다. 경우에 따라 1종류의 전구가 1기종의 조명기구 전용으로 제작되기 때문에 전구용량, 사용전압, 소켓의 호환성만으로 사용이 가능하다고 판단해서는 아니된다.

3. 방전등조명기구

방전등조명기구는 안정기와 등기구로 구성되어 있다. 무대 조명에 사용하는 방전등조명기구(형광등 등 저압방전등을 제외하는)는 투광거리가 길고 또한 고조도를 필요로 하기 때문에 대용량의 방전등이 많이 사용되고 있다.

일반적으로 소용량의 방전등조명기구는 안정기와 등기구를 일체화한 안정기내장형태로 되어있지만 대용량의 방전등조명기구의 경우는 취급이 불편하고 안정기와 등기구를 분리하여 사용할 때 조합하는 분리형태로 되어있다.

이것으로부터 <그림 4.13, 4.14>에 전기기계기구로서의 무대조명용방전등조명기구의 구성을 표시한다.

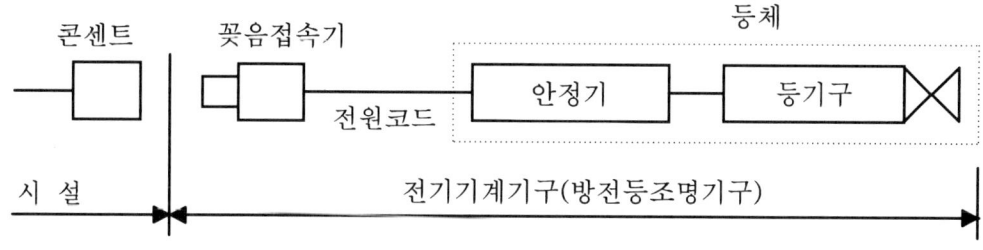

<그림 4.13> 방전등조명기구(안정기 내장형)

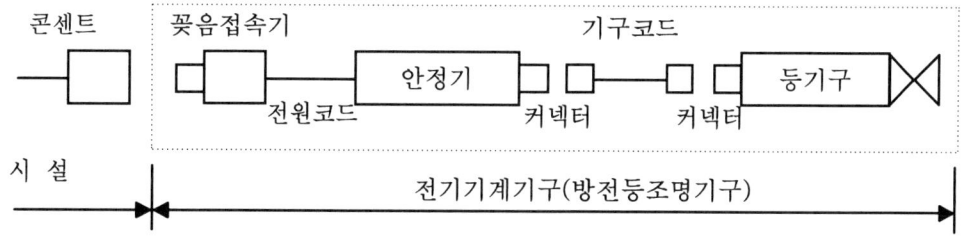

<그림 4.14> 방전등조명기구(안정기 분리형)

제 4 장 무대 조명설비

무대조명용 방전등기구는 안전확보를 위해 <4.1.2의 1> 이외에 다음 각호에 의하여야 한다.

다만, 형광등 등의 안정기류가 정격 1차전압(방전등용안정기로서 변압식이외의 것에 있어서는 정격전압)이 600V 이하인 것으로 적용방전관의 정격 소비전력의 합계가 1000W 이하인 것은 안전인증대상전기용품에 해당되므로 제외한다.

전기용품안전관리법
제2조(정의) 이 법에서 사용하는 용어의 정의는 다음과 같다.
3. "안전인증대상전기용품"이라 함은 구조·사용방법 등으로 인하여 화재·감전 등의 위험 및 장해가 발생할 우려가 크다고 인정되는 전기용품으로서 산업자원부령이 정하는 것을 말한다.

전기용품안전관리법시행규칙
제3조(안전인증대상전기용품) 전기용품안전관리법(이하 "법"이라 한다) 제2조제3호의 규정에 의한 안전인증대상전기용품은 공급되는 교류전원이 50볼트 이상 1천볼트 이하에서 사용되는 것으로서 별표 2에서 정하는 전기용품을 말한다.

가) 방전등조명기구의 본체·렌즈프레임 등을 개방상태로 한 경우 및 관등회로의 사용전압(무부하시)이 발생한 경우는 전자형 전원공급장치(안정기)에 있어서는 2차측출력, 절연변압기형 전원공급장치(안정기)는 1차측전기회로를 자동적으로 차단하여 시동용의 고압펄스가 발생하지 않는 구조이어야 한다. 다만, 관등회로의 사용전압(무부하시)이 150V 이하인 고압방전등조명기구는 제외한다.

  관등회로의 사용전압(무부하시)이 발생하는 상태는 다음과 같은 경우를 말한다.
  (1) 전원공급장치의 2차측의 접속부가 벗겨진 경우
  (2) 라이트본체의 입력접속부가 벗겨진 경우
  (3) 램프가 점등되지 않은 경우

나) 방전등조명기구에 지락이 발생한 경우에는 전원공급장치(안정기)의 1차측을 차단하는 장치를 시설하여야 한다.

다) 전원공급장치가 분리형인 경우 전원공급장치와 라이트본체와의 접속에 사용하는 기구코드(관등회로의 배선)는 1종캡타이어케이블 이외의 캡타이어케이블이어야 한다. 다만, 무대 조명기구는 대용량이므로 기구의 발열량이 크고 전선굵기가 크기 때문에 사용하는 기구코드는 안전성, 내구성 등을 고려하여 1종캡타이어케이블 및 비닐캡타

제 4 장 무대 조명설비

이어케이블 이외의 캡타이어케이블로 하는 것이 바람직하다.(4.3 전선, 케이블 참조)

라) 방전등조명기구를 접속하는 조명회로는 조광회로를 사용하여서는 아니된다. 조광회로를 전원으로서 방전등조명기구를 접속하면 전원공급장치를 소손할 우려가 있기 때문에 <4.4.3 2 나>의 (2)게이트단락방식 또는 (3)바이패스겸용방식을 사용하여야 한다.

4.2 무대조명용 배선기구

무대 조명은 공연의 경과에 따라서 조명을 변화시킬 필요가 있고 조명기구에 공급되는 선원은 조광기기실에 일괄집합하여 조광조작에 의해 전체의 조명변화를 행한다. 또한, 공연의 내용이 변하면 사용하는 조명기구의 종류와 설치장소도 크게 변화한다. 따라서, 대부분의 조명기구는 배선과의 접속시 콘센트를 사용하여 용이하게 접속할 수 있도록 설비를 구성하고 있다. 무대 조명기구는 일반적으로 사용하는 주택용의 조명기구와 다르며 대용량의 것을 많이 사용한다. 그 대부분은 500W~2kW의 기구이며 경우에 따라서 3kW, 5kW의 스포트라이트 등도 사용한다. 또한, 무대 조명은 무대전체 및 객석주변 등 홀내 전체에 조명기구를 사용할 수 있도록 전원을 배치해야 하므로 특수한 배선기구가 필요하다.

무대조명설비로 사용하는 일반적인 배선기구를 다음에 나타낸다.

4.2.1 꽂음 접속기

꽂음 접속기는 꽂음 플러그와 플러그 받이로 구성되고 꽂음 플러그를 꽂았다 뺏다함으로써 배선과 코드 또는 코드 상호간의 전기적 접속 및 단로를 수시로 쉽게 할 수 있도록 한 접속기를 말한다.

무대조명은 공연하는 작품의 내용에 맞추어 다양한 조명기구를 사용하므로 이 조명기구에 전력을 공급하는 배선기구는 고정되어 있는 전원접속방법은 적합하지 않다. 따라서, 무대조명용 꽂음 접속기는 일반주택에서 사용하는 꽂음 접속기에 비해 다음과 같은 차이점이 있다.

① 1대의 조명기구의 전류용량이 크다.
② 꽂았다 뺏다하는 빈도가 아주 높다.
③ 한 장소 내에서 사용하고 있는 수량이 대단히 많다.
④ 작업환경이 사다리 위, 어두운 장소 등이 많으며 또한, 막간 등 단시간의 작업이 많다.

제 4 장 무대 조명설비

1. 꽂음접속기의 종류

무대조명의 꽂음접속기는 상술한 바와 같이 일부의 표준품 이외의 특수한 접속기가 사용되고 있으며 보통 무대 조명설비로 사용하는 배선기구류는 다음과 같다.

C형콘센트, D형콘센트는 극장, 홀의 플로어콘센트, 서스펜션라이트 및 실링 스포트라이트, 프론트사이드 스포트라이트용의 콘센트에 많이 사용하고 있다. 또한, 텔레비전스튜디오의 조명기구에도 대개 이 플러그, 콘센트가 쓰이고 있다.

무대, 텔레비전스튜디오 등의 조명기구는 자체적으로 설비되어 있는 조명기구만 사용하는 것은 아니고 외부로부터 들여오는 조명기구를 사용하는 경우도 있으므로 가능한 한 호환성이 있는 접속기를 사용하는 것이 바람직하다.

접속기는 C형, 인쾌(引掛)형, FM형, D형 등 여러 가지 형태가 있으나 국내에서는 주로 C형의 접속기를 사용하고 있다.

가) C형 꽂음 접속기

C형 꽂음접속기는 무대조명전용으로 개발된 것으로 국내의 공연장이나 TV스튜디오에서 가장 많이 사용되고 있는 접속기구이다. C형 접속기는 플러그, 콘센트 및 코드커넥터의 3종류가 있으며 조명기구의 용량에 따라 250V - 20A, 30A, 60A 등 여러 종류가 있다. 일례로서 정격용량이 30A인 플러그, 콘센트, 코드커넥터를 <그림 4.15>에 나타낸다.

<그림 4.15> C형 30A 플러그, 콘센트, 코드커넥터

C형 접속기의 특징은 다음과 같다.

(1) 콘센트 및 코드커넥터의 통전측 칼받이는 접점기구를 가지고 있으므로 꽂음플러그에 완전히 접속되기 전까지는 무전압인 콜드패치방식이다.

제 4 장 무대 조명설비

(2) 칼받이 구멍의 형상이 특수하고 방향성이 있어 역접속을 할 수 없는 구조이기 때문에 극성이 명확하고 항상 일정한 극성으로 전원을 공급할 수 있다.

(3) 막간작업 등 무대상의 어두운 곳에서도 신속한 대응과 완전한 접속작업이 용이한 구조이며 또한 무대조명 준비작업시 열악한 사용환경, 빈번한 사용에 견딜 수 있도록 견고하게 만들어졌다.

(4) 콘센트는 단자접속방식이므로 쉽게 느슨해지지 않은 구조이다. 또한, 이송배선을 쉽게 하기 때문에 전용단자를 설치하고 있다.

나) 인괘형 꽂음 접속기

무대조명의 경우 20A 이하의 분기회로(다만, 정격전류가 20A 이하의 배선차단기로 보호된 것에 한한다)에 접속되어 있는 15A 이하의 콘센트에 사용하는 접속기로서 학교의 강당, 소규모 홀 등의 서스펜션라이트, 상단하늘막조명에 사용하는 것이 있다. 다만, 다른 접속기와의 공용성이 없기 때문에 극장 등에는 일반적으로 보급되지 않고 있다.

인괘형 꽂음접속기는 KS C 8305에 규정된 125V-15A 2P, 125V-15A 2P 접지극부의 2종류가 있지만 무대 조명으로 사용할 수 있는 접속기는 접지극부가 있어야 한다. 인괘형 접속기는 <그림 4.16>에 나타낸다.

<그림 4.16> 인괘형꽂음접속기 플러그, 콘센트, 코드커넥터의 일례

다) FM형 꽂음 접속기

유럽이나 미국에서 많이 사용되고 있는 형식으로 국내에서는 특정한 장소의 무대조명설비, 텔레비전스튜디오 이외에는 사용되지 않기 때문에 일반적으로는 보급되지 않고 있다.

제 4 장 무대 조명설비

FM형 꽂음접속기는 <그림 4.17>에 나타낸다.

<그림 4.17> FM형 꽂음접속기 플러그, 콘센트, 코드커넥터의 일례

FM형 꽂음접속기의 특징은 다음과 같다.
  (1) FM형 꽂음접속기는 전극이 폴형으로 충전부에 손가락이 닿지 않는 구조이므로 안전성이 우수하다.
  (2) 꽂음플러그를 매입콘센트, 코드커넥터 본체에 삽입할 때 플러그의 훅크가 콘센트의 손톱으로 잠그는 구조이므로 확실하게 접속할 수 있다.
  (3) 전극이 폴형인 것, 플러그를 인출할 때 록크해제버튼을 눌러야 하므로 어두운 장소 등에서 작업성이 뒤떨어지는 경우가 있다.
  (4) 이 형식의 콘센트는 마루매입박스에 취부할 경우 수구부에 분진이 쌓이기 쉽고 청소가 곤란하므로 극장, 홀 등의 플로어콘센트 및 갤러리, 프론트사이드 등의 분진이 많은 곳에 사용하는 것은 바람직하지 않다.
  (5) 꽂음방향이 일정하지 않기 때문에 극성을 가지는 기기에는 오접속의 우려가 있으므로 사용하여서는 아니된다.

라) D형 꽂음 접속기
  D형 꽂음접속기는 무대, 텔레비전스튜디오의 사용전압 200V 전용으로 개발된 접속기로 250V-20A 2P 접지극부로 하여 플러그, 콘센트, 코드커넥터가 있다. D형 꽂음접속기를 <그림 4.18>에 나타낸다.

제 4 장 무대 조명설비

<그림 4.18> D형 20A 꽂음접속기 플러그, 콘센트, 코드커넥터의 일례

D형 꽂음접속기의 특징은 다음과 같다.
(1) 콘센트 및 커넥터는 감전방지를 확실히 하므로 통전측 날받이(전원2극, L1극 및 L2극)는 접점기구가 있어 꽂음접속기가 접속을 완료할 때까지 무전압을 유지하는 콜드패치방식이다.
(2) 날받이 구멍의 형상은 특이한 형상으로 방향성이 있기 때문에 역접속을 할 수 없는 구조이다. 그 때문에 극성이 명확하고 항상 일정한 극성으로 전원을 공급할 수 있다.
(3) D형 꽂음접속기는 무대상의 어두운 곳에서도 용이하게 완전한 접속작업을 할 수 있는 구조이며 또한, 무대조명작업이 열악한 사용환경, 빈번한 사용에도 견디도록 견고한 구조로 되어있다.
(4) D형 콘센트는 다른 콘센트와의 구별이 용이하게 판별할 수 있는 형상이다.
(5) D형 20A 콘센트는 KS C 8305의 매입콘센트의 치수에 준거하고 있기 때문에 표준의 개폐기박스에 취부 할 수 있다.

2. 구비조건

무대조명용 꽂음 접속기는 다음의 적용조건을 만족하여야 한다.
가) 전류용량이 충분할 것
나) 감전보호가 되는 안전한 구조일 것
다) 가혹한 취급에도 견디는 견고한 구조일 것
라) 암전시 등의 어두운 곳에서도 취급이 가능한 것일 것

제 4 장 무대 조명설비

3. 적용규정

무대조명에 사용하는 꽂음 접속기는 다음에 적합하여야 한다.

가) 교류전원이 50V 이상, 1000V 이하이고 정격전류가 32A 이하인 꽂음 접속기는 전기용품안전관리법상의 안전관리 대상품목 면제확인을 받은 것이어야 한다.

나) 전압이 다른 기기는 상호간에 오접속에 의한 위험을 방지하기 위하여 꽂음 접속기의 모양은 혼동되지 않도록 각기 다른 구조이어야 한다.

다) 무대 조명기구는 감전보호등급에서 등급 Ⅰ 기기(등기구외함의 비충전금속부분에 접지단자를 설치하여 전용접지선에 의해 등기구 외함을 접지하는 구조의 조명기구)이므로 접지극을 접속하기 위한 단자가 있는 것이어야 한다(<4.1.2 무대조명기구의 안전사항 1의 나)> 참조)

라) 접지극이 있는 꽂음 접속기는 접지극이 통전극보다 빨리 접속되고, 늦게 개로되는 구조이어야 한다.

마) 꽂음접속기의 접지단자는 KS C 2625(공업용단자대)에 의하여야 한다.

4.2.2 접속함

「기술기준」제14조3호에서 「코드 상호, 캡타이어케이블 상호, 케이블 상호 또는 이들 상호간에 접속하는 경우는 코드접속기, 접속함 기타의 기구를 사용할 것」이라고 규정하고 있고 여기서 사용하는 접속상자로서 단자금구를 접속함이라고 한다.

접속함은 다음에 의한다.

가) 단자금구가 있는 접속함은 노출장소에서 점검할 수 있도록 시설하여야 한다(내선규정450-4의 ④).

나) 주로 무대상부에 설치되는 보더라이트, 서스펜션라이트, 상단하늘막조명 등의 전원회로에 접속단자상자로 조광기기실에서 배관·배선된 전선의 단말을 입력으로 하여 2차측은 각 조명기구가 상하로 가동하기 위해 가요성이 있는 보더케이블을 접속할 수 있는 구조이어야 한다.

다) 20A~60A의 회로를 2회로~6회로 접속할 수 있는 단자대를 내장한 두께 1.2㎜ 이상의 철판 또는 동등 이상의 강도를 가지는 금속판으로 견고하게 제작한 상자체로 내면 및 외면은 녹이 슬지 않도록 도금 또는 도장을 실행한 것이어야 한다.

또한, 개폐덮개는 자물쇠를 부착하고 점검이 용이하여야 한다.

제 4 장 무대 조명설비

라) 전선, 케이블의 입력·출력부분은 전선을 손상시키지 않는 구조이어야 한다.

마) 접속함은 접지선을 접속할 수 있는 구조이어야 한다.

바) 접속단자가 나사단자대, 클램프단자대, 압착단자대 또는 이와 유사한 구조의 경우는 단자의 구조에 알맞은 굵기의 전선을 원칙적으로 1본 접속한다. 다만, 1단자에 2본 이상의 전선을 접속할 수 있는 구조의 단자에는 2본까지 접속하여도 좋다.
　　압착단자는 원칙적으로 KS C 2620(동선용 압착 단자)에 적합한 것을 사용하여야 한다.

사) 접속함의 금속제외함에는 제3종 접지공사를 하여야 한다.(「기술기준」제213조1항4호)
　　접속함의 일례를 <그림 4.19>에 나타낸다.

4.2.3 콘센트박스

조명설비로 사용하는 콘센트 박스는 다음에 의하여야 한다.

1. 콘센트박스의 규정

(1) 매입형 콘센트는 금속제 또는 난연성절연물로 된 박스 속에 시설하여야 한다.(내선규정 200-12).

(2) 무대용의 콘센트 박스의 금속제 외함에는 제3종 접지공사를 하여야 한다.(「기술기준」 제223조2항)

2. 콘센트 박스의 종류

플로어콘센트, 벽콘센트는 무대진행 중에 작업을 많이 하며 어두운 곳에서도 그 착탈이 용이하고 접속 중에 콘센트가 약간의 힘으로 빠지지 않도록 접속상태가 확실히 유지될 것. 무대 조명기구는 대형이므로 접속하는 꽂음플러그는 견고하고 내구성이 있으며 또한 널리 호환성이 있어야 하므로 C형 콘센트가 주로 쓰이고 있다.

가) 벽 콘센트 박스

무대상부 양측에 설치되는 갤러리라이트, 토멘터라이트, 객석 벽면의 프론트사이드라이트, 객석상부의 실링라이트 및 2층석 선단에 설치되는 발코니라이트 등의 전원으로서 또한, TV스튜디오의 벽면, 작업통로의 난간 등에 벽부형 콘센트가 사용되고

제 4 장 무대 조명설비

있다.
  벽 콘센트박스의 일례를 <그림 4.20>에 나타낸다.

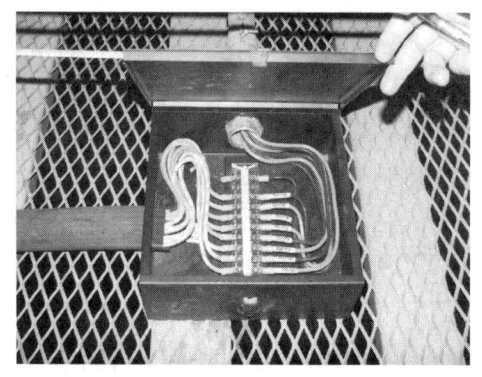
<그림 4.19> 접속함

<그림 4.20> 벽 콘센트박스

나) 플로어박스 콘센트

  무대마루면에 매입하여 무대면에서 사용하는 조명기구의 전원으로 사용하는 콘센트 박스(포켓으로도 불림)로 수납하는 콘센트의 수구수는 1구용에서 4구용까지 있다. 플로어콘센트 박스는 다음에 의하여야 한다.

(1) 무대상에서는 피아노 등 중량물을 운반하므로 콘센트 박스 윗면의 덮개 개폐플레이트는 견고하고 주물제조한 것을 사용할 것
(2) 콘센트를 사용하지 않을 때는 연장코드 출구의 구멍을 닫아놓고 그 덮개의 윗부분은 무대면과 같은 레벨이 되는 구조일 것
(3) 연장코드 사용중에 코드출구의 덮개는 무대마루면에 돌출되지 않고 박스 속에 삽입할 수 있도록 할 것
(4) 콘센트 박스는 두께 1.2㎜ 이상의 금속제로서 녹이 슬지 않도록 도금 또는 도장을 실행한 것일 것
(5) 무대마루는 종이 눈보라 등을 사용하는 경우도 있으며 또한, 마루면의 청소 등에 의해 먼지가 많은 장소이므로 콘센트 박스의 밑바닥은 먼지가 쌓이지 않는 구조일 것
  플로어콘센트 박스의 구조를 <그림 4.21>에 나타낸다.

제 4 장 무대 조명설비

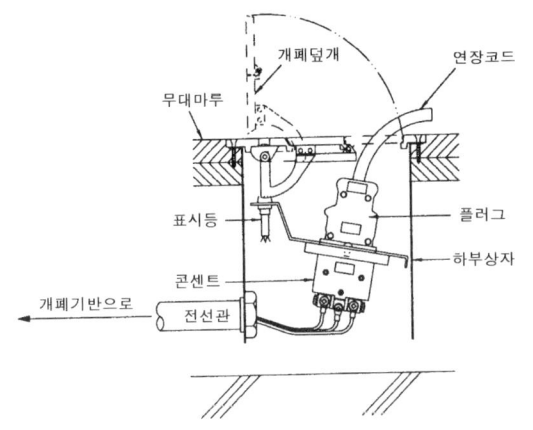
(a) 플로어콘센트의 단면도

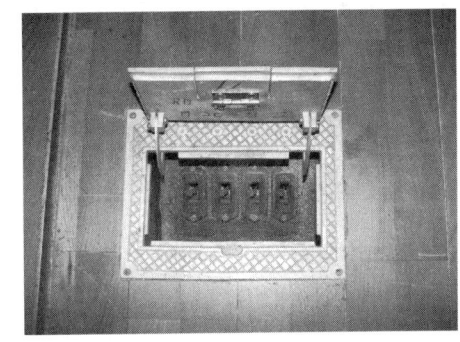
(b) 무대마루의 플로어콘센트

<그림 4.21> 플로어콘센트박스

다) 분기콘센트 박스

무대조명으로 20A 이상의 콘센트로부터 15A 이하의 접속기를 가진 부하를 사용하는 경우에는 콘센트의 부하측에서 분기콘센트 박스를 사용하여야 한다.

(1) 분기콘센트 박스의 구성

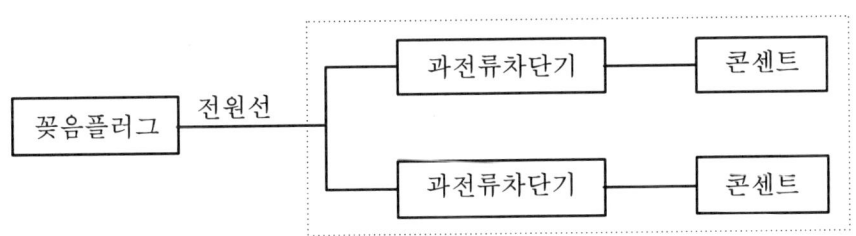

<그림 4.22> 분기콘센트박스의 구성도

(2) 분기콘센트 박스의 적용조건
   ㉮ 분기콘센트 박스에 사용하는 전선은 1종캡타이어케이블 및 비닐캡타이어케이블 이외의 캡타이어케이블일 것
   ㉯ 전원선의 굵기는 2㎟ 이상의 단면적을 가지며 또한, 꽂음플러그의 정격전류치 이상의 허용전류를 갖는 것일 것
   ㉰ 분기콘센트 박스에 부속하는 접속기는 접지극을 가지는 3극(그중 1극은 접지극)의 것을 사용하여야 한다.

제 4 장 무대 조명설비

㉣ 분기콘센트 박스에 사용하는 캡타이어케이블은 접지선을 가지는 3심인 것이어야 하며 또한, 접지선의 색깔구분은 녹색과 황색의 줄무늬모양으로 피복된 심선인 것일 것

㉤ 분기콘센트 박스는 꽂음플러그와 2차측콘센트와의 사이에 15A의 과전류차단기 또는 20A의 배선용차단기를 설치한 것일 것

㉥ 박스내 배선의 굵기는 과전류차단기 1차측의 전원선과 같게 하고 콘센트의 1차측은 과전류차단기의 정격전류치 이상의 허용전류로 할 것

4.2.4 플라이덕트

플라이덕트는 무대상부에 매다는 서스펜션라이트, 포털브리지라이트, 사이드타워라이트 등 또한, 객석천장이나 측벽에 설비되는 실링라이트, 프론트사이드라이트 등의 한정된 장소에 밀집하여 취부하는 조명기구에 전원을 공급하기 위한 무대 조명설비이다.

<그림 4.23> 플라이덕트 외형의 일례

1. 플라이덕트의 목적

무대 조명은 하나의 공연으로 표현하는 각각의 장면마다 필요한 조명의 위치, 방향, 각도 및 색채광 등이 다르기 때문에 이들 모든 조명상태를 공연 전에 세팅하여야 한다. 따라서, 아주 많은 조명기구가 필요하다. 이들 조명기구에 전원을 공급하기 위해 다수의 조광회로와 이것에 접속하고 있는 콘센트를 설비해 두기 위한 것이다.

2. 플라이덕트의 종류

플라이덕트는 콘센트식과 커넥터식의 2종류가 있다. 콘센트식은 플라이덕트의 측면에 콘센트를 취부한 형태이며 커넥터식은 플라이덕트로부터 캡타이어케이블로 인출하여 코드커넥터를 설치한 것이다.

제 4 장 무대 조명설비

무대상부에는 조물이 많으며 조물의 간격이 좁기 때문에 일반적으로 콘센트식 플라이덕트가 사용되고 있다. 또한, 커넥터식 플라이덕트는 방송국 등의 스튜디오용에 사용되고 있다.

<그림 4.24>에 콘센트식 플라이덕트의 일례 및 <그림 4.25>에 커넥터식 플라이덕트의 일례를 각각 나타낸다.

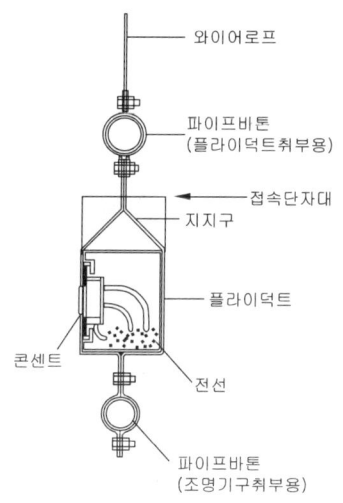

(a) 단면도   (b) 실제 예

<그림 4.24> 콘센트식 플라이덕트

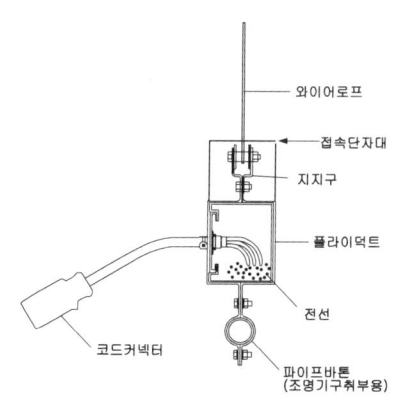
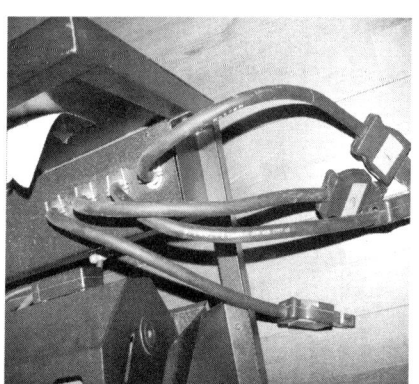

(a) 단면도   (b) 실제 예

<그림 4.25> 커넥터식 플라이덕트

제 4 장 무대 조명설비

3. 플라이덕트의 회로구성

플라이덕트는 상기의 목적을 가능하게 하기 위해 일반적으로 20A~60A 조광회로를 8회로~40회로, 1회로 당 2개~4개의 콘센트를 병렬로 설비하고 있다.

4. 플라이덕트의 구조 및 시설

플라이덕트의 구조 및 시설은 다음에 의하여야 한다.

가) 플라이덕트는 두께 0.8㎜ 이상의 철판으로 견고하게 제작한 것으로 덕트의 끝부분은 막을 것(「기술기준」 별표48)

나) 플라이덕트의 내면은 전선의 피복을 손상할 우려가 있는 돌기 등이 없을 것. 또한, 플라이덕트의 내면과 외면은 녹이 슬지 않도록 도금 또는 도장을 한 것일 것(「기술기준」 제223조1항6호)

다) 콘센트는 플라이덕트의 측면에 취부하여 플라이덕트내 배선으로부터 분기접속하기 위해 플라이덕트 전체를 점검할 수 있는 구조일 것

<그림 4.26> 막혀있는 덕트의 끝부분

라) 플라이덕트는 플라이덕트내 배선과 1차측전선을 접속할 때 충분한 용량을 갖는 접속단자대로 할 것. 또한, 이 접속단자대로 접속하는 1차측전선은 플라이덕트의 관통부분에서 손상될 우려가 없도록 시설할 것(「기술기준」 제223조1항6호)

마) 플라이덕트에 접속하는 캡타이어케이블은 1종 캡타이어케이블 및 비닐캡타이어케이블 이외의 캡타이어케이블을 사용할 것(「기술기준」 제223조1항6호)

바) 플라이덕트는 조영재 등에 견고하게 취부할 것. 또한, 조영재 등에 단면적 12㎟ 이상의 아연도강연선 또는 이와 동등 이상의 세기 및 굵기의 연선으로 2개소 이상 매달고 간격을 3m 이하로 할 것(「기술기준」 제223조1항6호, 내선규정540-8)

사) 플라이덕트에는 자중 이외의 하중을 가하지 아니할 것(내선규정540-8).

아) 플라이덕트를 매달아 파이프에 취부할 경우에는 매다는 파이프에 지지구를 사용하고 3개소 이상(다만, 길이 1.5m 이하의 경우는 제외)으로 3m 이하의 간격에 매달아 지지하여야 한다.

자) 플라이덕트를 취부하기 위한 매다는 파이프를 사용하지 않을 경우에는 플라이덕트에 3m 이하의 간격으로 지지구를 취부하여 이것을 와이어로프로 매달아 지지한다.

차) 플라이덕트의 금속제외함에는 제3종접지공사를 하여야 한다(「기술기준」 제223조2

제 4 장 무대 조명설비

항). 플라이덕트의 금속판의 이음부분은 접지선으로 접지하여야 한다.
카) 플라이덕트의 내부배선에 사용하는 전선의 굵기, 콘센트 또는 코드커넥터의 정격전류는 그 전로의 전원측에 시설되는 과전류차단기의 정격전류에 따라 표 4.9에 의하여 선정한다.

또한, 커넥터식 플라이덕트의 경우에는 코드커넥터에 부속하는 캡타이어케이블의 전선의 굵기는 단면적을 2㎟ 이상으로 하여야 한다.

<표 4.9> 플라이덕트의 내부배선의 굵기 및 콘센트 또는 코드커넥터 본체의 정격전류의 선정

과전류차단기의 정격전류	전선 굵기	콘센트 또는 코드커넥터 본체의 정격
15A	직경 1.6㎜ 이상	15A
20A(배선용차단기)	직경 1.6㎜ 이상	15A, 20A
20A(퓨즈)	직경 2.0㎜ 이상 (직경 1.6㎜ 이상)	20A
30A	직경 2.6㎜ 이상 (직경 1.6㎜ 이상)	20A, 30A
40A	직경 8㎟ 이상 (직경 2.0㎜ 이상)	20A, 30A, 40A
50A	직경 14㎟ 이상 (직경 2.0㎜ 이상)	20A, 30A, 40A, 50A
60A	직경 14㎟ 이상 (직경 2.0㎜ 이상)	20A, 30A, 40A, 50A, 60A

[비고] 1. ( )안은 1개의 콘센트로부터 그 분기점에 달하는 부분의 전선의 굵기를 나타낸다.
2. 20A 콘센트는 정격전류 20A 미만의 꽂음접속기가 접속할 수 없는 것에 한한다.

4.3 전선과 케이블

4.3.1 보더케이블

보더케이블은 무대상부에 설치되는 조명기구에 전원을 공급하기 위해 무대상부의 그리드상에 마련한 접속함으로부터 보더라이트 또는 플라이덕트 등에 이르는 동안에 설치되는 전원공급용 이동전선을 말한다.

일반적으로는 사용하는 조명기구의 수량이 많기 때문에 각각의 기구에 달하는 회로수가 많고 또한, 조물기구에 접지를 할 수 있도록 필요한 회로의 심선에 접지선이 있는 다심케이블을 사용한다.

제 4 장 무대 조명설비

1. 보더 케이블의 구조

보더 케이블의 구조는 다음에 의한다.

가) 무대조명으로 사용하는 보더 케이블은 1종 캡타이어 케이블 및 비닐캡타이어케이블 이외의 캡타이어케이블이어야 한다(「기술기준」제223조).

일반적으로 사용되는 캡타이어케이블은 다음에 의한다.
- 2종~4종의 캡타이어 케이블(2~4CT)
- 2종~4종의 고무절연 클로로프렌 캡타이어 케이블(2~4RNCT)
- 2종~4종의 EP 고무절연 클로로프렌 캡타이어 케이블(2~4PNCT)

[비고] CT : 캡타이어케이블   R : 천연고무   N : 클로로프렌 고무   P : EP고무(에틸렌프로필렌고무)

나) 도체의 공칭 단면적이 100㎟ 이하, 선심이 7 이하인 캡타이어케이블은 전기용품안전관리법의 적용을 받고 그 이외의 캡타이어케이블은 「기술기준」제10조에 적합한 것이어야 한다.

다) 보더케이블은 조물에 설치한 조명기구의 승강동작에 대응하는 가요성 및 내구성이 있는 것이어야 한다.

2. 보더케이블의 종류

보더케이블은 조물에 설치한 조명기구의 승강동작에 대한 케이블처리방법에 의해 선택하여 사용할 수 있도록 환형다심케이블과 평형다심케이블이 있다.

일반적으로 케이블릴 권취방식과 중간고정방식은 환형다심케이블을, 수납 바구니방식인 경우에는 평형다심케이블을 사용하고 있다.(<그림 4.27, 4.28> 참조)

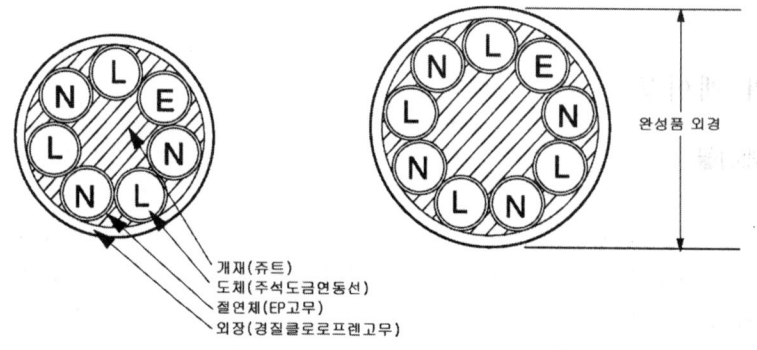

(a) 7심 보더케이블   (b) 9심 보더케이블

<그림 4.27> 환형 보더케이블의 구조예

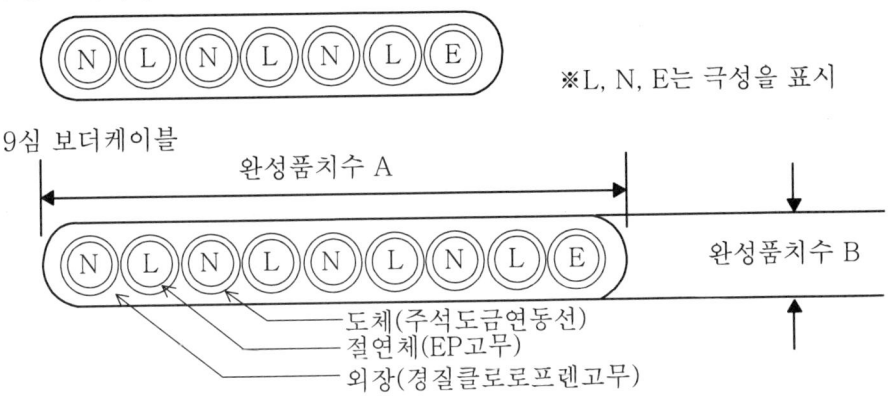

<그림 4.28> 평형 보더케이블의 구조예

4.3.2 전원코드 및 연장코드

무대 조명은 공연하는 작품내용에 따라 다른 조명효과가 필요하기 때문에 사용하는 조명기구를 고정설비로 할 수 없다. 따라서, 부하설비는 콘센트설비로 하며 대부분의 무대조명기구는 접속기를 통한 이동형태의 조명기구로 시설된다. 이로 인해 무대조명부하의 콘센트설비는 일반주택, 빌딩 등에 시설되는 콘센트설비와 다르고 다음과 같은 특정한 사용조건이 있다.

○ 무대조명에서 사용하는 접속기는 일반적으로 연출공간조명 전용의 것이 사용된다.(4.2 무대조명용 배선기구 참조)
○ 무대조명부하의 콘센트설비는 무대 조명기구에만 특정하게 사용된다.
○ 무대조명의 부하회로는 조명제어구분 및 조명기구의 설비환경에서 「기술기준」제196조에서 정한 분기회로 외에 특별히 정한 전기회로에 대해 안전대책이 필요하다.

이상으로부터 무대조명기구는 콘센트접속에 의한 이동형태의 조명기구이지만 사용조건은 시설의 범주로 하여야 한다. 따라서, 무대 조명설비에 있어서는 조명기구에 달하는 전로의 안전에 대하여 특별한 대책이 필요하다.

다음은 무대조명기구에 부속하는 전원코드 및 연장코드(리모콘 조명기구 등의 제어신호케이블은 제외) 등에 관하여 서술한다.

Ⅰ. 전원코드

무대조명기구에 부속하는 전원코드는 다음에 의하여야 한다.
가) 전원코드는 1종 캡타이어케이블 및 비닐캡타이어케이블 이외의 캡타이어케이블이어야 한다.

제 4 장 무대 조명설비

[비고] 무대 조명기구는 전구용량이 대용량이므로 발열량이 크고 이동형이기 때문에 가요성, 내굴곡성을 위해 코드, 1종 캡타이어케이블 및 비닐캡타이어케이블은 사용하여서는 아니된다.

또한, 전등회로 이외의 전원코드는 효과기 등의 소형전동기에 공급하는 전원코드이므로 효과기 등의 본체로부터의 발열량은 작지만 관련 사용하는 조명기구는 대용량이고 주위온도가 높기 때문에 여기에 사용하는 전원코드도 조명기구와 동등할 필요가 있다.

나) 전원코드의 굵기는 다음에 의하여야 한다.

전원코드는 조명기구의 정격용량 이상의 허용전류를 가지는 것이며 또한, 전원코드에 부속하는 접속기의 종류에 의해 <표 4.10>에 의하여야 한다.

[비고] 무대조명설비에서는 플라이덕트 등의 특수한 배선기구를 사용하여야 하므로 조명기구에 달하는 전로의 안전에 대하여 특별한 대책이 필요하다.

다) 전원코드에 부속하는 접속기는 접지극을 가지는 3극(그중 1극은 접지극)의 것을 사용하여야 한다.
라) 전원코드에 사용하는 캡타이어케이블은 접지선을 가지는 3심인 것이어야 하며 또한, 접지선의 색깔 구분은 녹색과 황색의 줄무늬모양으로 피복된 심선이어야 한다.

<표 4.10> 무대조명기구의 전원코드 및 연장코드의 굵기

무대조명전로의 과전류차단기의 정격전류	접속할 수 있는 콘센트, 플러그의 정격전류	전원코드 및 연장코드의 굵기
15A	15A	0.75㎟ 이상
20A	15A	2㎟ 이상
	20A	
30A	20A, 30A	
40A	20A, 30A, 40A	
50A	20A, 30A, 40A, 50A	
60A	20A, 30A, 40A, 50A, 60A	

2. 연장코드

무대조명기구에 부속하여 사용하는 연장코드는 다음에 의하여야 한다.
가) 연장코드에 사용하는 케이블은 <4.3.2 1. 가)>에 준하여야 한다.
나) 연장코드의 굵기는 다음에 의하여야 한다.
  (1) 연장코드에 부속하는 접속기가 20A 이상의 연장코드의 굵기는 단면적이 2㎟ 이상의 것으로 되어있고 접속기의 정격용량 이상의 허용전류를 갖는 것일 것

제 4 장 무대 조명설비

(2) 연장코드에 부속하는 접속기가 15A 이하의 연장코드의 굵기는 단면적이 0.75㎟ 이상일 것

다) 연장코드와 옥내배선 및 연장코드와 무대조명기구와의 접속은 꽂음 접속기 기타 이와 유사한 기구를 사용하여야 한다.(「기술기준」제217조)

라) 연장코드에 부속하는 접속기는 <4.3.2 1. 다)>에 준하여야 한다.

마) 연장코드에 사용하는 캡타이어케이블의 심선수 및 접지선의 색깔구분은 <4.3.2 1. 라)>에 준하여야 한다.

3. 분기코드

분기코드는 한 개의 꽂음 플러그로부터 복수의 부하를 사용할 수 있는 이동형태의 배선용기구로 접속기를 조합한 것이다.

가) 무대조명용 분기코드의 종류

(1) 단자박스가 없는 분기코드

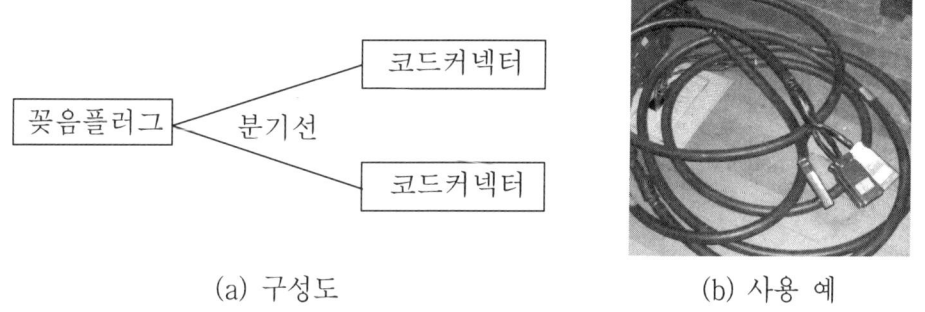

(a) 구성도   (b) 사용 예

<그림 4.29> 단자박스가 없는 분기코드

(2) 단자박스 첨부한 분기코드(권장)

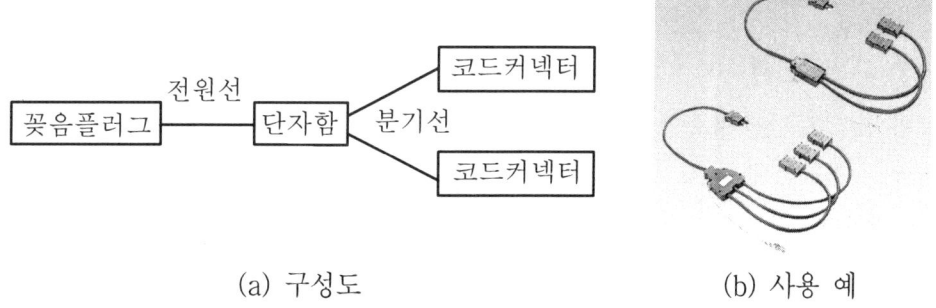

(a) 구성도   (b) 사용 예

<그림 4.30> 단자박스 첨부한 분기코드

제 4 장 무대 조명설비

나) 무대조명 분기코드의 사용조건
  (1) 꽂음 접속기 등의 코드용 단자에는 2선용의 것을 제외하고는 반드시 1본의 코드만을 접속한 것일 것(내선규정210-5). 다만, 꽂음 플러그에 2본의 코드를 접속한 분기코드를 제작 및 사용하는 경우에는 안전인증대상품목 면제확인을 받은 것일 것
  (2) 분기코드에 접속할 수 있는 조명기구의 총 용량은 꽂음 플러그의 정격전류 이하일 것
  (3) 정격전류 15A의 꽂음 플러그에서 분기하는 코드커넥터는 정격전류는 15A일 것
  (4) 정격전류 20A 이상의 꽂음 플러그에서 분기하는 코드커넥터는 정격전류가 20A 이상이고 또한, 꽂음 플러그의 정격전류 이하일 것

다) 분기코드용 전선 및 케이블
  (1) 분기코드의 전원선 및 분기선에 사용하는 케이블은 4.3.2 1. 가)에 준하는 것일 것
  (2) 분기코드의 전원선, 분기선에 사용하는 케이블의 굵기는 다음에 의한다.
    ㉮ 꽂음 플러그의 정격전류가 20A 이상인 경우 전원선 및 분기선의 굵기는 단면적이 2.0㎟ 이상의 것이고 또한, 전원선은 꽂음 플러그의 정격용량 이상, 분기선은 분기하는 코드커넥터의 정격용량 이상의 허용전류를 가지는 것일 것
    ㉯ 꽂음 플러그의 정격전류가 15A 이하인 경우 전원선 및 분기선의 굵기는 단면적이 0.75㎟ 이상일 것
  (3) 분기코드에 사용하는 캡타이어케이블의 심선 및 접지선의 색은 4.3.2 1. 라)에 준하는 것일 것

라) 분기코드의 접속
  (1) 분기코드와 옥내배선, 연장코드와 분기코드 및 분기코드와 무대조명기구의 접속은 꽂음 접속기 기타 이와 유사한 기구를 사용하여야 한다.(「기술기준」제217조)
  (2) 분기코드에 부속하는 접속기는 <4.3.2 1. 다)>에 준하는 것일 것

마) 분기코드용 단자박스
  (1) 단자박스는 전기용품안전관리법의 적용을 받는 것을 제외하고는 안전인증대상 면제 확인된 품목인 것일 것
  (2) 단자박스에는 다음표시를 하여야 한다.
    ㉮ 무대조명용인 것일 것
    ㉯ 접속 가능한 분기회로의 용량
    ㉰ 접속 가능한 분기회로의 용량 이외의 분기회로에의 사용을 금지

4. 테이블탭

무대상의 세트용에 사용하는 전기스탠드, 가로등, 양초촛대, 호롱불 등의 전원공급용으로 소도구의 일부로서 테이블탭을 사용하는 경우가 있으며 그 사용에 관해서는 내선규정200-18에 그 사용조건을 표시하고 있다. 이것을 준수하고 무대 조명회로에 접속사용하여야 한다.

무대 조명에 테이블탭을 사용하는 경우는 다음에 의하여야 한다.

(1) 무대조명설비의 20A 콘센트로부터 테이블탭의 전원을 공급하는 경우는 전항에 서술한 15A 과전류차단기를 구비한 분기콘센트 박스를 사용하고 테이블탭을 접속한 것일 것

(2) 테이블탭에는 단면적 $1.25mm^2$ 이상의 코드를 사용하여 15A 이하의 꽂음플러그를 부속시킨 것일 것

제 4 장 무대 조명설비

4.3.3 제어용 신호케이블

무대조명의 분야에서 신호케이블은 조명조작계의 컴퓨터화에 따라 컴퓨터 주변기기와 동등한 고속전송을 사용하게 되었고 신호케이블의 성능도 이에 적합한 것을 요구하고 있다.

1. 제어용신호케이블의 종류

무대조명의 분야에서 사용되는 제어신호케이블을 용도별로 간략히 분류하면 <표 4.11>과 같다.

<표 4.11> 제어용신호케이블의 분류

용도	사용케이블	구조예	요구되는 성능
조광신호, 리모콘신호 등 직렬고속전송용	RS-422, RS-485	그림 4.31	2심을 짧은 피치로 합쳐서 1pair로 한 평행형케이블로 2pair 또는 3pair로 구성하여 그 위에 2중차폐로 하여 외부노이즈에 대한 영향을 받지 않도록 한 케이블로 RS-232C에 비해 신호전압이 높고 장거리 전송이 가능
주변기기 병렬고속전송용	IEEE-488 (GP-IB)	그림 4.32	2심을 짧은 피치로 합쳐서 1pair로 한 평행형케이블 수십 pair로 구성하여 그 위에 2중차폐로 하여 외부 노이즈에 대한 영향을 받지 않도록 한 케이블
아날로그조광신호전송용 저속직렬신호전송용	센트로닉스	그림 4.33	2심을 합쳐서 1pair로 한 평행형케이블을 상호간의 유도잡음이 적어지도록 연피치를 바꿔 수pair에서 수십pair로 구성된 심선을 그 위에 알루미늄테이프 등으로 차폐하여 외부노이즈에 대한 영향을 받지 않도록 한 케이블
직렬신호전송용	RS-232C 컴퓨터용다심케이블	그림 4.34	20~50심의 다심케이블로 차폐처리 된 케이블
신호용케이블	동축다심케이블	그림 4.35	유도장해에 약한 미약한 고주파신호의 전송에 적합하고 또한, 특성의 경년변화가 적은 구조를 가진 케이블. 내부도체와 외부도체간을 폴리에틸렌 등의 절연체로 동심원형에 절연된 케이블을 3~7본 일체로 한 케이블

제 4 장 무대 조명설비

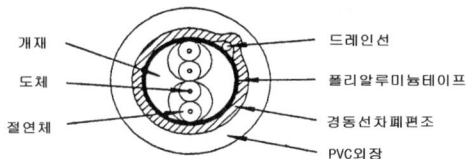

<그림 4.31> RS-422, RS-485 케이블의 구조 예 (2대 : 외경 6.4㎜)

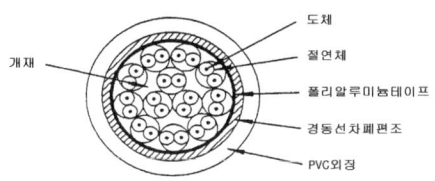

<그림 4.32> GP-IB케이블의 구조 예(외경 9.7㎜)

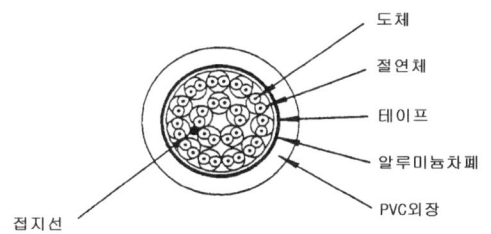

<그림 4.33> 센트로닉스 케이블의 구조 예 (외경7.4㎜)

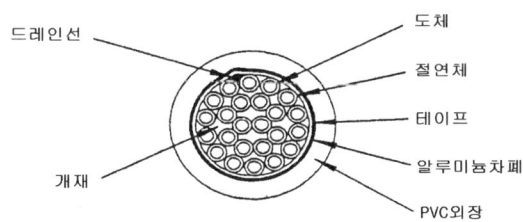

<그림 4.34> 컴퓨터용 다심케이블의 구조 예(24심 : 외경 8.7㎜)

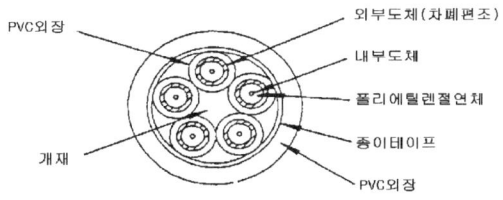

<그림 4.35> 동축다심케이블의 구조 예(3CSV : 외경 14.2㎜)

2. 제어용신호케이블 선정시 유의사항

가) 제어용신호케이블은 사용기기마다 적합한 케이블을 규정하는 경우가 많기 때문에 이 경우는 지정된 케이블을 사용하여야 한다.

나) 제어용신호케이블의 편조실드에 실행하는 접지는 보안접지용 전선이나 단자에 접속하지 않도록 하여야 한다.

다) 제어용신호케이블은 일반적으로 기계적 강도가 약하고 도체 단선 등의 사고가 발생하기 쉽기 때문에 과도한 인장력이나 외력이 가해지지 않도록 하여야 한다.

라) 제어용신호케이블은 전력선과 충분한 이격거리를 유지하여야 한다.

3. 제어용신호용 광케이블의 사용

제어용신호케이블의 직렬고속전송로에서는 고주파의 디지털신호전류가 흐르기 때문에 장해전파를 발생하여 음향기기 특히, 무선마이크용 안테나에 노이즈전파가 유입하는 경우가 있다. 또한, 제어용신호케이블에 대해 외부노이즈로부터 완전히 차폐하는 방법으로서 광케이블을 사용하는 방법이 있어 장래에는 유망하지만 현재에는 시공상 다음과 같은 문제점이 있다.

(1) 광케이블의 접속 및 광커넥터의 접속작업시 특수한 공구가 필요하기 때문에 작업이 곤란하다.

(2) 장거리 전송에는 유리계의 광케이블을 사용하여야 하므로 케이블과 커넥터의 가격이 고가이다.

따라서, 이러한 문제가 해결된다면 광케이블은 매우 유효한 전송케이블로 널리 사용될 것이다.

4.3.4 복합케이블

공연장에서도 리모콘 조명기구 등이 널리 보급됨에 따라 전원용 저압배선과 신호용 약전류전선을 병설하는 사례(<표 4.12>)가 증가하고 있다.

일반적으로 무대 조명으로 사용하는 제어신호는 초고속의 디지털신호이므로 저압옥내배선과 약전류전선은 격리하는 것이 바람직하지만 무대상부 조물조명기구에 달하는 보더케이블 또는 리모콘 조명기구의 제어신호 등 설치여건상 부득이한 경우에 한하여 사용하는 것이 바람직하다.

제 4 장 무대 조명설비

<표 4.12> 저압옥내배선 및 약전류전선의 병설이 필요한 사례

배선의 예	저압옥내배선	약전류전선
리모콘 조명기구(스포트라이트, 칼라체인저 등)의 배선	조광전원 제어용전원	제어용신호선
무대마루 등에 고정 설치된 원격제어반의 배선	제어용전원	제어용신호선
조광조작콘솔에서 조광기반에 달하는 배선(이동형을 포함)	조작콘솔주간전원	제어용신호선
조광조작실에서 투광실 등에 달하는 인입, 전화배선	각종 전원배선	인입 등의 배선
무선리모콘의 안테나배선	각종 전원배선	무선용동축배선

1. 복합케이블의 종류

무대조명으로 사용하는 신호선을 가지는 복합형의 보더케이블 및 신호선을 가지는 복합형의 기기케이블의 일례를 다음에 나타낸다.

가) 신호선을 가지는 복합형케이블

(1) 신호케이블(<그림 4.36>)을 다심캡타이어케이블과 복합하는 방법으로서 환형 또는 평형케이블일 것(<그림 4.37> 참조)

(2) 안전상 및 기능상 신호케이블은 접지선이나 중성선에 근접하여 전원선과 가능한 한 이격하여 배치하는 것이 바람직하다.

나) 신호선을 가지는 복합형기기용케이블

이 케이블은 리모콘 조명기구 또는 그 콘트롤러 등 소용량의 제어용전원과 신호선을 동시에 접속하는 경우에 필요한 케이블이다. 신호케이블은 <그림 4.36>과 동등한 케이블을 사용하고 이것을 <그림 4.38>과 같이 제어용전원선과 복합한 것이다.

(1) 각 기기와의 접속은 커넥터접속을 원칙으로 하여 강전과 약전간의 접촉을 막는 구조이어야 한다.

(2) 이 케이블은 주로 조명기구의 리모콘제어용의 신호케이블이기 때문에 조광조작용의 제어용전원 및 전등회로에 사용하여서는 아니된다.

2. 복합케이블의 시설조건

가) 저압옥내배선과 약전류전선은 원칙적으로 이격하여야 한다. 다만, 시공여건상 이격하는 것이 곤란한 경우에는 <4.6.1 6>에 의할 수 있다.

나) <표 4.12>와 같이 저압옥내배선과 약전류전선을 병설하는 경우 저압옥내배선을 버스덕트공사 이외의 공사방법으로 시설할 때에는 다음에 의하여 동일한 관, 덕트

제 4 장 무대 조명설비

혹은 이것들의 박스 그 부속품 또는 풀박스 안에 약전류전선을 시설할 수 있다.
(1) 약전류전선이 제어회로 등의 약전류전선으로서 또한, 약전류전선에 절연전선과 동등 이상의 절연효력이 있는 것(저압옥내배선과의 식별이 용이한 것에 한한다)을 사용할 때.(「기술기준」 제215조 3항3호)
(2) 이것에 적용할 수 있는 약전류전선(신호케이블)은 상기규정에 적합한 구조로서 바깥층의 절연피복이 절연전선과 동등 이상의 절연보호층을 가지는 것이어야 한다(<그림 4.36> 참조).

다) 사용조건에 따라 노이즈장해 또는 오동작의 우려가 있을 때에는 약전류기기측에 충분한 노이즈방지대책을 강구하여야 한다.

라) 음향신호는 컴퓨터신호와 다르고 미약한 전압에 의한 아날로그 신호전송이므로 신호선로와 저압옥내배선을 밀착하여 병렬하는 것은 절대로 피하여야 한다. 특히, 복합케이블의 신호선측을 음향신호선으로 사용하는 것은 바람직하지 아니하다.

<그림 4.36> 복합케이블에 사용하는 신호선

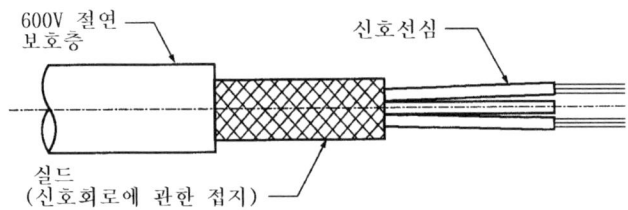

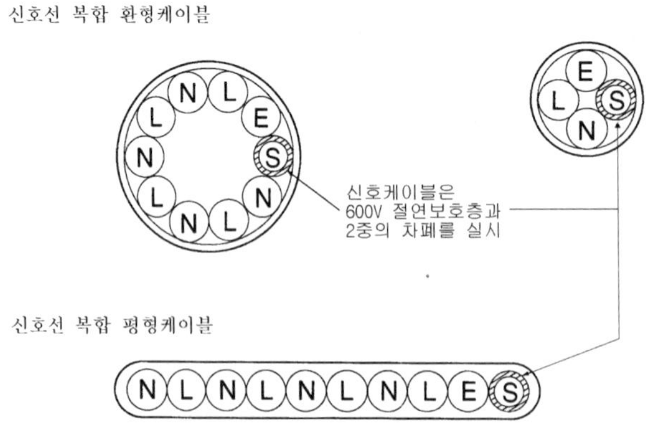

<그림 4.37> 신호선을 포함한 복합형보더케이블의 구조예

제 4 장 무대 조명설비

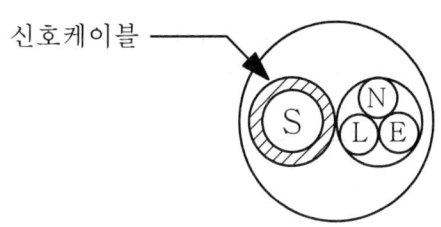

<그림 4.38> 신호선을 포함한 복합형기기케이블의 구조예

4.4 조광장치

조광장치는 연출공간용으로 분포 배치된 무대조명기구의 빛을 연극의 진행에 따라 일괄하여 제어하는 장치로서 무대조명설비 가운데 가장 중요한 설비이다.

4.4.1 조광장치의 구성과 기타 기기

조광장치는 공연이나 행사의 종류와 용도에 따라 여러 가지 시스템으로 구성된다.

기본적으로는 무대조명전원을 간선으로부터 받아 무대조명 부하설비에 전력을 공급하는 조광주간반, 조광기반과 공연의 진행에 따라 조명변화를 제어하는 조광조작콘솔로 구성되어 있다. 더욱이 최근 무대연출의 효과상 또는 조명작업의 효율성, 안전성 확보면에서 이용되고 있는 리모콘 조명기구 또는 색광의 제어를 목적으로 하는 컬러체인지 등의 조작기능이 조광조작콘솔에 있는 경우도 있다. 또한, 공연의 내용에 따라 반입조명기구를 사용하는 공연도 많기 때문에 반입조명기기 전원반을 설비해 놓은 공연장도 많다. 여기서는 이를 종합하여 조광장치의 범위로 간주한다.

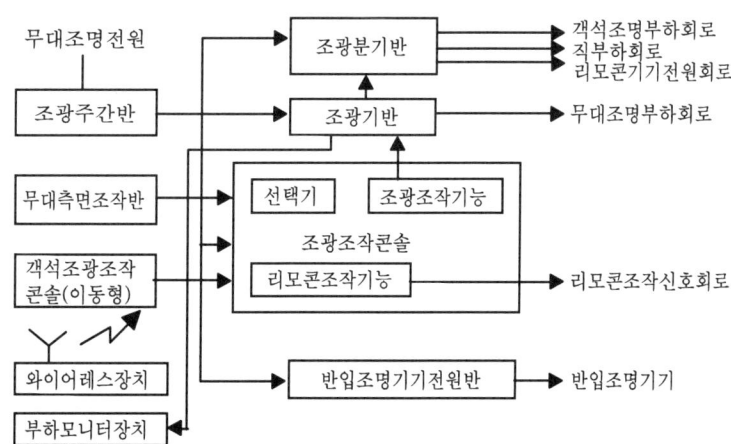

<그림 4.39> 조광장치의 구성 예

제 4 장 무대 조명설비

<표 4.13> 조광장치의 구성과 기능

명 칭	기 능	비 고
조광주간반	수변전설비에서 보내지는 전력을 무대조명전원으로 수전하여 간선 주개폐기를 거쳐 조광장치의 각 구성기기로 안전하게 전력을 공급하기 위한 전원반이다.	그림 4.40
조광기반 (디머반)	무대상의 조명기구의 밝기를 연출에 맞추어 조정하기 위하여 부하회로에 공급하는 전력을 사이리스터 등의 전력용반도체를 사용하여 제어하는 조광기를 집합한 반이다	그림 4.41
조광조작콘솔	공연의 진행에 따라 조광기 등을 제어하기위한 조작콘솔로 선택기능, 조광조작기능, 전식기능, 메모리 기능, 백업기능을 갖는다	그림 4.42
조광분기반	조광기반으로 분기되는 무대조광회로 이외의 객석조명회로나 방전등, 전식 등의 바이패스겸용회로 또는 리모콘기기의 전원회로 등의 분기회로를 전원으로부터 분기하기위한 과전류차단기를 장비하고 있는 반이다	그림 4.43
반입조명기기 전원반	전국을 순회하여 공연하는 경우 조명기구의 설치시간을 단축하기 위하여 공연장에서는 조명전원을 공급받아 공연에 필요한 조명을 반입기기로 행하는 경우가 많다. 그 전원공급용으로서 무대상에 설비하는 전원반이다	그림 4.44
무대상조작반 (원방조작반)	조광장치 그 이외의 기기로서 식전, 강연회 등의 경우 무대상에서 조광조작을 할 수 있는 조작반이다	그림 4.45
객석조광조작콘솔	리허설 등에서 객석에서 조광조작을 할 수 있도록 이동형의 콘솔이다	
무선장치	조광 및 리모콘 조작의 보조로서 사용한다	

제 4 장 무대 조명설비

<그림 4.40> 조광주간반의 일례

<그림 4.41> 조광기반의 일례

<그림 4.42> 조광조작콘솔의 일례

<그림 4.43> 조광분기반의 일례

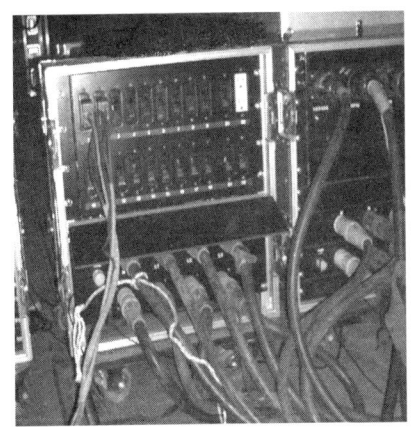
<그림 4.44> 반입조명기기전원반의 일례

<그림 4.45> 무대상조작반의 일례

제 4 장 무대 조명설비

4.4.2 조광장치의 형식

조광장치의 구성기기는 이들 기기가 전부 단독으로 설비되는 것은 아니고 공연장의 종류나 용도에 따라 여러 가지 형식의 조광장치가 설비되어 있다. 이를 간략히 설명하면 다음과 같다.

<표 4.14> 조광장치의 형식과 기능

형 식	기 능
분산배치형	대부분의 공연장은 단독의 반(콘솔)으로 되어 조광주간반, 조광기반 등은 연결반으로서 조광기계실에 설치되고 조광조작콘솔은 조광조작실 등에 설치된다. 특히, 순회콘서트가 많은 공연장은 이동기기의 배치장소가 다르기 때문에 공통의 전원으로부터 반입조명기기 전원반을 무대양측벽면 등에 복수로 설비하기도 한다.
일체형	학교의 강당, 소극장 등의 소규모집회시설에 사용되는 조광장치로 전원입력부의 주간개폐기(주과전류차단기)부터 조광기출력단자까지이고 간단히 무대조광조작부 및 객석조광조작부를 일체화하여 조작콘솔의 형태를 갖춘 조광장치이다
분전반형	소규모의 연회장이나 회의실 또는 로비 조명의 조광설비에 사용하는 소형조광장치로 조광기를 내장한 분전반이다
이동형	순회콘서트 등 이동하여 공연하는 경우의 이동조명기재의 일부로서 이동형조광장치가 사용된다. 이동형 조광장치의 각 기기는 가설용으로서 이동빈도가 높기 때문에 내구성을 고려하여 기기의 세팅이나 반출입 등의 작업을 단시간에 행할 수 있도록 설계되어 있는 것이 특징이다(<그림 4.46>)

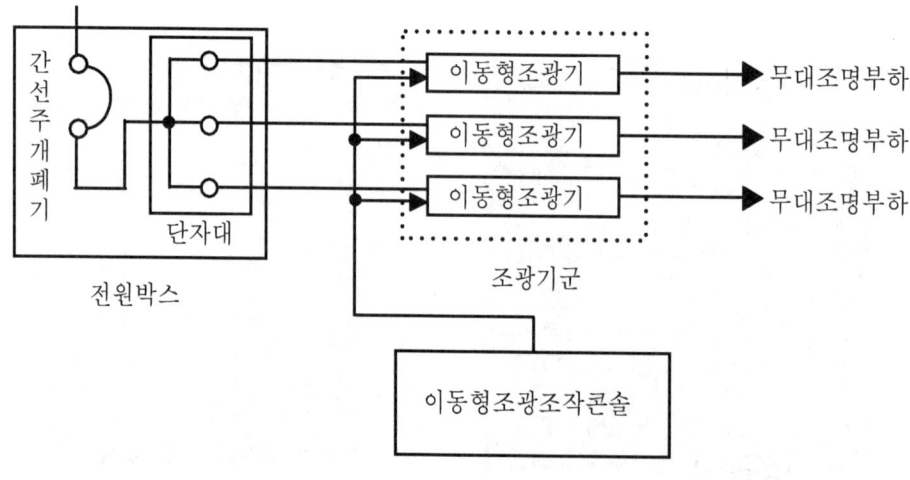

<그림 4.46> 이동형 조광장치의 구성

제 4 장 무대 조명설비

4.4.3 조광특성과 부하 선정

1. 조광특성

조광특성은 조광기의 「조광입력신호에 대한 광속비」라고 규정하고 있고 조광조작콘솔에 있어서의 프리셋 레벨치(메모리 값을 포함)나 페이드인, 페이드아웃을 할 때 빛의 변화에 크게 영향을 준다. 이 조광특성이 제조자간 또는 각 공연장마다 큰 차이가 있으면 순회공연의 경우 동일한 연극이라 할지라도 공연장소가 바뀔 때마다 프리셋 레벨값을 변경하여야 하고 이를 준비할 시간이 필요하다. 특히, 프리셋 레벨값은 메모리부 조광조작콘솔을 사용하는 경우 조명준비작업의 효율화, 작업시간을 단축할 수 있도록 플로피디스크의 포맷규격을 규정하여 공통데이터로서 즉시 프리셋이 가능하지만 조광기의 조광특성이 변하면 상기와 같은 불편함이 있어 그 효력이 없어진다.

조광특성은 논리적으로는 인간의 시각에 있어서 가장 직선적이고 또한, 원활히 느끼는 빛의 변화라고 되어 있지만 공연의 내용, 분위기에 따라 빛의 고조효과를 얻기 위해 곡선변화로 하는 경우도 있다.

가) 조광특성의 표시방법

예컨대, 오페라, 연극공연의 경우는 미묘한 어두운 빛이나 그 변화를 중시하기 때문에 2.7승~3.0승이 적합하며 다목적 공연장 등에서는 넓은 시야에 들어가는 빛의 변화로서 2.0승~2.3승이 적합하다.

더욱이 TV 스튜디오에서는 TV 카메라에 의한 피사체의 빛으로서 어두운 영역은 사용되지 않은 곳에서 1.0승~2.0승이 권장된다. 이와 같이 조광특성은 용도에 따라 다르기 때문에 A커브(2.3승에 근사) 및 B커브(2.7승에 근사)의 2종류가 규정되어 있다.

조광특성은 상술한 바와 같이 「조광입력신호에 대한 광속비」이지만 전구의 종류(텅스텐전구, 할로겐전구 등)에 따라 광속비는 약간 다르기 때문에 조광기의 조광특성은 조광입력신호 대 조광기의 출력전압의 특성으로 규정하고 있다.

조광기의 조광입력신호는 현재 USITT(미국극장기술협회)에 의한 DMX512의 디지털신호이지만 조광특성의 규격으로서는 번잡함을 피하기 위해서 종전의 아날로그신호전압(0~10V)에 의해서 규정한다. 따라서, 표시방법으로는 디지털값(00H~FFH)도 병기하고 있다. <그림 4.47>은 A곡선 및 B곡선의 조광특성이다

또한, 조광기의 출력전압은 실효치로 규정되어 있고 가동철편형계기 등 실효치를 지시하는 계기로 측정하여야 한다. 따라서 테스터(정류형)는 사용할 수 없다.

(1) S자 특성

현재 가격이 저렴한 조광기에 채용된 것으로 정현파의 교류전원을 간단히 제어신호로 위상제어함으로써 얻을 수 있는 조광특성이다. 페더눈금의 20% 정도까지는 빛이 나가지 않다가 거기에서 갑자기 상승하며 또한, 상한의 앞의 80%는 어둡기 때문에 완만하게 상승한다.

(2) 1승 특성(선형)

페더의 눈금과 광속이 비례하는 표현으로 직선형이므로 광속이나 조도의 변화 또는 합성을 인식하는 경우를 나타내기에는 단순하고 분명하게 해석이 된다. 밝기를 크게 문제 삼지 않는 경우의 특성을 나타낼 때에는 선형(직선)으로 나타내고 있다.

(3) 2승 특성(2.3승)

페더눈금과 밝음의 느낌(명도시감각)이 비례하도록 조광특성을 만들면 페더눈금과 광속의 관계는 2.3승 곡선에 근사한다고 되어 있다. 이것은 물건이 보일 때의 만셀(Munsell)의 명도와 규약반사율의 관계를 기초로 명도를 인간의 눈의 밝기감각으로 파악한 것이지만 주위의 조도나 대비의 영향을 받을 가능성이 있다.

(4) 3승 특성(2.7승)

예전의 자동트랜스조광기에서는 경험에 비추어 공연장은 2.7승~3승만큼의 상승이 낮은 곡선을 사용하고 있었다. 페더눈금과 조광전압이 비례하는 조광특성을 만들면 페더눈금과 광속의 관계는 3.4승 곡선이 된다. 2.7승의 자동트랜스조광기는 빛을 내지 않은 낮은 출력전압의 부분을 생략하여 3승의 특성을 만들었으나 이 특성으로서는 가장 민감하게 밝기의 변화를 느끼는 경계선상에서 그 어두운 곳의 미소한 변화의 표현에 적절한 것으로 볼 수 있다.

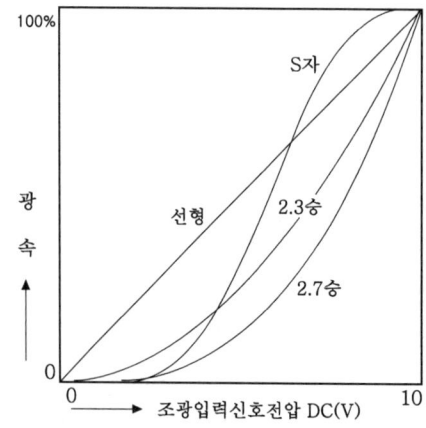

<그림 4.47> A곡선(2.3승 근사) 및 B곡선(2.1승 근사)의 조광특성

제 4 장 무대 조명설비

2. 조광기에 적합한 부하

사이리스터조광기는 위상각제어방식을 채용하고 있기 때문에 그 동작은 부하의 전기적 특성에 따라 변화한다. 따라서, 사이리스터조광기에 부적합한 부하를 접속한 경우에는 사이리스터조광기나 부하장치의 고장 또는 소손사고를 발생할 우려가 있기 때문에 충분한 주의를 요한다.

사이리스터조광기에는 백열등용 조광기와 객석조명을 목적으로 한 형광등용 조광기가 있다. 일반적으로 무대, 스튜디오에서 사용되는 것은 백열등용이고 이 백열등조광기는 백열등(할로겐전구를 포함) 저항부하용으로 설계되었기 때문에 백열등부하 이외의 리액터를 포함하는 유도성부하나 콘덴서를 포함하는 용량성부하는 접속하지 않도록 하여야 한다.

부하의 종류에 따른 영향은 다음과 같다.

가) 부하의 종류와 영향
(1) 저항 부하

백열전구 등 저항부하인 경우에는 사이리스터의 출력전압(e_{out})과 동상의 부하전류(i_R)가 흘러 조광동작이 이상하게 된다. 다만, 사이리스터소자에는 유지전류가 설정되어 있기 때문에 대단히 소용량의 부하만 접속한 경우 사이리스터가 점호상태를 유지하지 못하고 어른거림을 발생하는 경우가 있다.(<그림 4.48(a)> 참조)

일반적으로 조광기의 경우 최저부하용량은 정격용량의 1% 이상이라고 되어 있고 예컨대 정격용량 3kW의 조광기로서는 30W 이상의 부하를 접속할 필요가 있다.

(2) 리액턴스 부하

리액턴스 부하의 경우는 부하전류(i_L)가 늦은 전류로 흐르기 때문에 출력전압(e_{out})이 그림과 같이 된다. 순간치로 본 경우 e_{out}의 전압이 반전하더라도 i_L의 전류가 흐르기를 계속하고 한편 점호신호전압(V_G)은 전원전압에 동기하여 주어지고 있기 때문에, α의 기간 중에는 V_G는 인가되지 않고 i_L이 사이리스터의 유지전류 이하가 될 때까지 흐른다. 이 유지전류는 정(+)방향, 부(-)방향에서의 차가 있기 때문에 정(+)의 반사이클부와 부(-)의 반사이클간의 출력전압의 차가 발생하여 부하전류에 직류분이 포함되어 이상동작이나 고장의 원인이 된다.(<그림 4.48(b)> 참조)

(3) 커패시턴스 부하

커패시턴스부하인 경우에는 부하전류(i_c)가 콘덴서의 충방전 전류로서 흐르기 때문에 출력전압(e_{out})이 그림과 같게 되어 콘덴서에 축적된 전압이 다음 반사이클에서는 전원전압에 중첩하여 사이리스터에 인가되어 그 단자전압(e_s)은 전원전압보다 상승하여 사이리스터소자 및 부속회로의 브레이크오버 등의 이상현상을 발생하여 조광기의

제 4 장 무대 조명설비

고장원인이 된다.(<그림 4.48(c)> 참조)

나) 조광회로의 종류와 특성

공연장에서 무대조명기구를 제어하는 방식으로는 <그림 4.49>와 같이 3종류가 있다.

(1) 100% 점등방식

조광콘솔이나 선택반으로부터 사이리스터반에 DMX 또는 병렬 등의 조광신호가 전송되지만 이 조광 신호를 사용하여 100% 점등(DMX=FF(H) 또는 병렬=10V)신호를 송출하여 부하를 ON/OFF 하는 방법으로 출력파형에는 비교적 큰 비도통각(α1)이 존재한다(<그림 4.49(a)> 참조).

(2) 게이트단락방식(NONDIM회로)

조광 신호와 별도의 신호를 보내 사이리스터의 게이트단자에 직접전압을 인가하여 사이리스터를 통하여 직접 동작을 하는 방법이다. 이 방법에도 여러 가지 방식이 있지만 같은 도면의 파형과 같이 약간의 비도통각(α2)이 존재한다(<그림 4.49(b)> 참조)

(3) 바이패스 겸용방식

배선용차단기 등을 사용하여 부하에 직접 전원을 공급하는 방법으로 사이리스터조광기의 동작과는 관계가 없기 때문에 일반적인 부하의 접속이 가능하다(<그림 4.49(c)> 참조)

다) 부하의 적합성 여부

최근 무대상에서는 각종 전기제품을 사용하려는 요구가 높아지고 있다. 사이리스터조광기는 상술한 것처럼 접속할 수 있는 부하에 제약이 많기 때문에 플로어 콘센트 등에는 바이패스겸용회로나 바이패스겸용콘센트회로를 설치하는 것이 바람직하다.

<표 4.15>는 무대, 스튜디오에서 사용되는 대표적인 부하에 관해서 적합성 여부를 나타낸 것이다. 이 표의 조광기는 일반적인 표준형태로 하여 부하에 관해서도 일반적으로 사용되고 있는 것을 대상으로 하였다. 따라서, 조광기 및 부하라도 특수한 부하에 관하여는 각각 제조자에게 적합여부를 확인할 필요가 있다.

제 4 장 무대 조명설비

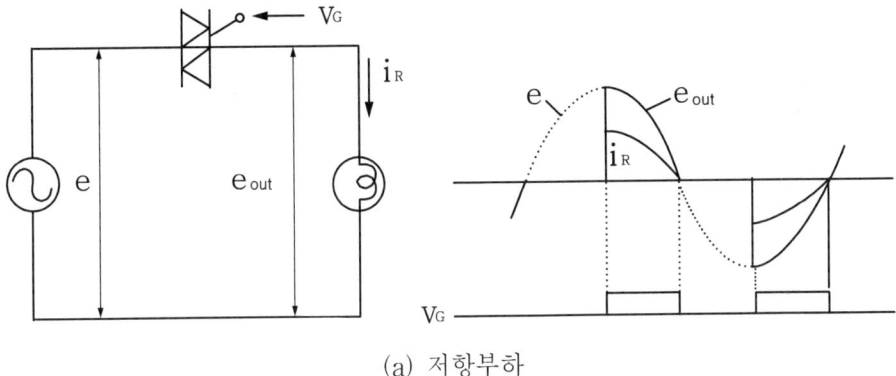

(a) 저항부하

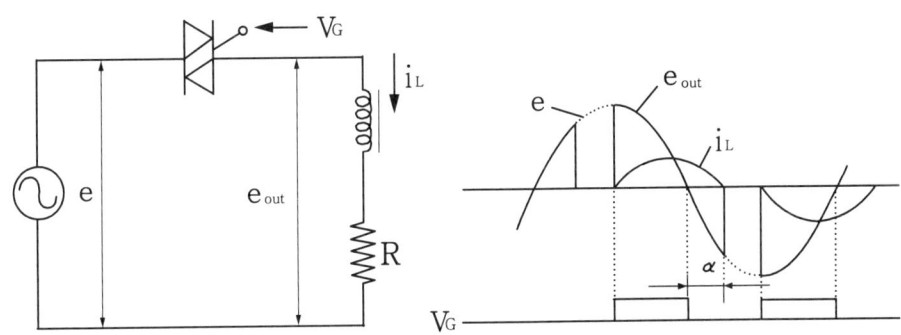

(b) 리액턴스부하

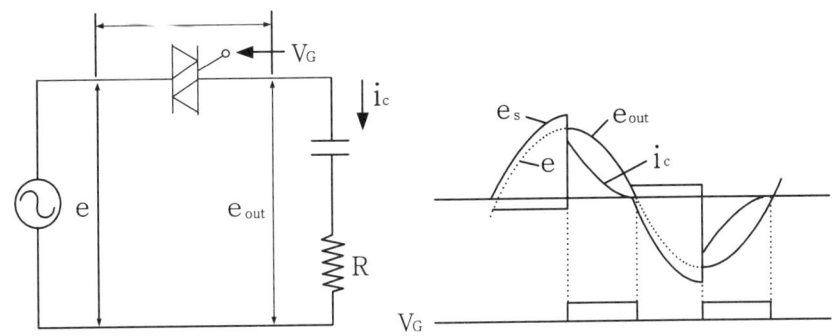

(c) 커패시턴스부하

<그림 4.48> 부하의 종류와 각부의 파형

제 4 장 무대 조명설비

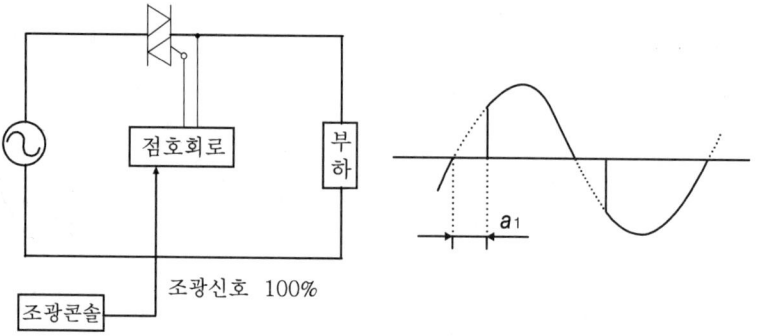

(a) 100% 점등방식

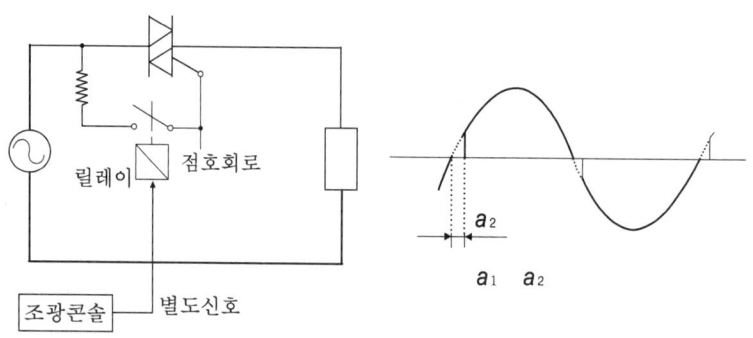

(b) 게이트단락방식(NONDIM회로)

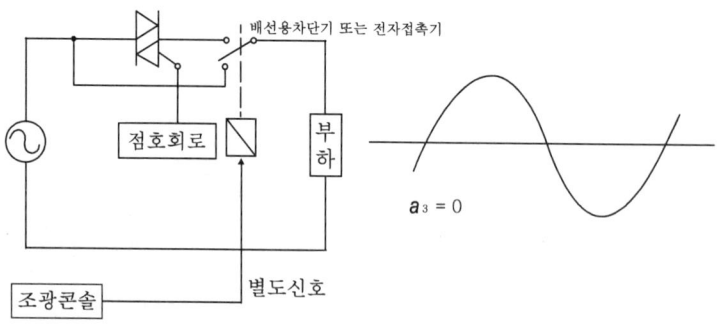

(c) 바이패스 겸용방식

<그림 4.49> 조광회로 및 출력파형

<표 4.15> 백열등용 사이리스터조광기의 일반적인 적합부하

부하의 종류	조광제어	100% 점등방식	게이트단락방식 (NONDIM회로)	바이패스겸용방식	비고
1) 성구 또는 저전압스포트라이트 등 강압트랜스를 포함하는 백열등	○	○	○	○	주1
2) 승압트랜스를 포함하는 백열등	○	○	○	○	주1
3) 효과기, 냉각용의 팬 등, 조명기구부속의 소형모터	○	○	○	○	주2
4) 백열등슬라이드 기기류	×	×	○	○	주3
5) 일반 조광용안정기를 사용하는 형광등	×	×	○	○	주3
6) 사이리스터를 내장한 조광용안정기를 사용하는 형광등	×	×	○	○	
7) 일반용안정기를 사용하는 형광등	×	×	×	○	
8) 인버터안정기를 사용한 형광등(조광용을 제외)	×	×	×	○	
9) 네온, 슬림라인 등의 저압방전등	×	×	×	○	
10) 수은등(블랙라이트를 포함)	×	×	×	○	
11) 크세논, HMI 등의 고압방전등	×	×	○	○	
12) 스트로브	×	×	×	○	
13) 미러볼	×	×	×	○	
14) 포그머신	×	×	×	○	
15) 레이저장치	×	×	×	○	
16) 글로네온등	○	○	○	○	주4
17) 워드프로세서, 팩시밀리 등의 OA기기	×	×	×	×	주5
18) 청소기, 선풍기 등의 모터기기	×	×	×	○	
19) 쿨러 등 인버터를 포함한 기기	×	×	×	○	
20) 조광기, 조광조작콘솔, 전식장치 등의 전원	×	×	×	○	
21) 음향기기	×	×	×	×	주5

[비고] ○ : 접속가능, × : 접속불가

주1 표에서 1), 2)에 주어진 백열전구의 전원에 트랜스를 포함하는 부하는 정상사용상태에서는 조광제어가 가능하지만 백열등의 필라멘트 단선, 트랜스의 2차측이 개방된 경우 트랜스의 1차측만의 부하로 되어 조광기로부터 본 부하는 리액턴스부하가 되므로 더미부하를 접속하여놓는 것이 바람직하다.

주2 효과기스포트라이트의 기기류, 조명기구부속의 팬 등, 30W정도의 모터부하 등은 광원의 전원과 병렬로 접속되어 있을 때는 문제가 없으나 단독부하로 될 때 조광기의 최저적합용량이 문제가 된다. 따라서, 최저 적합용량 확보를 위해 더미부하의 접속이 필요한 경우도 있다.

주3 백열등이 광원인 슬라이드 기기류도 주1, 주2와 마찬가지로 광원에 저전압의 전구를 사용하여 트랜스를 포함하고 있는 경우나 소등 후, 일정기간 냉각팬만 동작시키는 경우가 있어 주1, 주2와 같이 더미부하를 접속할 필요가 있다.

주4 글로네온등은 직렬로 고저항이 접속되어 있고 대단히 경미한 부하(0.1W 이하)이다. 따라서, 조광기나 글로네온등을 손상시키지는 않지만 사이리스터소자의 누설전류 또는 사이리스터와 병렬로 접속되어 있는 업소버의 누설전류가 점등할 가능성이 있기 때문에 조광모니터 등으로 사용하는 경우에는 최저적합부하용량의 더미부하를 접속할 필요가 있다.

주5 팩스 등의 OA기기 또는, 음향기기는 바이패스겸용방식으로 사용이 가능하지만 조명용 전원에는 저압측에서 고압측에 고조파전압에 의한 노이즈발생이나 오동작의 우려가 있으므로 조명용 전원을 사용하지 않도록 하여야 한다.

4.4.4 조광장치의 안전사항

조광장치는 무대 조명부하에 전원을 공급하는 동시에 그 모든 조명을 일괄해서 공연의 진행에 따라 제어할 수 있는 장치로서 다음과 같이 정의하고 있다.

「조광장치는 광원의 광량이 변화 및 기기의 동작을 제어하여 무대에서 조명시스템을 종합적으로 제어하는 것을 목적으로 하며 급배전기기와 전로마다 광량을 조절하는 조광기를 수납한 기기 및 제어기기 등을 유기적으로 결합한 장치를 말한다.」

따라서, 일반적으로 표시된 배전반 등의 분류에 있어서의 「제어반」과 유사한 것으로 여겨지나 기능상 저압회로를 분기하는 설비가 있기 때문에 특별한 안전기준이 필요하다.

1. **조광장치전로의 안전기준**

    가) 조광장치 전로는 「기술기준」에 적합하게 시설하여야 한다.

    나) 조광장치에 전기를 공급하는 전로는 대지전압이 300V 이하일 것(「기술기준」제223조)

    다) 조광장치의 사용전압은 400V 미만일 것(「기술기준」제223조)

2. **정격**

    가) 전원의 정격

    무대조명설비에 공급하는 전원의 정격은 다음에 의하여야 한다.
    (1) 정격전압 : 간선에서 수전 받는 조광장치의 수전단에 가해지는 공급전압을 말한다.
    (2) 정격전류 : 주간개폐기의 정격전류를 말한다. 다만, 주간개폐기가 없는 경우에는 모선의 정격전류로 한다.
    (3) 정격주파수 : 조광장치가 기능하는 주파수를 말한다.

    나) 조광기의 정격
    (1) 정격전압 : 조광기 본체가 기능하는 전압의 정격치를 말한다.
    (2) 정격전류 : 과전류차단기의 정격전류를 말한다. 조광기는 조광기 본체와 부하회로의 전선보호를 위한 과전류차단기가 일체형이므로 조광기의 정격전류는 일반적으로 과전류차단기의 정격치와 같은 기준값이기 때문에 조광기의 정격치로 나타낸다.
    (3) 조광기 본체의 정격

    조광제어를 필요로 하는 무대 조명기구는 백열등기구일 것

    또한, 하나의 분기회로(1대의 조광기)에 접속하는 조명기구의 용량이 최대크기의 과전류차단기의 정격전류와 같은 사용상태이므로 분기회로에 사용하는 과전류차단기의

제 4 장 무대 조명설비

특성을 고려할 필요가 있다.(<4.5.2> 무대조명설비의 과전류보호 참조).
　　조광기의 정격전류에 적합한 조광기 본체는 다음 <표 4.16>에 나타낸 정격에 의하여야 한다.

<표 4.16> 조광기 정격전류에 적합한 조광기 본체의 정격

조 광 기	정격전류(A)	20	30	40	50	60	100
조광기본체	정격전류(A)	20	30	40	50	60	100
	단시간정격전류	조광기의 과전류차단기특성에 적합할 것					

3. 조광장치의 규격

가) 사용상태
　　조광장치는 특히 지정이 없는 한 KS C 8320(분전반 통칙) 3에 준하는 것이어야 한다.

나) 정격표준치
　　조광장치의 정격표준치는 다음에 의하여야 한다.
(1) 정격전압의 표준치(기준전압)
　　조광장치의 정격전압의 기준치를 <표 4.17>에 나타낸다.

<표 4.17> 정격전압(기준전압)

상, 선식	교류정격전압(V)
단상 2선식	110, 220
단상 3선식	110 / 220
3상 3선식	220, 380
3상 4선식	220 / 380

(2) 정격주파수
　　조광장치의 정격주파수는 60Hz 전용으로 한다.
(3) 기준정격전류 표준치
　　조광장치의 기준정격전류의 표준치를 <표 4.18>에 나타낸다.

<표 4.18> 기준정격전류치 표준

교류 표준정격전류(A)								
30	40	50	60	75	100	125	150	175	200
225	250	300	350	400	500	600			

제 4 장 무대 조명설비

다) 성능
 (1) 절연저항
  절연저항은 KS C 8320 8.1에 규정된 절연저항시험을 할 때 5MΩ 이상이어야 한다.
 (2) 내전압
  내전압은 주파수가 60Hz의 정현파에 가까운 다음 표의 시험전압에 1분간 견디어야 한다.

<표 4.19> 정격전압(기준전압)

조광기반의 정격전압 또는 구성기기의 정격전압(교류)	시험전압(V) (교류)
30V를 초과 150V 이하	1000
150V를 초과 300V 이하	1500
300V를 초과 600V 이하	2000

라) 구조 및 재료
 (1) 띠모양의 도체의 전류밀도
  모선 및 분기도체에 띠모양의 도체를 사용하는 경우는 도전율 96% 이상의 동을 사용하고, 모선 및 분기도체의 정격전류에 대한 전류밀도는 <표 4.20>과 같이 하여야 한다.

<표 4.20> 전류밀도

정격전류 (A)	전류밀도 (A/mm^2)
100 이하	2.5 이하
100 초과 225 이하	2 이하
225 초과 400 이하	1.7 이하
400 초과 600 이하	1.5 이하
[비고] 재료면의 취급 및 성형을 위해 이 전류밀도는 +5%의 여유를 인정한다. 또, 띠모양 도체의 도중에 볼트구멍이 있더라도 그 부분의 단면적의 감소가 1/2 이하인 경우는 이것을 고려하여 넣지 않아도 좋다.	

 (2) 절연전선의 최소 굵기
  모선 또는 분기도체에 절연전선을 사용하는 경우의 최소의 굵기는 표 4.21에 의하여야 한다. 또한, 기준정격전류가 400A 이상의 것으로 병렬로 접속하는 경우는 2가닥으로 하여 동일굵기, 동일길이로 그 단자부 및 분기점은 전기적으로 완전하게 접속되어 있어야 한다.

제 4 장 무대 조명설비

<표 4.21> 절연전선의 최소 굵기

기준정격전류(A)	보더선의 공칭단면적(mm²)	기준정격전류(A)	보더선의 공칭단면적(mm²)
15	2	175	80
20	3.5	200	100
30	5.5	225, 250	125
40	8	300	150
50, 60	14	350	200
75	22	400	250, 2가닥×125
100	38	500	400, 2가닥×150
125	50	600	500, 2가닥×200
150	60		

(3) 모선 및 모선분기도체의 기준정격전류

㉮ 모선의 정격전류는 그 모선이 과전류차단기, 개폐기 또는 단로기가 있을 경우는 그 정격전류 이상이어야 한다.

㉯ 모선에 과전류차단기 또는 개폐기중 어느 것도 없는 경우는 분기과전류차단기 또는 개폐기의 정격전류의 총합계에 2/3을 곱한 값 이상으로 한다.

㉰ 모선분기도체의 기준정격전류는 그 군에 접속되는 분기과전류차단기 또는 개폐기의 정격전류의 총합계에 2/3을 곱한 값 이상 또는 그 군의 주과전류차단기 또는 개폐기의 정격전류 이상 중 하나로 한다.

(4) 중성모선

㉮ 중성모선의 정격전류는 다른 모선의 정격전류보다도 작아서는 안된다.

㉯ 중성모선에는 과전류차단기를 장치하여서는 안된다. 다만, 모선에 다극 배선용차단기 또는 다극 누전차단기를 설치하는 경우는 각 극이 동시에 개폐하든가 또는 중성극이 다른 극에 대해서 빠른 투입·늦은 차단으로 되어 있는 것은 이에 적용하지 않는다.

㉰ 중성모선에는 단극의 개폐기 또는 단극의 단로장치를 장치하여서는 안된다. 다만, 중성모선에 단로장치를 사용하는 경우는 공구를 사용하지 않으면 단로되지 않는 것이어야 한다.

㉱ 상기 ㉮㉯㉰의 규정은 다선식모선에서 분기되는 전로에 대하여 준용한다.

(5) 나사 죄임에 의한 도전 접속부

터미널 러그와 모선 또는 분기도체와의 접속 그 밖의 도전접속부를 나사 죄임으로 하는 경우는 그 나사의 호칭은 <표 4.22>에 나타내는 것 이상으로 하여야 한다.

<표 4.22> 나사의 호칭

정격전류 (A)	나사의 호칭		
	나사 1개	나사 2개	나사 4개
30 이하	M 4	M 3.5	-
30 초과 60 이하	M 5	M 4	-
60 초과 100 이하	M 6	M 5	-
100 초과 300 이하	M 8	M 6	-
300 초과 400 이하	(M 10)	M 8	M 6
400 초과 600 이하	(M 12)	M 10	M 8
600 초과 800 이하	-	M 10	M 8
800 초과 1200 이하	-	M 12	M 10
1200 초과 1600 이하	-	-	M 10
1600 초과 2000 이하	-	-	M 12

[비고] 1. ( )은 가능한 한 사용하지 않을 것
2. 정격전류 600초과, 2000 이하는 JIS C 8480(캐비닛형 분전반)에 의함

(6) 충전부 간격

충전부와 비충전 금속체와의 간격 및 이극 충전부사이의 간격은 공간거리 및 연면거리가 10㎜ 이상으로 한다. 다만, 다음의 경우는 예외로 한다.

㉮ 과전류차단기 그 밖의 기구에 있어서 충전부의 간격은 각각의 규정에 따른다. 다만, 터미널러그를 사용하는 경우는 다음에 따른다.

　a. 간선 및 분기회로에 접속하는 모선, 분기도체 등에 터미널러그를 사용하여, 그 사이에 절연성 격벽이 없는 것은 각 터미널러그가 2개 이상의 나사로 부착되어 있든가 또는 이것에 진동이 없는 한, 각각 30도 기울어진 경우에도 터미널러그와 비충전 금속체와의 사이 및 이극 터미널러그 사이에 있어서 10㎜(선간전압이 300V를 초과하는 것은 연면거리에 대해서는 20㎜) 이상의 거리를 유지하여야 한다.

　b. 단자부에 터미널러그가 취부된 상태에서 충전부의 간격이 10㎜(선간전압이 300V를 초과하는 것은 연면거리에 대해서는 20㎜) 미만인 경우는 터미널러그에 두께 0.5㎜ 이상의 절연캡 등을 사용하여 절연하여야 한다. 그것이 부착된 상태에서 그 간격은 최저 2㎜로 한다.

(7) 기타 구조 및 재료

상기 각호 이외의 조광장치의 구조 및 재료는 KS C 8320을 참조하여 기기의 안전을 확보하여야 한다.

제 4 장 무대 조명설비

4. 표시

조광주간반, 분기반에는 문 또는 커버의 표면 혹은 이면의 보기 쉬운 곳에 쉽게 지워지지 않는 방법으로 다음 사항을 표기한다.

가) 명칭
나) 정격전압, 상수에 의한 방식, 선식
다) 정격주파수
라) 정격전류
마) 보호등급(문을 닫은 상태에서의 IP 코드)
바) 제조자명 또는 그 약호
사) 제조연월 또는 그 약호

[비고] 다전원용 조광장치의 경우 ②, ③ 및 ④는 각 전원에 대해서 표시한다.

제 4 장 무대 조명설비

4.5 무대조명설비의 설계

4.5.1 분기회로

1. 분기회로의 구성

 분기회로는 간선으로부터 분기하여 과전류차단기를 거쳐 부하에 달하는 배선을 말한다. 일반의 무대 조명설비의 분기회로의 구성을 <그림 4.50>에 나타내었다.

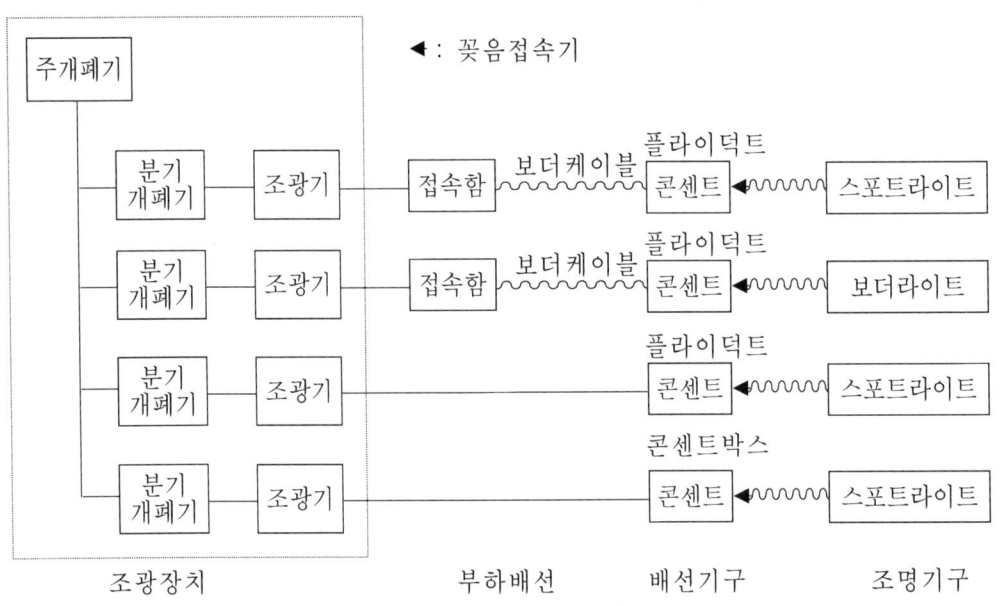

<그림 4.50> 분기회로 구성도

2. 회로수

 무대조명설비는 공연장의 특징, 규모 등과 밀접한 관련이 있기 때문에 무대의 크기, 설비의 내용도 각기 종류가 다르다. 따라서, 회로수도 기본적으로는 공연장에 따라 크기가 달라진다. 그러나, 무대의 운용방법은 공연장의 규모나 형태에 관계없이 큰 차이는 없다.
 일반적으로 무대 조명의 부하설비 및 회로수를 검토하는데 있어 고려할 점은 다음과 같다.
 ○ 무대조명은 공연하는 내용에 대한 연출의도에 따라 조명기구, 기재를 구별하여 사용하기 때문에 부하설비는 대개 콘센트설비이다.
 ○ 조명의 준비는 공연하는 동안 모든 장면에 대응하는 조명기구를 세팅하여야 하기 때

제 4 장 무대 조명설비

문에 많은 수량의 콘센트가 필요하다.
○ 공연물의 종류에 따라 세팅하는 조명기구의 위치가 다르기 때문에 무대조명설비에 있어서의 콘센트배치 및 부하회로는 실제 사용용량보다 많은 설비를 해두어야 한다. 이러한 사정으로 인해 무대조명의 부하설비는 다수의 회로수와 콘센트배치가 필요하다. 일반적인 무대조명부하설비의 개요는 다음과 같다.

가) 서스펜션라이트, 포털라이트, 프로시니엄라이트 등에 사용되는 플라이덕트는 각각 일렬에 30A의 분기회로에 20A 또는 30A의 꽂음접속기(콘센트)를 2~4개 병렬 접속된 회로를 12~40회로 정도 설치한다.

나) 실링라이트, 프론트라이트, 타워라이트 등은 조명기구를 고정적으로 설비하는 것이 많다. 그러나, 공연물 또는 연출에 의해 조명기구를 변경하는 경우도 있어 플라이덕트로 콘센트를 설치하는 것이 바람직하다. 이 경우 플라이덕트는 30~60A의 분기회로에 20A 또는 30A의 콘센트를 2~4개 병렬접속으로 설치한다.

다) 상단하늘막조명은 하늘막의 조명용으로 목적이 명확하다. 따라서, 하늘막의 크기, 조명기구의 종류와 그 수량으로부터 회로용량을 결정한다. 더욱이 하늘막 조명의 색별수를 홀의 용도, 목적으로부터 결정한다. 일반적으로 4~8색의 색으로 분류한다. 또한, 무대의 크기, 사용목적에 의해 하늘막을 구분하여 따로따로 염색을 하는 경우도 있어 이를 고려하여 결정한다. 보통은 오른쪽, 중앙, 왼쪽의 3가지로 구분된다. 따라서, 상난하늘막조명의 분기회로조건은 색분류회로수에 조명구분수를 곱한 회로구성이 된다. 그 1회로당의 용량은 사용하는 조명기구의 종류와 수량으로 결정된다. 통상 20A 또는 30A의 콘센트를 6~12개 병렬로 접속하여 배치 설비한 플라이덕트로 하고 있다.

라) 보더라이트는 1열 단위에 전체 등수를 색별하여 더욱이 조명구분에 의해 회로구성을 결정한다. 일반적으로 보더라이트 1열의 회로구성은 20A 또는 30A 분기회로에서 4회로를 1단위로서 3구분으로 하는 것이 많다. 또, 보더라이트에 서스펜션라이트 기능을 부속하여 놓는 경우도 있다. 이 경우는 30A 분기회로에 2~4개의 20A 또는 30A 콘센트를 병렬 접속하여 3~4회로를 설치한다.

제 4 장 무대 조명설비

마) 플로어 콘센트박스는 이동용조명기구의 전원공급구로 무대마루면에 분산하여 매입하여 배치설비된다. 통상 30A 분기회로에 2~4개의 20A 또는 30A 콘센트 2~4개 병렬 접속한 것을 많이 설치한다. 또한, 일부에는 60A 전용회로를 설치하는 것도 있다. 이 경우의 60A 회로는 전용회로를 위해 수구를 60A 콘센트 1개만으로 분기하여서는 아니된다.

3. 회로수의 산출

무대조명의 분기회로는 상술한바와 같이 부하회로수의 총수로 구성된다. 여기서는 무대조명부하 분기회로총수의 참고산출 예를 다음 식에 나타낸다. 최종적으로 회로수의 결정은 공연장의 특성, 운영자의 의견 등을 반영하여 선정하는 것이 바람직하다.

$$\text{분기회로 총수} = \text{무대 조명면적} \times \text{단위면적 회로수}$$

여기서,

단위면적 회로수 = 1.5~2회로(다만, 객석등용부하분기회로는 제외)

무대 조명면적 = 주무대 폭(X m) × 주무대 안쪽길이(Y m)

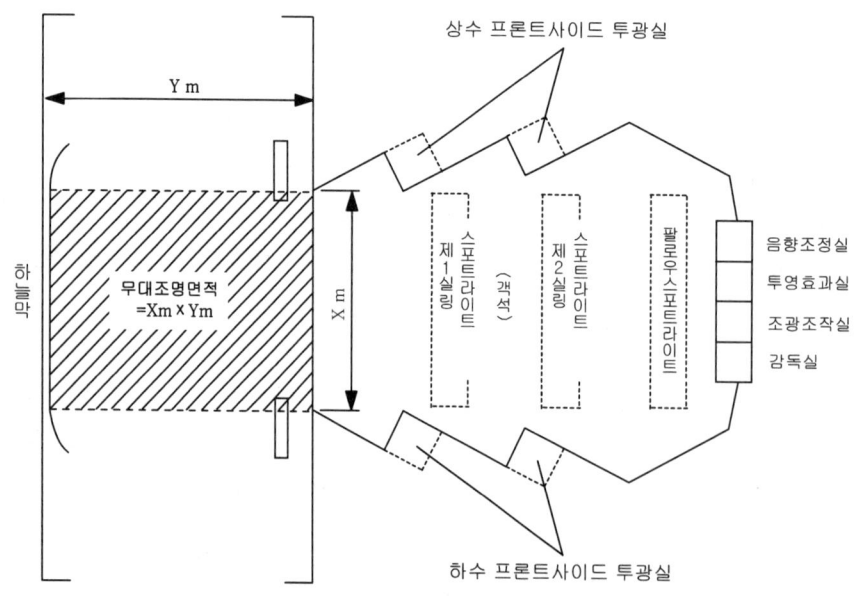

<그림 4.51> 조명면적 산출방법

제 4 장 무대 조명설비

4. 조광기의 정격용량과 분기회로용량

무대조명에 사용하는 조명기구는 상술한 대로 전구용량이 크기 때문에 무대조명회로의 부하용량의 크기, 회로용량은 일반적으로 20A, 30A, 40A, 60A에서 설계할 필요가 있다. 따라서, 설비되는 조광기의 용량은 그 부하용량에 따라 여러 종류의 조광기의 정격용량 (2kW, 3kW, 4kW, 6kW)에서 선정하여야 한다.

이 경우 분기과전류차단기의 용량은 조광기의 정격에 적합한 것으로 보호되어 있어야 한다.(<4.4.4> 조광장치의 안전사항 참조)

5. 콘센트의 선정

무대조명설비에서 저압옥내전기회로에 접속하는 콘센트, 나사비틈형접속기 및 소켓은 분기회로의 종류에 따라 <표 4.23>에 의하여 시설하여야 한다.(「기술기준」제196조, 내선규정 205절)

다만, 플라이덕트에 시설하는 콘센트는 <표 4.9>에 따라서 시설하여야 한다.(<4.2.1> 꽂음접속기 참조)

<표 4.23> 분기회로의 종류

분기회로의 종류	전선의 굵기	콘센트의 정격전류	나사비틈형 접속기 및 소켓
15A	지름 1.6mm 이상	15A 이하	○ 나사비틈형 소켓으로서 공칭지름 39mm 이하의 것 ○ 나사비틈형 이외의 소켓 ○ 공칭지름 39mm 이하의 나사비틈형 접속기
20A 배선용차단기	지름 1.6mm 이상	20A 이하	○ 함로겐전구용의 소켓 ○ 백열전등용의 공칭지름 39mm의 소켓 ○ 방전등용의 공칭지름 39mm의 소켓 ○ 공칭지름 39mm의 나사비틈형 접속기
20A (퓨즈에 한함)	지름 2mm 이상 (지름 1.6mm 이상)	20A	
30A	지름 2.6mm 이상 (지름 1.6mm 이상)	20A 30A	
40A	단면적 8mm² 이상 (지름 2mm 이상)	30A 40A	
50A	단면적 14mm² 이상 (지름 2mm 이상)	40A 50A	
50A를 넘는 것	해당 과전류차단기의 정격전류이상의 허용전류를 가지는 것		

[비고] ( )안은 하나의 콘센트, 나사비틈형 접속기 또는 소켓에서 그 분기점에 달하는 부분의 전선의 굵기를 나타낸다.

제 4 장 무대 조명설비

4.5.2 무대조명설비의 과전류보호

I. 무대조명설비에 있어서의 과전류차단기의 오동작

　가) 배선용 차단기의 단락보호특성에 의한 불필요동작
　　(1) 월류(러쉬전류)

　　　　백열전구, 할로겐전구의 필라멘트의 고유저항값은 상온에서 대단히 작고, 온도가 상승함에 따라 높은 값이 된다. 텅스텐 필라멘트의 고유저항 값의 변화를 그림 4.52에 나타낸다.

　　　　이것은 상온상태로 필라멘트에 전압을 인가한 순간으로부터 발광정상온도에 달하는 사이의 저항값의 변화에 따라 흐르는 전류는 정상전류보다 훨씬 큰 전류가 흐르며 이 전류를 월류(러쉬전류)라고 한다.

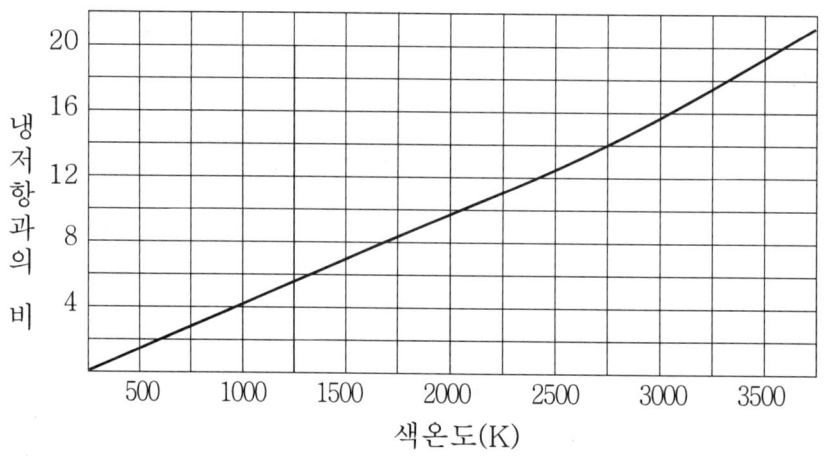

<그림 4.52> 텅스텐 필라멘트의 저항값의 변화

　　　　텅스텐 필라멘트의 월류는 이론적으로 정격전류치의 수십 배(15~18배)의 전류가 흐른다. 그러나 실제로는 전로의 임피던스 등에 의해 일반 조명(광원의 색온도가 2800K 이하)의 경우는 7~10배 정도이지만, 무대조명의 경우는 광원의 색온도가 3050K 이상인 전구가 사용되므로 월류는 정격전류치의 10~12배의 값에 이르게 된다.

　　　　무대조명으로 사용되고 있는 전구에서 전압인가의 순간으로부터 안정전류에 이르기까지의 월류특성의 일례를 <그림 4.53>에 나타낸다.

　　(2) 월류에 의한 불필요동작

　　　　일반적인 배선용차단기를 무대조명설비에 사용한 경우 월류에 의해 불필요동작이 발생하는 원인은 다음과 같다.

㉮ 무대조명의 특수성에 관해 앞서 언급한 바와 같이 분기회로의 정격용량과 같은 부하용량의 조명기구를 사용하기 때문에 배선용 차단기의 정격전류에 상당하는 부하전류가 흐른다.

㉯ 무대조명의 경우 상기한 바와 같이 월류의 전류치는 일반조명의 경우에 비하여 정격전류치에 대한 배율이 크다.

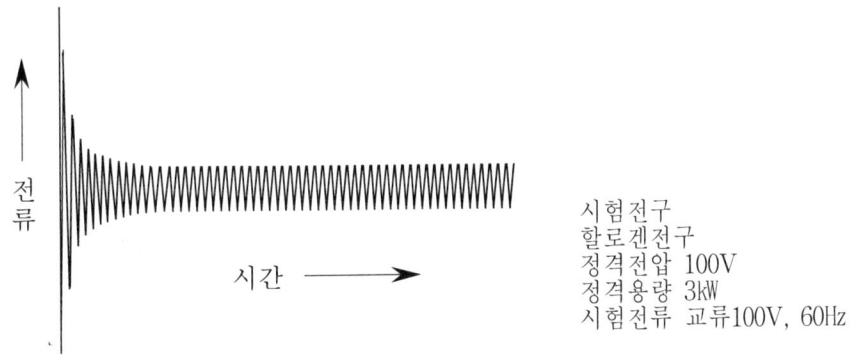

<그림 4.53> 무대조명용 할로겐전구의 월류특성

㉰ 전구의 정격용량에 대한 여유도는 108% 이하(무대조명용 전구에 관한 규정은 없지만, 일반조명용 할로겐전구에 대하여 108% 이하로 KS C 7523에 규정되어 있기 때문에 일반적으로 이것을 채용)로 규정하고 있기 때문에 배선용차단기의 정격용량을 초과한다.

따라서, 전원전압 100% 상태에서 점등시의 월류는 범용의 배선용차단기의 동작특성곡선의 트립영역에 들어가기 때문에, 배선용차단기의 트립장치에 의해 순시에 동작하는 것이 있다. 이 현상을 <그림 4.54>에 나타낸다.

제 4 장 무대 조명설비

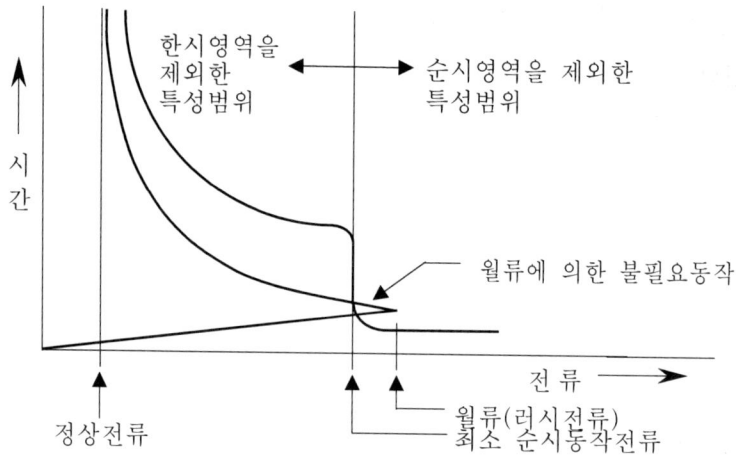

<그림 4.54> 배선용 차단기의 월류에 의한 불필요동작

나) 과전류차단기의 과전류보호특성에 의한 불필요동작
 (1) 배선용 차단기의 정격전류

　　배선용 차단기의 정격전류는 기준주위온도 40℃에서 연속적으로 통전할 수 있는 전류를 기준으로 하고 있다. 배선용 차단기는 전선을 보호하기 위해 반내(盤內)온도에 따라 반외(盤外)의 전선을 보호하도록 설계되어 있다. 일반적으로 40℃의 주위온도를 기준으로 조정되어 있기 때문에, 반내에 집합된 인접한 배선용 차단기 그 외에 기기의 온도에 의한 영향 등을 고려한 경우, 추정 반내 최고온도에 따라 이것이 40℃를 초과하면 그 차이 1℃당 1%의 비율로 부하를 경감시키는 것이 바람직하다.

　　또한, 그와는 별도로 부하기기의 정격전류의 정밀도, 전원전압의 변동, 주파수의 차이 등을 고려하여 10~15%의 여유도가 필요하다.

 (2) 부하정격전류에 의한 불필요동작

　　무대조명설비에서 사용하는 부하는 전구용량이 500W, 1kW, 1.5kW, 2kW, 3kW 및 5kW 등이며 조명은 거의 조광제어이고 분기회로마다 조광조작이 필요하므로 공연중에 동시에 조광하는 복수의 조명기구는 하나의 분기회로에 접속하여야 한다.(다만, 일반적으로 용량이 다른 광원을 가진 조명기구를 하나의 분기회로에 접속하지는 않는다.)

　　따라서, 분기회로의 정격용량과 같은 부하용량이 되는 조명기구를 접속하여 사용하는 경우가 많다. 이에 따른 분기 배선용차단기의 과전류보호영역에서의 불필요동작이 발생하게 된다.

　　또한, 무대조명으로 사용하는 광원은 거의 할로겐전구이다. 할로겐전구의 정격용량은 <4.5.2 1. 가) (2)>에 서술한 바와 같이 전구의 정격용량의 여유도가 108% 이하로

제 4 장 무대 조명설비

규정하고 있기 때문에 배선용차단기의 불필요동작의 발생확률이 높아진다.

2. 무대조명설비에 요구되는 과전류차단기

무대조명설비에서 불필요동작을 방지할 수 있는 과전류차단기로는 퓨즈가 적절하지만 분기회로수가 대단히 많고 분기회로용량이 크기 때문에 운용상 주로 배선용차단기를 시설하고 있다. 따라서, 여기서는 배선용차단기 또는 분기회로에서 이들 불필요동작을 방지하는 대책에 관해서 서술한다.

가) 배선용 차단기를 적합특성으로 하는 대책

「기술기준」에 정해진 규정에 적합하며 또한, 월류 및 정격전류에 의한 불필요동작을 방지할 수 있는 배선용차단기의 특성은 다음과 같다.

무대조명설비의 분기회로에 사용하는 배선용차단기는 다음에 의해야 한다.

(1) 정격전류의 1.1배에서 자동적으로 동작하지 않아야 한다.
(2) 단락보호영역에 있어서, 그 동작특성이 동작시간 0.02초 이하에 있어서 동작전류치가 정격전류의 12배 이하에서 동작하지 않아야 한다.

일반적으로 사용하고 있는 과전류차단기의 특성의 일례와 무대조명설비에 적합한 분기회로의 배선용 차단기의 특성을 비교하면 <그림 4.55>와 같다.

나) 분기회로에 의한 대책

연속부하로 사용하는 분기회로의 부하용량은 배선용차단기의 정격용량의 80%를 초과하지 않는 분기회로로 구성하는 것이 바람직하다. 무대조명설비의 분기회로의 종류는 일반적으로 20A, 30A, 40A, 50A 및 60A의 각 회로가 사용되고 있으나 대부분 30A 분기회로를 사용한다. 그 이유는 전술한 바와 같이, 동시에 조광할 필요가 있는 조명기구군을 하나의 분기회로에 일괄해서 접속하는 단위용량이기 때문이다.

즉, 500W×6대 이하, 1kW×3대 이하, 1.5kW×2대, 2kW×1대, 3kW×1대의 각각의 조합에 의한 것이 가능해야 한다. 공연에서는 특히, 1kW급 및 1.5kW급의 조명기구를 대부분 사용하고 여러 대수를 1회로로 사용하는 경우가 많다.

이것을 전제로 배선용 차단기의 정격용량의 80%를 초과하지 않는 분기회로로 한 경우 「기술기준」 제196조에 의해 무대조명설비의 분기회로는 <표 4.24>와 같이 된다.(<표 4.23> 참조)

제 4 장 무대 조명설비

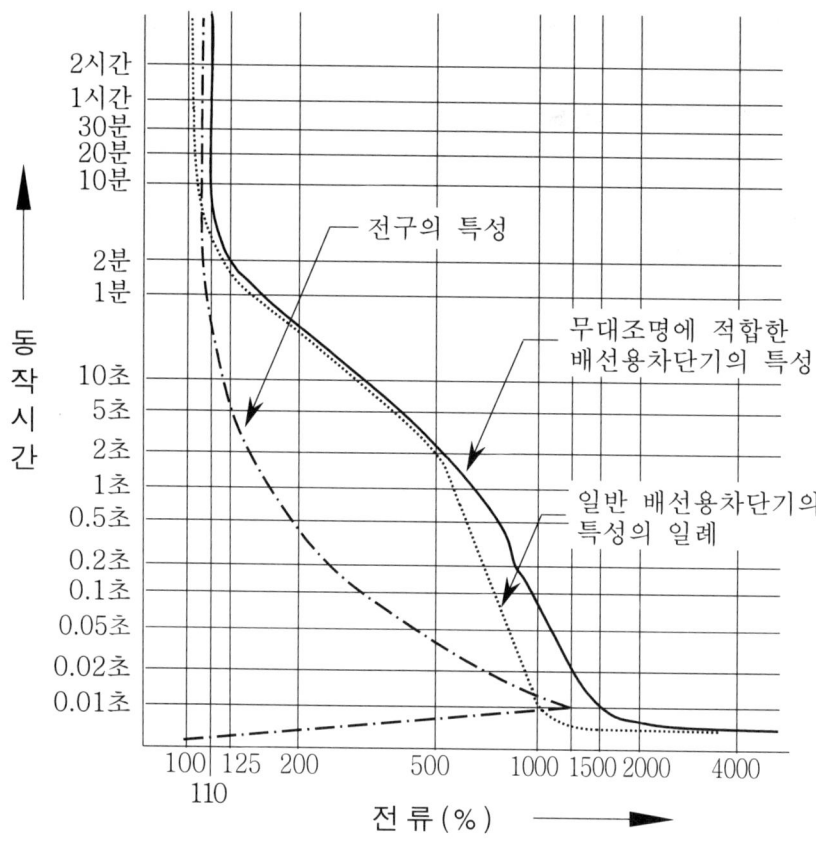

<그림 4.55> 무대조명설비 분기회로의 배선용 차단기의 특성

<표 4.24> 무대조명설비의 분기회로와 콘센트 및 접속 가능한 조명기구

무대조명설비의 공칭용량	분기회로의 종류	과전류차단기의 정격전류	콘센트	접속가능한 조명기구의 종류
2kW	30A	25A	20A	500W, 1kW, 1.5kW, 2kW
3kW	40A	38A	30A	3kW
4kW	50A	50A	40A	없음
5kW	75A	63A		5kW 전용의 1대의 기구

[주] 1. 분기회로의 종류에 따라 접속할 수 있는 콘센트의 종류는 30A회로에 대해 20A~30A, 40A회로에서 30A~40A, 50A회로에서 40A~50A이지만, 무대조명설비의 공칭용량에 의한 제한에 의해, 각각의 종류의 분기회로에는 무대조명설비의 공칭용량에 대응하는 용량의 콘센트 이외는 접속할 수 없다.
2. 무대조명설비의 공칭용량으로 5kW 회로는 전용회로로 하여야 한다.

제 4 장 무대 조명설비

이에 따라, 콘센트접속에 의해 조명기구를 준비하는 무대조명설비는 그 사용방법에 현저한 제한을 받게 된다. 또한, 이것을 해소하기 위한 설비는 분기회로를 중복하여 설비할 필요가 있으며 회로수 및 콘센트수가 증대하여 설비비용이 비약적으로 커진다.

이상의 것으로부터 분기회로에 의한 대책은 결코 바람직한 방법이라고는 할 수 없다.

다) 단락전류의 계산

무대전기설비는 일반적으로 대용량 간선으로부터 직접 다수의 분기회로에 분산 접속되는 경우가 많으므로 특히 단락보호협조시 충분히 유의하여야 한다.

과전류차단기 보호협조의 검토에 있어서는, 반드시 단락전류를 계산하고 각 보호기기의 종류, 정격의 선정, 정정치를 결정하여야 한다.

무대전기설비는 사용전압이 저압이므로 전원변압기 이후에서 발생하는 단락전류에 대해서 계산한다.

(1) 단락전류산출에 사용하는 계통임피던스

저압전로의 단락전류치의 크기는 그 단락점에서 본 전원측 임피던스의 크기에 따라 결정된다.

일반 저압전로에서 단락점에서 본 전원측임피던스는 다음과 같다.

㉮ 전원변압기의 임피던스(전원종합임피던스)

㉯ 배선의 임피던스

㉰ 설비기기의 임피던스

따라서, 이들 각 부분의 임피던스계산에 의한 값과 전원전압에 의해서 목적으로 하는 점의 단락전류치를 산출한다.

(2) 단락전류의 산출법

㉮ 기준치의 설정

전원변압기의 정격용량을 $P_t(VA)$, 정격전압을 $V_t(V)$, 정격전류를 $I_t(A)$로 하면, 전원변압기의 각각의 기준치는 다음과 같다.

기준용량 $P = P_t(VA)$

기준전압 $V = V_t(V)$

2차측 선간전압(L-L간 전압)으로 하여 전압값은 전원변압기의 출력전압으로 한다.

특히, 무대조명설비는 부하기기의 사용전압을 확보하기 위해서 부하배선의 전압강하를 고려하여 출력전압을 미리 높은 값으로 하는 경우가 있다. 단락전류계산에 있

제 4 장 무대 조명설비

어서는 그 출력전압을 기준치로 한다.

기준전류 $I = I_t(A)$

전원변압기 2차측의 1상 주변의 정격출력전류치

전원변압기가 공용인 경우 간선용량의 정격전류가 기준전류로 된다.

㈏ 단락위치의 상정

배선계통에 과전류차단기를 시설하여야 하는 개소, 반내 배선의 분기점 및 부하기기 등 단락사고가 상정되는 장소에 관해서 계산한다.

단락보호의 계산은 최대단락전류에 대한 보호협조를 확인하는 것이기 때문에, 동일 구성의 배선계통에 있어서 배선의 길이가 최단 거리의 경우에 관해서 단락전류를 계산하고, 모든 장소에 의한 계산은 필요없다.

일반적으로 행해지고 있는 상정위치는 다음과 같다.

a. 주개폐기

모선의 배선이 버스바 : 그 주개폐기의 2차측 접속단자부

전선 또는 절연된 버스바 : 그 모선의 말단부

b. 분기 주개폐기

분기 과전류차단기의 2차측 접속단자부

c. 분기 개폐기

부하배선이 최단거리인 장소의 말단접속단자부

㈐ 각 임피던스의 산출

a. 전원종합 임피던스

수전변압기의 전원방식, 정격용량, 정격전압 등이 확정되면 메이커 자료에 의한 각 값을 산출할 수 있다. 일반적으로 변압기의 임피던스는 %Z로 표시되어 있지만, 여기서 계산하기 위한 임피던스는 변압기를 포함하는 전원종합 임피던스로 한다.

공연장의 무대전기설비는 전원용량이 크기 때문에 일반적으로 독립된 전용변압기를 시설하는 경우가 많다.

이 경우의 전원종합 임피던스 Z_S는,

$$Z_S = Z_l + Z_t$$

Z_l : 전원임피던스, Z_t : 변압기의 임피던스

로 표시되고 있지만 일반적으로는 메이커측 산출자료를 참고하는 것이 좋다.

[참고] 전원이 전용 변압기가 아니고 연속 운전되는 전동기의 전원과 공용하는 경우 전원종합 임피던스의 총합계 Z_S는 다음에 의한다.

$$Z_s = \frac{(Z_1+Z_t)Z_m}{Z_1+Z_t+Z_m} \qquad Z_m : 전동기의 임피던스$$

b. 배선의 임피던스

배선경로에 사용하는 버스바, 케이블 등의 임피던스는 단락전류를 억제하는데 중요한 역할을 하며 특히 저압전로에서는 그 효과가 크기 때문에, 케이블 등의 리액턴스, 저항을 고려하여야 한다.

배선의 임피던스는 전원변압기의 출력점에서 상정한 단락점까지의 최단 거리의 전로 임피던스의 총합이다.

배선은 사용되고 있는 전선새료에 따라 각각 고유 임피던스가 있다. 일반적으로는 메이커측 자료에 의해 재료의 종류와 굵기에 따라 단위 길이당 저항값과 리액턴스값이 표시되어 있다. 이 값과 전선의 길이를 곱하여 산출할 수 있다.

c. 기기의 임피던스

사용되는 기기의 임피던스는 메이커 자료에 의해 그 값을 선정한다.

무대조명설비에 사용되는 기기는 조광기를 제외하고 이동기구이기 때문에 부하설비에서의 이동기구의 임피던스는 무시한다.

(3) 단락전류의 계산방법

단락전류의 계산방법은 일반적으로 퍼센트임피던스법(% Impedance), 오옴법(Ω), 단위법(per unit)이 있지만 여기서는 퍼센트임피던스법에 의한 것으로 한다.

㉮ 계산기초

단락전류 계산식은 다음과 같다.

3상3선식(3상4선식)전원에 의한 3상부하인 경우

$$I_{s3} = \frac{100}{\%Z}I_n$$

㉯ 계산순서

단락전류의 계산예로서 계통도를 <그림 4.56>에 나타낸다.

a. 전원임피던스(%Z_s)

%Z_s = 0으로 간주

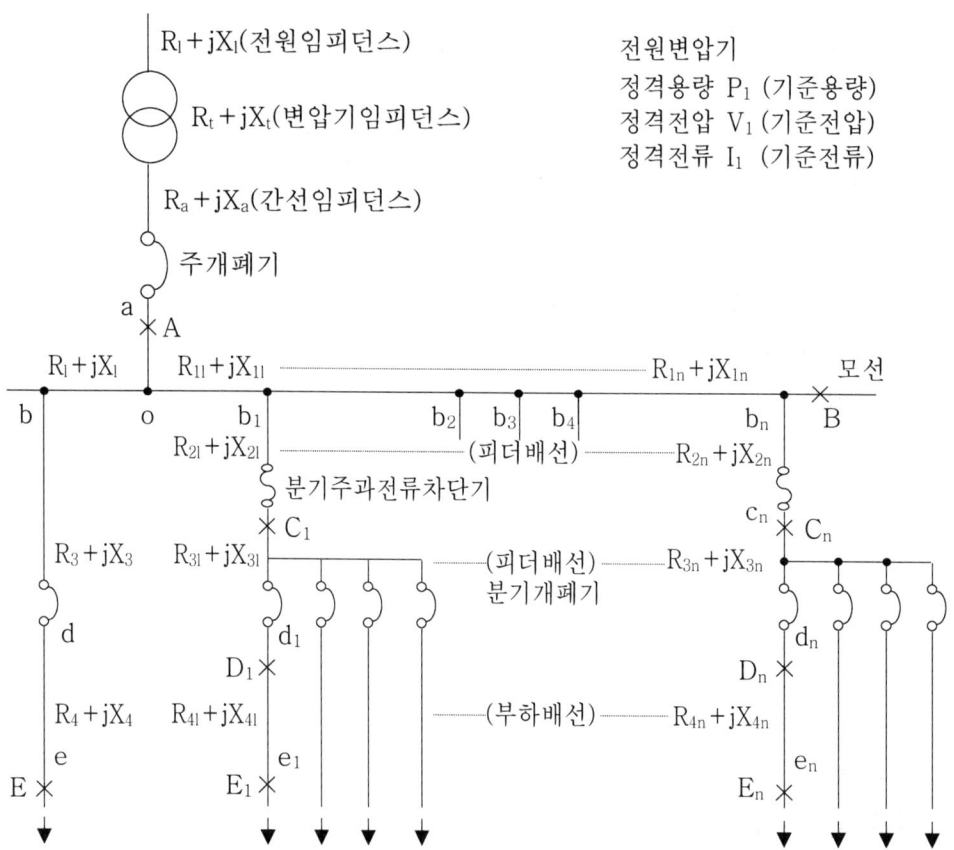

<그림 4.56> 배선의 임피던스 계산예를 위한 계통도

b. 변압기 임피던스

변압기임피던스는 일반적으로 %임피던스로서 나타낸다.

$$\%Z_t = \%R_t + j\%X_t \quad (\%)$$

%임피던스를 기준Base로 환산한다.

$$\%Z_s = \frac{P_s}{P_t} \times \%Z_t$$

c. 배선임피던스

간선임피던스($\%Z_a$) $\%Z_a = R_a + jX_a$

모선임피던스($\%Z_b$)(a-o-b간) $\%Z_b = R_l + jX_l$

$(\%Z_{b1})(a-o-b_1 \text{간})$ $\%Z_{b1} = R_{11} + jX_{11}$

$(\%Z_{bn})(a-o-b_n \text{간})$ $\%Z_{bn} = R_{1n} + jX_{1n}$

피더배선임피던스$(\%Z_{c1})(b_1-c_1 \text{간})$ $\%Z_{c1} = R_{21} + jX_{21}$

$(\%Z_{Cn})(b_n-c_n \text{간})$ $\%Z_{Cn} = R_{2n} + jX_{2n}$

분기배선임피던스$(\%Z_d)(b-d\text{간})$ $\%Z_d = R_3 + jX_3$

$(\%Z_{d1})(c_1-d_1 \text{간})$ $\%Z_{d1} = R_{31} + jX_{31}$

$(\%Z_{dn})(c_n-d_n \text{간})$ $\%Z_{dn} = R_{3n} + jX_{3n}$

부하배선임피던스$(\%Z_e)(d-e\text{간})$ $\%Z_e = R_4 + jX_4$

$(\%Z_{e1})(d_1-e_1 \text{간})$ $\%Z_{e1} = R_{41} + jX_{41}$

$(\%Z_{en})(d_n-e_n \text{간})$ $\%Z_{en} = R_{4n} + jX_{4n}$

d. 상정 각 점의 전 임피던스

A점의 %임피던스$(\%Z_a)$ $\%Z_a = \%Z_s + \%Z_a$

$\%Z_a = R_a + jX_a$

B점의 %임피던스$(\%Z_b)$ $\%Z_b = Z_a + Z_{1n}$

$\%Z_b = (R_a + R_{1n}) + j(X_a + X_{1n}) = R_b + jX_b$

C_1점의 %임피던스(Z_c) $\%Z_c = \%Z_a + \%Z_{11} + \%Z_{21}$

$\%Z_{c1} = (R_a + R_{11} + R_{21}) + j(X_a + R_{11} + X_{21}) = R_{c1} + jX_{c1}$

D_1점의 %임피던스$(\%Z_{d1})$ $\%Z_{d1} = \%Z_{c1} + \%Z_{31}$

$\%Z_{d1} = (R_{c1} + R_{31}) + j(X_{c1} + X_{31}) = R_{d1} + jX_{d1}$

E점의 %임피던스$(\%Z_e)$ $\%Z_e = \%Z_a + \%Z_1 + \%Z_3 + \%Z_4$

$\%Z_e = (R_a + R_1 + R_3 + R_4) + j(X_a + X_1 + X_3 + X_4) = R_e + jX_e$

E_1점의 %임피던스$(\%Z_{e1})$ $\%Z_{e1} = \%Z_{d1} + \%Z_{41}$

$\%Z_{e1} = (R_{d1} + R_{41}) + j(X_{d1} + X_{41}) = R_{e1} + jX_{e1}$

각 점의 3상단락전류치의 계산

A점의 단락전류(I_a)는, $I_a = \dfrac{100}{\%Z_a} \times \dfrac{P_s}{\sqrt{3} \times V}$

B점의 단락전류(I_b)는, $I_a = \dfrac{100}{\%Z_b} \times \dfrac{P_s}{\sqrt{3} \times V}$

C_1점의 단락전류(I_{c1})는, $I_a = \dfrac{100}{\%Z_{c1}} \times \dfrac{P_s}{\sqrt{3} \times V}$

D_1점의 단락전류(I_{d1})는, $I_a = \dfrac{100}{\%Z_{d1}} \times \dfrac{P_s}{\sqrt{3} \times V}$

E점의 단락전류(I_e)는, $I_a = \dfrac{100}{\%Z_e} \times \dfrac{P_s}{\sqrt{3} \times V}$

E_1점의 단락전류(I_{e1})는, $I_a = \dfrac{100}{\%Z_{e1}} \times \dfrac{P_s}{\sqrt{3} \times V}$

라) 단락보호협조

전로의 보호에 사용하는 과전류차단기의 선정에 있어서, 과전류보호협조와 동시에 단락보호협조가 필요하다. 단락보호협조는 전로의 각 부위에 사용되는 전선재료, 전기기기 등이 전항 단락전류의 계산에 의해 산출한 각 상정위치의 단락전류치에 대하여 보호할 수 있는 성능을 갖는 과전류차단기를 선정하는 것이다.

<그림 4.56>의 계통도에 의한 단락보호협조의 조건은 다음과 같다.

(1) 차단용량

과전류차단기의 차단용량은 그 과전류차단기의 2차측 전로의 최대단락전류치보다 큰 값의 차단용량을 가지는 과전류차단기이어야 한다.

㉮ 주개폐기

  a. 반내배선으로 모선이 버스바인 경우

    주개폐기의 차단용량 > A점의 단락전류치

  b. 반내배선으로 모선이 전선 또는 절연보호된 버스바인 경우

    주개폐기의 차단용량 > B점의 단락전류치

㉯ 분기 간선 주과전류차단기(개폐기)

반내배선에 있어서 모선으로부터 분기개폐기에 달하는 배선의 단락보호가 주개폐기의 단락보호특성과 협조할 수 없는 경우는, 분기간선 주과전류차단기 또는 분기 주개폐기를 시설하여야 한다. 이 경우의 조건은

    C_1의 분기 주간 과전류차단기(개폐기)의 차단용량 > C_1점의 단락전류치

㉰ 분기개폐기

분기개폐기는 최단 거리의 부하배선에 있어서의 말단 접속단자부의 단락전류에 대한 단락보호가 가능하여야 한다.

    이 경우의 조건은

제 4 장 무대 조명설비

E_1의 분기개폐기의 차단용량 > E_1점의 단락전류치

다만, 분기개폐기의 차단용량이 E_1점의 단락전류 이하의 경우는 다음 (2)㉰에 의해 단락보호협조가 얻어지는 분기간선 주과전류차단기에 의해 보호하여야 한다. 이 경우의 조건은

C_1점의 분기 주간 과전류차단기의 차단용량 > E_1점의 단락전류치

(2) 과전류차단기의 단락보호특성

과전류차단기의 트립영역의 특성은 그 과전류차단기의 2차측에서 사용되는 전선재료 및 전기기기 등의 단락허용전류치 이하에서 동작하여야 한다.

㉮ 주간개폐기

A점의 단락전류치에 의한 간선 주개폐기의 동작시간에서 모선, 피더의 전로에 사용하고 있는 전선재료의 단락허용전류치를 산정하고, 그 값이 다음 조건을 만족하여야 한다.

모선 및 피더에 사용되는 전선재료의 단락허용전류의 최저치 > A점의 단락전류치

㉯ 분기 간선 주과전류차단기

a. 시한협조

C_1점의 단락전류치에 의한 간선 주개폐기 및 분기간선 주과전류차단기의 동작시간은 다음에 의하여야 한다.

간선 주개폐기의 동작시간 > 분기간선 주과전류차단기의 동작시간

b. 배선보호

C_1점의 단락전류치에 의한 분기 간선 주과전류차단기의 동작시간은 전로에 사용하고 있는 전선재료의 단락허용전류치를 산정하고, 그 값이 다음 조건을 만족하여야 한다.

C_1점으로부터 분기개폐기에 달하는 전로에 사용되고 있는 전선재료의 단락허용전류의 최저치 > C_1점의 단락전류치

㉰ 분기개폐기

a. 시한협조

E_1점의 단락전류치에 의한 간선 주개폐기, 분기간선 주과전류차단기 및 분기개폐기의 동작시간이 다음에 의하여야 한다.

간선 주개폐기의 동작시간 > 분기 간선 주과전류차단기의 동작시간 > 분기개폐기의 동작시간

제 4 장 무대 조명설비

   b. 배선보호

   E_1점의 단락전류치에 의한 분기개폐기의 동작시간은 분기개폐기 이후의 부하측 전로에 사용되고 있는 전선재료의 단락허용전류치를 산정하고, 그 값이 다음 조건을 만족하여야 한다.

   분기개폐기 이후에서 부하측 배선재료의 단락허용전류의 최저치 > E_1점의 단락전류치

㉣ E_1점의 단락전류치를 분기 간선 주과전류차단기로 단락보호 하는 경우는 다음에 의하여야 한다.

   a. 시한협조

   E_1점의 단락전류치에 의한 분기 간선 주과전류차단기의 동작시간은 분기개폐기의 동작시간을 초과해서는 아니된다.

   간선 주개폐기의 동작시간 > 분기개폐기의 동작시간 ≥ 분기 간선 주과전류차단기의 동작시간

   b. 배선보호

   E_1점의 단락전류치에 의한 분기 간선 주과전류차단기의 동작시간은 분기개폐기 이후의 부하측 전로에 사용되는 전선재료의 단락허용전류치를 산정하고, 그 값이 다음 조건을 만족하여야 한다.

   분기개폐기 이후에서 부하측 배선재료의 단락허용전류의 최저치 > E_1점의 단락전류치

제 4 장 무대 조명설비

3. 단락보호협조의 계산예

가) 조건

기준용량			100MVA
전원변압기	정격용량		750kVA
	전원방식	△-Y	
	1차측 정격전압		22,900V
	2차측 정격전압	3상4선	380/220V
	2차측 정격전류		1,140A
	변압기 %임피던스		5.0
	임피던스비	X/R	3.42
간선	버스덕트		1,500A (긍장 50m)
조광장치	간선주개폐기	ACB	1,600A 4P
모선	버스바(절연피복없음)		1,500A (긍장 5m)
피더	버스바(절연피복없음)		1,000A (긍장 2m)
분기주차단기		MCCB	150A 3P
분기선	케이블 (CV)		38㎟(긍장 1m)
조광기	3kW	임피던스	0으로 함
분기개폐기		MCCB	30A 1P
부하배선	케이블 (CV)		5.5㎟(긍장 20m)

나) 계통구성도

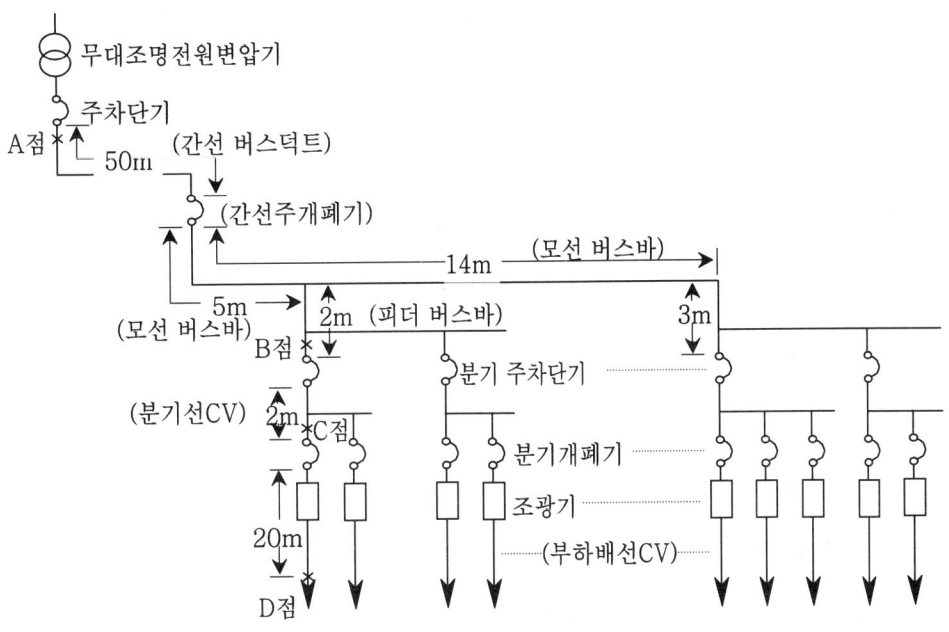

<그림 4.57> 계통구성도

제 4 장 무대 조명설비

다) 단락전류의 계산
(1) 임피던스

  기준전압(선간전압)   V=380V
  기준용량(변압기용량)   P=750kVA

㉮ 전원임피던스($\%Z_s$)

 $\%Z_s = 0$ 으로 간주

㉯ 변압기임피던스($\%Z_t$)

 %임피던스   5.0
 임피던스비 X/R   3.42
 $\%Z_t = 1.4 + j4.8(\%)$

 %임피던스를 기준 Base로 환산하면

$$\%Z_t = \frac{100 \times 10^3}{750}(1.4 + j4.8) = 186.7 + j640$$

㉰ 간선임피던스(Z_1)·········(버스덕트 : $(0.0221+j0.0449)\Omega/km$)

$$Z_1 = (0.0221 + j0.0449) \times \frac{50}{1000} = 0.0011 + j0.0022$$

 Z_1을 $\%Z_1$로 환산하면

$$\%Z_1 = \frac{100 \times 10^3}{10 \times 0.38^2}(0.0011 + j0.0022) = 76.17 + j152.345$$

㉱ 모선임피던스($\%Z_2$)·········(버스바 : $(1380+j5150)\%/km$)

$$\%Z_2 = (1380 + j5150) \times \frac{5}{1000} = 6.9 + j25.75$$

㉲ 피더임피던스($\%Z_3$)·········(버스바 : $(2070+6150)\%/km$)

$$\%Z_3 = (2070 + j6150) \times \frac{2}{1000} = 4.14 + j12.3$$

㉳ 분기선임피던스(Z_4)·········(CV 38㎟ : $(0.614+j0.132)\Omega/km$)

$$Z_4 = (0.614 + j0.132) \times \frac{1}{1000}$$

 Z_1을 $\%Z_1$로 환산하면

$$\%Z_4 = \frac{100 \times 10^3}{10 \times 0.38^2}(0.614 + j0.132)\frac{1}{1000} = 42.52 + j9.141$$

㉴ 조광기임피던스($\%Z_5$) $\%Z_5 = 0$

제 4 장 무대 조명설비

⑩ 부하배선임피던스(Z_6)·········(CV 5.5㎟ : (4.25+j0.162)Ω/km)

$$Z_6 = (4.25 + j0.162) \times \frac{20}{1000}$$

Z_1을 %Z_1로 환산하면

$$\%Z_6 = \frac{100 \times 10^3}{10 \times 0.22^2}(4.25 + j0.162)\frac{20}{1000} = 17561.9 + j669.4$$

(2) 단락전류

  ㉮ A점의 단락전류

    A점의 %임피던스(Z_a)

    %Z_a=%Z_t=186.7+j640

    A점의 3상단락전류(I_{a3})

$$I_{a3} = \frac{100}{666.67} \times \frac{100 \times 10^6}{\sqrt{3} \times 380} = 22.79\,(kA)$$

  ㉯ B점의 단락전류

    B점의 %임피던스(%Z_b)

    %Z_b=%Z_t+%Z_1+%Z_2+%Z_3

      =(186.67+j640)+(76.17+j152.35)+(6.9+j25.75)+(4.14+j12.3)

    B점의 3상단락전류(I_{b3})

$$I_{b3} = \frac{100}{874.41} \times \frac{100 \times 10^6}{\sqrt{3} \times 380} = 17.38\,(kA)$$

  ㉰ C점의 단락전류

    C점의 %임피던스(%Z_c)

    %Z_c=%Z_b+%Z_4=(273.91+j830.4)+(42.52+j9.141)=316.43+j839.541

$$I_{c3} = \frac{100}{897.19} \times \frac{100 \times 10^6}{\sqrt{3} \times 380} = 16.9\,(kA)$$

  ㉱ D점의 단락전류

    D점의 %임피던스(%Z_d)

    %Z_d=%Z_t+%Z_1+%Z_2+%Z_3+%Z_4+%Z_5+%Z_6

      =(316.43+839.54)+(17561.9+j669.4)=17878+j1508.94

    상간(L-N)단락전류치(I_{d1})

$$I_{d1} = \frac{100}{17941} \times \frac{100 \times 10^6}{\sqrt{3} \times 220} = 1.462\,(kA)$$

A점의 3상단락전류 I_{a3} 22.79(kA)

B점의 3상단락전류 I_{b3} 17.38(kA)

C점의 3상단락전류 I_{c3} 16.9(kA)

D점의 단상단락전류 I_{d1} 1.462(kA)

라) 단락보호협조
 (1) 간선의 보호
   주차단기
    ACB   정격전류 1,600A
       정격절연전압   AC 660V
       사용전압 AC 380V
       정격차단용량   AC 65kA

  ㉮ 차단용량의 적합성
   ACB 차단용량 > A점의 3상단락전류
   65kA > 22.79kA (적합)

  ㉯ 단락보호협조
   a. 시한협조
    A점의 3상단락전류에 의한 주차단기의 동작시간 0.16초
   b. 배선보호
    보호대상배선이 버스바이므로 적합한 것으로 인정된다.

 (2) 모선 및 피더의 보호
   간선주개폐기
    ACB   정격전류 1,600A
       정격절연전압   AC 660V
       사용전압 AC 380V
       정격차단용량   AC 65kA

  ㉮ 차단용량의 적합성
   ACB 차단용량 > B점의 3상단락전류
   65kA > 17.38kA(적합)

㈔ 단락보호협조
  a. 시한협조
      B점의 3상단락전류에 의한 차단기의 동작시간
          간선주개폐기   0.21초
          주차단기   0.21초
      따라서, 간선주개폐기 또는 주차단기중 어느 것이든 차단이 가능하므로 적합
  b. 배선보호
      보호대칭배선이 버스바이므로 적합한 것으로 인정된다.

(4) 분기선의 보호
    분기 주차단기
    MCCB   정격전류 150A
                 정격절연전압   AC 660V
                 사용전압 AC 380V
                 정격차단용량   AC 18kA

㈎ 차단용량의 적합성
    분기차단기의 차단용량>C점의 3상단락전류
    18kA>16.9kA(적합)

㈔ 단락보호협조
  a. 시한협조
      C점의 3상단락전류에 의한 차단기의 동작시간
          분기주차단기   0.015초
          간선주개폐기   0.22초
      따라서, 간선주개폐기의 동작시간>분기주차단기의 동작시간
        0.22초>0.015초(적합)
  b. 배선보호
      분기주차단기의 동작시간 0.015초로부터 보호대상배선 CV 38㎟의 단락허용 전류치는,

$$\frac{0.141 \times 38}{\sqrt{0.015}} = 43.74 kA$$

      따라서, 배선의 단락허용전류치>C점의 3상단락전류치
        43.74kA>16.9kA(적합)

제 4 장 무대 조명설비

(5) 부하배선의 보호

　　분기개폐기

　　MCCB　　　　정격전류 30A

　　　　　　　　정격절연전압　　AC 460V

　　　　　　　　사용전압 AC 220V

　　　　　　　　정격차단용량　　AC 5kA

㉮ 차단용량의 적합성

　분기개폐기의 차단용량>D점의 상간단락전류

　5kA>1.462kA(적합)

㉯ 단락보호협조

　a. 시한협조

　　　E점의 상간단락전류에 의한 차단기의 동작시간

　　　분기개폐기의 동작시간　　0.015초

　　　분기주차단기의 동작시간　0.033초

　　　간선주개폐기의 동작시간　600초

　　　따라서, 간선주개폐기의 동작시간>분기주차단기의 동작시간>분기개폐기의 동작시간

　　　600초>0.033초>0.015초

　　　분기개폐기의 동작시간이 0.015초를 초과하는 경우는 분기주차단기로 차단할 수 있다. 따라서, 차단협조는 적합.

　　　분기주차단기의 동작시간은 0.033초

　b. 배선보호

　　　차단기의 동작시간 0.015초로부터 보호대상배선 CV 5.5㎟의 단락허용전류치는,

　　　$$\frac{0.141 \times 5.5}{\sqrt{0.015}} = 6.33kA$$

　　　따라서,

　　　배선의 단락허용전류치>D점의 상간단락전류치

　　　6.33kA>1.462kA(적합)

제 4 장 무대 조명설비

4.5.3 무대조명설비의 지락보호

1. 법규에 규정되어 있는 지락차단장치의 시설

금속제 외함을 가지는 사용전압이 60V를 넘는 저압의 기계기구로서 사람이 쉽게 접촉할 우려가 있는 곳에 시설하는 것에 전기를 공급하는 전로에는 감전을 방지하기 위해서 전로에 지기가 생겼을 때에 자동적으로 전로를 차단하는 장치를 하여야 한다.(「기술기준」 제45조1항)

그러나, 공연장의 무대조명설비는 다음과 같은 특징으로 인해 누전차단기의 시설을 생략할 수 있다.

(1) 실링 투광실, 프론트사이드 투광실, 팔로우스포트라이트실 등은 조명기구가 취부된 장소로서 절연물로 덮인 장소이다(「기술기준」 제45조1항2호).
(2) 무대마루는 나무 등의 절연물이고, 전기기계기구는 그 위에서 취급되는 것이다(「기술기준」 제45조1항2호).
(3) 무대 밑은 사람이 접촉할 수 있는 전기설비가 없는 장소이고, 공기가 잘 통하는 장소이다.
(4) 전로를 차단하여 무대조명이 소등될 경우 공공의 안전 확보에 지장을 줄 우려가 있는 설비이다(「기술기준」 제45조4항)

다만, 무대조명설비의 유지관리상의 관점에서 지락검출 또는 누전에 의한 화재방지를 목적으로 하는 지락보호설비를 시설하는 것이 바람직하다.

2. 지락보호장치의 적용기준

가) 지락보호

공연을 위하여 준비하는 무대조명의 설치과정은 매우 단시간에서 이루어지며, 공연내용에 의해 불특정한 조명기구 등 반입용 기자재에 의해 무대 조명을 설치 운영한다.

만일 절연상태가 좋지 않은 조명기구를 사용하는 경우에는 그 원인과 해당 조명기구를 즉시 검출하여 안전한 조명기구로 신속히 교환하여야 한다.

이러한 운용상의 필요성에 의해 무대 조명설비의 지락보호는 다음과 같이 행하는 것이 바람직하다.

(1) 무대조명기기의 간선개폐기에 누전경보장치를 시설할 것
(2) 반입조명기기의 간선개폐기에 누전경보장치를 시설할 것
(3) 무대 조명용 조광기는 누전감지기능을 가지는 조광기를 사용할 것

제 4 장 무대 조명설비

여기서 말하는 「누전감지기능 부착 조광기」는 <그림 4.58>의 기능구성도와 같이 사이리스터조광기의 출력회로에 영상변류기(ZCT)를 부속하여 누전사고 발생시 영상전류에 의해 누전검출회로를 작동시켜 사이리스터조광기의 점호회로를 강제적으로 차단하여 조광기의 출력을 자동적으로 억제하는 기능을 갖는 조광기이다.

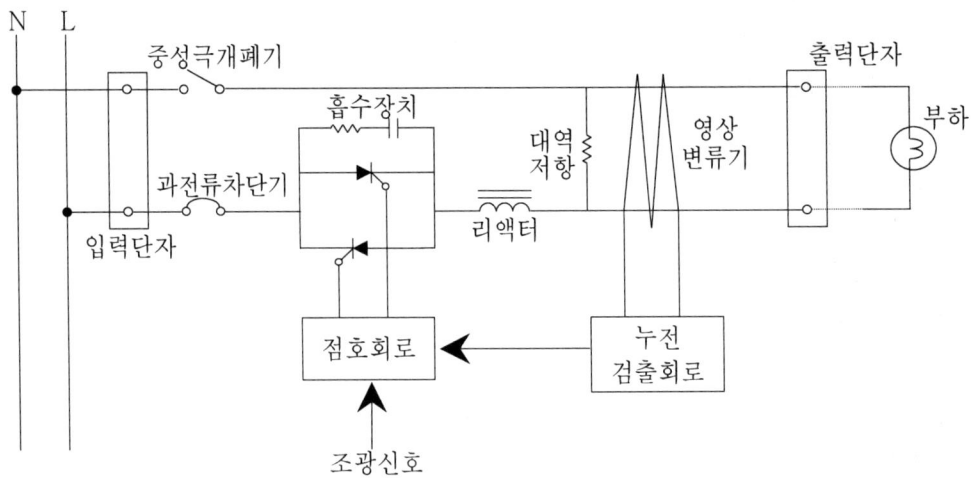

<그림 4.58> 누전감지기능부착 조광기의 기능구성도

(4) 무대 조명 간선개폐기 1차측에서부터 분기하는 여러 가지 전원 등에는 누전경보장치 또는 누전차단기를 시설할 것

무대 조명설비의 지락보호의 시설은 <표 4.25>에 의한 것이 바람직하다.

<표 4.25> 무대조명설비의 지락보호의 시설

무대조명회로	누전경보장치	누전차단기	누전감지기능 부(付)조광기
무대조명 주요간선	○	×	-
반입조명기기 주요간선	○	×	-
작업등 주요간선	△	△	-
조작 주요간선	×	×	-
무대조명 조광회로	×	×	○
객석조명 조광회로	×	×	×
기타 전원회로	△	△	-

[비고] ○ : 시설 필요
  △ : 누전경보장치 또는 누전차단기의 시설 요망
  × : 시설 불필요 다만, 유도등회로, 비상등회로 등 방재설비는 제외

나) 지락보호장치의 감도전류
(1) 누전차단기(누전감지기능부착 조광기)의 감도전류 및 동작시간
　　무대조명설비에 있어서는 접촉상태가 제3종 접촉상태인 것과 접지가 특별 제3종 접지공사 또는 제3종 접지공사를 한 것에 따라서 다음에 의할 수 있다.
㉮ 대지전압이 150V 이하인 경우는 감도전류가 100mA 이하, 동작시간 0.3초 이내인 것.
㉯ 대지전압이 150V를 넘고 300V 이하인 경우는 감도전류가 100mA 이하, 동작시간 0.15초 이내인 것.
㉰ 전로에 누전이 발생하였을 경우에 자동적으로 차단하는 누전차단기의 동작시간이 0.5초 이내인 경우는 특별 제3종 접지공사와 제3종 접지공사의 접지저항치는 자동차단기의 정격감도전류에 따라 다음 표에서 정한 값 이하로 하여야 한다.
[비고] 접촉상태는 <표 4.27>의 저압지락보호 판정기준을 참고

<표 4.26> 정격감도전류와 접지저항

정격감도전류	접지저항치
30mA	500Ω
50mA	300Ω
100mA	150Ω
200mA	75Ω
300mA	50Ω
500mA	30Ω

<표 4.27> 저압지락보호의 판정기준

항목＼접촉상태	제 1 종	제 2 종	제 3 종	제 4 종
접촉상태	・인체의 대부분이 수중에 있는 상태	・인체가 현저히 젖은 상태 ・금속제의 전기기계기구에 인체의 일부가 상시 닿고 있는 상태	・제1, 2종 이외의 경우에는 통상의 인체상태에 있어서 접촉전압이 가해지면 위험성이 높은 경우	・제3종의 상태에 있어서 접촉전압이 가해지더라도 위험성이 낮은 경우 ・접촉전압을 가할 수 있는 전기설비가 없는 경우
대상전로	・욕조, 수영장 또는 사람이 출입할 수 있는 수조, 저수지. 연못 등의 내부에 시설하는 전로	・제1종의 주변, 터널 공사현장 등 습기 및 물기가 현저히 존재하는 장소의 전로 ・금속제조의 전기	・사람이 접촉할 수 있는 전기설비가 있는 장소의 전로(예를 들면 주택, 공장, 사무소 등의 일반장소에서 사람이 직접 접촉	・사람이 접촉할 수 있는 전기설비가 없는 장소의 전로 ・보호접지를 요하지 않은 전로(예를 들면, 주택, 공장, 사

제 4 장 무대 조명설비

		기계기구 또는 구조물에 상시 닿아 취급하는 장소의 전로	하여 취급하는 전기설비)	무소 등의 일반장소의 은폐장소 또는 높은 장소에 시설하는 전기설비)

위험도	가장 높음	아주 높음	높음	낮음
기본적인 사고방식	· 접촉전압이 가해지는 환경을 무시하고 접촉전압 및 인체 통과전류의 개별요소 만으로 규정하는 것은 부적당하고 [전류]×[시간]적으로 생각하지 않으면 아니 된다. · 환경이 수중이기 때문에 전격에 의한 2차적 재해를 초래할 우려가 있는 것 또한 환경에서 용이하게 탈출할 수 없기 때문에 전로를 고속으로 자동차단하는 방법으로 대처하여야 한다.	· 접촉전압이 가해진 경우의 위험도는 인체저항이 제1종과 동등하기 때문에, 제1종과 동등하다. · 제1종과의 차이점은 우선 영향을 받는 범위에 있어서 제1종이 면적인데 대하여 제2종은 점적이다. 다음은 환경으로서 제1종은 수중에서 용이하게 이탈할 수 없고, 제2종은 공중에서 용이하게 이탈할 수 있다.	· 접촉전압이 가해진 경우의 위험도는 폭이 넓다. 경우에 따라서는 제2종에 가까운 경우도 될 수 있다. · 제1, 2종과의 차이점은 절연파괴가 발생하더라도 그 전로에 상시 사람이 닿고 있지 않은 것이다. · 또한, 인체가 일반적인 상태이기 때문에 인체저항은 비교적 높다. 따라서, 일반적으로 접촉전압은 50V 이하이며, 또한 절연파괴시에 경보를 울리거나 회로를 자동차단 하는 것이어야 한다.	· 저압전로에 인체접촉의 우려가 없고 또한, 접촉하더라도 위험성이 낮은 것이면 보호조치의 필요성은 없으나 화재방지의 차원에서 현행의 제3종접지공사 정도가 필요하다.
판정기준	· 2.5V 이하 · 누전시 고속차단	· 25V이하 또는, 30㎃이하 · 누전시 고속차단	· 50V 이하, 또는 100㎃ 이하	· 제한 없음

※ 저압전로지락보호지침 (JEAG8101, 일본전기협회)

(2) 누전 검출을 목적으로 하는 누전경보장치의 감도전류

감전사고의 예방을 위한 누전검출을 목적으로 한 누전경보장치의 감도전류는 전기설비의 접지가 제3종 접지공사(100Ω 이하)를 한 경우에는 누전경보장치의 동작시간이 0.1초 이내의 경우 감도전류는 500㎃ 이하인 것을 사용하여야 한다.

(3) 설비기기의 보안을 목적으로 하는 누전경보장치의 감도전류

설비기기의 보안을 목적으로 하는 지락보호장치는 화재방지 및 아크에 의한 기계기구의 손상방지 등이 그 역할이지만 무대조명설비는 상술한 이유에 의해 누전경보장치에 의한 것이 바람직하다.

이 경우 누전경보장치가 정상상태에 있어서 불필요동작을 일으키지 않는 감도전류를 설정치로서 산정할 필요가 있다. 이 때문에 특히 유의할 점은 다음과 같다.

제 4 장 무대 조명설비

㉮ 전로의 회선수가 많고 배선 긍장이 길기 때문에 전선로의 누설전류가 크다. 따라서 정상상태에 있어서의 오동작이 없도록 감도설정 값을 산정하여야 한다.

㉯ 무대조명설비는 할로겐전구 부하가 대부분이므로 점등시의 과전류(월류)가 크다. 따라서, 과도돌입전류에 의한 오동작이 생기지 않는 특성을 가진 누전경보장치로 하여야 한다.

㉰ 무대조명설비에는 사이리스터 조광기가 사용되므로 고조파 함유율이 높다. 그리고 무대기구설비는 최근 인버터(inverter)제어에 의한 가변속 전동장치를 시설하는 경우도 많다.

이러한 이유로 누전경보장치는 불필요한 동작을 하지 않는 적절한 정격의 것을 선정하여야 한다.

3. 누전경보장치의 경보표시방법

무대조명설비는 무대운영상 각각의 설비를 집중하여 제어할 수 있는 조작반, 또는 조작대에서 조작이 된다.

따라서, 누전경보장치가 작동한 경우의 경보표시는 해당 기기의 조작반 등에서 확인할 수 있어야 하며 그 표시방법은 공연의 진행에 방해가 되지 않도록 하여야 한다.

이상과 같이 무대조명설비의 경보표시방법은 다음에 의한 것이 바람직하다.

가) 경보표시장치
(1) 경보표시장치는 음량조정기능이 부착된 음성경보기와 경보표시등이 병용된 것일 것
(2) 경보표시등은 작동한 회로가 쉽게 확인될 수 있도록 설비할 것

나) 경보표시장치의 설치장소
(1) 조광조작실에 설치되는 조광콘솔에서 확인하기 쉬운 장소에 설치할 것
(2) 조광기계실에 설치되는 조광기반에는 누전감지기능이 부착된 조광기가 작동한 경우에는 확인할 수 있는 경보표시등을 부착할 것

4. 전로의 누설전류

누설전류는 시설되어 있는 전로와 사용되는 기계기구로부터 유출된다. 특히 공연장 내부는 공간용적이 크기 때문에 무대조명설비의 전로의 긍장은 대단히 길어지게 된다. 따라서, 정상상태에서의 누설전류를 고려하여야 한다.

가) 전로의 누설전류 계산
(1) 전로의 누설전류
무대조명설비의 경우 배선공사의 대부분이 CV케이블에 의한 금속관 또는 금속덕트

제 4 장 무대 조명설비

배선이므로 전선을 대지에 밀착시키어 배선한 경우의 값으로 보아야 한다. 무대조명설비의 시설조건에 적합하다고 생각되는 누설전류 값은 다음과 같다.

㉮ 3상3선 △결선 200V 60Hz에서 사용전선의 굵기마다의 1,000m당 주변의 누설전류 값은 <표 4.28>과 같다.

㉯ 단상2선 100V 60Hz에서의 사용전선 굵기마다의 누설전류 값은 <표 4.29>와 같다.

(2) 다른 배선방식에 의한 누설전류

다른 배선방식에 의한 전로의 경우에는 <표 4.29>에 나타내고 있는 누설전류의 값에 <표 4.30>에 나타내는 환산치로 구한다.

<표 4.28> 3상3선 △결선 200V 60Hz 전로의 누설전류

전선굵기(mm²)	누설전류 (전선의 길이 1km당 주변)		
	IV전선(mA)	RB전선(mA)	CV케이블(mA)
5.5	99.6	52.2	32.8
8	99.6	61.0	37.7
14	110.4	74.8	48.1
22	119.5	76.0	49.6
30	133.2	85.4	55.6
38	134.5	94.3	63.5
50	151.5	94.3	63.5
60	164.5	94.3	63.5
80	169.8	106.0	69.9
100	189.4	106.0	69.9
150	208.9	115.6	73.5
200	215.5	115.6	73.5
250	242.9	117.5	74.8
325	253.4	130.2	84.8
400	278.2	134.5	93.8
500	284.7	134.5	93.8

※ 일본전기공업협회(TR142)

제 4 장 무대 조명설비

<표 4.29> 단상2선 100V 60Hz에서의 전로의 누설전류

전선의 종류 전선굵기(mm²)	누설전류 (전선의 길이 1km당 주변)		
	IV전선(mA)	RB전선(mA)	CV케이블(mA)
5.5	29.9	15.7	9.8
8	29.9	18.3	11.3
14	33.1	22.4	14.4
22	35.9	22.8	14.9
30	40.0	25.6	16.7
38	40.4	28.3	19.1
50	45.5	28.3	19.1
60	49.4	28.3	19.1
80	50.9	31.8	21.0
100	56.8	31.8	21.0
150	62.7	34.7	22.1
200	64.7	34.7	22.1
250	72.9	35.3	22.4
325	76.0	39.1	25.4
400	83.5	40.4	28.1
500	85.4	40.4	28.1

※ 일본전기공업협회(TR142)

<표 4.30> 배선방식에 의한 누설전류 환산표

전로의 종류	배 율
단상 100V 전로	0.3
단상 200V 전로	0.3

※ 일본전기공업협회(TR142)

나) 설비기기의 누설전류

공연장 등에 설치된 부하설비는 전기기계기구에 의해서 누설전류가 유출되고 있기 때문에 누설전류 값의 계산에는 이것을 가산하여야 한다. 전기기계기구의 누설전류 값은 다음과 같다.

제 4 장 무대 조명설비

(1) 형광등의 누설전류
- 철골 등에 직접 부착된 경우(장착금구가 금속인 경우)······ 0.1mA / 1대
- 나무, 콘크리트 등에 부착된 경우······························· 2μA / 1대

다) 지락보호장치의 정격감도전류의 선정

지락보호장치의 부동작을 방지하기 위해서는 전항에 의한 누설전류의 이외에 개폐기류(전자개폐기, 배선용차단기 등)의 개폐시에 발생하는 개폐서지에 의한 과도시 누설전류에 관해서도 고려할 필요가 있다.

(1) 누설전류에 의한 정격감도전류의 선정

일반적으로 <표 4.31>에서는 전로, 개폐기류 등에서 산출한 누설전류값에 대하여 이것에 적합한 정격감도전류의 설정값을 나타내고 있다.

<표 4.31> 누설전류에 의한 정격감도전류의 선정

정격감도전류(mA)	전로의 누설전류(mA)	
	200V, 400V회로	100V회로
15	1.5 이하	3 이하
30	3 이하	6 이하
100	10 이하	20 이하
200	20 이하	40 이하
500	50 이하	100 이하
1000	100 이하	200 이하

(2) 무대조명설비에서의 정격감도전류의 선정

무대조명설비에 있어서는 대부분의 부하회로는 조광회로이고, 사이리스터조광기에 의한 무접점 제어이기 때문에 개폐서지에 의한 과도시 누설전류는 거의 무시할 수 있지만, 사이리스터조광기는 조광도 0만으로도 전로에 전위가 있고 또한, 조광기의 사용 수량이 매우 많고 부하회로수가 대단히 많다.

따라서 무대조명설비에 있어서의 지락보호장치의 정격감도전류는 다음과 같이 선정하는 것이 바람직하다.

㉮ 무대조명 간선개폐기에 시설하여 전기기계기구의 보안을 목적으로 하는 누전경보장치의 정격감도전류 값은 전로의 누설전류 값의 2배 이상으로 한다.

㉯ 조광부하 회로마다 시설하는 누전감지기능이 부착된 조광기의 정격감도전류 값은 <표 4.31>에 의한다.

제 4 장 무대 조명설비

5. 지락보호장치의 정격감도전류 값의 계산 예

가) 기계기구의 보안을 목적으로 하는 누전경보장치

(1) 조건

　　전원전압 ·················· AC 380V / 220V
　　배선방식 ·················· 3상 4선식
　　주 파 수 ·················· 60Hz
　　전원용량 ·················· 300kVA
　　보안용접지 ··············· 제3종 접지공사　100Ω
　　무대용조광기 ············ 사이리스터 조광기 3kW 245대
　　객석용조광기 ············ 사이리스터 조광기 6kW 6대
　　무대조명 부하회로··· 조광회로　30A　245회로 할로겐전구부하
　　　　　　　　　　　　방전등회로 50A 4회로 크세논스포트라이트 2kW
　　객석조명 부하회로　조광기　20A　24회로 할로겐전구부하
　　전선의 종류 및 전로의 길이(600V CV)
　　　　5.5㎟ ····················· 1800m
　　　　 8 ㎟ ····················· 9300m
　　　　14 ㎟ ····················· 1300m
　　　　22 ㎟ ····················· 400m
　　고무절연전선(RB) 보더케이블
　　　　 8 ㎟ ····················· 3800m
　　　　14㎟ ····················· 400m

(2) 누설전류의 계산

　㉮ 전로의 누설전류

　　　<표 4.28>(전로의 누설전류)로부터
　　　CV　5.5㎟　　32.8mA × 1.8km = 59.04mA
　　　CV　8㎟　　　37.7mA × 9.3km = 350.61mA
　　　CV　14㎟　　48.1mA × 1.3km = 62.53mA
　　　CV　22㎟　　49.6mA × 0.4km = 19.84mA
　　　RB　8㎟　　　61.0mA × 3.8km = 231.80mA
　　　RB　14㎟　　74.8mA × 0.4km = 29.92mA
　　　　　　　　　　　　합　계　753.74mA

제 4 장 무대 조명설비

'<표 4.30> 배선방식에 의한 누설전류 환산표'로부터

1558.60mA×0.3 = 226.12mA

㉯ 설비기기의 누설전류

방전등부하 크세논스포트라이트의 누설전류치를 0.4mA로 하면

0.4mA×4대 = 1.6mA

㉰ 전로의 누설전류값

467.58mA+1.6mA = 227.72mA

㉱ 무대조명 주요간선개폐기에 시설하는 누전경보장치의 감도전류값

469.18mA×2 = 455.44mA

따라서, 정격감도전류 값은 500mA가 된다.

나) 누전감지기능이 부착된 조광기

누전감지기능이 부착된 조광기의 정격감도전류에 대하여 부하회로의 전선 굵기와 길이의 관계를 <표 4.32>에 나타낸다.

<표 4.32> 정격감도전류에 대한 전선의 굵기와 길이의 관계

정격감도 전류(mA)	전선의 굵기(mm²)와 길이(m)				
	5.5mm²	8mm²	14mm²	22mm²	38mm²
30	200	200	181	167	148
50	334	334	301	278	247
100	669	669	603	557	495

※ [비고] 1. 본 표는 단상 110V 및 대지전압 150V 이하이고 사용전압 220V에서의 값이다.
2. 본 표는 600V CV케이블을 대지에 밀착시키어(금속덕트, 금속배관의 경우도 포함)배선한 값이다.
3. 전선의 길이는 전압선의 길이를 말한다. 단상 2선식 110V회로에서는 한 쪽의 길이를 말한다.

4.5.4 배선방법의 선정과 시설

공연장 등의 내부공간은 크고 설비하는 무대 조명기구는 그 주변에 산재되어 시설하여야 하기 때문에 부하회로의 배선긍장은 길이가 길게 되는 경우가 많다. 또한, 조광기계실의 위치에 따라 조명기구와 조광기간의 거리에 큰 차가 발생하는 경우가 있다. 이것은 배선의 전압강하 및 부하말단전압의 불균형에 의해 조명효과에 장해가 될 우려가 있다.

따라서, 부하배선은 조명기구와 조광기계실간의 거리가 가능한 짧게 되도록 위치하고 배선

제 4 장 무대 조명설비

긍장은 균형이 되도록 배치하는 것이 바람직하다.
구체적인 방법으로서 다음 사항을 고려하여야 한다.

1. 배선의 굵기

가) 전선의 허용전류치만에 의해 전선의 굵기를 선정하지 않도록 하여야 한다.
나) 전압강하의 기준(내선규정120-1)에 의해 부하말단전압은 214V 이상이 되도록 하여야 한다.
다) 하늘막조명 등 균일한 밝기를 필요로 하는 회로는 전압의 차이가 색조에 영향을 미치므로 말단전압이 일정하게 되도록 고려하여야 한다.
라) 금속덕트배선공사·금속관배선공사 등의 시공방법으로 절연전선의 허용전류보정 및 주위온도에 의한 허용전류감소 등의 계수를 고려하여 전선의 굵기를 선정하여야 한다.

2. 약전장해

가) 음향장해방지

　무대조명부하배선은 <그림 4.60>에 의해 조광장치 2차측으로부터 접속박스·플라이덕트 또는 콘센트박스에 달하는 배선을 말한다. 조광장치는 대개 위상제어방식이므로 고조파를 발생하는 특성이 있다. 따라서, 이 고조파가 약전류를 취급하는 음향배선에 장해를 발생하는 경우가 많기 때문에 이를 방지하기 위하여 다음사항을 주의하여야 한다.

(1) 무대조명부하배선과 음향 등의 약전류 전용배선은 각각 독립된 금속덕트 또는 금속관배선공사를 할 것
(2) 무대조명부하배선과 음향 등의 약전류 전용배선과의 사이에는 평행하는 경우 1m, 교차하는 경우 10㎝ 이상을 이격할 것
(3) 음향회로의 마이크배선은 4E6 등의 4심차폐코드를 사용할 것

나) 제어신호장해 및 안전대책

　조광제어선은 일부의 제어전원계통을 제외하고는 약전류회로에 해당하기 때문에 「기술기준」제215조에 의하여 시설하여야 한다. 최근의 조광제어는 CPU의 디지털 방식의 고주파펄스고속전송신호를 취급하여 유도장해를 방지할 필요가 있기 때문에 다음 사항에 유의하여야 한다.

(1) 제어신호선(케이블)은 노이즈 등을 외부에서 받고 밖으로 유출하지 않기 때문에 차

제 4 장 무대 조명설비

폐케이블을 사용하여 독립된 금속덕트 또는 금속관배선으로 할 것
(2) 차폐에는 특3종접지공사에 의해서 신호회로에 관한 접지선에 반드시 일점접지를 해야 하며 루프 또는 다점접지가 되지 않도록 고려할 것

4.5.5 전압강하

조명을 제어하는 무대조명의 경우 조명기구의 입력전압의 저하는 연출조명의 빛을 만드는 데 큰 방해가 된다. 그러나, 전압공급점에서 조명기구에 달하는 전로를 구성하는 배선 등에 따라 전압강하는 조명기구의 입력전압의 저하의 요인으로서 피할 수 없다. 따라서, 입력전압의 값에 의해 밝기의 변화를 예측하여 전압강하의 비율을 줄이는 전로구성을 선정하여 다시 전원전압을 결정할 필요가 있다.

1. 입력전압과 광속

무대조명에서의 광원은 비교적 조광이 용이한 특성을 갖는 백열전구의 일종인 할로겐 전구가 대부분이다. 전압의 변동은 전구의 밝기에 영향을 주며 이것은 취급하는 사용장소(회로)에 의해 불편한 경우가 있으므로 주의하여야 한다.

일반적으로 백열전구의 사용광속과 입력전압과의 관계는 다음 식으로 표시된다.

$$F = F_0 \left(\frac{V}{V_0} \right)^{3.3 \sim 3.5}$$

F : 제어광속
V : 입력전압
V_0 : 정격전압
F_0 : V_0 일 때의 광속

상기 식에 의해 산출한 백열전구의 입력전압과 광속특성곡선을 <그림 4.59>에 나타낸다.

제 4 장 무대 조명설비

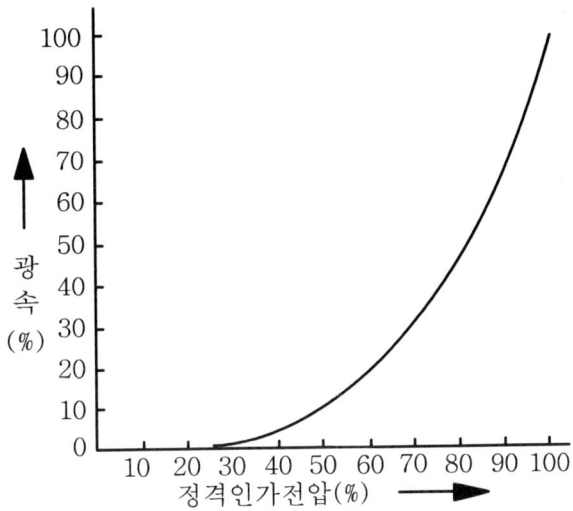

<그림 4.59> 백열전구의 입력전압과 광속

특성곡선과 같이 입력전압이 1V 강하하면 실제 이용광속은 97% 이하가 된다.

한편 무대조명용으로 사용되는 백열전구의 색온도는 3050K 또는 3200K 이므로 전압이 내려가면 붉은 빛을 띠는 경향이 있다. 따라서 색채조명이 필요한 무대조명의 경우 광원의 색온도는 중요한 요소가 된다.

예컨대, 하늘막조명과 같이 복수의 부하회로에서 큰 면적을 균등하게 조명하는 경우 조명기구의 입력전압의 차는 그대로 조명의 얼룩이 되어 나타난다. 이와 같이 각 조명기구의 입력전압에 큰 차가 생기지 않도록 하는 것이 가장 중요한 것이다.

2. 부하회로의 전압강하

부하배선으로 사용되는 절연전선의 도체는 일반적으로 동선이 사용된다. 동선의 전기저항에 의한 전압강하 계산식은 일반적으로 다음 식에 의한다. 다만, 전기방식을 단상 2선식, 역률을 1.0으로 한다.

$$e = \frac{35.6 \times L \times I}{1000 \times A}$$

e : 전압강하(V)
A : 전선의 단면적(㎟)
L : 전로의 긍장(m)
I : 전류(A)

제 4 장 : 무대 조명설비

예컨대, 상기식에 의해 산출한 전로의 긍장과 전압강하의 관계에 관하여 <그림 4.60>에 나타낸다.

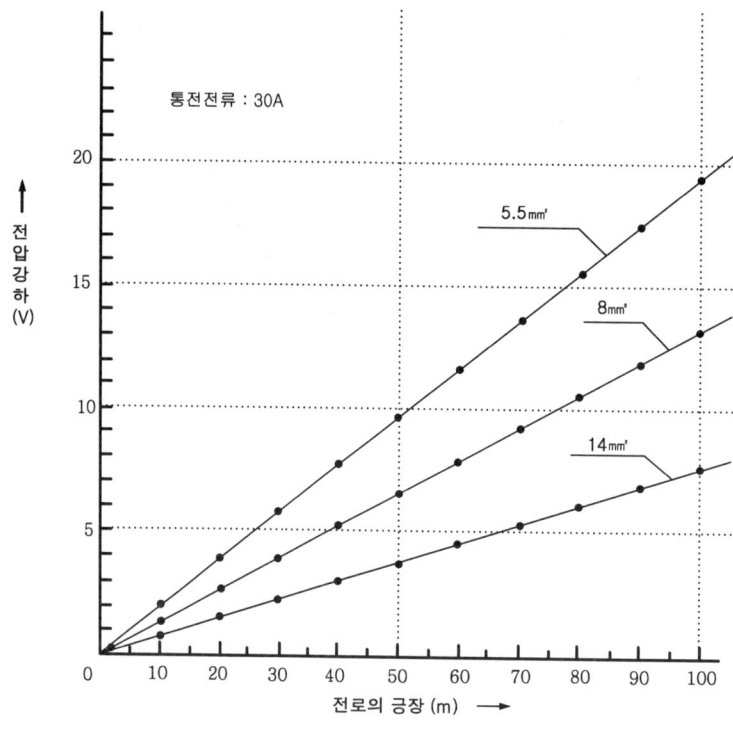

<그림 4.60> 전로의 긍장 및 전압강하

3. 사이리스터 조광기에 적합한 입력전압

전압강하의 요인은 상기한 대로 물리적으로 피할 수 없어 부하배선 외에 사이리스터 조광기를 들 수 있다. 이 2개의 요인을 고려한 후에 입력전압을 결정하는 것이 바람직하다.

통상, 다음 식으로 산출된다.

> 조광기에 적합한 입력전압 = 부하말단전압 + 부하회로전압강하 + 조광기전압강하

[주] 조광기의 전압강하는 조광기의 형식이나 제조자마다 차이가 있기 때문에 문의하는 것이 좋다.

예컨대, 부하말단전압 214V, 부하회로전압강하 7V, 조광기전압강하 3V인 경우
조광기에 적합한 입력전압 = 214V + 7V + 3V = 224V
따라서, 조광기의 입력전압은 224V가 된다. 그러나, 수십~수백의 무대조명부하회로의

전압강하를 전부 일정하게 유지하는 것은 거의 불가능하므로 조광기에 적합한 입력전압은 224V~234V로 하는 것이 바람직하다.

4.5.6 무대조명설비의 접지

무대조명설비에는 안전확보 및 기기의 기능상 필요한 접지선을 다음과 같이 시설하여야 한다. (제8장 접지설비 참조)

1. 무대조명설비는 안전확보를 위해 제3종접지공사를 하여야 한다.(「기술기준」제36조)이 제3종접지공사는 주로 인체의 감전 또는 이상전압으로 인한 기기의 파괴, 손상, 화재로부터 보호하기위한 것이다.
2. 이밖에 주로 고조파 등 노이즈장해방지 또는 기기의 기능상 필요한 안정기준전압을 확보할 목적으로 신호회로에 관한 접지(제3종접지공사)를 할 필요가 있다.
3. 상기 1, 2의 접지선은 각각 단독의 전용선으로 하여야 한다.
4. 접지선의 굵기는 조광장치의 주간반 또는 부하회로의 용량에 따라 다르기 때문에 주의가 필요하다.
5. 조광장치의 접지공사는 다음에 의하여야 한다.
   가) 조광장치의 비충전금속부는 제3종 접지공사를 하여야 한다.
   나) 조광신호 및 리모콘 제어신호 등의 공통선으로서 필요한 접지를 「신호회로에 관한 접지」라고 하며 독립한 제3종 접지를 하여야 한다.
   다) 감전보호를 위한 제3종 접지와 신호회로 접지를 위한 제3종 접지는 혼촉하지 않도록 시설하여야 한다(제8장 접지설비 참조).

4.5.7 위치 및 구조

무대조명설비는 연출공간의 용도에 따라 여러 가지의 형태가 있지만 여기서는 대표적인 극장·홀의 형태로 나타낸다.

조명설비용으로서 건축구조적으로 대비하여야 하는 장소는 조광기계실, 조광조작실, 객석천장투광실, 객석측면투광실, 팔로우스포트라이트실 등이다.

이러한 장소는 건축의 기본설계 계획시에 배치, 개구(투광)부 치수, 넓이 및 무대면과의 관계각도 등이 정확하게 설정되고 또한, 각 투광실로부터 빛이 다른 구조물 등에 방해되지는 않는지, 조명기구의 점등으로 객석벽면이나 천장면이 불필요하게 조명되지는 않는지를 충분히 검토하여야 한다.

제 4 장 무대 조명설비

I. 위치

공연장의 무대조명에 관한 일반적인 배치도는 <그림 4.61>과 같으며 각각의 배치에 관해서는 다음 사항을 고려하여 결정하여야 한다.

가) 조광기계실
  (1) 조광기계실에는 무대조명 주개폐기반, 조광기반 등이 설치된다.
  (2) 조광기계실은 수전실로부터 전원간선이 가장 짧은 장소이고 또한 공연장내 분포하고 있는 조명부하회로의 배선경로가 가능한 짧게 될 수 있는 장소에 위치하여야 한다.

나) 조광조작실
  (1) 조광조작실에는 빛의 밝기를 제어하는 조광조작콘솔 등이 설치된다.
  (2) 조광조작실은 객석의 후방 또는 측방에 있어 무대레벨보다 높은 위치로 하여 무대전체를 용이하게 바라볼 수 있는 위치가 바람직하다.
  (3) 최근에는 조명디자이너가 관객과 동일한 조건으로 무대를 바라볼 수 있도록 디자이너 콘솔이라고 하는 별도의 조종콘솔을 운용하는 추세이다.

다) 객석천장 투광실
  (1) 객석천장투광실은 객석상부인 공연장의 천장에 위치하며 무대를 향하여 투광하는 스포트라이트를 수용하는 방이다.
  (2) 객석천장투광실은 무대상의 M점과 이루는 각도가 33~55°의 범위에 있어 무대와 평행하고 또한, 투광용개구부가 무대폭보다 더 넓게 되는 것이 바람직하다(<그림 4.61> 참조).

라) 객석측면 투광실
  (1) 객석측면 투광실은 객석의 양측면에 위치하며 무대를 향하여 투광하는 스포트라이트를 수용하는 방이다.
  (2) 객석측면 투광실은 무대상의 M점과 투광실개구부의 중심부와 최하단과 최상단이 15~55°의 범위 내에서 그 사이를 가능한 멀리 또한, 개구창 중심부에서 하늘막 중심이 보이는 위치가 바람직하다(<그림 4.61> 참조).

마) 팔로우스포트라이트실
  (1) 팔로우스포트라이트실은 객석의 후방 최상층 중앙부에서 무대를 향하여 투광하는 팔로우스포트라이트류를 수용하는 방이다.
  (2) 팔로우스포트라이트실은 무대상의 M점과 투광기와의 각도가 20~40°의 범위 내에서 무대 및 객석 내 전방 오케스트라비트 위치전체를 투광할 수 있어야 하고 또한, 사각이 없도록 하는 것이 바람직하다(<그림 4.61> 참조).

제 4 장 무대 조명설비

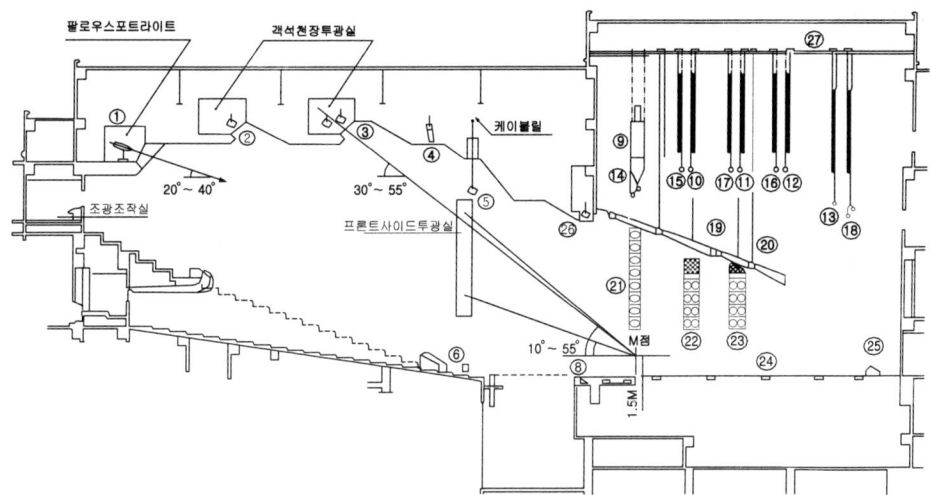

1	팔로우스포트라이트	10	제2서스펜션라이트	19	제1천장반사판라이트
2	제2실링스포트라이트	11	제3서스펜션라이트	20	제2천장반사판라이트
3	제1실링스포트라이트	12	제4서스펜션라이트	21	토멘터스포트라이트
4	지휘자스포트라이트	13	제5서스펜션라이트	22	제1타워스포트라이트
5	객석서스펜션스포트라이트	14	제1보더라이트	23	제2타워스포트라이트
6	객석월콘센트	15	제2보더라이트	24	플로어콘센트
7	출연자통로 푸트라이트	16	제3보더라이트	25	하단하늘막조명
8	푸트라이트	17	상단하늘막조명(가운데)	26	프로시니엄서스펜션라이트
9	제1서스펜션라이트	18	상단하늘막조명	27	접속박스

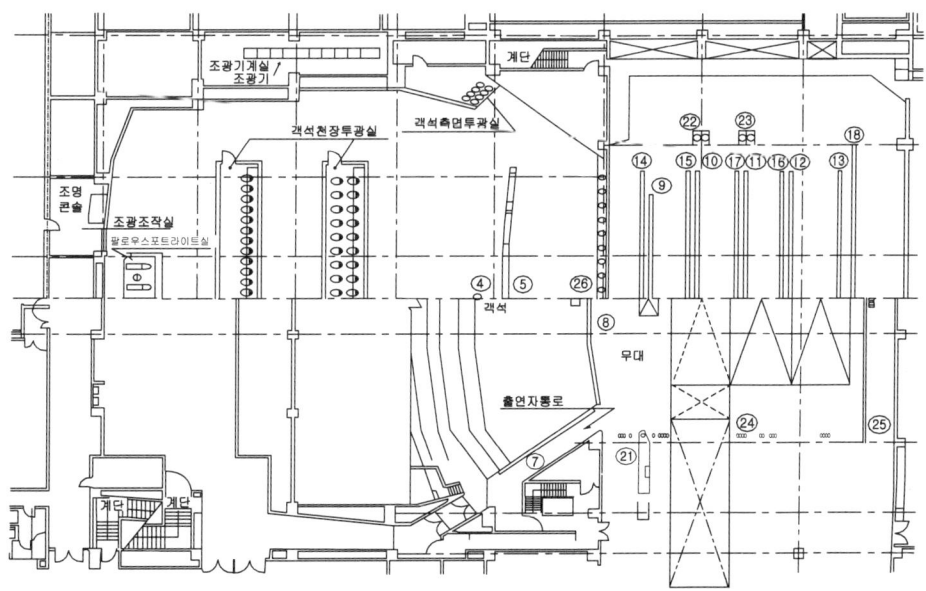

<그림 4.61> 무대조명설비의 배치예

제 4 장 무대 조명설비

2. 면적과 구조

무대조명설비용의 각 실은 목적에 따라 설계시 고려하여야 할 사항이 있지만 공통적으로는 다음에 의한다.

가) 공통사항

(1) 습기가 적고 물이 침입 또는 침투할 우려가 없는 장소를 선정하는 동시에 그러한 우려가 없는 구조일 것

(2) 화재시 소방용수, 침수 등에 의해 조광장치 등이 쉽게 사용불능이 되지 않도록 고려할 것

(3) 각 실은 폭발성, 가연성 또는 부식성가스의 발생, 액체 또는 분진이 많지 않은 장소일 것

(4) 각 실은 반드시 방화 또는 내열구조로서 불연재료로 만든 벽, 기둥, 바닥 및 천장으로 구획되어 있을 것(다만, 투광창 등은 이에 한하지 않음)

　　[주] 방화구조, 내열구조 및 불연재료에 관해서는 건축기준법, 소방법 및 각 시도의 화재예방조례에 의할 것

(5) 통로 및 출입구는 기기의 반출입이 용이한 구조일 것

(6) 취급자 또는 관계자 이외의 출입이 제한되는 구조일 것

(7) 무대조명설비의 각 실에는 관계자가 통행할 수 있는 연락통로를 설치하고 통로에는 장해물이 없을 것

　㉮ 객석천장투광실, 팔로우스포트라이트실 등에 달하는 객석천장의 내부에 설치하는 통로는 사람이 보행하는데 충분한 공간을 확보하고 난간을 설치할 것

　㉯ 층고가 다른 장소의 통로에는 수직사다리를 피하고 슬로프 또는 계단식으로 할 것

　㉰ 전용통로에는 통행에 위험이 없도록 통로 등을 설치하고 출입구에는 점멸스위치를 설치할 것

나) 조광기계실

(1) 조광기반 등의 보유거리

　㉮ 조광기계실의 시설 및 넓이는 기기의 적정배치를 위한 소요면적과 보수점검을 위한 통로의 면적을 합한 것이어야 한다.

　㉯ 조광주간반, 조광기반 등을 조광기계실에 설치하는 경우의 다른 조영물 또는 타물과의 이격거리는 보수점검에 필요한 공간확보 및 작업자의 안전을 위하여 다음 <그림 4.62>와 같이 시설하는 것이 바람직하다.

(2) 배선공간 등의 확보

제 4 장 무대 조명설비

㉮ 조광기계실에 시설되는 전선관, 금속덕트 등은 전선을 정리하는 공간을 확보하여야 하며 또한, 배선의 시공방법이나 배선취급위치를 고려할 것

㉯ 조광기반 설치를 위한 플로어덕트 또는 프리억세스 등의 마루구조에도 충분한 공간을 확보할 것

(3) 조광기계실의 조명

㉮ 조도는 조광주간반, 조광기반 등의 계측면에서 300lx 이상, 그 밖의 부분에 있어서는 70lx 이상일 것

㉯ 정전시의 안전조작을 위한 비상조명설비(또는 장치)를 설치하는 것이 바람직하다.

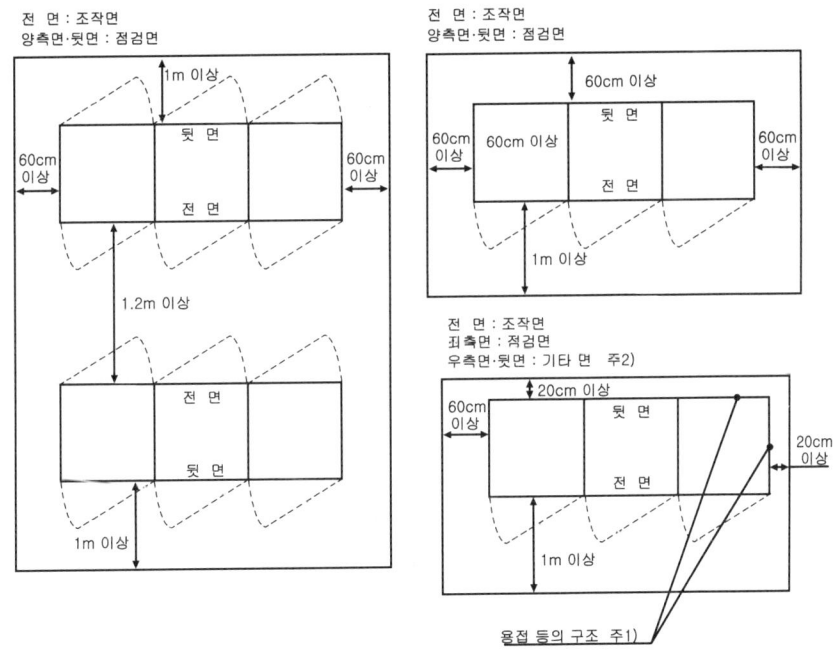

[주] 1) 용접 등의 구조란 용접 또는 나사고정 등에 의해 견고히 고정되어 있는 경우를 말한다.
    2) 그 밖의 면에서 환기구 등이 없는 경우는 이에 한하지 않는다.

<그림 4.62> 조광기반 등과 기타 조영물과의 이격거리

(4) 조광기계실의 차음대책

조광기계실은 부하말단에 가까이 하려는 의도로 거의가 무대 또는 객석의 부근에 설치하여 소음의 원인이 되는 경우가 있으므로 다음 각호에 대하여 충분한 차음대책을 강구하여야 한다.

㉮ 조광기반 자체의 냉각팬
㉯ 조광기계실 전용의 환기장치
㉰ 배선케이블, 공조덕트 등 조광기계실의 벽 등을 관통하는 부분
(5) 조광기계실의 보안시설
㉮ 환기구 등은 눈, 비의 침입을 방지하는 구조의 것일 것
㉯ 습기 또는 결로에 의해 절연저하 등의 우려가 있는 경우에는 이를 방지하기 위해 적당한 대책을 강구할 것
㉰ 자동화재경보설비의 감지기는 고장시에도 보수점검이 용이한 장소에 설치할 것
㉱ 조광기계실은 취급자 이외의 사람이 출입할 수 없는 구조로 하며 출입구 또는 문에는 잠금장치를 하고 또한, 보기 쉬운 곳에 「관계자 이외 출입금지」 등의 표시를 할 것
㉲ 조광기계실 내에는 보수점검용전원의 콘센트회로를 설치할 것
㉳ 케이블 등이 조광기계실의 벽 등을 관통하는 경우는 적절한 방화조치를 할 것

다) 조광조작실
(1) 조광조작실은 기기의 적정배치에 필요한 면적과 조작자의 활동범위 및 보수점검 등을 위해 필요한 면적을 고려한 것일 것
(2) 조광조작실은 내부에서 발생하는 소리나 음성이 객석 등으로 새어나가지 않도록 차음할 것
(3) 조광조작실의 창은 무대를 용이하게 바라볼 수 있는 위치로 전면 전체에 걸쳐 가능한 큰 창을 설치하며 창에 유리를 설치하는 경우에는 실내의 조광조작콘솔이 유리에 반사하여 무대를 보는데 곤란하지 않도록 충분히 유의할 것
(4) 조광조작실의 창의 하단부는 조광조작콘솔의 높이와의 관계를 고려하여 조작자가 착석하여 무대 앞단을 충분히 감시할 수 있는 높이 이하로 하고 또한, 객석에서 관객이 일어서더라도 조광조작실에서의 시야가 방해받지 않도록 객석마루의 면과 조광조작실 마루면과의 레벨차에 유의할 것
(5) 케이블 등이 조광조작실의 벽 등을 관통하는 경우 적절한 방음조치를 실행할 것
(6) 조광조작실의 조명
㉮ 각 실의 전반조명의 조도는 콘솔 위에서 메모할 수 있는 정도의 500lx 이상일 것
㉯ 조광조작실의 실내등의 빛은 객석에 새어나가지 않도록 조광조작콘솔 등의 조작면은 각각 단독으로 밝게 할 수 있는 국부조명을 설치하여 조광할 수 있도록 할 것
㉰ 정전에 대비하여 휴대용 등구를 각 실의 알기 쉬운 장소에 구비할 것

제 4 장 무대 조명설비

(7) 조광조작실의 보안시설
   ㉮ 조광조작콘솔의 제어전원, CRT모니터 등에 의한 발열로 실온이 상승하므로 별도의 공조설비를 설치할 것
   ㉯ 조광조작실은 취급자 이외의 사람이 출입할 수 없도록 출입구 또는 문에는 잠금장치를 시설하고 또한, 보기 쉬운 곳에 「관계자 이외출입금지」 등의 표시를 할 것
   ㉰ 조광조작실 내에는 보수점검용 콘센트회로를 설치할 것
   ㉱ 조광조작실 내에는 수도관, 증기관, 가스관 등이 통과되지 않도록 할 것

라) 객석천장 투광실
  (1) 객석천장 투광실은 스포트라이트의 조정을 종료한 후 등기구에 조작자가 접촉되지 않도록 충분한 작업통로를 확보할 것
  (2) 객석천장 투광실의 조명
   ㉮ 투광실의 조명은 통상의 작업 및 보수점검에 지장을 주지 않도록 최소한의 조도를 확보할 것
   ㉯ 통상 전반조명은 소등해놓기 때문에 각 실의 출입구의 알기 쉬운 위치에 스위치를 설치할 것
  (3) 객석천장 투광실은 객석으로부터의 열대류의 영향, 조명기구에 의한 발열로 인해 실온이 현저히 상승하므로 별도의 냉방설비를 갖출 것. 공조설비를 설치하는 경우는 조명기구가 냉기에 의하여 결로되지 않도록 공기조절분출구 및 방향을 고려할 것
  (4) 객석천장 투광실의 보안시설
   ㉮ 투광면의 개구부는 시설물의 낙하, 조작자의 추락을 방지하기 위해 낙하 방지망을 반드시 설치하여야 한다. 망은 투광하는 빛의 손실이 적도록 유의할 것
   ㉯ 자동화재경보설비의 감지기는 스포트라이트의 직상방에 설치하지 않도록 할 것
   ㉰ 투광실 내에는 보수점검용 전원콘센트회로를 설치할 것

마) 객석측면 투광실
  (1) 객석천장 투광실은 스포트라이트의 조정을 종료한 후 등기구에 조작자가 접촉되지 않도록 충분한 작업통로를 확보할 것
  (2) 스포트라이트를 3~4단으로 매다는 경우에는 투광을 용이하게 하고 또한 안전을 위하여 안전난간 등의 설비를 설치하는 것이 바람직하다.
  (3) 객석측면 투광실의 조명
   ㉮ 각 실 전반조명의 조도는 통상의 작업 및 보수점검에 지장을 주지 않도록 조도를

제 4 장 무대 조명설비

확보할 것
- ㉯ 통상 전반조명은 소등해놓기 때문에 각 실의 출입구의 알기 쉬운 위치에 스위치를 설치할 것

(4) 객석측면 투광실의 보안시설
- ㉮ 자동화재경보설비의 감지기는 스포트라이트의 직상방에 설치하지 않도록 할 것
- ㉯ 투광실 내에는 보수점검용 전원콘센트회로를 설치할 것

바) 팔로우스포트라이트실
(1) 팔로우스포트라이트는 특정한 연기자를 보다 뛰어나게 보이도록 연기자의 움직임에 맞추어 조작자가 등구를 움직이기 때문에 폭은 등구 1대당 2.5~3m, 깊이는 등구의 후방을 조작자가 이동할 때 등구에 접촉되지 않도록 충분한 작업통로를 확보할 것
(2) 팔로우스포트라이트실의 조명
- ㉮ 각 실 전반조명의 조도는 통상의 작업 및 보수점검에 지장이 없는 밝기 이상으로 조도를 확보할 것
- ㉯ 운용중에는 전반조명은 소등하여 조작하기 때문에 대본 등을 읽기위해서 손잡이가 단독으로 밝게 할 수 있도록 국부조명을 설치하여 조광할 수 있도록 할 것
- ㉰ 객석 및 무대가 어두운 경우 실내등의 빛이 객석에 새어나가지 않도록 할 것
- ㉱ 통상 전반조명은 소등해놓기 때문에 각 실의 출입구의 알기 쉬운 위치에 스위치를 설치할 것
- ㉲ 정전에 대비하여 휴대용 등구를 각 실의 알기 쉬운 장소에 구비해 놓을 것

(3) 객석천장 투광실은 객석으로부터의 열대류의 영향, 조명기구에 의한 발열로 인해 실온이 현저히 상승하므로 별도의 냉방설비를 갖추야 하며 공조설비를 설치하는 경우는 조명기구가 냉기에 의하여 결로되지 않도록 공기조절분출구 및 방향을 고려할 것

(4) 팔로우스포트라이트실의 보안시설
- ㉮ 팔로우스포트라이트실은 조작운용상 조작자의 소리 또는 전달연락 장치의 모니터 등으로부터 소음이 객석 등에 새어나가지 않도록 차음할 것
- ㉯ 팔로우스포트라이트실의 창은 무대 및 객석 전방 오케스트라 비트 전체를 투광할 수 있고 사각지대가 생기지 않도록 가능한 큰 창을 설치하며 창에 유리를 설치하는 경우에는 실내의 스포트라이트의 빛이 유리에 반사하여 객석 또는 객석 천장면에 비추지 않도록 유리의 각도를 충분히 고려할 것
- ㉰ 투광면의 개구부는 기재의 낙하, 조작자의 추락방지용으로 반드시 낙하방지망(다만, 창에 유리를 설치하는 경우를 제외)을 설치하여야 하며 망은 투광하는 밝기의 손실

이 적도록 고려할 것
㉣ 자동화재경보설비의 감지기는 스포트라이트의 직상방에 위치하지 않도록 설치하여야 하며 또한, 감지기의 종류에 따라서 스포트라이트의 광원(크세논램프 등)에 의해 작동하는 경우가 있으므로 기종의 선정시 주의할 것
㉤ 실내에는 보수점검용 전원콘센트회로를 설치할 것

4.6 무대조명설비의 시공

무대조명설비는 기본적으로는 일반적인 저압옥내배선과 같이 「기술기준」과 내선규정에 준하여 시공하여야 한다. 여기서는 이러한 전기관계법규의 관련사항에 덧붙여 무대조명이 갖는 특수성을 고려하여 시공하여야 할 점에 관하여 서술하였다.

4.6.1 옥내배선의 시공

무대전기설비는 무대조명, 무대기구, 무대음향의 각 설비가 독립한 계통으로서 각각 종합제어되는 시설이며, 제어방법은 약전류에 의한 고속전송의 컴퓨터제어이며 무대조명의 부하전류는 반도체제어에 의한 고조파전류를 포함하고 있고 더욱이 각각의 설비가 근접하여 설치되는 곳이 많기 때문에 각 설비 간에 장해를 일으키지 않도록 충분히 주의하여야 한다.

따라서, 배선공사는 무대전기설비 전반에 걸쳐 종합적으로 고려한 배선공사를 할 필요가 있다.

여기서는 무대 조명설비의 배선공사를 중심으로 이와 관련된 무대기구, 무대음향의 배선공사에 관한 유의점도 아울러 서술한다.

1. 무대조명설비 배선공사의 특징

   무대조명의 부하회로는 다음과 같은 특징으로 인해 부하배선은 보더케이블 등 곤란한 경우를 제외하고는 원칙적으로 금속관 또는 금속덕트에 의한 배선공사를 하고 있다. 다만, 각 설비의 조작선 및 무대음향의 각 배선과의 이격거리가 충분하여 신호 장해나 음성노이즈장해 등의 우려가 없는 경우에는 케이블배선공사로 할 수 있다.

   가) 조광회로인 것일 것
   나) 회로용량이 크고 회로수가 많은 것일 것
   다) 전압강하를 고려하여 전선의 굵기가 큰 것일 것
   라) 전선긍장이 긴 것일 것
   마) 조명회로에 제어신호선(조작선)이 포함된 것일 것

다만, 조광조작콘솔로부터 조광기 또는 무대상 조작반 등의 조작선의 배선은 반드시 금속관 또는 금속덕트에 의한 배선공사로 할 것

2. 배선공사방법의 적용

배선공사에는 여러 종류가 있지만 무대조명설비에서의 일반적인 배선공사는 <표 4.33>과 같다.

<표 4.33> 무대조명설비의 배선공사

공사종류	금속관 배선	금속덕트 배선	금속제가요 전선관배선	케이블 배선	버스덕트 배선
간선	○	○			○
부하배선	◎	◎	○	○	
조작선				●	

[비고] ○ : 일반적으로 행해지는 배선공사
◎ : 일반적으로 행해지는 배선방법중 바람직한 배선공사
● : 케이블을 금속관 또는 금속덕트로 시공할 필요가 있는 공사 또는 금속관공사와 동등한 성능을 가지는 차폐케이블에 의한 공사

3. 배선공사의 경로의 선정

무대전기설비는 각각 전기사용의 특성이 다르기 때문에 배선공사는 장해방지를 고려하여 각 설비마다 상기에 의한 시공방법이 요구된다.

그러나, 음향설비의 경우는 외부로부터의 장해를 단지 음향설비의 배선공사만으로 방지하는 것은 불가능하기 때문에 각 설비의 배선공사와의 상호 관계에 충분히 유의하여야 한다. 유효한 대책은 다음과 같다.

가) 무대조명과 무대음향의 배선공사의 경로는 상호간에 동일한 경로가 되지 않도록 하여야 한다.

나) 마이크배선의 근방에 무대조명의 배선공사를 할 경우에는 금속관 또는 금속덕트배선으로 하고 또한, 배선의 이격거리를 평행배선의 경우 1m 이상, 교차하는 경우는 10㎝ 이상으로 하여야 한다.

4. 배선공사의 종류와 시설장소

배선공사의 종류와 시설장소를 <표 4.34>에 나타낸다.

제 4 장 무대 조명설비

5. 사용전선
무대조명설비의 배선공사에 사용하는 전선은 다음에 의한다.
가) 부하배선
   (1) 금속관공사, 금속덕트공사 및 금속제가요전선관공사의 경우에는 「기술기준」 제118조, 제180조 및 제181조에 의할 것
   (2) 케이블공사의 경우는 <표 4.34>(「기술기준」 제187조)에 의할 것
나) 조작선
   무대조명의 조작선은 '<4.4.3> 제어용신호케이블'에 의하여야 한다.

6. 저압옥내배선과 약전류전선과의 이격
무대조명, 무대음향 및 무대기계설비의 저압옥내배선과 약전류전선과의 근접, 교차에 관해서는 다음에 의한다.
가) 저압옥내배선을 케이블공사에 의해 시공하는 경우
   저압옥내배선이 약전류전선과 접촉하지 않도록 시설하여야 한다(「기술기준」 제215조2항).

나) 저압옥내배선을 금속관공사, 금속제가요전선관공사 또는 금속덕트공사에 의해 시공하는 경우
   다음 각호의 1에 해당하는 경우를 제외하고는 전선과 약전류전선을 동일한 관 또는 덕트 내에 시설하지 아니하여야 한다(「기술기준」 제215조3항).
   (1) 저압옥내배선과 약전류전선이 금속관공사, 금속제가요전선관공사에 의해 각각 별개의 관에 수납하여 시설하는 경우에는 전선과 약전류전선과의 사이에 견고한 격벽을 시설하고 또한, 금속제부분에 특별 제3종 접지공사를 한 박스 또는 풀박스의 속에 전선과 약전류전선을 수납하여 시설하는 경우
   (2) 저압옥내배선을 금속덕트공사 또는 플로어덕트공사에 의해 시설하는 경우에는 전선과 약전류전선과의 사이에 견고한 격벽을 설치하고 또한, 특별 제3종 접지공사를 실행한 덕트 또는 박스 속에 전선과 약전류전선을 수납하여 시설하는 경우
   (3) 저압옥내배선을 버스덕트공사 이외의 공사에 의해 시설하는 경우 약전류전선이 제어회로 등의 약전류전선과 만나는 한편 약전류전선에 절연전선과 동등 이상의 절연효력이 있는 것(저압옥내배선과의 식별을 용이하게 할 수 있는 것에 한한다)을 사용하는 경우
   (4) 저압옥내배선을 버스덕트 이외의 공사에 의해 시설하는 경우 약전류전선에 특별 제3종

제 4 장 무대 조명설비

접지공사를 실행한 금속제의 전기적차폐층을 가지는 통신용케이블을 사용하는 경우

[주] 특별 제3종접지공사는 감전보호를 위한 접지이며, 신호회로에 관한 접지와 혼촉하지 않도록 하여야 한다.(제8장 접지설비 참조)

7. 접지공사

무대조명설비의 접지공사는 「기술기준」에 의한 접지공사를 준수하여야 하고 또한, 기능의 안정 및 노이즈장해를 방지하기 위하여 「신호회로에 관한 접지」를 하여야 한다. 무대 조명설비는 감전보호등급의 분류에 있어서 등급I 기기이므로 접지선을 시공할 때 이를 고려하여야 한다.

무대조명설비의 접지공사는 제8장 접지설비에 따라서 시공하여야 한다.

제 4 장 무대 조명설비

<표 4.34> 시설장소 및 배선방법

사용전압	배선방법			시설의 가부		
				옥내		
				노출장소	은폐장소	
					점검 가능	점검 불가
				건조한 장소	건조한 장소	건조한 장소
300V 이하	금속관배선			○	○	○
	금속제가요전선관배선		1종금속제가요전선관	○	○	×
			2종금속제가요전선관	○	○	○
	금속덕트배선			○	○	×
	버스덕트배선			○	○	×
	캡타이어케이블배선	비닐캡타이어케이블		○	○	×
		2종	클로로프렌캡타이어케이블	○	○	×
			클로로설폰화캡타이어케이블	○	○	×
			고무캡타이어케이블	○	○	×
		3종	클로로프렌캡타이어케이블	○	○	○
			클로로설폰화캡타이어케이블	○	○	○
			고무캡타이어케이블	○	○	○
	캡타이어케이블 이외의 케이블			○	○	○
300V 초과	금속관배선			○	○	○
	금속제가요전선관배선		1종금속제가요전선관	(c)	(c)	×
			2종금속제가요전선관	○	○	○
	금속덕트배선			○	○	×
	버스덕트배선			○	○	×
	캡타이어케이블배선	비닐캡타이어케이블		×	×	×
		2종	클로로프렌캡타이어케이블	×	×	×
			클로로설폰화캡타이어케이블	×	×	×
			고무캡타이어케이블	×	×	×
		3종	클로로프렌캡타이어케이블	○	○	○
			클로로설폰화캡타이어케이블	○	○	○
			고무캡타이어케이블	○	○	○
	캡타이어케이블 이외의 케이블			○	○	○

[비고] 기호의 의미는 다음과 같다.
 (1) ○는 시설 가능
 (2) ×는 시설 불가능
 (3) (c)는 전동기에 접속하는 작은 부분으로 가요성을 필요로 하는 배선에 한하여 시설이 가능

8. 무대조명설비에 있어서의 배선공사의 유의점

가) 무대조명배선으로 특히 조광기계실내 배선설비는 회선수가 많기 때문에 금속덕트에 의한 공사가 대부분이다. 이 경우 금속덕트에 수납하는 전선의 단면적(절연피복의 단면적을 포함)의 총합계는 덕트의 내부단면적의 20%(전광사인장치, 출퇴표시등 기타 이와 유사한 장치 또는 제어회로 등의 배선만을 수납하는 경우는 50%) 이하이어야 한다.

나) 무대조명의 부하회로는 전부 조광기계실 내에 집결되고 또한, 부하까지의 배선거리가 길기 때문에 전압강하를 고려하여 허용전류치에 비하여 굵은 전선을 사용하는 것이 대부분이며 덕트 내 배선에 있어서는 미리 충분한 검토를 하여야 한다.

다) 조광조작실의 공간, 각종 기기의 배치에 관해서도 배선은 폭을 차지하지 않도록 고려하여야 한다.

라) 플로어피트 또는 프리억세스구조의 마루 내에는 일반적으로 케이블을 사용하여 배선하지만, 절연전선을 사용하는 경우는 내면을 두께 1.2mm 이상의 철판 또는 이와 동등 이상의 강도를 지닌 금속판자를 부착하여 금속덕트공사로 취급하는 것이 필요하다.

4.6.2 기기 등의 시공

1. 보더케이블의 시설

가) 공통사항

보더케이블은 조명기구의 승강에 따라 휘는 케이블의 처리가 필요하기 때문에 다음 사항에 주의하여야 한다.
(1) 케이블 자체가 손상되지 않도록 할 것
(2) 케이블하중 이외의 하중이 가해지지 않을 것
(3) 주위의 설치물 등과 간섭하지 않을 것
(4) 적당한 굴곡반경을 얻을 수 있을 것

나) 케이블처리방식별 시공시 유의사항
(1) 케이블릴 권취방식

케이블릴 권취방식은 승강에 따르는 잉여케이블을 그리드상에 설치한 케이블릴로 권취 수납하는 것으로 실제로는 거의 케이블이 많이 감겨있게 되므로 방열과 허용전류의 관계를 고려하여 선심 굵기를 선정할 필요가 있다. (<그림 4.63>)

(2) 수납 바구니방식

수납 바구니방식은 매달아 설치한 보더라이트 그 밖의 조명기구의 상부에 설치한 케이블 수납바구니의 속에 접혀 쌓이는 것으로 실제 사용상태에서는 대부분의 케이블

제 4 장 무대 조명설비

이 많이 구부려져 쌓이게 되지만 일반적으로는 방열에 필요한 적당한 간극을 자연스럽게 확보할 수 있기 때문에 비교적 간편히 시공할 수 있다.(<그림 4.64>)

(3) 중간 고정방식

중간고정방식은 승강용의 와이어에 딸려 한 점을 고정하여 해당 점에서 위의 잉여 케이블을 자연수직 하강에 의한 방법으로 보더라이트 등의 조명기구의 상부의 공간을 이용하여 쌓이는 방식이다. 또한, 상부에 충분한 공간을 확보할 수 없는 경우에는 상기한 고정점보다 더욱 상부의 여러 점에 상하슬라이드가 가능한 중간고정점을 설치하여 다단으로 되접어 꺾는 것도 가능하다. 다만, 되접어 꺾은 케이블이 차지하는 공간상의 위치는 시공시의 케이블의 취부상태에 크게 의존하기 때문에 필요 이상으로 돌출하여 다른 설치물에 장해가 되지 않도록 충분히 고려할 필요가 있다.(<그림 4.65>)

<그림 4.63> 케이블릴 권취방식

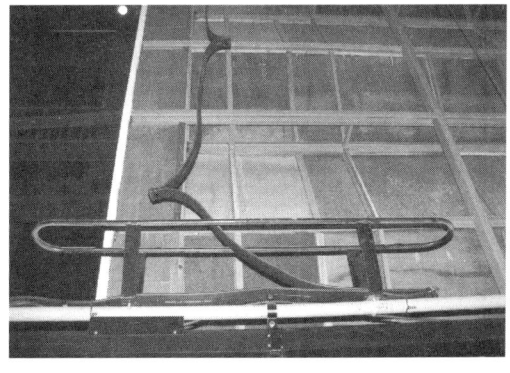

<그림 4.64> 받침 바구니방식

제 4 장 무대 조명설비

<그림 4.65> 중간 고정방식

2. 조명기구의 설치

조명기구는 취급설명서에 기재되어 있는 조작방법, 주의사항, 금지사항 및 명판에 기재되어 있는 사용제한을 준수하여 설치하여야 한다.

가) 플라이덕트, 보더라이트, 스포트라이트 등의 취부

 (1) 보더라이트는 무대상부에 장치되는 연결조명기구이므로 취부할 경우에는 다음의 주의가 필요하다.

  ㉮ 조명기구용 바톤에 균등한 하중이 되도록 수평으로 할 것
  ㉯ 보더라이트 등의 연결조명기구는 연결금구로 확실히 연결할 것
  ㉰ 매다는 금구, 매다는 쇠사슬, 와이어를 확실히 설치할 것
  ㉱ 매다는 금구의 이탈방지볼트는 이중너트(tuple nut), 분할 핀, 스프링와셔 등으로 이완되지 않도록 설치할 것
  ㉲ 매다는 쇠사슬, 와이어의 이탈방지를 설치할 것
  ㉳ 필터홀더는 확실히 필터홀더프레임에 설치할 것
  ㉴ 승강장치가 카운터웨이트 방식인 경우에는 보더라이트의 중량과 웨이트의 중량이 균형이 되도록 할 것

 (2) 플라이덕트, 스포트라이트의 취부

  플라이덕트, 스포트라이트는 무대상부에 설치되는 기구이므로 낙하하지 않도록 다음 사항에 주의하여야 한다.

  ㉮ 플라이덕트에 취부하는 볼트는 터블렛, 분할편, 스프링와셔 등으로 느슨해지지 않도록 설치할 것
  ㉯ 스포트라이트의 행거를 확실히 설치할 것

㈐ 스포트라이트의 낙하방지와이어를 지정대로 설치할 것
㈑ 스포트라이트의 부착은 반드시 무대마루의 위에서 행할 것
㈒ 브리지 위에서 스포트라이트의 조정을 하는 경우는 보안모, 낙하방지용의 안전띠를 반드시 사용할 것
㈓ 필터홀더는 확실히 필터프레임에 설치할 것
㈔ 스포트라이트는 취급설명서, 명판표시에 따라서 정확하게 설치할 것
㈕ 승강장치가 카운터웨이트방식인 경우에는 플라이덕트 및 스포트라이트의 중량과 웨이트의 중량이 균형이 되도록 할 것

(3) 접속박스, 플라이덕트의 단자대 등의 배선접속단자나사는 페인트록 등으로 이완되지 않도록 시공하여야 한다.
(4) 대도구, 막 등의 가연물에 스포트라이트의 빛을 비추는 경우 투광면의 온도상승으로 발연, 발화할 위험이 있기 때문에 근거리에서의 조사하지 않도록 하여야 한다.
(5) 스포트라이트는 대도구, 막 등의 가연물에 근접 또는 접촉하여 사용하는 것은 화재의 원인이 되기 때문에 최소이격거리를 유지하여야 한다.

나) 조명기구의 명판표시

조명기구를 사용할 경우에는 부착된 명판의 기재사항을 준수하여 안전하게 사용하여야 한다.(<그림 4.66>)

(1) 조명기구의 표면온도

표면온도라 함은 조명기구를 연속 점등시키어 기구의 최고온도가 거의 일정하게 될 때의 온도를 말한다. 무대조명기구는 일반 조명기구보다 전구용량이 커 방열효율이 좋기 때문에 조명기구의 표면온도가 높아진다. 또한, 반사경에 다이크로익 가공에 의한 반사경은 조명기구의 후방으로 열을 방출하기 때문에 더욱 표면온도가 높아진다. 따라서, 막 등의 가연물에 근접 또는 접촉하여 사용하는 것은 화재의 원인이 되기 때문에 피하여야 한다.

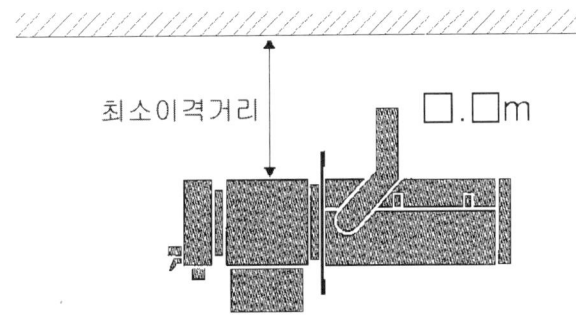

<그림 4.66> 조명기구와 가연물의 최소이격거리의 표시예

제 4 장 무대 조명설비

(2) 최소 조사거리와 투광면의 온도

최소조사거리라 함은 조명기구를 연속점등 시키고 투광면의 온도가 최고온도 90℃로 포화할 때의 거리를 말한다.

무대조명기구는 반사경을 이용하여 집광성이 대단히 좋기 때문에 전면에 조사되는 광량이 강하고 또한, 방출되는 열량도 높다. 따라서, 막 등의 가연물에 비출 경우 투광면의 온도상승에 의한 발연, 발화의 위험이 있으므로 근접한 거리에 조사하는 것은 피하여야 한다.

조명기구의 사용가능범위는 명판에 기재되어 있는 최소조사거리 이상으로 유지하여야 한다.(<그림 4.67>)

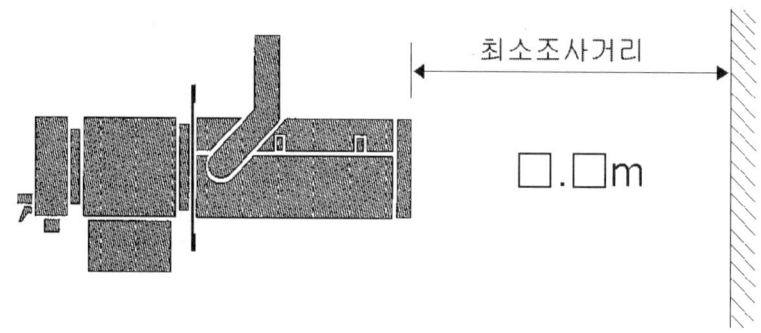

<그림 4.67> 조명기구와 가연물의 최소조사거리의 표시예

(3) 조명기구의 사용각도범위

조명기구의 사용각도범위는 기구마다 사용전구에 의해 사용각도의 허용범위가 지정되어 있다.

할로겐전구는 특성상 점등 중에는 250℃ 이상의 고온이 되고 점등방향이 지정되어 있다. 따라서, 지정된 방향 이외에서 사용하면 수명이 짧아지거나 파손의 원인이 된다. 또한, 조명기구에는 적합한 지정전구를 사용하여야 한다.

사용각도범위가 있는 조명기구는 기준방향에 대한 사용각도의 허용범위에서 사용하여야 한다. 허용범위 외에 특히, 거꾸로 설치하는 전구, 소켓, 코드에 악영향을 주기 때문에 절대로 피하여야 한다.(<그림 4.68>)

제 4 장 무대 조명설비

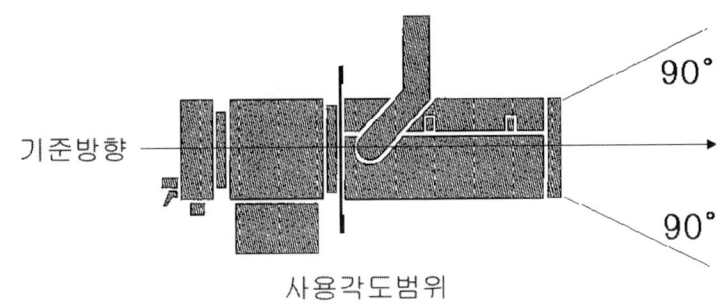

<그림 4.68> 조명기구의 사용각도범위의 표시예

3. 조광장치의 설치

조광장치를 설치하는 경우에는 다음 사항을 유의하여야 한다.

가) 기기에 접속하는 전선은 금속체를 루프하여 전자유도장해가 발생하지 않도록 주의하여야 한다.

나) 조광기반 등 부하배선이 집중하는 장소의 전선처리는 전선의 발열에 의한 이상온도상승이 발생하지 않도록 방열을 고려하여 시공하여야 한다.

다) 기기에 필요한 보안용접지선과 신호회로에 관한 접지선은 상호간에 전기적으로 절연하여야 하며 각각 지정된 접지단자에 확실히 접속하여야 한다.

라) 기기의 프레임 등의 돌기물의 위에 외부에서의 전선이 삽입되는 경우에는 전선이 손상되지 않도록 돌기물의 위에 고무판 등의 보호재를 시공하여야 한다.

마) 기기 내의 모선간, 모선과 분기선 등의 도체접속부에는 서머실(thermo seal) 등의 온도상승 검지장치를 부착하는 것이 바람직하다.

제 5 장

무대기계.기구설비

5.1 무대기계.기구설비의 종류
5.2 무대기계.기구의 전기설비
5.3 무대기계의 시공상 유의사항

제 5 장 무대기계·기구설비

무대기계·기구설비는 연극상연의 무대장면에 대응한 대도구 등을 막간 등의 얼마 안 되는 시간 사이에 신속히 전환하기 위해서 조물을 승강시키기도 하고 무대마루를 움직이는 기능을 갖는 설비의 총칭이다.

또한, 연극에 필요한 조명, 음향 등의 설비를 부하로 하는 조물장치도 이것에 포함된다. 문화관광부에서 고시한 "공연장 무대시설 안전진단 시행세칙"에 의하면, "무대기계·기구라 함은 공연활동을 돕는 것을 목적으로 무대를 구성하기 위하여 각각 독립적으로 사용되는 기구를 총칭하여 말하며, 동력 또는 수동을 이용하여 상·하 또는 수평으로 이동시킬 수 있는 구동식과 고정되어 사용하는 고정식으로 구분한다."라고 기술되어 있다.

공연장에서 무대장면의 전환은 관객의 눈앞에서 무대기계·기구를 동작시킴으로써 연출효과를 표현하는 경우도 있기 때문에 무대기계·기구의 동작에 관해서 충분히 고려하여야 한다.

무대기계·기구에 대해 고려할 사항은 다음과 같다.

- 동작은 원활하여야 하며 운전시의 동작음이 관객에게 들리지 않도록 하고 극히 정적이어야 한다.
- 동작속도는 연출에 따라 다르고 연속 가변속으로 되기도 하며 가능한 한 고속인 것이 요망되기도 하는 경우가 있다. 다만, 정지시의 관성을 최소한으로 하여야 한다.
- 무대위에는 출연자 등 사람들이 존재하거나 출연자가 탄 상태로 동작하는 경우가 있기 때문에 충분한 안전성을 고려하여야 한다.

그러나 불특정 다수의 사람들을 대상으로 한 설비가 아니기 때문에 연출상 및 운영상에 지장이 없는 범위에서의 안전대책이 이루어져야 한다.

제 5 장 무대기계·기구설비

5.1 무대기계 · 기구설비의 종류

5.1.1 구성도

무대기계 · 기구는 대별하여 상부기구와 하부기구로 분류된다. 상부기구는 무대에서 사용하는 막류 및 조명기구 등을 설비하거나 연극공연마다 대도구를 매달기 위해서, 무대상부의 그리드(grid)에 고정된 도르레나 복수의 와이어 로프에 의해 매달아진 바톤으로 구성된 조물기구로서 동작은 승강, 개폐, 경사 등이 행해질 수 있도록 되어 있다.

하부기구는 무대마루의 면을 가동시키는 장치의 총칭으로서 출연자를 무대하부로부터 무대에 등장시키는 승강기구, 대도구 세트를 측면 무대로 이동시키는 슬라이딩 스테이지, 또는 무대장면의 전환을 무대마루를 회전시켜 행할 수 있는 회전무대 등 많은 방식이 있다.(<그림 5.1>)

무대기계 · 기구설비는 건축구조와 밀접한 관계가 있어 공연장의 규모, 운영 등의 기본계획에 의해서 결정되어 진다.

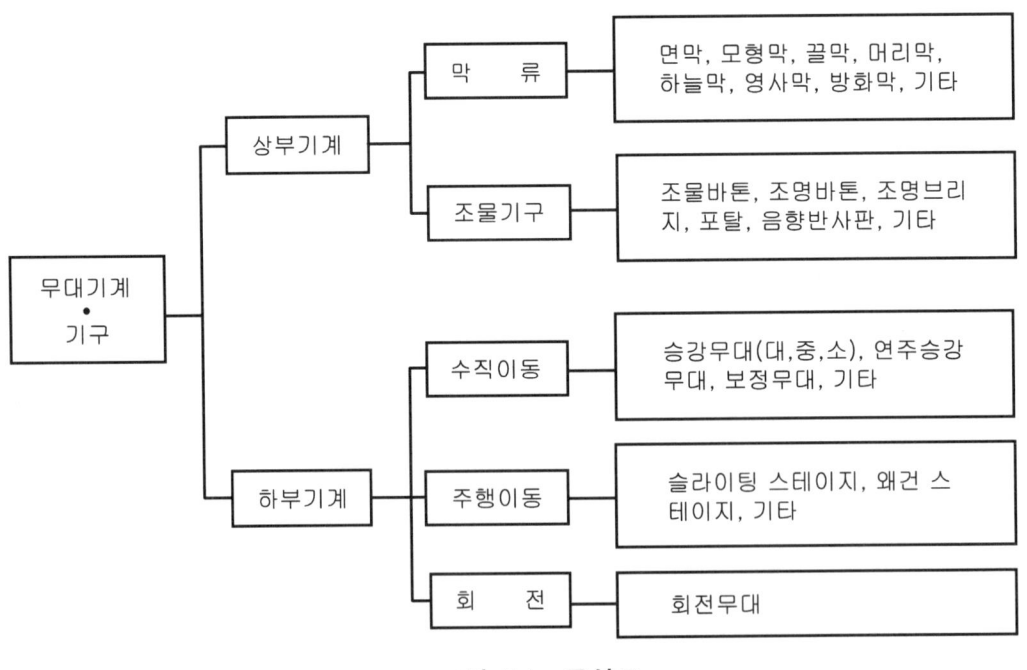

<그림 5.1> 구성도

5.1.2 상부기구설비

1. 막류

가) 면막(Main Curtain)

막 설비 가운데 객석측에서 가장 가까운 위치에 배치된 설비로서 무대와 객석은 면막을 경계로 해서 분리되어 있다. 극장의 여건에 따라 모형막으로 면막을 대신하기도 하며 막의 규모나 개폐방식에 따라 좌우 경사면 위로 닫히게 하는 경사닫힘막(사선막), 승강막 등으로 불리우기도 한다.(<그림 5.2>)

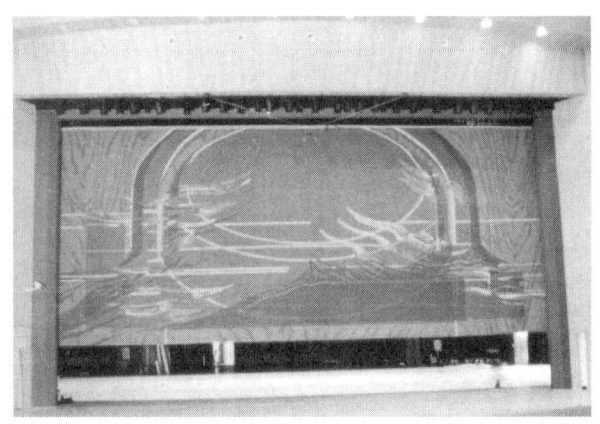

<그림 5.2> 면막의 일례

나) 모형막(Contour Curtain)

주름막이라고도 부르며 행사의 막간 또는 극적 장면의 표현이나 전환시 사용되며 막의 형태를 가변시킬 수 있다. 설치위치는 면막이나, 바로 후면에 설치하며 주로 원색의 황색이나 자색, 청색 등을 많이 사용한다.(<그림 5.3>)

<그림 5.3> 모형막의 일례

제 5 장 무대기계·기구설비

다) 끝막(Draw Curtain)

　　일반적으로 인할막 또는 다리막으로도 불리우며 공연중 무대 옆의 불필요한 공간을 관객으로부터 차단시켜 주는 막으로써 중앙에서부터 2매로 나누어져 좌·우 개폐할 수 있도록 되어 있다. 같은 용도로 무대 측면에서 사용하는 옆막(Side Curtain)이 있다.

라) 머리막(Head Curtain)

　　바톤에 매달려 있는 횡으로 가늘고 긴 막이다. 보통 무대 배경의 상부와 조명기구를 관객석에서 보이지 않도록 하기 위한 막이다. <그림 5.4>에 끝막과 머리막의 예를 나타낸다.

<그림 5.4> 끝막 및 머리막의 일례

마) 하늘막(Cyclorama or Horizont Curtain)

　　무대의 제일 뒤에 배경으로 사용하여 배치되는 막으로써 보통 흰색이나 검은색을 사용하여 백막 또는 흑막으로도 불리운다. 또한, 조명의 투사를 통해 하늘을 표현하거나 그 분위기를 표현하는 막으로 공간 분위기를 잘 표현할 수 있다. 일명 배경막(Horizont Curtain)이라고도 부르며 일반적으로 색상은 흰색에 가까운 네츄럴 화이트가 대부분 사용된다. (<그림 5.5>)

제 5 장 무대기계·기구설비

<그림 5.5> 하늘막의 일례

바) 영사막(Screen)

영화 등의 영상물을 표현할 때 사용되는 막이며 배경 영사막(Rear Screen)을 추가로 설치하는 곳도 있다. 영사막은 영화용과 배경용 2가지가 있으며 용도와 위치가 다르다.

영화용은 영화를 상영하기 위한 막으로 객석 후면에 있는 영사실에서 스크린의 전면을 투사하여 효과를 내며, 설치위치는 객석 제일 앞 열에서 스크린 폭의 2배되는 지점이 좋다.

배경용은 연극, 무용 등의 배경 영상을 위한 막으로 무대 후면에 있는 리어 스크린실에서 스크린 후면을 투사하며, 설치위치는 출연자의 연기 공간을 주기 위해 무대중심에서 약 1~2m 후방에 설치하는 것이 좋다. (<그림 5.6>)

<그림 5.6> 영사막의 일례

제 5 장 무대기계·기구설비

사) 방화막(Safety Curtain)

프로시니엄 바로 뒤에 설치하여 무대에서 발생되는 화재나 비상시에 객석과 무대를 차단하여 화염이나 유독가스로부터 관객을 보호하기 위한 시설이다. 화재 발생시 보통 열을 감지하여 자동으로 작동되지만 수동운전도 가능하도록 되어 있다. (<그림 5.7>)

<그림 5.7> 방화막의 일례

2. 조물기구

가) 조물 바톤

각종 조물을 그리드(grid)(무대상부에 조물장치 등의 설비를 취부하기 위해 설치하는 선반)의 상부에서 매달아 상하 이동시켜 무대전환을 하는 장치이다. 통상적으로 파이프가 사용된다.(<그림 5.8>)

<그림 5.8> 조물 바톤의 일례

나) 조명 바톤

조명기구를 취부하기 위해 전용으로 매달린 바톤을 말한다. 조명기구의 종류에 의해서 보더라이트용 바톤, 서스펜션라이트용 바톤, 호리전트라이트용 바톤 등이 있다.(<그림 5.9>)

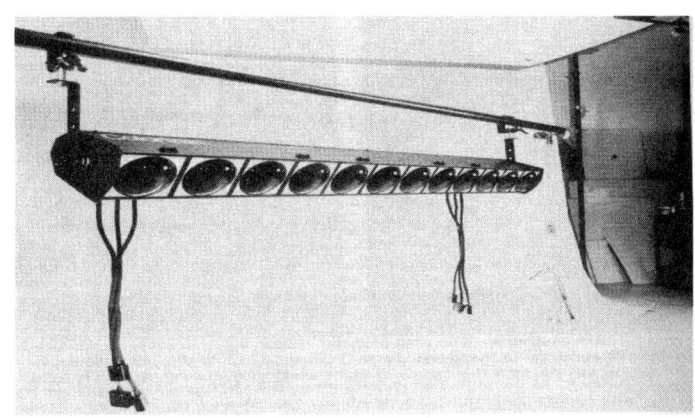

<그림 5.9> 조명 바톤의 일례

다) 브리지

무대상부로부터 매달아 승강하는 교각형의 조물기구로 조명용 기재가 취부된다. 사이드의 갤러리 등으로부터 사람이 올라타서, 조명기구의 방향 등을 조정하는데 사용된다. 브리지의 프레임은 형강 또는 구조용 각형강관 등으로 구성되며 전동 카운터웨이트방식에 의해 승강된다.(<그림 5.10>)

<그림 5.10> 브리지의 일례

제 5 장 무대기계.기구설비

라) 포탈

프로시니엄 개구의 뒤에 있으며, 무대의 개구부의 높이 및 폭을 조정하는 기능과 조명의 기지로서의 기능을 갖는다. 개구부 상부를 구성하는 것은 포탈 브리지, 개구부의 좌우를 구성하는 것은 타워라고 불리며 합쳐서 간단하게 포탈이라고 불린다. (<그림 5.11>)

<그림 5.11> 포탈의 일례

마) 음향반사판

음악을 연주할 때 또는 합창 등 음향효과를 높이기 위한 시설로서 보통 천장반사판, 측면반사판, 정면반사판 등으로 나누어 그리드에서 매달아 내려 사용하며, 최근에는 쉘 타입(Shell Type)의 반사판을 무대의 별도 공간에 보관하는 방법 등이 도입되어 사용되고 있다.(<그림 5.12>)

<그림 5.12> 음향반사판의 일례

제 5 장 무대기계·기구설비

3. 상부기구의 구동방식

무대기계·기구의 가동장치는 하부기구에 있어 일반적으로 전동구동형이 많지만 유압식에 의한 경우도 있다. 유압식에 있어서도 제어기구는 전동방식이다.

또한 상부기구에 있어서, 연극에 따라 사용하는 조물바톤은 출연자와의 타이밍(timing) 또는 다른 장치와의 동작시간의 조화에 의해 가동시간이 항상 변화하는 경우가 많기 때문에 조작기술자에 의해 수동으로 행해지는 것이 많다.

그러나 전동구동형도 사용되고 연출상 연속 가변속 전동기를 사용하는 경우도 있다. 막류, 조명바톤, 포탈 등의 고정적 조물 및 중량물의 승강장치는 전동기 구동형태가 대부분 사용되고 있다.

가) 수동승강장치

연출공간에서 대부분 사용되는 조물장치에 카운터웨이트식이 있다. 특히 조물바톤에 대부분 사용된다. 바톤은 강관 등 직선형의 부재를 수 개로부터 10개 정도의 와이어로프로 달아 승강한다.

카운터웨이트식 바톤은 바톤측의 중량과 같은 중량의 카운터웨이트를 적재하여 하중을 밸런스시키고, 인력으로 비교적 용이하게 조작할 수 있다.

경량의 조물은 비교적 고속으로 승강할 수 있으며, 연출에 맞게 승강속도를 미묘히 변화할 수 있는 특색이 있다. 조작은 카운터웨이트에 취부된 마닐라 로프를 끌어당겨 조물을 승강시킨다. 무대장치, 조명기구 등의 적재물의 변화에 의해 카운터웨이트의 적재가 필요하기 때문에 카운터웨이트의 조작에는 충분한 주의가 필요하다.
(<그림 5.13>)

제 5 장 무대기계·기구설비

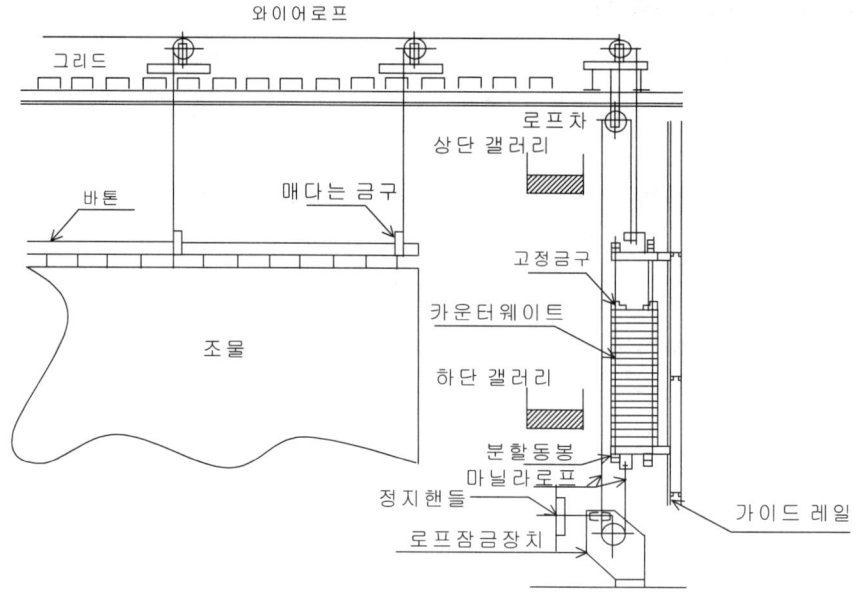

<그림 5.13> 수동승강장치

나) 전동구동장치

　　수동승강장치를 전동기에 의해 구동하도록 한 것으로 카운터웨이트식, 권동식 등의 방법이 있다. 카운터웨이트식은 비교적 소용량의 전동기로 고속의 승강을 할 수 있다.

　　또한, 약간의 언밸런스(unbalance)에도 운전할 수 있도록 카운터웨이트의 조정을 하지 않고 운용하는 것이 있다. 언밸런스가 커지면 와이어 로프가 미끄러지는 경우가 있어 위험하기 때문에 카운터웨이트로 밸런스를 조정하는 것이 필요하다.

　　권동식은 와이어 로프를 드럼에 직접 감으므로 카운터웨이트 등을 설치할 필요가 없고 카운터웨이트식과 같이 와이어 로프가 미끄러지는 일이 없다. 전하중이 윈치의 부하가 되기 때문에, 카운터웨이트식과 비교하여 전동기 용량이 함께 커지게 된다.(<그림 5.14>)

제 5 장 무대기계·기구설비

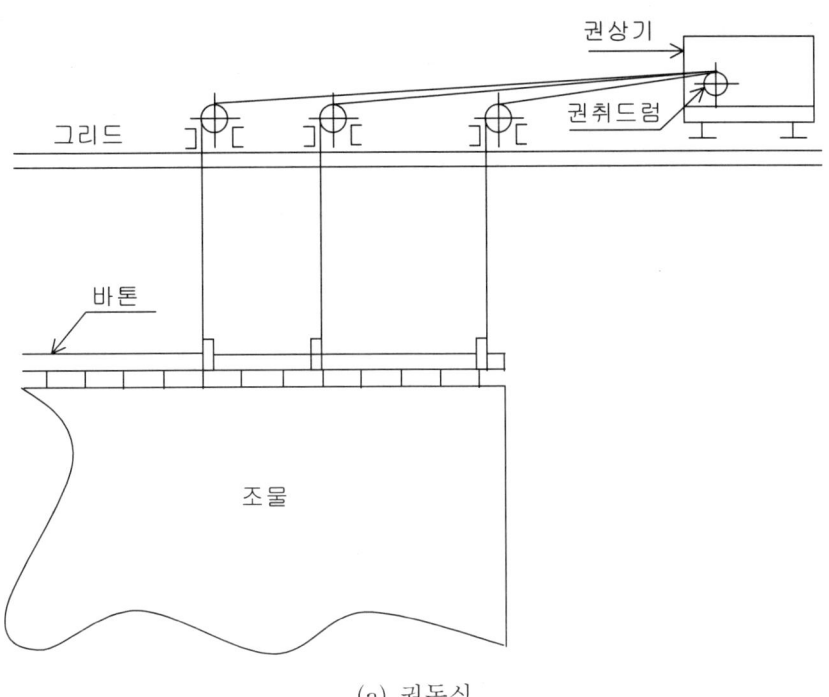

(a) 권동식

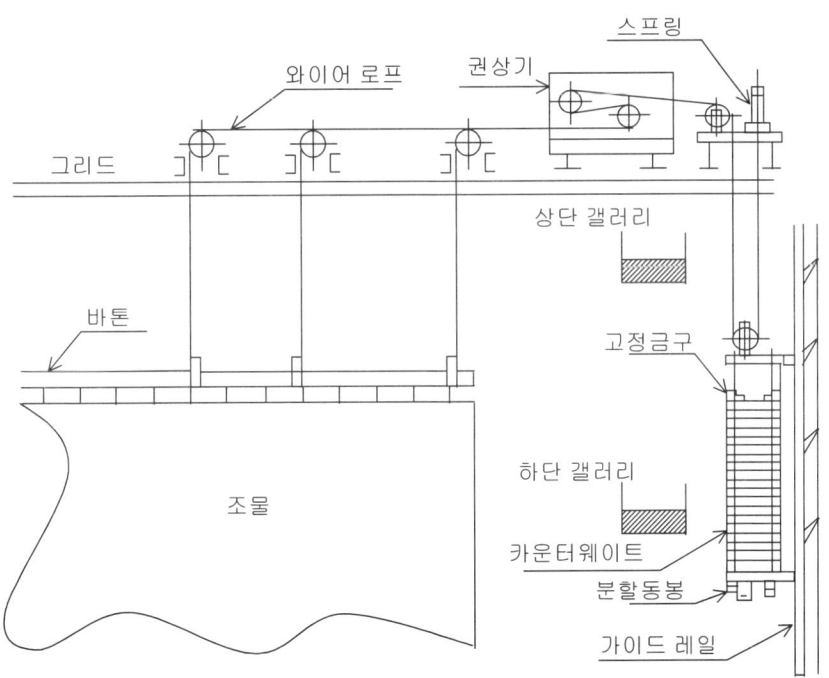

(b) 카운터웨이트식

<그림 5.14> 전동구동장치

제 5 장 무대기계·기구설비

(1) 유도전동기에 의한 구동장치
   ㉮ 정속형은 범용전동기, 다단변속형은 극수변환전동기가 사용되며 일반적으로 막류, 조명바톤, 브리지, 포탈, 음향반사판 등의 상부기구에 대부분 사용하고 있다.
   ㉯ 또한, 하부기구에 있어서도 회전반의 크기가 작고 정속인 경우의 회전무대, 전동기 용량이 작고 정속인 경우의 승강기구, 침하마루 등에 사용되는 것이 많다. 설비비가 저렴한 반면 속도는 설계시점에서 결정하여야 한다.
   ㉰ 그리고 속도가 임의로 변환되지 않기 때문에 연출상에 제한이 생기며 시동, 정지시의 관성을 흡수할 수 없기 때문에 고속화의 곤란 등의 단점이 있다. 일반적인 회로계통도의 일례를 <그림 5.15>에 나타낸다.

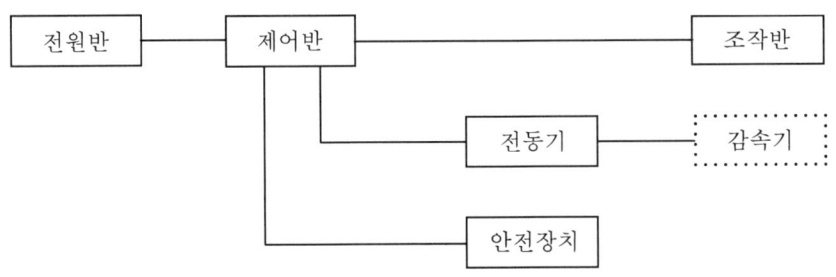

<그림 5.15> 유도전동기에 의한 구동장치 계통도

(2) 무단가변속 전동기에 의한 구동장치
   ㉮ 무단가변속전동기는 일반적으로 인버터제어에 의한 교류가변속 전동기가 사용되고 있다. 하부기구의 경우에는 사람 및 물건이 탄 상태에서 가동이 되어야 하기 때문에 시동, 정지시의 감속기능이 반드시 필요하고 특히, 연출상 고속동작을 필요로 하는 경우는 이 방식에 의한 것이 바람직하다.
   ㉯ 또한, 상부기구에 있어서도 최근 연출상 효과이용 또는 장면전환의 신속화 등에 의한 동작의 가변속 및 고속화를 구현하는 것이 많아지고 있으며 이 경우에도 사용되어 진다.
   ㉰ 무대의 크기나 운영상 필요한 효과 등 여러가지 조건에 적합성이 높은 장점이 있지만 장치의 인버터 유닛이 필요하며 또한, 인버터제어에 대한 고조파억제대책이 필요하여지는 것 등 설비비가 고가로 된다. 일반적 회로 계통도의 일례를 <그림 5.16>에 나타낸다.

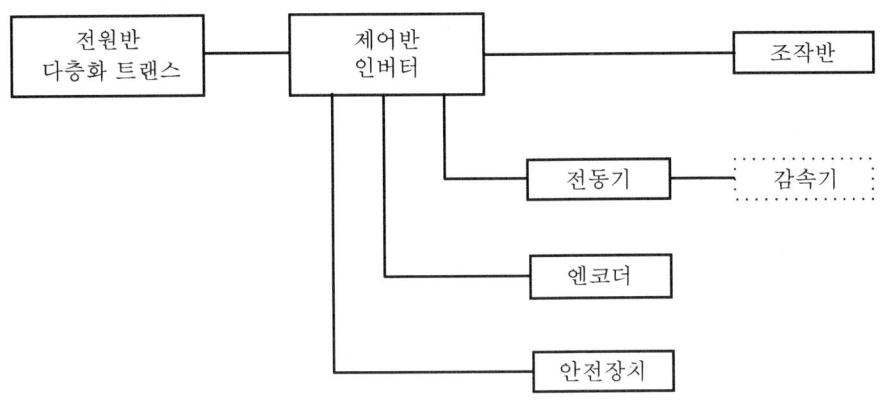

<그림 5.16> 무단가변속 전동기에 의한 구동장치 계통도

(3) 안전시스템

㉮ 조물장치에는 상한 및 하한 리미트 스위치(limit switch)(<그림 5.17>) 외에 안전 스위치를 설치하여야 한다. 리미트 스위치가 고장 등에 의해 동작하지 않는 경우에 그리드나 무대면에 조물장치가 충돌하는 것을 방지하기 위해서 최종 정지위치에서 반드시 작동하는 파이널 스위치(final switch)를 설치하여야 한다.

또한 이 파이널 스위치는 일반적으로 조물장치의 주전원을 자동적으로 단로하여 긴급 정지시키는 구조로 되어 있다.

<그림 5.17> 리미트 스위치의 일례

제 5 장 무대기계·기구설비

㈏ 대도구용 조물장치에는 대도구의 높이에 의해서 대도구가 무대면에 충돌하는 사고를 방지하기 위해서 중간에 임의의 높이로 정지할 수 있는 중간 리미트 스위치를 설치하는 것이 바람직하다. 또한, 화재 등의 비상의 경우를 고려하여 중간 리미트 스위치의 회로는 조작반으로 개폐할 수 있도록 하여 소화활동을 할 수 있는 위치까지 강제 운전할 수 있도록 하는 것이 바람직하다.

㈐ 승강장치에는 상승 측, 하강 측에 통상의 리미트 스위치 외에 조물장치와 같이 안전 스위치를 설치하여야 한다.

또한, 탑승 장소에는 안전봉을 설치하여 그것을 올릴 때는 승강동작하지 않는 안전회로로 하여야 한다. 안전봉이 동작하는 경우에는 무대조작반에 표시가 나타나도록 함과 동시에 무대조작반과 승강 탑승 장소와의 사이에는 신호 또는 인터폰으로 긴밀한 연락이 이루어지는 설비를 설치하여야 한다.

㈑ 슬라이딩 스테이지는 출구 측과 입구 측에 안전 스위치를 설치하여야 한다. 승강기구, 슬라이딩 스테이지 등 가동하는 스테이지의 주위에는 무대 면에 있는 사람들의 안전을 위해 안전등(개구표시등)을 설치하여야 한다.

승강기구가 하강하여 무대마루 면에 개구부가 발생될 때는 낙하방지를 위해 무대의 개구부에 안전 네트(net)(<그림 5.18>)가 연동하여 설치되는 구조로 하여야 한다.

<그림 5.18> 안전네트의 일례

㈒ 승강기구가 상하 이동할 때에 인체나 도구가 무대마루와의 사이에 끼일 우려가 있기 때문에 승강기구 구멍의 주위에는 안전 가드(guard)를 설치하여야 한다. 또한, 안전 가드에 인체나 도구가 접촉될 때는 승강기구 동작이 정지하도록 안전 가드에

제 5 장 무대기계.기구설비

스위치를 설치하여야 한다.
- ㉣ 승강기구가 무대하부에서 상승할 때 무대마루 면에 개구부가 발생되기 때문에 위험방지를 위해 개구부 주위에 승강기구 시동에 연동하는 안전울타리가 설치되도록 하는 것이 바람직하다.

(4) 비상정지버튼
- ㉮ 무대기계·기구장치의 운전 중에 장해가 생긴 경우에는 모든 장치의 운전을 정지할 수 있도록 전원용 또는 조작용 전원을 차단할 수 있는 비상정지버튼을 조작반에 설치하여야 한다.
- ㉯ 특히 승강기구, 슬라이딩 스테이지, 회전무대 등의 운전 중에 장해가 생긴 경우에는 무대하부 등에서도 긴급정지를 할 수 있도록 비상정지버튼을 설치하여야 한다.(<그림 5.19>)
- ㉰ 조작반에는 조작용 전원의 ON, OFF 스위치를 설치하여 조작용 전원이 OFF인 경우에는 조작버튼을 조작하더라도 기기류가 동작하지 않도록 하여야 한다.

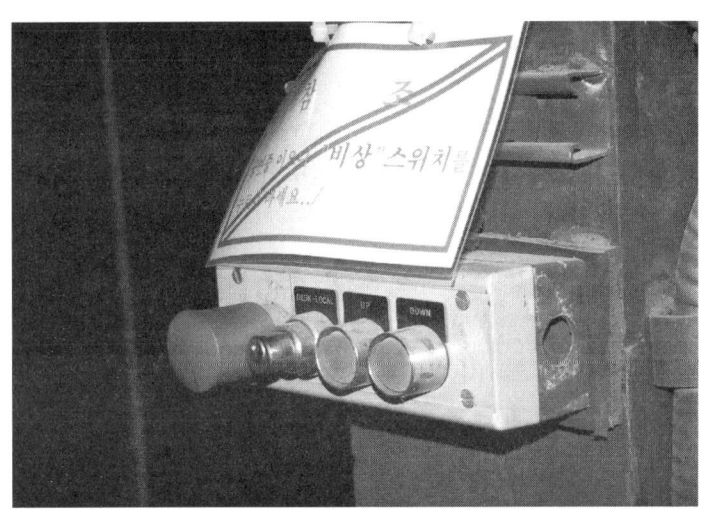

<그림 5.19> 비상정지버튼의 일례

제 5 장   무대기계.기구설비

5.1.3 하부기구설비

무대하부기구의 동작개요를 <그림 5.20>에 나타낸다.

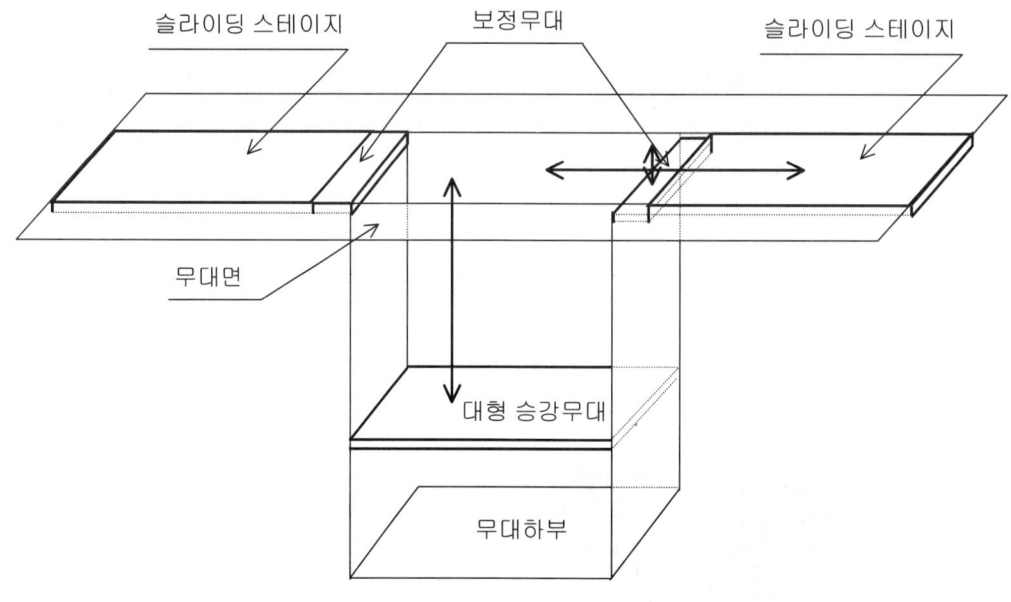

<그림 5.20> 하부기구의 개념도

1. 승강기구

가) 연주승강무대(Orchestra Lift)

　　연주승강무대는 주로 오페라, 발레, 뮤지컬 등을 공연할 때 악단의 연주 장소로 사용하는 곳인데 그 무대의 전체를 상하로 움직일 수 있도록 설치한 것이다.

　　연주승강무대가 객석 바닥면과 동일 레벨로 했을 때는 가설 객석이 되며 연주면 레벨에서는 원래의 연주승강무대로서 사용할 수 있다. 무대 지하의 바닥면 레벨까지 내렸을 때는 도구장치와 반입구가 있는 경우에 연주자들의 의자, 악보대, 큰 악기나 가설 관객석의 의자(Seat Wagon) 등의 반입, 반출의 레벨로서 사용할 수 있다.(<그림 5.21>)

제 5 장 무대기계·기구설비

<그림 5.21> 연주승강무대의 일례

나) 승강무대(Lift Stage)

무대 바닥의 일부에 연기자와 무대장치의 세트 및 도구 등의 운반을 위해 무대하부와 무대사이를 오르내리는 승강기구이다. 무대 전환상 무대에 위치하거나 무대 중심축을 중심으로 좌, 우 대칭으로 짜여져 있다.

<그림 5.22> 승강무대의 일례

(1) 대형 승강무대

대형 무대장치를 설치하거나 연기자가 연기하면서 상하로 오르내릴 수 있게 하기 위하여 사용한다. 또한, 무대 지하에 장치 반입구와 도구 제작실이 있는 경우에는 도구의 운반 리프트로도 사용된다.

(2) 중형 승강무대

대형 보다 약간 소형의 승강기구이다. 사용목적은 대승강과 같은 무대전환용의 기구이며, 극장에 따라 중승강을 2기 또는 3기 모두 설치하여 단독으로 사용하지만 기계적, 전기적으로 연동시켜 대승강 대신으로 사용하는 것도 있다.

(3) 소형 승강무대

대부분 연기자가 연기하면서 오르내리는 무대로써 통상 1~2명이 탈 수 있다.

(4) 보정무대

이동무대가 이동한 후 생긴 빈 공간을 메우기 위한 무대 장치이다.

(5) 화물 리프트(Freight Lift)

후무대 또는 측무대 등에 설치되어 무대장치를 보관하거나 무대 제작실 또는 외부에서 반입하기 위해 설치한 설비이다.

2. 회전무대(Revolving Slot or Wagon Turn Table)

무대의 일부분이 회전되는 무대를 말한다. 단독으로 회전하는 것에서부터 회전무대 가운데 승강무대가 있는 것, 후무대에서 무대 중앙으로 이동하는 것, 또는 회전무대 안에 회전무대가 있는 것 등 여러 가지 종류가 있다.(<그림 5.23>)

<그림 5.23> 회전무대의 일례

3. 이동무대

객석으로부터 보이지 않는 무대의 측면이나 뒷면에서 장치를 설치하여 무대의 중앙으로 이동시킴으로써 공연 중 장면전환 등의 연출효과를 높이는데 사용한다.

가) 슬라이딩 스테이지(Sliding Stage)

무대 전체의 장면전환을 꾀하는 기구로 무대 바닥면과 동일 레벨에서 좌·우로 이동하는 장치이다. 연기위치에 등장한 후에는 움직이지 않게 승강바퀴나 잠금바퀴 또는 승강버팀대를 이용하여 바닥에 고정시킨다.

나) 왜건 스테이지(Wagon Stage)

슬라이딩 스테이지가 무대 바닥면과 동일한 레벨에서 이동하는 것에 대항하여 무대 바닥면의 위를 이동하는 장치이다. 본무대에 등장했을 때 무대바닥과 같은 높이가 되도록 하는 기능이 있으며, 옆무대나 뒷 무대에 전용 대기공간이 주어진다.(<그림 5.24>)

<그림 5.24> 왜건 스테이지의 일례

다) 가동객석(Seat Wagon)

객석 하부에 설치되어 연주승강무대 위로 이동이 가능하며 연주승강무대의 레벨을 객석 바닥면과 동일하게 하여 가변 객석으로 사용할 수 있는 장치이다.(<그림 5.25>)

제 5 장 무대기계.기구설비

<그림 5.25> 가동객석의 일례

4. 하부기구의 구동방식

무대하부기구는 개개의 움직임에 대하여 여러 가지의 구동방식이 사용되고 있다. 주된 무대하부기구인 승강기구, 이동마루기구(주행), 회전무대(회전)의 구동방식의 개요와 특징은 다음에 나타낸다.

가) 승강기구의 승강방식

현재의 무대 승강기구의 구동동력은 주로 전동과 유압으로 나누어지고 있다. 유압의 구동방식은 큰 부하에 견디며 효율이 좋거나 소음이 적은 특징을 살려 하부기구의 승강동력으로서 널리 채용되고 있다. 유압을 실린더 내에 가해 램(lamb)을 들어올리는 방식이 주체이었지만, 유압 모터의 채용에 의해 전동방식과 비슷한 승강방식이 가능하게 되었다.

(1) 와이어 로프식(또는 체인식)

카운터웨이트로 밸런스를 잡고 도르레를 통해 와이어로프를 무대하부 피트에 설치된 권취장치로 권취하는 방식이며, 카운터웨이트의 채용에 의해 권취장치의 부하를 경감할 수 있지만 와이어 로프의 신장에 의해 정지위치에서 왜곡이 발생할 수 있다.

이 결점을 보완하는 것으로 체인에 의한 방식이 있다. 어느 것이라도 정지위치에 있어서는 승강을 고정하는 로크장치가 필요하다.

제 5 장 무대기계·기구설비

(2) 잭 스크류식 및 볼 스크류식

나사의 회전을 이용하여 승강시키는 방식으로, 잭 스크류식과 볼 스크류식의 2종류가 있다.

잭 스크류식은 승강기구 자체의 하부에 수직방향으로 고정한 잭 스크류에 무대하부에 설치한 암나사를 동력에 의해 회전시켜 승강시키는 방식이다.

또한, 볼 스크류식은 승강기구 옆의 무대 아랫면과 무대하부 피트 사이에 설치된 스크류 샤프트 자체를 동력에 의해 회전시켜 이 샤프트의 회전을 승강기구 측면에 고정된 암나사에 전달하여 승강의 추진력으로 하는 방식이다.

(3) 랙 기어(lac gear)식

잭 스크류식 및 볼 스크류식과 같이 랙 기어를 승강기구 옆의 무대 아랫면과 무대하부 피트 사이에 고정하여 승강기구 하부에 내장한 동력에 의해 회전시키는 기어(톱니 바퀴)로 승강시키는 뛰어 오르는 방식과 승강기구 본체에 랙 기어를 고정하여 무대하부 피트에 고정한 동력에 의해 승강시키는 밀어 올리는 방식이 있다.

2종류 중에서 밀어 올리는 방식이 대부분 많이 사용되며, 밀어 올리는 방식의 경우 잭 스크류식과 같이 무대하부 피트에 랙 기어 등의 격납용 실린더가 필요하다.

(4) 그 밖의 방식

㉮ 레버식

이 방식은 승강행정의 작은 것에 한정되어 레버를 전동 모터 또는 유압 실린더에 의해 상하 이동시켜 승강시키는 방식이다.

㉯ 팬터그래프(pantograph)식

시저스방식이라고도 불리며 절봉의 개폐에 의한 응력을 이용하여 승강시키는 방식이다. 동력으로는 전동 모터와 유압실린더 방식이 있다.

㉰ 스파이럴(spiral)식

스파이럴형의 강제(鋼製) 횡판의 사이에 동일한 스파이럴형의 강제 입판(立板)을 삽입하여 승강기구를 상승시키는 방식이다.

무대하부 피트가 얕더라도 큰 승강행정을 얻을 수 있는 특징이 있다. 일반적으로 가이드레일을 필요로 한다.

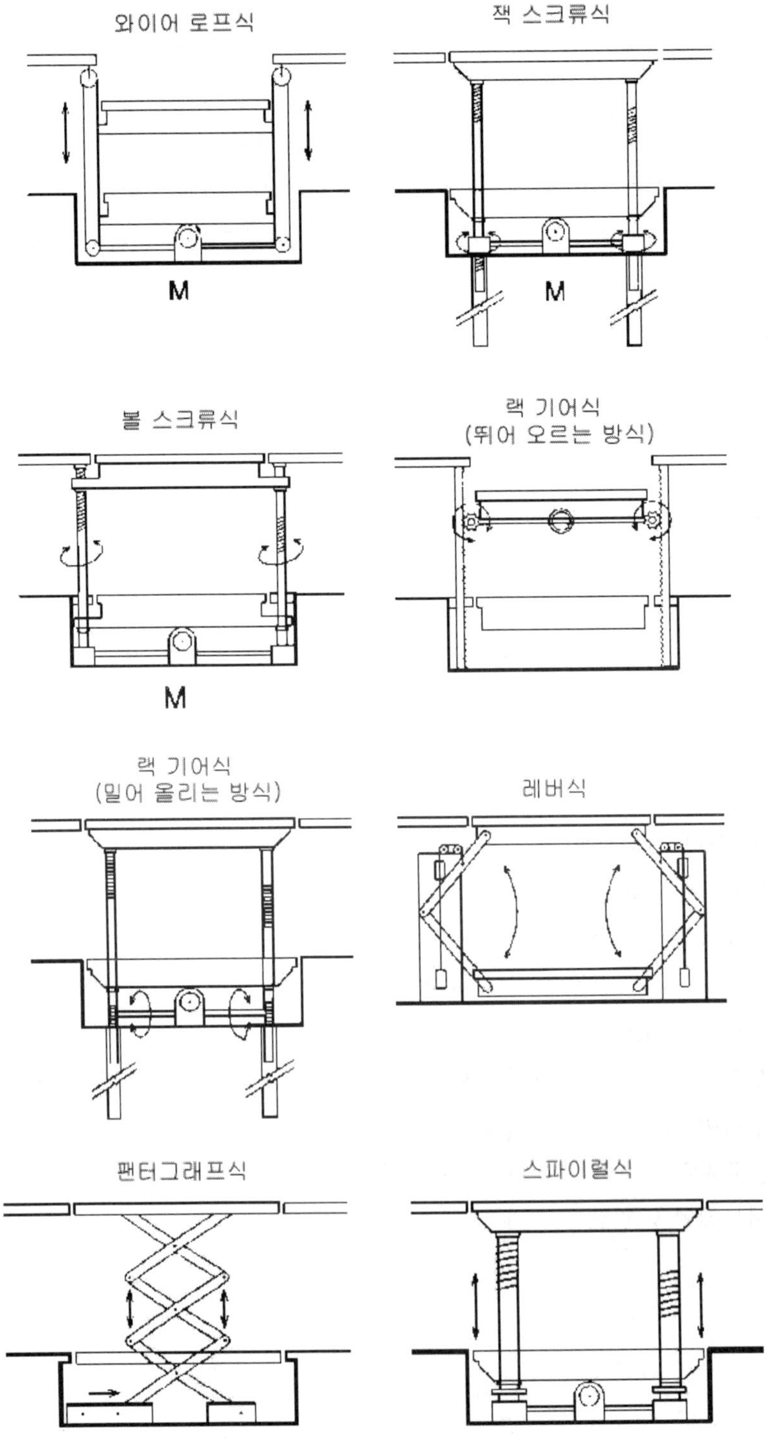

제 5 장 무대기계·기구설비

<그림 5.26> 승강기구의 승강방식

나) 주행 마루무대의 이동방식

슬라이딩 스테이지 및 왜건 스테이지는 전동기에 의해 구동시키는 것이 일반적이다.

(1) 슬라이딩 스테이지

공연 중에 부 무대와 주무대를 이동함에 있어 작동성이 좋은 것과 공연의 방해가 되는 소음이 발생되지 않도록 하여야 한다.

그 점에서는 전동 프릭션(friction)식이 가장 양호한 것으로 알려져 있고 그 외에 와이어 로프식, 랙식, 체인식 등도 있다.

(2) 왜건 스테이지

슬라이딩 스테이지와 같은 구동방식이 사용되고 있다. 무대 위에 설치되어 자유롭게 움직일 수 있는 반면, 일정 방향으로 움직이기 위해서는 가이드레일을 필요로 한다.

구동방식은 수동방식이지만, 동력장치를 내장한 자주식이나 와이어 로프에 의한 견인식, 체인식 등이 있다.

다) 회전무대의 회전방식

일반적으로 전동모터를 사용하는 것이 많다. 회전무대를 회전시키는 방식은 설비의 자중에 의해 크게 다르며, 정지 정밀도나 비용 면에서 여러 가지의 구동방법이 선택되어지고 있다.

(1) 전동 와이어 트랙션(traction)식

평형, 원통형과 같이 응용되는 방식으로 와이어의 신장에 의한 미끄러짐 조정이나 정지 정밀도에 있어 정확성이 떨어진다.

(2) 전동 프릭션(friction)식

평형의 회전무대에 응용되는 방법으로 정지 정밀도의 정확성이 떨어진다.

(3) 전동 기어식

회전무대의 외주에 취부된 랙을 톱니바퀴에 의해 회전시키는 방식이다. 동력을 충분히 전달하는 것으로부터 중량이 있는 원통형에도 응용할 수 있다.

(4) 자주식

회전무대 내부에 복수의 동력을 구비하여, 동륜을 회전시킴으로써 자전시키는 방식이다. 설비의 규모를 고려할 때 원통식에 응용될 수 있는 방식이다.

제 5 장 무대기계·기구설비

5.2 무대기계 · 기구의 전기설비

5.2.1 전원반, 제어반

1. 설치시 유의사항

가) 전원반은 수·변전설비에서 무대기계·기구용 전원으로 전력을 수전하여 주차단기를 통해 무대기계·기구의 각 구성기기로 안전하게 전력을 공급하기 위한 것이며, 일반적으로 대규모의 설비로 구성된다.

나) 제어반은 무대기계·기구의 각 구성기기의 동작(방향, 시동, 가속, 정속, 감속, 정지 등)을 제어함과 동시에 연출 등을 위한 기기의 조합이나 안전한 동작을 위한 인터록 등의 제어를 한다. (<그림 5.27>)
   전원반을 설치하지 않은 일반적인 공연장에서는 제어반에 주차단기를 설치한다.

<그림 5.27> 제어반의 일례

다) 전원반, 제어반은 충전부가 노출되지 않도록 보호 커버(cover)를 취부한 구조로 하여야 하며, 강전부과 약전부를 격리하여야 한다.
   또한, 점검문, 이면문 등이 용이하게 열리지 않도록 열쇠부에 핸들을 취부하는 등의 안전대책을 실행하여야 한다.

제 5 장 무대기계·기구설비

라) 전원반 등의 내에 발열이 많은 경우는 환기용 팬 또는 슬릿을 설치하여야 하며, 전자개폐기의 작동음이 큰 경우는 흡음대책을 세워야 한다. 또한, 점검용 전등 및 콘센트를 설치하여 유지관리, 보수점검 작업에 배려를 하여야 한다.

2. 설치장소

전원반, 제어반의 설치장소는 건물의 형태에 따라 다르지만 기본적으로는 전용의 전기실을 설치하여야 한다.

특히, 전동기의 인버터제어, 시스템의 컴퓨터제어가 사용되는 무대기계·기구설비에서는 제어부의 설비가 주위의 환경에 대하여 민감한 상황에 있기 때문에 전용의 전기실에서 적절한 주위환경 확보와 운영관리, 보수점검의 면에서 독립된 제어반으로 할 필요가 있다.

또한, 장래의 개수공사 등에 대비하여 반입반출 경로가 확보된 설치장소인 것도 중요하다.

가) 바람직하지 않은 상부 무대기계 제어반실
  (1) 무대상부에서 물건을 많이 놓아두는 장소와 통로부분
  (2) 무대상부에서 갤러리의 계단 또는 갤러리부분
  (3) 무대면에서의 계단부분
  (4) 보통의 계단이 없이 승강장치 등으로 승강하는 무대 상부

나) 바람직하지 않은 하부 무대기계 제어반실
  (1) 무대상부에서 물건을 많이 놓아두는 장소와 통로부분
  (2) 무대면에서의 계단부분

다) 전용의 제어반실의 조건
  (1) 제어반실의 시설 및 넓이는 기기가 적절한 배치에 필요한 면적과 보수점검을 위해 필요한 통로의 면적을 합계한 것으로 한다.
  (2) 상부기구, 하부기구의 제어 및 동력의 배선이 제어반실에 집중하기 때문에 그 배선은 전선관, 금속덕트 등에 의해 상당한 량이 되며, 그 전선을 정선처리(整線處理)할 공간도 필요하게 된다.
    따라서 배선의 시공방법이나 인입위치의 배려 및 제어반 설치를 위하여 플로어 덕트 또는 프리 액세스(free access)의 마루구조공간에 충분히 유의하여야 한다.
  (3) 큐비클식 및 금속 외함에 수납된 제어반을 기구제어반실에 설치하는 경우에는 다른 조영물 또는 조물과의 이격거리를 유지하여야 한다.

제 5 장 무대기계·기구설비

라) 제어반실의 조명
   (1) 조도는 전원반, 제어반 등의 계측면에서 300lx 이상, 그 밖의 부분에 있어서 75lx 이상이어야 한다.(산업보건기준에 관한 규칙 제16조)
   (2) 제어반실의 등기구는 제어반의 바로 위가 아닌 곳에 시설하여야 하며, 정전의 경우를 대비하여 휴대용 등기구를 알기 쉬운 장소에 구비하여야 한다.

마) 제어반실의 차음(遮音)
   제어반실은 무대기계·기구에 가까이 할 의도에서 무대 또는 객석 부근에 설치되는 것이 대부분이어서 소음의 원인이 될 우려가 있다. 다음 사항을 고려하여 제어반실의 차음에 대하여 충분히 고려하여야 한다.
   (1) 제어반의 발열 등으로 실온의 상승이 우려되기 때문에 전용의 공기조절설비를 설치하는 것이 바람직하다. 다만, 팬 등에 의한 소음이 발생할 수 있다.
   (2) 제어반 실내에는 강제 공냉팬, 고조파발생 경감용 리액터 등이 수납되어 있는 기기가 있어서 소음이 발생할 수 있다.
   (3) 케이블배선, 공기조절 덕트 등이 제어반실의 벽 등을 관통하는 부분은 특히 주의하여야 한다.

바) 보안시설
   (1) 제어반의 발열 등으로 실온이 상승할 우려가 있는 경우에 공기통로, 환기장치를 설치하여야 하며, 그 구조에 특히 주의하여 강풍시에 있어서도 빗물이 들어오지 않도록 충분히 고려하여야 한다.
   (2) 습기 또는 결로(結露)에 의해 절연저하 등의 우려가 있는 경우에는 이를 방지하기 위해서 적당한 대책을 강구하여야 한다.
   (3) 자동화재탐지설비의 감지기는 보수점검이 용이한 장소에 설치하여야 한다.
   (4) 제어반실은 취급자 이외의 사람이 출입하지 않도록 하여야 하며, 출입구 또는 문에는 자물쇠 등의 시건장치를 시설하고 보기 쉬운 곳에 「관계자 이외 출입금지」 등의 표시를 하여야 한다.
   (5) 제어반실에는 보수점검용 전원의 콘센트회로를 설치하여야 한다.
   (6) 케이블 등이 제어반실의 벽을 관통하는 경우에는 적절한 방화조치를 실행하여야 한다.

5.2.2 조작반

1. 설치시 유의사항

가) 조작반에는 상부기구 및 하부기구 관계의 조작버튼이나 표시등이 취부되어 있다.
또한, 운전중 어떤 장해가 발생한 경우에 안전 확보를 위해 전원을 차단함으로써 전체 기기를 강제 정지시키기 위한 비상정지버튼을 반드시 설치하여야 한다.

나) 조작반은 주로 조작콘솔을 사용한다. (<그림 5.28>) 특히, 컴퓨터제어 시스템으로서 다기능이기 때문에 조작성을 향상시키기 위해서 조작테이블의 형식이 많이 사용되고 있다.
또한, 이동식의 조작테이블을 설비하여 무대면의 임의의 장소에서 조작할 수 있도록 하는 곳도 있으며, 무대측면 상부의 포탈 타워의 옆면 등에 전용의 조작실이 설정되는 경우도 있다.
이 경우에는 특히 시각적 운전이 곤란한 경우가 많기 때문에 인터폰, CCTV 등의 연락설비를 갖추지 않으면 아니 된다.

<그림 5.28> 조작콘솔의 일례

다) 조작반의 조작 면을 조명하는 경우에는 조작반에 조명등을 설치하지 않고 벽면 등에 취부시키고, 조도의 제어를 조작반에서 행하는 방법도 있다.

제 5 장 무대기계.기구설비

2. 설치장소

무대기계·기구용 전동기는 무대의 진행에 따라 정해진 연출에 의해 조작해야만 하기 때문에 전부 원격감시에 의한 제어로 된다.

이 조작반은 무대의 상부나 하부 어느 쪽이든 취부될 수 있는 것이 일반적이지만 건물의 형태에 따라 다르다. 수동 승강장치를 포함하는 경우에는 수동 승강장치 가까이에 설치하는 것이 운용상 바람직하다.

대규모의 공연장 등에서 전용의 조작실을 설치하는 경우의 유의할 점을 다음에 나타낸다.

가) 조작실의 넓이는 기기의 적절한 배치에 필요한 면적과 무대운용상 조작원의 동작 시의 충분한 공간 및 보수점검을 위한 필요한 면적을 고려하여야 한다.

나) 조작실은 조작원이 상주하여 공연진행을 장시간 감시, 운용하기 위해서 설치되는 조작테이블, 부속기기, 의자 등이 몸에 닿지 않도록 충분한 공간을 확보하여야 한다.(공연에 따른 조작원의 인원도 고려한다.)

다) 조작실의 조명은 다음에 의하여야 한다.
  (1) 조작실의 전반조명의 조도는 탁상에서 메모를 할 수 있는 정도의 500lx 이상이어야 한다.
  (2) 객석 및 무대가 어두운 경우, 조작실의 실내등의 빛이 객석으로 새어나가거나 유리면에 반사하여 무대를 보기 어려운 경우도 있기 때문에 조작테이블 등의 조작면을 각각 단독으로 밝게 할 수 있도록 국부조명을 설치하여 조광할 수 있도록 하여야 한다.
      또한, 정전될 경우를 대비하여 휴대용 등기구를 조작실의 알기 쉬운 장소에 구비하여야 한다.

라) 조작실의 보안시설은 다음에 의하여야 한다.
  (1) 조작테이블의 제어전원, CRT 모니터 등으로부터의 발열로 실온이 상승하게 되므로 조작원이 장시간 작업할 수 있는 쾌적한 환경조건을 위해 독립된 계통의 공조설비를 설치하여야 한다.
  (2) 자동화재탐지설비의 감지기는 보수점검시 조작테이블 등의 기기의 직상방이 아닌 곳에 설치하여야 한다.
  (3) 조작실은 취급자 이외의 사람이 출입하지 않도록 하는 구조이어야 하며, 출입구 또는 문에는 시건장치를 시설하고 보기 쉬운 곳에 「관계자 이외 출입금지」 등의 표시를

하여야 한다.
(4) 조작실은 조작운용상 조작원의 소리 또는 전달연락장치의 모니터 등으로부터 소음이 외부(객석) 등에 새지 않도록 차음하여야 한다.
(5) 조작실의 창문은 무대측을 용이하게 바라볼 수 있는 위치로 전면에 될 수 있는 한 큰 창문을 설치하여야 한다. 창문에 유리를 설치하는 경우는 실내의 조작테이블이 유리에 반사되어 무대가 보기 어렵지 않도록 충분히 유의하여야 한다.
(6) 조작실의 창문의 하단은 조작콘솔의 높이와의 관계를 고려하고, 조작자의 시야를 충분히 확보하도록 하여야 한다.
(7) 조작실내에는 보수점검용 콘센트회로를 설치하여야 한다.
(8) 케이블 등이 조작실의 벽 등을 관통하는 경우에는 적절한 방음처리를 하여야 한다.
(9) 조작실 내에는 수도관, 증기관, 가스관 등이 통과되지 않도록 하여야 한다.

5.2.3 전동장치

전동장치는 기본적으로 전동기, 브레이크, 감속기, 리미트 스위치 등이 강재의 가대 상에 조합되어 이루어진 것이다.(<그림 5.29>)

와이어용 드럼을 취부시킨 것이나 잭(jack) 등을 구동하기 위한 샤프트(shaft)가 설치된 것 등이 있으며 장치나 구동방식에 의해 여러가지 구조가 있다.

<그림 5.29> 전동장치(상부기구)의 일례

제 5 장 무대기계·기구설비

1. 전동기

무대기계·기구의 동작은 승강, 주행, 회전 등 어느 쪽의 경우에 있어서도 기본동작은 왕복운동이기 때문에, 일반적으로 정역회전에 편리한 3상유도전동기가 채용되고 있다.

3상유도전동기의 사용전압은 3상 4선식 220/380V가 가장 일반적이기 때문에 통상의 회관 홀의 무대기계·기구는 이것이 사용되고 있다. 소형의 체육관, 강당 등에는 단상 110V 또는 220V가 사용되는 경우도 있다.

가) 전동기의 선정
 (1) 속도특성에 적합하여야 한다.(정토오크부하 - 속도변화에 토오크가 거의 변하지 않음)
 (2) 용도에 알맞은 기계적 형식을 갖추어야 한다.(권상기용)
 (3) 운전형식에 알맞은 정격을 사용하여야 한다.(반복정격)
 (4) 사용장소에 따른 종류를 선택하여야 한다.(전폐형)
 (5) 고장이 적고, 신뢰도가 높으며, 운전비가 저렴한 것을 선정하여야 한다.(유도전동기)
 (6) 가급적 표준출력의 것을 사용하여야 한다.
  전동기의 출력은 다음 식에 의하여 계산한다.

$$P = \frac{W \times V}{6,120\eta} \text{ [kW]} \quad \cdots\cdots\cdots\cdots\cdots\cdots\cdots \text{식 5.1}$$

  P : 운전에 필요한 전동기 출력 [kW]
  W : 권상하중 [kg]
  V : 권상속도 [m/min]
  η : 권상장치의 효율(약 0.6~0.7)

나) 용도에 따른 전동기의 종류
 (1) 상부기구용 전동기의 종류
  ㉮ 단속의 경우 : 범용 전동기
  ㉯ 2속 이상의 경우 : 극수변환전동기 또는 교류가변속전동기
  ㉰ 속도제어가 필요한 경우 : 교류가변속전동기
 (2) 회전무대용 전동기의 종류
  ㉮ 회전반의 크기가 작고 저속으로 정지정밀도를 요구하지 않는 경우 : 범용전동기
  ㉯ 회전반의 크기가 크고 정지정밀도를 요구하는 경우 : 교류가변속전동기
 (3) 하부기구용 전동기의 종류
  ㉮ 단속이며 저속에서 전동기용량이 작은 경우 : 범용 전동기 또는 권선형 전동기

제 5 장 무대기계·기구설비

㉯ 전동기용량이 큰 경우나 승강속도가 빠른 경우 : 교류가변속전동기

2. 설치장소

가) 상부기구 전동장치

(1) 구동장치는 그 구동방식으로부터 일반적으로 무대면 상부의 그리드 위에 설치된다.(<그림 5.30>)

　　상부기구는 와이어로프로 무대장치 및 철관 등을 승강시키므로 그리드 위에는 다수의 와이어로프가 설치되어 있으며 또한, 도르레류나 위치제어용 엔코더 릴 및 조명부하용 케이블 릴 등이 설치되어 있어 항상 위험이 존재한다.

<그림 5.30> 상부기구 전동장치 설치장소(그리드)

(2) 전동장치의 동작에 대하여 극도로 낮은 구동음을 요구하는 경우나 그리드 위의 배치상의 문제로 인해 전용의 기기실을 그리드 상부 또는 하부측에 설치하여 전동구동장치를 집합 설치하는 것도 있다.

(3) 상부기구의 전동장치는 제어반과 전동기 사이의 거리가 멀고 또한, 장해물로 전망이 보이지 않게 되는 경우가 있다. 이러한 경우에 보수공사 중에 실수로 전원이 투입될 수 있는 경우를 고려하여 전동기 가까이에 조작용 개폐기를 설치하여 놓는 것이 바람직하다.

(4) 상부기구가 설치되어 있는 장소는 전문 조작원이나 보수업무에 관계하는 사람만이 출입하는 장소이므로 안전을 위해 작업등을 설치하여야 하며, 와이어로프 위를 이동할 수 있도록 작업용 컷 워크를 설치하는 것이 바람직하다.

제 5 장 무대기계·기구설비

또한, 장래의 개수공사 등에 대비하여 반입반출 경로를 확보하여 놓는 것도 중요하다.

나) 카운터웨이트식 승강장치

(1) 무대의 상부기구로 수동승강장치 및 전동구동장치에 있어서 공연에 의해 매다는 하중이 변동하는 조물기구의 경우에는 대부분 사용하고 있는 방식이 카운터웨이트 방식이다.

이 방식은 바톤에 매달아 내리는 하중과 동일한 중량의 카운터웨이트를 지지점에 있는 도르레의 양측에 각각 매달아 하중에 균형을 맞춤으로써 승강조작을 용이하게 할 수 있는 방식이다.

(2) 이러한 방식의 경우에는 바톤 하중이 변동할 때마다 카운터웨이트를 조정하는 작업이 필요하기 때문에 무대 사이드(side)의 카운터웨이트 설치측에는 반드시 갤러리(사이드 갤러리)를 필요로 한다.(무대의 높이가 높은 경우는 2~4단을 설치한다.)

갤러리는 카운터웨이트의 착탈 작업을 하는 장소이므로 다음 사항을 유의하여야 한다.

㉮ 갤러리에는 하중조정용 예비 카운터웨이트의 보관장소가 확보되어 있어야 한다.

㉯ 카운터웨이트의 보존장소는 그 중량에 충분히 견딜 수 있는 강도를 갖는 마루구조이어야 한다. 또한, 지진 등에 의해 카운터웨이트가 어긋나 무대상에 낙하하는 재해가 발생하지 않는 장소 또는 구조이어야 한다. 이로부터 갤러리는 카운터웨이트를 분산 보존할 수 있는 구조로 하는 것이 바람직하다.

㉰ 카운터웨이트의 조정작업은 중량물의 고소작업이므로 갤러리는 작업자의 안전 및 중량물의 낙하방지대책을 강구한 구조이어야 한다. 또한, 수동승강장치에 있어서 승강조작에 관계하는 사람 이외의 사람이 출입하지 않도록 주의 또는 출입방지 울타리 등을 실행하여야 한다.

다) 하부기구 전동장치

(1) 하부기구 전동장치는 일반적으로 무대하부의 머신 피트(machine pitt)에 설치된다. 규모나 구동방식에 의해 차이는 있지만 머신 피트내는 전동장치 외에 랙 기어, 구동 샤프트, 케이블 수납 용기, 위치제어용 엔코더 릴의 와이어로프, 배관, 덕트 등이 설치되어 진다.(<그림 5.31>)

제 5 장 무대기계·기구설비

<그림 5.31> 하부기구 전동장치 설치장소(무대하부)

(2) 머신 피트는 무대하부에 설치되어 제어반과 전동기 사이의 거리가 멀게 되기도 하고 또는 장해물로 인해 볼 수 없기 때문에 보안상 전동기 가까이에 조작용 개폐기를 설치하여 놓는 것이 바람직하다.

(2) 머신 피트는 전문 조작원이나 보수업무에 관계하는 사람이 통상 출입하므로 안전을 위하여 머신 피트내에 작업등을 설치하는 것이 필요하다. 또한, 장래의 개수공사 등에 대비하여 반입반출 경로를 확보하여 놓는 것도 중요하다.

5.2.4 배선설비

I. 전원

가) 일반적인 전원설비와 유사하지만 전원방식 및 용량은 사용하는 전동기, 대수, 장래의 증설부분, 수용율 등을 고려하여 결정하여야 한다.(「제3장 전원설비」 참조)

나) 또한, 무대기계·기구설비는 다른 설비와의 전압변동이나 노이즈 등의 영향이 적어지도록 무대기계·기구 전용의 변압기를 사용하는 것이 바람직하다.(「제3장 전원설비」 참조)

다) 보안접지는 무대조명설비, 무대음향설비와 공통의 접지극으로 해도 좋지만 접지선의 접속점은 독립하며 접지극에 가까운 위치로 시공하는 것이 바람직하다.

제 5 장 무대기계·기구설비

신호회로에 관한 접지는 다른 설비의 영향에 의한 기준전위의 순간변동에 따른 오동작 등을 막기 위해서 무대기계·기구설비로서 독립한 접지극을 필요로 한다.(「제8장 접지설비」 참조)

라) 인버터제어식 전동기를 사용하는 경우에는 고조파전류를 억제하기 위해 전원에 노이즈 필터를 설치하여야 한다. 이 경우에는 노이즈 필터 전용의 접지선을 필요로 하며, 접지극은 보안접지와 공통으로 한다.(「제8장 접지설비」 참조)

2. 간선

가) 일반적인 간선설계와 기본적으로 다른 것은 없지만, 장래의 증설부분, 수용률 등을 고려하여 최대사용전류를 구하고 이에 대한 전압강하 및 허용전류를 고려하여 설계한다.(「제3장 전원설비」 참조)

나) 전동기의 동력 간선

(1) 전동기 정격전류 합계 50A 이하인 경우

전동기에 공급하는 간선은 전동기 정격전류(I_M) 합계의 1.25배의 허용전류가 있는 전선을 사용한다.

$$\text{간선의 굵기 } I_W \geq 1.25 \times (I_M \text{의 합계})$$

(2) 전동기 정격전류 합계 50A 이상인 경우

전동기에 공급하는 간선은 전동기 정격전류(I_M) 합계의 1.1배의 허용전류가 있는 전선을 사용한다.

$$\text{간선의 굵기 } I_W \geq 1.1 \times (I_M \text{의 합계})$$

다) 간선 설정시 고려사항

(1) 무대 화재발생 등의 비상시에 조물을 일제히 하강시키는 경우에는 전부하 전류의 100% 용량 또는 그룹부하의 100% 용량을 예상할 필요가 있는 것을 고려하여야 한다.

(2) 컴퓨터제어의 경우, 기본적으로 무대에 있는 모든 전동기의 동시 기동이 가능하고, 그 시동전류는 유도전동기는 최대 6배, 인버터제어전동기는 1.5배가 된다. 그로 인해 전원용량 등과 균형을 이루어 상황에 따라 동시기동, 동시운전의 대수를 제한시킬 필

요가 있다.
(3) 하부기구의 경우에는 회전무대, 승강장치는 이 것에 부수하는 전동기가 연동 운전되기도 한다. 따라서 100% 부하용량으로 하지 않으면 안 되는 경우가 있기 때문에 주의를 하여야 한다.
(4) 간선경로는 무대음향설비가 노이즈 등의 영향을 받지 않도록 타 설비와의 설치 관계를 고려하여야 한다.

3. 분기회로

가) 일반적인 전동기와 동일하며 과전류차단기와 전자개폐기를 조합하거나 또는 전동기용 차단기를 사용하여 분기회로를 보호한다.

　분기회로의 배선설계는 일반적인 전동기에 비해 특이한 것은 없지만 부하의 특성, 전동기의 시동방법 등의 특성을 조사하여 개폐기용량, 전압강하 등에 의한 영향을 충분히 검토할 필요가 있다.

나) 무대기계·기구용 전력배선은 기구의 가동부 부근에 집중된 경우가 많기 때문에 시공이나 보수의 면에서 기구의 동작을 충분히 고려하여 배관경로를 결정하여야 한다.

다) 무대기계·기구설비에 사용되는 전동기용량에 적합한 과전류차단기 및 사용전선, 접지선의 최소굵기 등을 <표 5.1>에 나타낸다.

4. 제어회로

가) 조작전원은 전동기에 사용하는 동일전압을 일반적으로 사용한다.

나) 무대기계·기구설비를 컴퓨터로 조작 제어하는 경우에는 각 장치의 엔코더, 제어반 내의 인버터 유닛, PLC, 조작콘솔의 컴퓨터 사이에서 디지털신호의 송수신을 한다.

　노이즈에 의한 오동작 또는 복사노이즈에 의한 타 설비에의 장해를 방지하기 위해서 전송계에 동축케이블이나 광케이블을 사용하여 안정한 데이터전송을 확보할 필요가 있다.

제 5 장 무대기계·기구설비

<표 5.1> 220V 3상유도전동기 1대의 경우의 분기회로
(배선용 차단기의 경우, 동선)

정격출력(kW)	전부하전류(규약전류)(A)	배선종류에 의한 전선의 굵기				이동전선으로서 사용할 경우의 코드 또는 캡타이어케이블의 최소굵기(㎟)	과전류차단기(배선용차단기)(A)		전동기용 초과눈금전류계의 정격전류(A)	접지선의 최소굵기
		애자사용배선		전선관·몰드에 3본 이하의 전선을 넣을 경우 및 VV케이블 배선 등			과전류차단기(배선용차단기)(A)			
		최소전선	최대길이(m)	최소전선	최대길이(m)		직입기동	기동기사용(Y-△기동)		
0.2	1.8	1.6㎜	144	1.6㎜	144	0.75	15	—	5	1.6㎜
0.4	3.2	1.6	81	1.6	81	0.75	15	—	5	1.6
0.75	4.8	1.6	54	1.6	54	0.75	15	—	5	1.6
1.5	8	1.6	32	1.6	32	1.25	30	—	10	1.6
2.2	11.1	1.6	23	1.6	23	2	30	—	10	1.6
3.7	17.4	1.6	15	2.0	23	3.5	50	—	15	2.0
5.5	26	2.0	16	5.5㎟	27	5.5	75	40	30	5.5㎟
7.5	34	5.5㎟	20	8	31	8	100	50	30	5.5
11	48	8	22	14	37	14	125	75	60	8
15	65	14	28	22	43	22	125	100	60	8
18.5	79	14	23	38	61	30	125	125	100	8
22	93	22	30	38	51	38	150	125	100	8
30	124	38	39	60	62	60	200	175	150	14
37	152	60	51	100	86	80	250	225	200	22

【비고 1】 최대길이는 말단까지의 전압강하를 2%로 한다.

【비고 2】 「전선관·몰드에 3본 이하의 전선을 넣는 경우 및 VV케이블 배선 등」이라 함은 금속관(몰드)배선 및 합성수지관(몰드)배선에 있어서 동일관내에 세가닥 이하의 전선을 넣는 경우·금속덕트·플러어덕트 또는 셀룰라덕트배선의 경우 및 VV케이블배선에 있어서 심선수가 세가닥 이하의 것을 1조 시설하는 경우를 표시하였다.

【비고 3】 전동기 2대 이상을 동일회로로 할 경우는 간선의 표를 적용할 것.

【비고 4】 이 표는 일반용의 배선용 차단기를 사용하는 경우의 표시이지만 전동기보호겸용 배선용 차단기(모터브레이크)는 전동기의 정격출력에 적합한 것을 사용할 것.

【비고 5】 배선용 차단기의 정격전류는 해당 조항에 규정되어 있는 범위에 있어서 실용상 거의 최대치를 표시함.

【비고 6】 배선용 차단기를 배·분전반, 제어반 등의 내부에 시설한 경우에는 그 반내(盤內)의 온도상승에 주의할 것. (내선규정 표 3-2 참조)

제 5 장 무대기계·기구설비

5.2.5 과전류보호설비

무대기계·기구설비의 전기회로에는 기술기준 및 내선규정에 준한 과전류차단기를 시설하여야 한다. 무대기계·기구의 부하회로는 전동기회로인 것, 변동하중의 시설이 많은 것, 동작이 간헐운전인 것 등 무대기계·기구 특유의 사용 환경을 고려한 전동구동장치를 선정하여 그 특성에 적합한 과전류차단기를 선정하여야 한다.

1. 무대기계.기구설비의 과전류차단기

전동기의 시동전류의 크기는 전동기 고유의 것으로, 제조회사·종류·용량·극수에 따라 다르므로 배선용 차단기의 선정을 잘못하면 전동기의 시동전류에 의한 불필요동작이 발생하는 경우가 있다.

그 때문에, 전동기 분기회로의 배선용 차단기 정격전류의 선정에 있어서는 시동전류 및 시동돌입전류와 같이 전 부하전류와 비교하여 상당히 큰 과도전류가 흐르는 것을 고려할 필요가 있다.

가) 전동기에 공급하는 간선의 과전류보호

저압 간선에는 그 전선을 과부하 및 단락전류로부터 보호하기 위하여 전원측에 과전류차단기를 설치한다. 저압간선을 보호하기 위해서 설치하는 과전류차단기는 그 저압간선의 허용전류 이하의 정격전류로 하여야 한다.

(1) 전동기에 공급하는 저압간선을 보호하기 위해 설치하는 과전류차단기의 정격전류(I_B)는 그 간선에 접속되는 전동기의 정격전류(I_M)의 합계의 3배에 다른 전기사용 기계기구 정격전류(I_H)의 합계를 더한 값 이하로 한다.

$$I_B \geq 3 \times (I_M \text{의 합계}) + (I_H \text{의 합계})$$

(2) 간선에 접속될 전동기의 정격전류 합계의 3배에 다른 전기사용 기계기구의 정격전류의 합계를 더한 값이 간선의 허용전류의 2.5배를 초과한 경우에는 간선을 보호하기 위하여 과전류차단기의 정격전류는 간선의 허용전류의 2.5배 값 이하로 한다.

$$3 \times (I_M \text{의 합계}) + (I_H \text{의 합계}) > 2.5 \times I_B$$
$$\text{인 경우, } I_W \leq 2.5 \times I_B$$

나) 전동기 등에 사용하는 배선용 차단기의 선정에 대하여 특히 유의할 점은 다음과 같다.
  (1) 시동돌입전류
      시동돌입전류는 전원 투입후 약 1/2사이클에서 최대치를 나타내며 그 후 급속히 감쇠하지만, 배선용 차단기의 순시영역을 제외한 특성범위에 소자의 동작영역이 포함되면 트립하기 때문에 시동방식에 따라서 배선용 차단기의 최소 순시동작전류를 시동전류 이상으로 선정하여야 한다.
  (2) 모터 브레이커
      분기회로의 과전류차단기로서 사용하는 배선용 차단기의 정격전류를 전동기의 전부하전류에 합친 것으로 전동기의 과부하보호장치를 겸한 배선용 차단기이다.
      이 배선용 차단기는 시동시간이 시동전류의 600%에서 2초 이하인 범용 유도전동기를 대상으로 하고 있다. 과전류 트립 성능은 KS C 8321의 부속서 1에 규정되어 있지만 배선용 차단기로서의 트립 성능(125%, 200%)을 가지면서 동시에 KS C 4504(교류전자개폐기)의 트립 성능을 만족하고 있는 과전류 보호장치이다.
  (3) 모터 브레이커의 선정
      모터 브레이커의 선정에 있어서는 전동기의 전 부하전류가 극수나 제조자에 따라 다르기 때문에 적용하는 전동기의 특성에 따른 모터 브레이커의 정격전류를 선정하도록 주의하여야 한다.
  (4) 인버터제어에 의한 전동기용 과전류차단기의 선정
      인버터제어에 의한 전동기용 과전류차단기의 선정에 있어서는 전류파형의 왜곡에 의한 특성변화와 온도상승을 고려하여 트립 방식에 의한 정격전류를 선정하여야 한다.
  (5) 고조파
      KS C 8321에는 정격주파수로서 60Hz의 상용주파수인 것만 규정하고 있다. 직류적용의 경우는 트립 전류 및 차단성능, 고주파적용의 경우는 트립 전류나 통전성능 또는 차단성능이 다른 경우가 있기 때문에 제조자의 데이터에 따라서 적용을 하여야 한다.
  (6) 차단용량의 협조에 대한 주의사항
      전동기회로는 전동기의 시동돌입전류와 시동시간이 배선용 차단기의 트립 특성보다 큰 경우에는 배선용 차단기에 불필요동작이 일어나기 때문에 주의하여 선정하여야 한다.
  (7) 전동기회로의 간선에 적용하는 배선용 차단기의 선정
      다수의 전동기에 전원을 공급하는 간선에 사용하는 배선용 차단기는 다음 사항을 만족하여야 한다.
    ㉮ 간선의 허용전류에 적합하여야 한다.

제 5 장 무대기계·기구설비

㈐ 복수의 전동기를 운전하는 경우 또는 일제 동시 운전조작을 필요로 하는 경우에는 그 동시 운전하는 전동기 대수의 종합용량에 따른 시동돌입전류로 인해 불필요한 동작을 하지 않는 배선용 차단기를 선정하여야 한다.

다만, 일제히 동시 운전조작에 대해 반한시 기능을 갖는 제어기구가 있는 경우에는 그 기능특성의 허용치에 적합하여야 한다.

2. 단락보호협조의 계산 예

무대기계·기구설비의 회로구성은 과전류보호 및 단락보호를 할 수 있으며, 오동작이 발생하지 않도록 협조가 얻어진 회로구성으로 하여야 한다. 특히, 복수의 동시운전을 적용하는 경우에는 최대 병렬부하용량시와 최소 부하용량시의 과전류 보호협조를 할 수 있는 회로구성이어야 한다.

단락전류의 계산, 단락보호협조의 조건 등은 「4.5.2 무대조명설비의 과전류보호」를 참조한다.

가) 조건

기준용량			100MVA
전원변압기	정격용량		300kVA
	전원방식	△-△	
	1차측 정격전압		22,900V
	2차측 정격전압	3상3선	220V
	2차측 정격전류		787A
	변압기 %임피던스		5.0
	임피던스비	X/R	2.76
간선	버스덕트		800A (긍장 20m)
기구제어반	간선주개폐기	MCCB	800A 3P
모선	버스바(절연피복없음)		800A (긍장 5m)
피더	케이블 (CV)		38㎟(긍장 1m)
분기개폐기		MCCB	60A 3P
제어장치		11kW	임피던스를 0으로 함
부하배선	케이블 (CV)		5.5㎟(긍장 30m)

제 5 장 무대기계·기구설비

나) 계통구성도

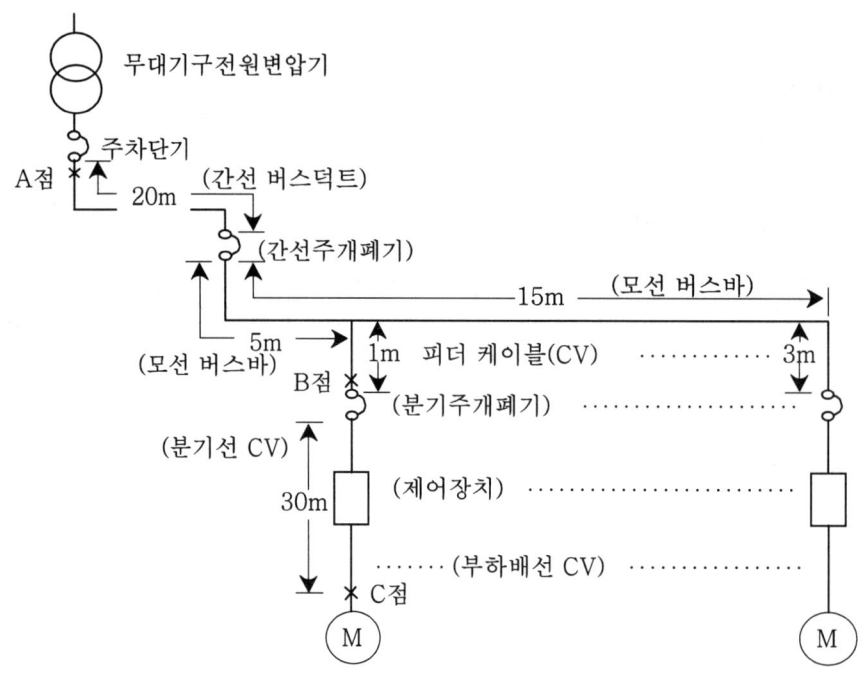

<그림 5.35> 계통구성도

다) 단락전류의 계산
  (1) 임피던스
     기준전압(선간전압)   V=220V
     변압기용량   P=300kVA
  ㉮ 전원임피던스(%Z_s)

     %Z_s = 0으로 간주

  ㉯ 변압기 임피던스(%Z_t)

     %Z_t 5.0

     임피던스비   X/R   2.76

     %Z_t=1.4+j4.7(%)

     %임피던스를 기준Base로 환산하면

     $$\%Zt = \frac{100 \times 10^3}{300}(1.4 + j4.7)$$

㉰ 간선임피던스(Z_1)·········(버스덕트 : $(0.0404+0.0516)\Omega/km$)

$$Z_1 = (0.0404 + j0.0516) \times \frac{20}{1000}$$

Z_1을 %Z_1로 환산하면

$$\%Z_1 = \frac{100 \times 10^3}{10 \times 0.22^2} \times (0.0404 + j0.0516) \times \frac{20}{1000} = 165.28 + j206.61$$

㉱ 모선임피던스(%Z_2)·········(부스바 : $(1380+5150)\%/km$)

$$\%Z_2 = (1380 + j5150) \times \frac{5}{1000} = 6.9 + j25.75$$

㉲ 피더임피던스(Z_3)·········(CV 38㎟ : $(0.614+j0.132)\Omega/km$)

$$Z_3 = (0.614 + j0.132) \times \frac{1}{1000}$$

Z_3을 %Z_3으로 환산하면

$$\%Z_3 = \frac{100 \times 10^3}{10 \times 0.22^2} \times (0.614 + j0.132) \times \frac{1}{1000} = 126.85 + j22.27$$

㉳ 제어장치 임피던스(Z_4)　　　$Z_4 = 0$

㉴ 부하배선 임피던스(Z_5)·········(CV 22㎟ : $(1.06+j0.141)\Omega/km$)

$$Z_5 = (1.06 + j0.141) \times \frac{30}{1000}$$

Z_5를 %Z_5로 환산하면

$$\%Z_5 = \frac{100 \times 10^3}{10 \times 0.22^2} \times (1.06 + j0.141) \times \frac{30}{1000} = 6570 + j873.96$$

(2) 단락전류

㉮ A점의 단락전류

A점의 %임피던스(%Z_a)

%Z_a=%Z_t=566.6+j1566.9

A점의 3상 단락전류(I_{a3})

$$I_{a3} = \frac{100}{1665.9} \times \frac{100 \times 10^6}{\sqrt{3} \times 220} = 15.75 kA$$

㉯ B점의 단락전류

B점의 %임피던스(%Z_b)

제 5 장 무대기계.기구설비

$$\%Z_b = \%Z_a + \%Z_1 + \%Z_2 + \%Z_3 = (566.6 + j1566.6) + (165.28 + j206.61)$$
$$+ (6.9 + j25.75) + (126.85 + j22.27) = 865 + j3606.9$$

$$I_{B3} = \frac{100}{3709} \times \frac{100 \times 10^6}{\sqrt{3} \times 220} = 7.07 kA$$

㉢ C점의 단락전류

　C점의 %임피던스($\%Z_c$)

$$\%Z_c = \%Z_b + \%Z_4 + \%Z_5 = (865 + j3606.9) + (6570 + j873.96)$$
$$= 7435 + j4480$$

$$Z_{c3} = \frac{100}{8680} \times \frac{100 \times 10^6}{\sqrt{3} \times 220} = 3.02 kA$$

　A점의 3상 단락전류(I_{a3})　　　　　15.75(kA)

　B점의 3상 단락전류(I_{b3})　　　　　7.07(kA)

　C점의 3상 단락전류(I_{c3})　　　　　3.02(kA)

라) 단락보호협조

　(1) 간선의 보호

　　　주차단기

　　　　　MCCB　　　　정격전류　　　　800A

　　　　　　　　　　　정격절연전압　　AC 660V

　　　　　　　　　　　사용전압　　　　AC 220V

　　　　　　　　　　　정격차단용량　　AC 42kA

　㉮ 차단용량의 적합성

　　MCCB 차단용량 > A점의 3상 단락전류

　　42kA > 15.75kA(적합)

　㉯ 단락보호협조

　　　○ 시한협조

　　　　A점의 3상 단락전류에 의한 주차단기의 동작시간　0.015초

　　　○ 배선보호

　　　　보호대상배선이 버스덕트이므로 적합한 것으로 인정된다.

제 5 장 무대기계·기구설비

(2) 모선의 보호

　　분기주개폐기

　　　　　MCCB　　　정격전류　　　　800A
　　　　　　　　　　　정격절연전압　　AC 660V
　　　　　　　　　　　사용전압　　　　AC 220V
　　　　　　　　　　　정격차단용량　　AC 42kA

　㉮ 차단용량의 적합성

　　MCCB 차단용량 > B점의 3상 단락전류
　　42kA > 7.07kA(적합)

　㉯ 단락보호협조

　　○ 시한협조

　　　B점의 3상 단락전류에 의한 차단기의 동작시간
　　　　분기주개폐기　　　　　　　　0.05초
　　　　주차단기　　　　　　　　　　0.05초
　　　따라서, 분기주개폐기 또는 주차단기 중 어느 것이든 차단이 가능하므로 적합.

　　○ 배선보호

　　　차단기의 동작시간 0.05초로부터 보호대상배선 CV 38㎟의 단락허용전류 값은,

$$\frac{0.141 \times 38}{\sqrt{0.05}} = 23.96 kA$$

　　　따라서, 배선의 단락허용전류 값 > C점의 3상 단락전류 값
　　　23.96kA > 7.07kA(적합)

(4) 부하배선의 보호

　　분기개폐기

　　　　　MCCB　　　정격전류　　　　60A
　　　　　　　　　　　정격절연전압　　AC 660V
　　　　　　　　　　　사용전압　　　　AC 220V
　　　　　　　　　　　정격차단용량　　AC 14kA

　㉮ 차단용량의 적합성

　　분기개폐기의 차단용량 > C점의 3상 단락전류
　　14kA > 3.02kA(적합)

제 5 장 무대기계·기구설비

㉯ 단락보호협조

　○ 시한협조

　　C점의 3상 단락전류에 의한 차단기의 동작시간

　　　분기개폐기　　　0.015초
　　　간선주개폐기　　6초

　　따라서, 직근의 전원측의 분기개폐기에 의해 차단할 수 있기 때문에 적합.

　○ 배선보호

　　차단기의 동작시간 0.015초로부터 보호대상배선 CV 22㎟의 단락허용전류 값은,

$$\frac{0.141 \times 22}{\sqrt{0.015}} = 25.32kA$$

　　따라서, 배선의 단락허용전류 값>C점의 3상 단락전류 값

　　25.32kA > 3.02kA(적합)

5.2.6 지락보호설비

무대기계·기구설비는 용이하게 사람이 접촉되지 않는 건조한 장소에 설치되는 고정설비인 것으로 특별한 보호대책을 필요로 하지 않지만, 설비운용상에 있어 전원부 및 분기회로별 누전경보장치를 설치하는 것이 바람직하다. 다만, 인버터제어 설비는 고조파전류 등에 의해 불필요한 동작이 발생하지 않도록 충분히 유의하여 시설하여야 한다.

1. 지락보호 판정기준

가) 무대기계·기구설비의 취급상의 특징
 (1) 무대기계·기구설비의 설치장소는 주로 무대 상부 및 무대 밑이며, 설비의 내용을 확실히 관리할 수 있는 시설이다.
 (2) 보수점검자만이 전기설비를 취급할 수 있다.
 (3) 구동부(驅動部)의 근방은 공연 중에는 사람의 출입을 금하여야 한다.
 (4) 전동장치의 동작은 비상시에는 짧은 간헐운전으로 동작회수도 적다.
 (5) 취급작업자는 전문기술자이고 관리체제가 정비되어 있다.
 (6) 출연자 등의 안전의 확보에 장해가 생기면 전로를 차단하여 동작을 정지시킬 수 있는 설비이다.

나) 무대기계·기구설비의 지락보호의 적용
 사용전압이 300V이하이고 감전의 위험이 적은 것은 누전차단기의 시설을 생략할 수 있다. 다만, 무대기계·기구설비의 보수운용상의 관점에서 지락검출 또는 기계기구의 보안을 목적으로 한 지락보호설비를 시설하고 무대기계·기구설비의 지락보호는 다음과 같이 행하는 것이 바람직하다.
 (1) 무대기계·기구 간선 및 분기스위치에 누전경보장치를 시설하여야 한다.
 (2) 누전경보장치는 다음 중 하나의 장소에 시설하여야 한다.
  ㉮ 전기회로의 누설전류 값의 계산에 의해 허용되는 감도 설정치가 500mA 이하(무대기계·기구설비의 접지는 저항 값이 100Ω 이하인 제3종 접지공사)로 되는 회로수에 대하여 일괄한 장소에 설치하여야 한다.
  ㉯ 1대의 정격용량이 3kW 이상인 전동기회로에 각각의 회로마다 설치할 것. 또한, 1대의 정격용량이 3kW 이하인 전동기회로에는 전동기 정격용량의 합이 3kW를 넘지 않는 회로수에 대하여 일괄한 장소에 설치하여야 한다.
  ㉰ 무대기계·기구 간선의 1차측 또는 다른 전원에서 분기하여 사용하는 여러 가지 전

제 5 장   무대기계·기구설비

원 등에 누전차단기 또는 누전경보장치를 시설하여야 한다.

2. 지락보호장치의 정격감도전류 값의 계산 예

무대기계·기구설비의 정격감도전류의 계산 예는 「4.5.3 무대조명설비의 지락보호」를 참조하기 바라며 다음과 같이 계산할 수 있다. 일반적인 전동기의 운전시 및 시동시의 누설전류는 <표 5.2>와 같다.

<표 5.2> 일반적인 전폐형 전동기의 누설전류 예(220V)

전동기용량 (kW)	운전시		시동시	
	전부하전류 (A)	누설전류 (mA)	시동전류 (A)	시동시 누설전류(mA)
0.2	1.1	0.06	7.7	0.14
0.4	1.9	0.09	13.3	0.23
0.75	3.2	0.12	22.4	0.35
1.5	6.0	0.15	42.0	0.58
2.2	8.4	0.18	58.8	0.79
3.7	14.0	0.26	98.0	1.27
5.5	20.5	0.29	143.5	1.57
7.5	27.5	0.38	192.5	2.05
11	41.0	0.50	287.0	2.39
15	52.0	0.57	364.0	2.63
18.5	66.0	0.65	462.0	3.03
22	76.5	0.72	535.5	3.48
30	103	0.87	721.0	4.58
37	127	1.00	889.0	5.57
45	153	1.09	1072	6.60
55	188	1.22	1316	7.99
75	252	1.48	1764	10.54
90	300	1.65	2100	12.45
110	374	1.95	2618	15.45

※[비고] 본표의 전동기는 전폐외선형(全閉外扇形) 전동기(220V)의 누설전류 예를 나타낸 것이다. 특수한 전동기의 경우에는 제작회사의 자료를 참고할 것

가) 기계기구의 보안을 목적으로 하는 누전경보장치

(1) 조건

㉮ 상부기구

전원전압 ·················· AC 220V

배선방식 ·················· 3상3선식

제 5 장 무대기계·기구설비

주파수 ·················· 60Hz
전원용량 ··············· 22 kVA
보안접지 ··············· 제3종 접지공사 100Ω
조물기구용 전동장치 전동기 3.7 kW   2대
　　　　　　　　　　전동기 2.2 kW   22대
　　　　　　　　　　전동기 1.5 kW   1대
　　　　　　　　　　전동기 0.4 kW   1대
　　　　　　　　　　전동기회로 17.4A 2회로
　　　　　　　　　　　　　　　　11.1A 22회로
　　　　　　　　　　　　　　　　8A   1회로
　　　　　　　　　　　　　　　　3.2A   1회로
전선의 종류 및 전로 길이(600V 비닐절연전선(IV))
　　2 mm^2 ·························· 30m
　　5.5mm^2 ························ 580m
　　14mm^2 ························· 70m
고무절연전선(RB)
　　2mm^2 ·························· 30m

㈏ 하부기구

전원전압 ··············· AC 220V
배선방식 ··············· 삼상 3선식
주파수 ·················· 60Hz
전원용량 ··············· 84kVA
보안접지 ··············· 제3종 접지공사 100Ω
무대기계·기구용 전동장치 ······ 전동기 7.5kW 3대
　　　　　　　　　　　　　　　　전동기회로 34A   3회로
전선의 종류 및 전로 길이(600V 비닐절연전선 (IV))
　　14mm^2 ························· 90m

(2) 누설전류의 계산

　㈎ 상부기구

　　○ 전로의 누설전류
　　　<표 4.28> 전로의 누설전류에 의해

제 5 장 무대기계·기구설비

         IV   2㎟   99.6mA × 0.03km = 2.99mA
         IV   5.5㎟   99.6mA × 0.58km = 57.77mA
         IV   14㎟   110.4mA × 0.07km = 7.73mA
         RB   2㎟   52.2mA × 0.03km = 2.09mA
                                합계   70.58mA

    ○ 설비기기의 누설전류
      <표 5.2> 전동기의 누설전류에 의해(동시 시동하는 대수에 관하여는 <표 5.2>의 시동시의 누설전류, 기타는 운전시의 누설전류의 값을 사용한다.)
         전동기 3.7kW   2대(시동시) × 1.27mA = 2.54mA
         전동기 2.2kW   1대(시동시) × 0.79mA = 0.79mA
         전동기 2.2kW 21대(운전시) × 0.18mA = 3.78mA
         전동기 1.5kW   1대(운전시) × 0.15mA = 0.15mA
         전동기 0.4kW   1대(운전시) × 0.09mA = 0.09mA
                                합계 : 7.35mA

    ○ 전로의 누설전류 값
      <표 4.30> 배선방식에 의한 누설전류환산표에 의해
         70.58mA + 7.35mA = 77.93mA
    ○ 조물(吊物)기구 간선스위치에 시설하는 누전경보장치의 감도전류 값은 <표 4.31>에 의해
         77.93mA × 10 = 779.30mA
      따라서, 정격감도전류 값은 1000mA가 된다.

  ㉯ 하부기구
    ○ 전로의 누설전류
      <표 4.28> 전로의 누설전류로부터
         IV 14㎟   110.4㎟ × 0.09km = 9.94mA
                                합계   9.94mA
    ○ 설비기기의 누설전류
         전동기 7.5kW 3대(시동시) × 2.05mA = 6.15mA
                                합계   6.15mA
    ○ 전로의 누설전류 값
         9.94mA + 6.15mA = 16.09mA

제 5 장 무대기계·기구설비

○ 하부기구 간선스위치에 시설하는 누전경보장치의 감도전류 값은 <표 4.31>에 의해

16.09mA × 10 = 160.90mA

따라서, 정격감도전류 값은 200mA가 된다.

나) 누전검출을 목적으로 한 누전경보장치
(1) 계산 예에 있어서 동일용량 전동기의 전로 길이가 같은 경우로 한다.
(2) 전기회로의 누설전류값의 계산에 의해 허용되는 감도설정치가 500mA 이하로 되는 회로수에 대하여 일괄한 장소에 누전경보장치를 시설하는 경우, 정격감도전류 값을 500mA 이하로 하는 누설전류허용값은 <표 5.10>에 의해 50mA 이하로 구분할 필요가 있다. 이로부터 최소한의 회로구분의 계산은 다음과 같이 된다.

㉮ 조물(吊物)기구

전 누설전류 값 / 구분 허용누설전류 값 = 66.20mA/50mA

따라서, 최소한의 누전경보장치는 A, B의 2대가 된다.

누전경보장치 A회로 및 B회로의 누설전류 값의 계산 예를 <표 5.3>에 나타낸다.

<표 5.3> 최소한의 누전경보장치(A회로, B회로) 정격감도전류 값의 계산 예

누전경보장치		A 회로	B 회로
전동기 (용량×대수)		3.7kW× 1 2.2kW×11 1.5kW× 1	3.7kW× 1 2.2kW×11 0.4kW× 1
전동기	3.7kW 2.2kW 1.5kW 0.4kW	1.27× 1=1.27 0.79×11=8.69 0.58× 1=0.58	1.27× 1=1.27 0.79×11=8.69 0.23× 1=0.23
	계	10.54	10.19
전선로	IV14㎟ IV5.5㎟ IV 2㎟ RV 2㎟	110.4×0.035= 3.87 99.6×0.29 =28.89 99.6×0.015= 1.50 52.2×0.015= 0.79	110.4×0.035= 3.87 99.6×0.29 =28.89 99.6×0.015= 1.50 52.2×0.015= 0.79
	계	35.05×0.84=29.45	35.05×0.84=29.45
누설전류값 합계		39.99	39.64
정격감도전류값		500mA	500mA

이 계산 예에 의하면 누전경보장치회로의 최소 필요 수는 2회로가 되지만 누전경보장치가 작동한 경우 운영관리상 신속한 대응을 할 수 있는지 또는 더 구분을 요

제 5 장   무대기계·기구설비

하는지 어떤지 충분히 검토하는 것이 바람직하다. 전동기 용량마다 구분하는 것이 운용관리상 바람직한 경우에 있어서의 누전경보기의 대수와 정격감도전류 값의 계산 예를 <표 5.4>에 나타낸다.

<표 5.4> 전동기 회로마다 구분한 경우의 누전경보장치의 대수와 정격감도전류 값의 계산 예

전 동 기 용 량	대수	회로수	누설전류값 (mA)			정격감도 전류값 (mA)
			전동기	전선로	계	
3.7kW	2	1	2.54	6.5	9.04	100
2.2kW	8	2	6.32	17.65	23.97	300
	6	1	4.74	13.24	17.98	200
1.5kW, 0.4kW	2	1	0.81	3.83	4.64	100

㉯ 하부기구

계산 예에 의한 하부기구는 상기한 것처럼 하부기구 간선개폐기에 시설하는 누전경보장치의 감도전류 값을 200mA로 설정하였기 때문에 이것을 감전사고에 의한 누전검출용으로 할 수 있지만, 앞에서 말한 것처럼 운영관리상 또한 위험방지의 측면에서 각 전동기마다 누전경보장치를 설치하는 것이 바람직하다.

이 경우 1대당 또는 누전경보장치에 있어서의 누설전류치의 계산은 다음과 같다.

 누설전류 전동기 7.5kW   2.05mA × 1 = 2.05mA
         전로 IV 14㎟   110.4mA × 0.03 = 3.31mA
                        합   계   5.36mA
 감도전류 값   5.36mA × 10 = 53.6mA
 정격감도전류 값   100 mA

(3) 3kW마다 누전경보장치를 시설하는 경우

계산 예에 따라서 3kW로 구분하면 그 회로수, 누설전류 및 정격감도전류 값은 <표 5.5>와 같다.

<표 5.5> 3kW 구분에 의한 정격감도전류값의 계산 예

전동기용량 (kW)	회로수	누설전류 (mA)			정격감도 전류값 (mA)
		전동기	전선로	계	
조물 3.7	2	1.27	3.87	5.14	50
2.2	22	0.79	2.63	3.42	50
1.5	1	0.58	4.56	5.37	50
0.4	1	0.23			
무대 7.5	3	2.05	3.32	4.84	50

다) 인버터제어의 전동기

인버터 전동기를 구동하는 경우는 인버터의 출력전압에 고조파성분을 함유하고 있기 때문에 인버터로부터 전동기까지의 전로, 전동기 및 노이즈 필터로부터 대지누설전류가 상시 발생하기 때문에 누설전류의 산출은 제조업자에게 조회하여야 한다. 단, 본 지침에 있어서는 누전경보장치 또는 누전차단기 등의 지락보호를 위해 시설된 접지선을 인버터(inverter)제어에 의한 전동기회로에 시설되는 노이즈필터의 접지선과 공용하지 않은 것으로 하고 있다.

5.2.7 접지설비

무대기계·기구설비의 전기사용기기에는 기술기준 및 내선규정으로 표시된 기기의 안전 확보를 위하여 제3종 접지공사를 실행하여야 한다. 또한, 컴퓨터 등에 의한 제어를 하는 경우에는 기능상 필요한 안정전위확보 및 노이즈장해 방지를 위한 "신호회로에 관한 접지"를 독립하여 특별 제3종 접지공사에 의해 시설된 접지극 보다 전용의 접지선으로 신호회로에 실행하여야 한다.(「제8장 접지설비」 참조)

제 5 장 무대기계·기구설비

5.3 무대기계의 시공상 유의사항

5.3.1 배선공사

무대의 규모, 공연에 의해 무대 관련 설비의 내용이 결정되지만 무대기계·기구설비는 여러 가지 공연에 대응하는 것이 요구되기 때문에 시공 중에 여러 가지로 변경되는 경우가 많다.

전원의 공급공사, 제어반과 조작반 사이의 제어선의 배선, 제어반으로부터 각 전동기, 리미트 스위치, 각종 검출장치까지의 배선은 전기공사업자의 시공하며 제어반, 조작반의 제작 및 설치, 전동기 및 기계적 설비의 결선은 무대기계·기구업자가 시공하는 것이 일반적이다.

따라서 이들이 충분히 협의하여야 한다. 무대용 동력의 배선공사는 회전무대기계·기구나 상부기구용 와이어로프 등의 가동부분에 집중되기 때문에 시공에 관해서는 그 움직임을 충분히 고려하여 경로를 결정한다. 또한, 타 설비 특히 무대음향설비의 경로를 고려하여야 한다.

배선공사는 기술기준으로 정해진 저압옥내배선과 다른 것은 없지만 무대조명, 무대음향과의 관계에 있어서 특히 고려하여야 할 점이 있기 때문에 주의하여야 한다.(「제4장 무대조명설비 4.6.1 옥내배선의 시공」 참조) 배선공사에 있어서 무대기계·기구설비의 특이한 점을 다음에 나타낸다.

1. 무대기계·기구의 배선공사의 특징

    배선공사에는 여러 종류의 배선공사가 있지만 무대기계·기구설비에서 일반적으로 행해지고 있는 배선공사는 다음 표와 같다.

    <표 5.6> 무대기계·기구설비의 배선공사

공사종류	금속관배선	금속덕트배선	금속제가요전선관배선	케이블배선	버스덕트배선
간선	○	○			○
부하배선	◎	◎	○		
조작선	○	○	○	●	

    [비고] ○ : 일반적으로 행해지는 배선공사
    ◎ : 일반적으로 행해지는 배선방법으로 바람직한 배선공사
    ● : 케이블을 금속관 또는 금속덕트로 시공할 필요가 있는 공사 또는 금속관공사와 동등한 성능을 가지는 차폐케이블에 의한 공사

제 5 장 무대기계.기구설비

가) 무대기계·기구는 전동기부하이기 때문에 일반 전동기부하의 배선과 다를 바 없지만 무대기계·기구의 고장 또는 오동작은 인명에 관계되는 사고의 원인이 되기 때문에 배선경로가 사람이 접촉할 우려가 없는 장소를 제외하고는 원칙적으로 금속관 또는 금속덕트에 의한 배선공사로 하는 것이 바람직하다.

나) 가변속제어, 위치설정 등의 시스템을 위해 인버터제어방식으로 설비하는 경우에는 고조파전류에 의한 노이즈 장해의 방지를 고려한 배선공사를 하여야 한다.

2. 상부기구관계

가) 그리드 위는 조물용 전동기, 도르레, 와이어로프가 종횡으로 뻗어있고 점검 등을 위한 통로도 필요하다. 일반적으로 조물은 200~600mm 정도의 간격으로 배치되어 있기 때문에, 배선루트는 한정된 공간이 되는 경우가 많다.

나) 전동기는 주로 상부 및 하부의 끝에 설치되어 있고, 이 옆에 조물용 카운터웨이트의 가이드레일이 종 방향으로 설치되어 있다. 이 레일에 상단, 하단 및 중간용 리미트 스위치를 설치한다. 조물용 바톤에는 대도구용과 조명용이 있고, 대도구용에는 중간용 리미트 스위치가 있으며, 이 리미트 스위치는 대도구의 크기에 따라 매다는 높이를 조절하기 위한 것으로, 이동하는 것이 있다.

리미트 스위치의 배선은 배관으로 보호하지만 단말 접속부는 캡타이어케이블로 시공하거나 2종 가요전선관 등을 사용하는 것이 바람직하다. 상단, 하단은 고정하는 것도 좋지만, 중간용 리미트 스위치의 배선은 상하에 2m 정도 여유가 있는 배선으로 하는 것이 편리하다. 또한, 면막이 있는 경우에는 그리드의 전면에 여러 대의 전동기를 설치하기 때문에 이 경우의 리미트 스위치는 전동기와 동일한 가대에 설치한다.

다) 상부기구용 전동기의 대수는 극장의 규모·용도 등에 의해 크게 다르며, 영화 전문관과 같이 면막, 스크린 커튼, 컷 마스크 등 2~4대 정도의 것으로부터 대극장과 같이 80~100대에 이르는 것까지 있다.

라) 소규모의 경우는 문제없지만 대규모이면 조작선이 수 백개가 되는 경우도 있어 오결선이 발생하기 때문에 전선의 색으로 구별할 필요가 있다.

또한, 단자반의 설치 등에 의해 정리하는 것이 바람직하다. 이 단자반 처리방법은 공사의 작업성이 양호한 것, 공연내용에 의한 조물기구의 준비조정이 편리한 것 등

제 5 장 무대기계·기구설비

시설시공, 무대운용상에서 매우 유효한 설비이다.

마) 배선공사에서 그리드가 높은 경우에는 전선의 자중으로 인해 절연피복이 관단의 부싱에 물리어 사고의 원인이 되는 경우가 있기 때문에 요소 마다 풀 박스를 설치하여 배관의 위치를 비키어 놓기도 한다. 부싱에는 나무마개, 고무마개 등으로 전선을 지지하는 것이 필요하다. 또, 최상단의 풀 박스의 안에 전선의 전 하중을 확실히 지지하는 방법을 이용하는 것도 유효하다.

3. 하부기구관계

가) 회전무대의 승강, 동력용 무대콘센트 등의 전원은 회전무대 중심 하부에 있는 슬립 링(slip ring)을 경유하여 공급된다. 슬라이딩 스테이지나 왜건 스테이지에서는 케이블 베어를 사용하는 것이 많다.

이들은 동력선 이외에 조명용 콘센트, 마이크, 스피커 등 수 많은 강전이나 약전용 회로가 있기 때문에 관계자간에 용량, 개수, 순위, 배선경로 등 장해가 발생하지 않도록 면밀한 검토가 필요하다.

나) 무대하부는 대도구 설치장소 또는 대도구의 운반로가 되는 곳이 많기 때문에 천장 또는 벽면의 노출배선의 루트를 충분히 검토하여야 한다.

5.3.2 조작선 공사

1. 강전제어
조작선의 배선은 기술기준에서 정해진 저압옥내배선 규정에 준하여 시설하여야 한다.

2. 약전제어
약전류전선과 저압옥내배선과의 관계에 있어서 유의하여야 할 점은 「제4장 무대조명설비 옥내배선」 관련사항에 준하여야 한다.

3. 전송신호제어
고조파장해, 약전장해 등의 영향에 의한 기구의 이상동작을 방지하기 위해서, PLC 등의 데이터 전송에는 지정된 신호선을 반드시 사용하여 규격대로 시공을 하여야 한다.

4. 안전시스템제어
단선, 파손 등의 손상에 의한 안전시스템의 부동작이 일어나지 않도록 배선을 금속배관 등으로 보호함과 동시에 배선경로에 충분히 유의하여야 한다.

5.3.3 기기설치

1. 전원반, 제어반의 설치

그리드 위, 무대하부, 제어반실 등 설치장소에 있어서 마루, 벽, 기둥 등에 견고히 고정을 하여야 한다.

2. 전동장치의 설치

가) 상부기구

조물장치의 구동기기는 그리드를 구성하는 강재에 견고하게 고정하여야 하며, 그 밖의 도르레류도 동일하게 고정하여야 한다.

나) 하부기구

하부기구의 전동장치는 무대하부의 머신 피트(machine pit)의 바닥 면에 견고히 고정하여야 한다.

3. 조작반의 설치

무대측면, 조작실 등 설치장소에 있어서 마루, 벽, 기둥 등에 견고히 고정을 하여야 한다.

제 6 장
무대음향설비

6.1 무대음향설비의 구성과 그 기기
6.2 무대음향설비의 전기설비
6.3 음향기기의 설치시 유의사항

제 6 장 무대음향설비

무대음향설비는 큰 객석공간에 모여 있는 다수의 관객에게 무대에서 행해지는 공연에 있어 양질의 소리를 구석구석까지 균일하게 제공하기 위해 증폭 조정제어된 소리에 의해 연출을 하기 위한 설비이다.

따라서, 무대음향설비는 라디오 방송 등으로 대표되는 불특정 다수의 사람을 대상으로 하는 방송용, CD 레코드로 대표되는 녹음용 또는 오디오기기로 대표되는 재생용 기기 등의 음향설비와 다르며 무대에서의 소리가 일상 생활에서의 소리와 구분되는 것은 예술적으로 조화롭게 들려야 한다는 것이다. 물론 미적 감각이 뛰어나며 청중에게 감동을 주는 소리의 1차적인 책임은 예술가에게 있으나 현대에는 모든 책임을 예술가에게만 돌릴 수는 없다.

예술의 대중화로 인하여 예술가의 자연적인 소리로는 감당할 수 없을 정도로 공연장의 규모가 대형화하고 과학기술의 발달로 인해 예술에 있어 전기음향장비의 사용이 불가피해졌다.

그러므로 현대의 무대음향이란 전기음향장비를 다루어 공연장에서 일어나는 모든 소리에 관하여 종합적으로 보다 기술·전문적으로 다루는 분야를 말하며 개략적으로 다음과 같은 특징을 가지고 있다.

- 관객 앞에서 행해지는 연주회 등은 정식 연기 일회만의 연주로 재시도를 할 수 없으며 확성장치는 음원과 관객, 수음(受音)과 확성이 동일공간에 있기 때문에 항상 하울링(howling)의 위험성을 갖는다.
- 무대음향장치는 음성과 음악 행사시 피크(Peak)에서도 충실하게 재생할 필요가 있으므로 음성과 음악 재생시 최대출력을 고려하여 기기를 사용하여야 한다.
- 특별한 차음을 고려한 연출공간에서는 음향설비에서 발생하는 노이즈가 장해가 되기 때문에 잡음출력레벨을 충분히 고려한 기기이어야 한다.

6.1 무대음향설비의 구성과 그 기기

무대음향설비의 구성은 극장, 홀의 성격이나 사용목적에 따라서 다르지만, 기본적으로는 무대위의 소리를 모아서 전송하는 마이크로폰 회선을 포함하는 입력계 설비, 그 입력신호를 믹싱하는 전기음향장치와 그 출력을 증폭하는 전력증폭장치가 되는 전기음향장치 및 객석이나 무대내에 스피커를 배치하여 확성하는 출력계 설비로 구성된다.

전형적인 음향설비의 구성도를 <그림 6.1>에 나타낸다.

제 6 장 무대음향설비

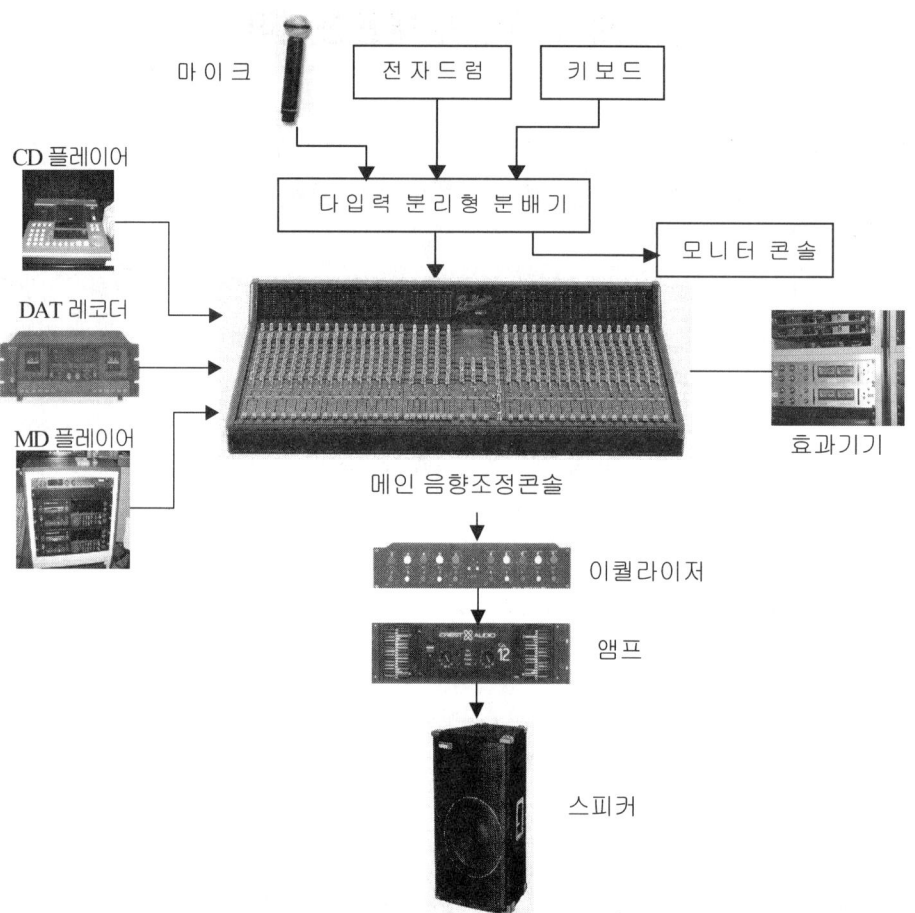

<그림 6.1> 음향설비의 구성예

제 6 장 무대음향설비

6.1.1 입력계 설비

입력계 설비의 구성을 <그림 6.2>에 나타낸다.

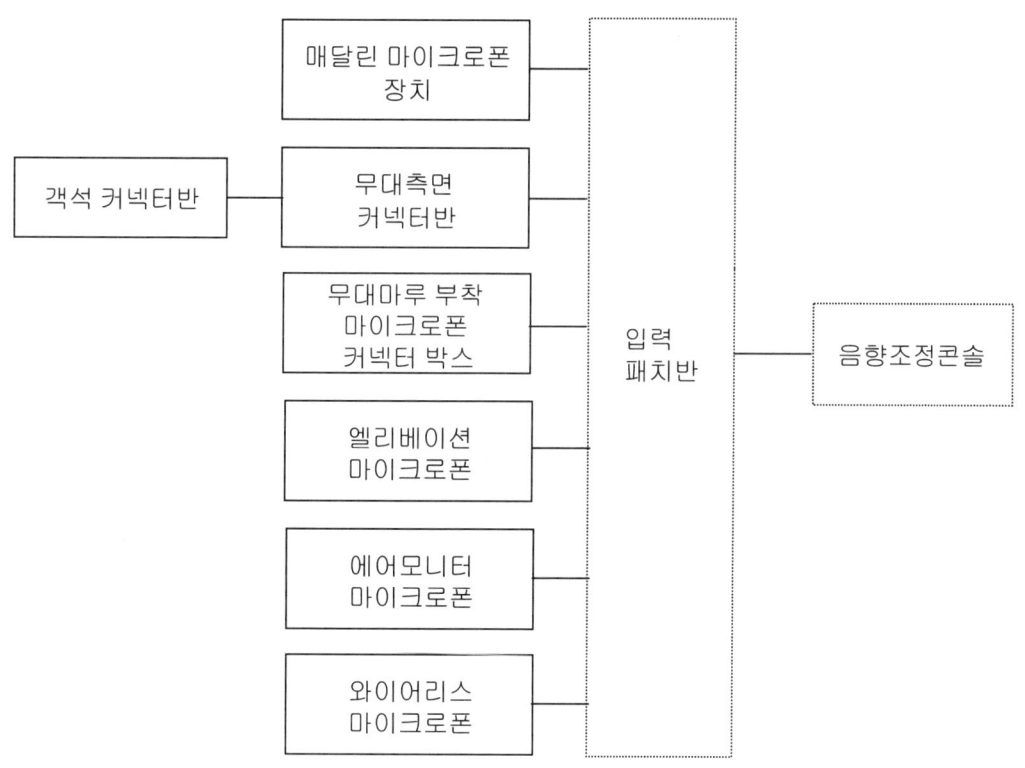

<그림 6.2> 입력계 설비의 구성

1. 마이크로폰의 종류

마이크로폰은 구조로 보면, 다이나믹(dynamic)형, 리본(ribbon)형, 콘덴서형 등이 있으며, 지향특성으로 분류하면 무지향성, 단일지향성, 초지향성, 양지향성, 가변지향성 등이 있다.

사용하는 마이크로폰의 선택은 집음 방법, 음원의 종류 등 목적 용도에 따라 구별하면 <표 6.1>, <표 6.2>, <표 6.3>과 같다.

제 6 장 무대음향설비

<표 6.1> 마이크로폰의 구조에 의한 분류

특징\구조	내충격성	내습기성	내음량	주파수특성	제품의 종류	전원	출력전력	개성	주 용도
다이나믹형	강	강	강	협	많음	불필요	보통	강	보컬, 관악기, 북, 전자악기, 사회 등
리본형	약	중	약	보통	적지않음	불필요	소	섬세	보컬, 현악기, 퉁소, 낭독, 대담 등
콘덴서형	중	약	중	광	많음	필요	대	충실	타악기, 현악기, 원포인트 스테레오 집음 등

<표 6.2> 마이크로폰의 지향성에 의한 분류

지향성	주 특징
무지향성	전방향의 음을 집음한다.
단일지향성	한방향의 넓은 범위의 음을 집음한다.
초지향성	한방향의 좁은 범위의 음을 집음한다.
양지향성	쌍방향의 음을 집음한다.
가변지향성	지향성을 변화시킬 수 있다.

제 6 장 무대음향설비

<표 6.3> 마이크로폰의 구조 및 지향성에 따른 분류의 일례

구조에 따른 분류		
다이나믹형	리본형	콘덴서형
지향성에 따른 분류		
무지향성	단일지향성	양지향성

2. 마이크로폰설비

무대위의 음원을 모으는 마이크로폰설비는 넓은 범위의 소리 또는 단독의 소리 등 그 목적에 적합한 위치, 장소에 설치하는 것이 바람직하지만, 하나의 무대에서 행해지는 연극이나 공연은 다양하기 때문에 무대전역에 마이크로폰 커넥터를 설비하고 있다. 일반적으로 설비되어 있는 마이크로폰설비는 다음과 같다.

제 6 장 무대음향설비

가) 와이어리스 마이크로폰장치

　　홀 공연에서의 와이어리스 마이크로폰의 이용은 통상의 마이크로폰 사용에 있어서의 케이블에 의한 행동의 제약이 없어짐에 따라 와이어리스 마이크로폰의 사용이 많아지고 있다. 기술적인 향상에 의한 음질이나 안정성의 개선에 의해 음향설비의 필수품이 되어 있다.

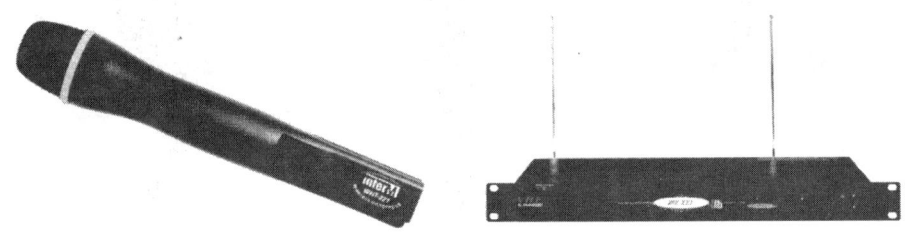

<그림 6.3> 와이어리스 마이크로폰 및 무선수신기의 일례

나) 매달린 마이크로폰장치(Suspension Microphone)

　　무대나 객석 상부의 소리를 모으기 위한 장치로서 매달린 지점의 수에 따라 분류한다. 종류로는 1점 매달린 마이크로폰장치(1 Point Suspension Microphone), 2점 매달린 마이크로폰장치(2 Point Suspension Microphone), 3점 매달린 마이크로폰장치(3 Point Suspension Microphone)가 있다.

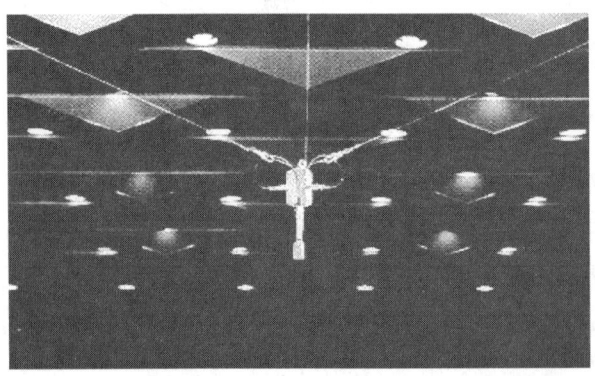

<그림 6.4> 3점 매달린 마이크로폰장치의 일례

제 6 장 무대음향설비

다) 엘리베이션 마이크로폰(Elevation Microphone)

무대 앞단의 중앙, 하수(객석에서 무대를 보아 좌측), 상수(객석에서 무대를 보아 우측) 등 마이크로폰의 사용빈도가 높은 위치에 설치하며, 승강은 무대측면, 음향조정실에서 원격제어를 한다(<그림 6.5>). 구동방식에는 유압식, 전동식이 있으며 전동기전원은 교류 3상 220V 등을 사용하고 제어회로는 디지털방식이 일반적이다.

<그림 6.5> 엘리베이션 마이크로폰의 일례

라) 에어 모니터(Air Monitor) 마이크로폰
 (1) 마이크로폰 음향조정실내에서 믹싱조작을 하면서 객석내의 확성음의 상황을 모니터하기 위한 마이크로폰으로 객석 후방부 중앙 벽면이나 객석천장에 지지금구(Bracket) 등으로 매달아 설치한다.(<그림 6.6>)
 (2) 에어 모니터 마이크로폰으로 집음한 음성은 무대운영을 원활히 진행시키기 위해 분장실, 사무실이나 로비 등에도 송신하여 무대의 진행상황을 전송한다.

<그림 6.6> 에어 모니터 마이크로폰의 설치예

마) 마이크로폰 커넥터 박스
  (1) 무대위에 매설한 마이크로폰 회선에 있어서, 커넥터 박스(<그림 6.7>)는 무대 앞의 중앙과 상수, 하수의 연단(演壇) 및 사회자용으로 배치하는 것은 끝막에 가깝도록 하고 하늘막 근방에도 배치한다.
  (2) 무대의 본무대(액팅 에어리어) 내부(출연자나 연주자가 연기를 하는 무대면)나 무대의 출입통로인 장소에는 배치하지 않는다.

<그림 6.7> 마이크로폰 커넥터 박스의 일례

제 6 장 무대음향설비

3. 커넥터반

가) 무대측면 커넥터반

(1) 무대측면에 마이크로폰, 스피커 등의 커넥터를 집중적으로 설치한 반이다. 소규모 홀에서는 8회선의 멀티커넥터를 사용하지만, 중규모 이상의 홀에서는 16회선의 것이 주로 사용되며, 일반적으로 16회선의 멀티커넥터를 상수, 하수에 각각 2조 32회선이 필요하다.

사용하는 회선수는 해마다 증가하여, 대규모 공연장에서는 상수, 하수 각 100회선 이상이 음향조정실까지 포설된다. 이 회선은 나중에 증설하는 것이 어렵기 때문에, 여유있는 설계를 하여야 한다. 또한, 객석 믹싱 커넥터반이 있는 경우 32회선 이상이 필요하다.

(2) 스피커회선은 프론트 필 스피커, 효과용 스피커 등 규모에 따라 크게 다르지만, 상수, 하수 각각 8회선 이상이 필요하다.

또한, 이 커넥터반에 영상용 동축커넥터 등을 설치하는 경우도 많으며, 무대 연출상 무대마루의 커넥터를 사용할 수 없는 경우도 많기 때문에 이 커넥터반은 대단히 중요하므로 반드시 설치하여야 한다.(<그림 6.8>)

<그림 6.8> 무대측면 커넥터반의 일례

나) 객석 커넥터반

중규모 이상의 음악홀, 다목적홀에서 확성이 필요한 공연을 하는 경우 대부분 음향조정을 객석에서 하는 경우가 많다. 이로 인해, 객석의 음향적 조건이 양호한 일부의 좌석을 접거나 떼어내어 객석 믹싱부스를 설치하며, 이 위치에 무대측면과의 접

제 6 장 무대음향설비

속 마이크로폰 회선을 포설하여 이들의 커넥터를 집중시킨 객석 커넥터반을 설치한다. 이 객석 믹싱 부스의 가까이에는 음향용 전원콘센트를 설치하여야 한다.(<그림 6.9>)

<그림 6.9> 객석 커넥터반의 일례

다) 갤러리 벽 커넥터반

운영자, 엔지니어 등이 사용하는 동선에 설치하며 인터컴/영상 모니터/라인 in, out/스피커 out 등을 설치하여 무대상황을 체크할 수 있도록 한다.

6.1.2 출력계 설비

1. 스피커설비의 배치

입력계 설비로 집음한 오디오신호는 전기음향장치로 조정, 증폭되어 스피커에 의해 객석에 전달된다. 스피커는 그 용도, 설치장소, 필요성능에 따라 최적의 기종을 선정하여야 한다. 극장이나 홀의 주요한 스피커의 선정에는 음향 시뮬레이션에 의해 검토하며, 수량, 설치장소, 장착각도 등을 결정하여 시스템을 구축하는 것이 통례로 되어 있다.

일반적인 다목적홀의 스피커 배치 예를 <그림 6.10(평면도)> 및 <그림 6.11(단면도)>에 나타낸다.

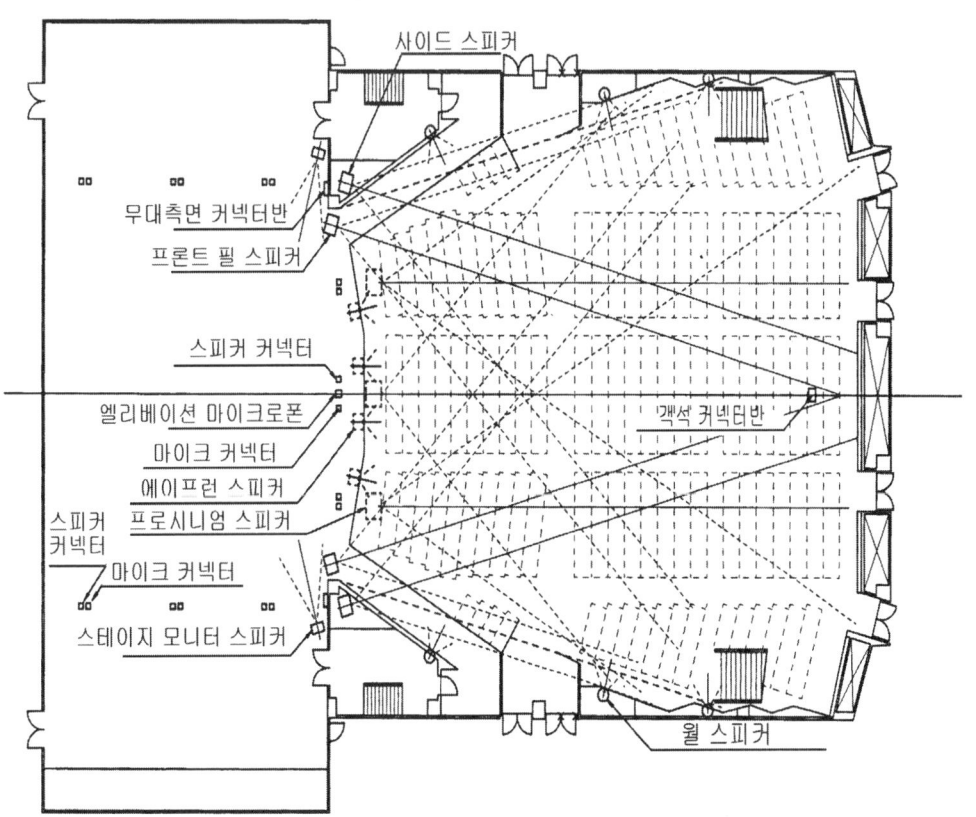

<그림 6.10> 일반적인 다목적 공연장의 스피커 배치 예(평면도)

제 6 장 무대음향설비

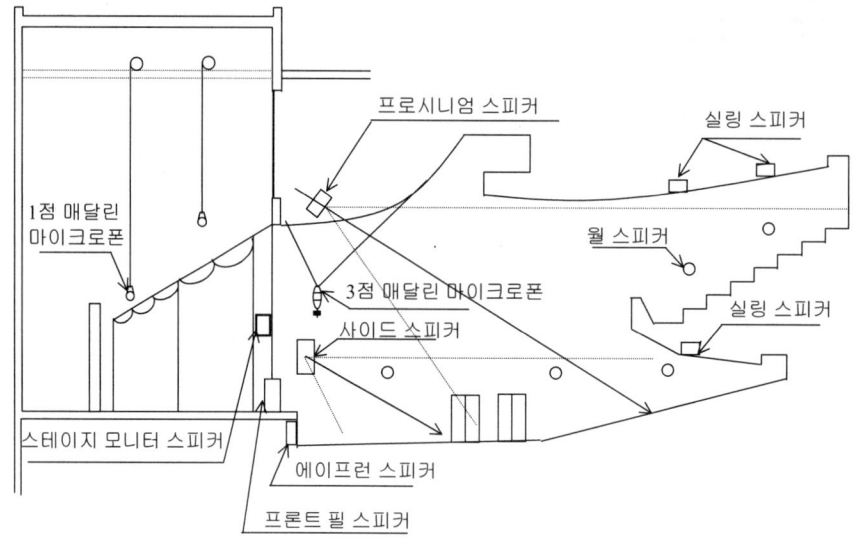

<그림 6.11> 일반적인 다목적 홀의 스피커 배치예(단면도)

2. 스피커설비의 종류

가) 프로시니엄 스피커

프로시니엄 아치 상부 또는 객석 천장의 제일 앞부분에 설치되는 스피커로써 객석 전체를 커버하는데 유효하기 때문에 확성의 주력이 된다. 통상 중앙에 1기 또는 상수, 중앙, 하수 각 1기 설치한다.(<그림 6.12>)

<그림 6.12> 프로시니엄 스피커 및 사이드 스피커

제 6 장 무대음향설비
251

나) 사이드 스피커(사이드 칼럼 스피커)

프로시니엄 아치 양측의 기둥, 벽면 등에 설치하는 스피커로 객석의 청감(聽感)상 프로시니엄 스피커로부터의 음상을 위에서 아래로 내려오게 하며, 음상이 무대화자의 위치로 향하게 하여 자연스러운 음이 들리도록 한다. 프로시니엄 스피커와 동시에 사용하기 때문에 동일한 기종을 사용하여 양 스피커의 음질상의 위화감이 생기지 않도록 하여야 한다.(<그림 6.12>)

다) 에이프런 스피커(Apron Speaker)

객석 전열 1~2열의 음압부족을 보강하기 위해 유효하며, 스테이지 앞단의 요벽(腰壁)에 스피커를 수직/수평 지향각 특성에 따라 적절한 간격으로 설치한다.(<그림 6.13>)

<그림 6.13> 에이프런 스피커 및 프론트 필 스피커

라) 프론트 필 스피커

무대상의 이동형 스피커로서 설치한다. 메인(main) 스피커의 보조용, 무용 반주용, 연극, 뮤지컬의 효과용 등 다용도로 사용된다.(<그림 6.13>)

제 6 장 무대음향설비

마) 월 스피커, 실링 스피커

　월 스피커는 홀 객석내 벽면에 설치하는 것으로 연극의 천둥이나 바람 소리 등의 효과용으로 사용된다. 연극전용 홀에서는 대형 시스템을 사용하지만 다목적 홀에서는 소형 스피커를 사용하는 경우가 많다. 또한, 영사설비의 서라운드 스피커로서도 사용된다.(<그림 6.14>)

　그리고, 실링 스피커는 효과용으로 객석 천장에 설치되는 것과 발코니 아래 객석의 음압보완을 목적으로 발코니 아래쪽 천장에 설치되는 것이 있다.(<그림 6.15>)

 　　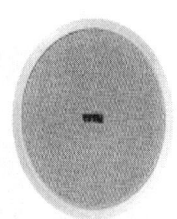

　　<그림 6.14> 월 스피커의 일례　　　　<그림 6.15> 실링 스피커의 일례

바) 스테이지 모니터 스피커

　무대상의 출연자, 가수는 자기로부터 발생한 소리가 되돌아오지 않으면 노래 부르기 어렵다. 또한, 악기 연주의 경우 리듬, 템포의 기본이 되는 소리를 듣지 않으면 연주하기 어렵기 때문에, 연주자가 들을 수 있도록 하기 위해 설치하는 스피커를 스테이지 모니터 스피커라고 한다. 이것은 연주자 자신의 소리를 듣는 목적과 함께 연주하는 타 연주자의 소리를 듣기 위한 목적도 있다.

　스테이지 모니터 스피커는 무대상수, 하수 측면에 설치되거나 콘서트 등에서 무대마루의 이동형으로 연주자의 발 밑에 설치되는 경우가 있다.(<그림 6.16>)

제 6 장 무대음향설비

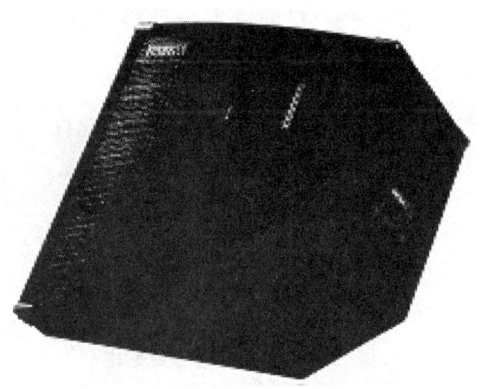

<그림 6.16> 스테이지 모니터 스피커

사) 로비 스피커

　　로비에 천장매입형, 벽매입형, 벽걸이형 스피커로 설치된다. 주로 안내방송용으로 사용되지만, 공연에 있어서는 객석내와 동일한 프로그램을 보내는 경우도 있다.(<그림 6.17>)

<그림 6.17> 로비 스피커

아) 분장실용 스피커, 운영용 스피커

　　분장실, 분장실 복도 등에 천장매입형, 벽걸이형 스피커를 사용하며 소리의 조절을 위해 감쇠기(Attenuator)가 필요하다. 무대의 상황을 분장실에 대기중인 출연자들에게 알리는 것 뿐만 아니라 무대감독 또는 진행자가 출연자들을 호출하거나 필요한

정보를 알려주는 목적의 방송에도 사용된다.(<그림 6.18>)

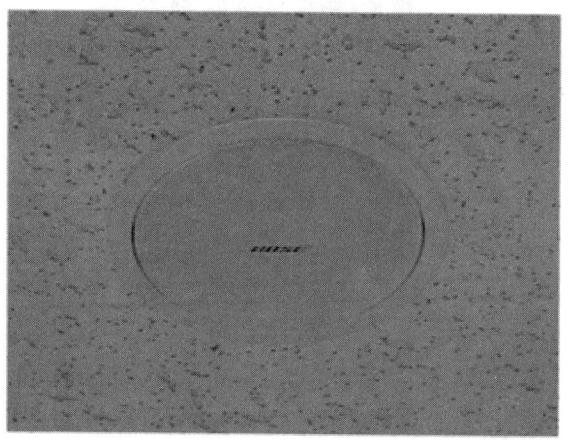

<그림 6.18> 분장실용 스피커

자) 스피커 커넥터 박스

무대상에 매설한 스피커 회선용 커넥터 박스는 상기한 마이크로폰 커넥터 박스의 유의사항을 참조하여 배치한다. 마이크로폰 및 스피커 커넥터 박스는 대부분 인접하여 배치된다.(<그림 6.19>)

<그림 6.19> 스피커 커넥터 박스의 일례

6.1.3 케이블 및 커넥터류

I. 입력계 회로에 사용하는 케이블

음성의 입력계는 낮은 신호레벨(-120~+24dBu)을 취급하는 것으로 인해 잡음의 영향을 받기 쉽다. 이로 인해 전자실드 4심 케이블을 사용하는 것이 통례로 되어 있다. 또한, 다회선용 케이블에는 복수회로(2, 4, 8, 12, 16, 24, 32회로)의 멀티케이블도 사용되고 있다.

실드에는 편조(編組) 실드, 스파이럴 실드(가로 감기), 알루미늄랩 실드 등이 있으며 이동하여 사용하는 마이크로폰 코드에는 편조 실드를 사용한다. 실드의 종류 및 멀티케이블의 예를 <그림 6.20> 및 <그림 6.21>에 나타내며 제조사에 의해 형명의 차이는 있지만 대표적인 것을 나타내면 <표 6.8> 및 <표 6.9>와 같다.

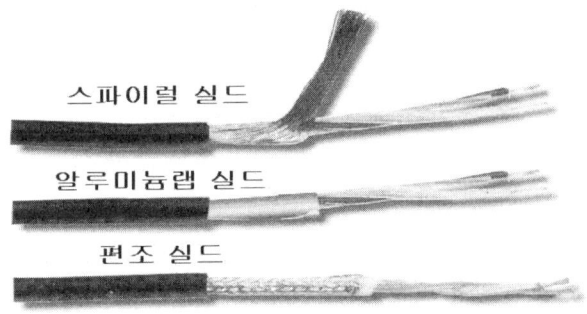

<그림 6.20> 실드의 종류

<그림 6.21> 멀티케이블의 예

제 6 장 무대음향설비

<표 6.8> 마이크로폰 케이블의 예

형명	외경(mm)	실드방식
L-4E5	4.8	편조 실드
L-4E6	6.5	〃
L-4E5AT	5.0	알루미늄랩 실드
L-4E6AT	6.2	〃
HC-4E5	4.8	편조 실드
HC-4E6	6.5	〃
HC-4E5-A	5.0	알루미늄랩 실드
HC-4E6-A	6.4	〃

<표 6.9> 멀티케이블의 예

형명	외경(mm)	실드방식
L-4E3-8P	15.3	편조 실드
L-4E4-8P	18.2	〃
L-4E4-8AT	16.9	알루미늄랩 실드
HC-4E3-8	14.0	2중 스파이럴 실드
HC-4E4-8	16.3	〃

- 8은 8회로를 나타내고,
- 2(2회로)~-32(32회로)까지 사용되고 있다.

2. 출력계 회로에 사용하는 케이블

출력계는 증폭된 스피커신호레벨(0~+44dBu 정도)을 취급하기 때문에, 입력계 회선에의 영향(발진이나 크로스토크) 및 스피커회선 끼리의 크로스토크로 장해를 주는 경우가 있다. 이로 인해, 출력계 회로의 스피커회선에는 연가한 2심 또는 4심의 스피커케이블을 사용한다.

홀용 스피커는 거의 8Ω 정도의 저 임피던스가 사용되기 때문에, 스피커회선의 케이블의 굵기는 3.5㎟~14㎟ 정도를 사용하는 것이 바람직하다. <표 6.10>에 스피커 케이블의 일례를 나타낸다.

<표 6.10> 스피커 케이블의 일례

형명	외경(mm)	심선수	심선 지름 (mm²)
2S11F	11.1	2	3.62
2S14F	13.8	2	5.41
4S6	6.4	4	1.02 상당
4S8	8.3	4	2.54 〃
4S11	10.7	4	4.3 〃
4S10F	9.6	4	3.5 〃
4S12F	11.6	4	5.5 〃
4S14F	14.0	4	8.0 〃
4S18F	17.5	4	14.0 〃

3. 커넥터류

가) 오디오신호를 대별하면 대략 마이크로폰레벨 -120~0dBu, 라인레벨 -30~+24dBu, 스피커레벨 +0~44dBu 정도이다. 마이크로폰 신호는 레벨이 낮은 전압이 전송되기 때문에 회선에 흐르는 전류가 매우 적다.

나) 마이크로폰 회선의 신뢰성을 유지하기 위해서 접속하는 커넥터의 핀과 소켓의 접촉은 금속접합에 의한 전도가 필요하므로 MIL-C-50
15(MIL 규격 환형 커넥터)의 접촉기술을 응용한 XLR 타입 커넥터가 사용되고 있다.

다) MIL 규격(미국 군용 규격 : Military Specifications and Standards)의 MIL-J-641/19E에 의한 잭을 사용하는 경우가 있으며, 스피커회선은 댐핑 팩터(Damping Factor)를 유지하기 위해서 허용전류치에 의해 결정되는 굵기보다 굵은 케이블을 사용한다. 이 굵은 케이블을 접속하기 위해 개발된 통칭 스피콘이라고 하는 NL 시리즈의 커넥터나 단자대 등이 사용되고 있다.

라) 사용상에 주의하여야 할 점은 하나의 커넥터에 신호레벨의 차이가 큰 신호를 사용하면 크로스토크에 의한 장해가 발생한다. 또한, 동일 멀티커넥터에 증폭기의 입력과 출력 신호를 통과시키면 발진 등을 일으켜 기기를 파손하는 경우도 있으므로 주의를 요한다. XLR 커넥터 및 스피콘의 예를 <그림 6.22> 및 <그림 6.23>에 나타내며, 마이크로폰 케이블, 스피커 케이블 및 멀티케이블에 사용되는 커넥터 예를 <표 6.11>에 나타낸다.

제 6 장 무대음향설비

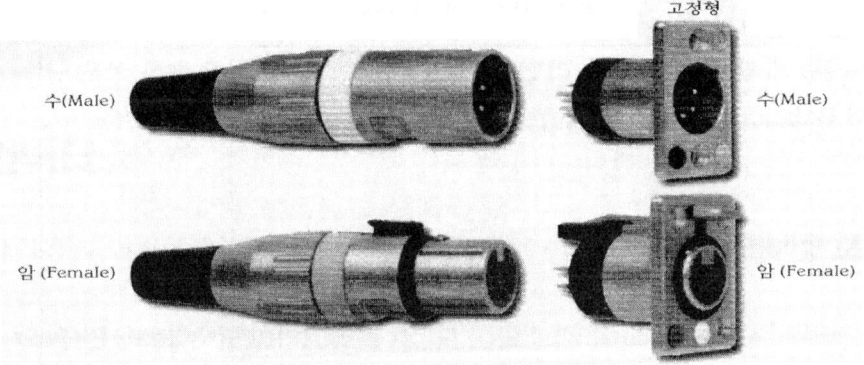

<그림 6.22> XLR 커넥터

<그림 6.23> 스피콘

제 6 장 무대음향설비

<표 6.11> 마이크로폰 케이블, 스피커 케이블, 멀티케이블에 사용되는 커넥터

마이크로폰 커넥터	
XLR 커넥터	+ : Hot - : Cold 실 드
스피커 커넥터	
XLR 커넥터	+ : Hot + : Hot - : Cold - : Cold
스피콘 NL4MP	+ : Hot / - : Cold 풀 레인지 및 로우 레인지 + : Hot / - : Cold 하이 레인지

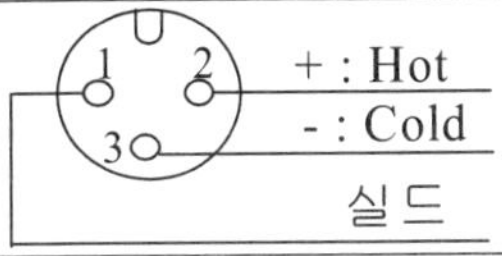

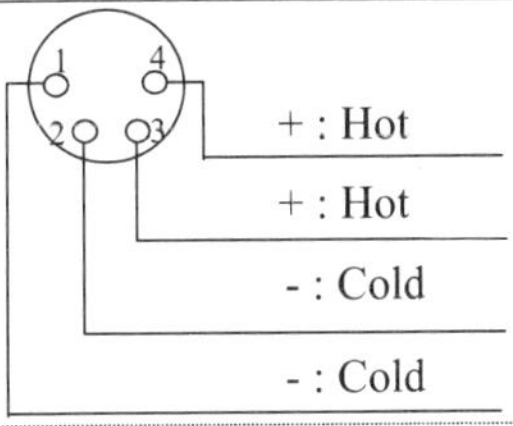

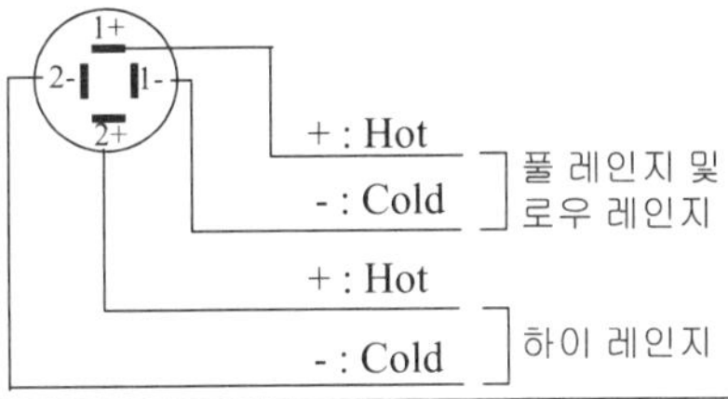

멀티커넥터

8채널 멀티커넥터

CH 번호	멀티커넥터 핀 번호		
	Hot	Cold	Shield
1	1	3	각 채널 공통 실드 10
2	4	5	
3	6	7	
4	8	9	
5	11	12	
6	13	14	
7	15	16	
8	17	18	

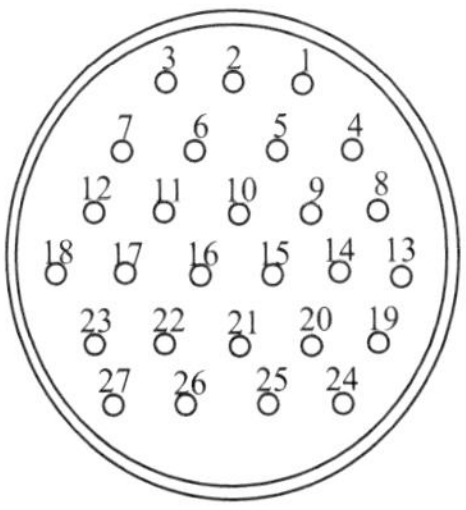

16채널 멀티커넥터

CH 번호	멀티커넥터 핀 번호		
	Hot	Cold	Shield
1	1	2	각 채널 공통 실드 19
2	3	4	
3	5	6	
4	8	9	
5	10	11	
6	12	13	
7	14	15	
8	16	17	
9	21	22	
10	23	24	
11	25	26	
12	27	28	
13	29	30	
14	32	33	
15	34	35	
16	36	37	

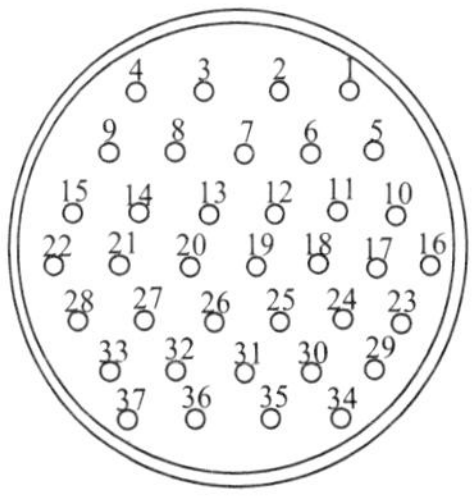

6.1.4 전기음향장치

1. 전기음향장치의 구성

일반적인 전기음향장치의 구성을 <그림 6.24>에 나타낸다.

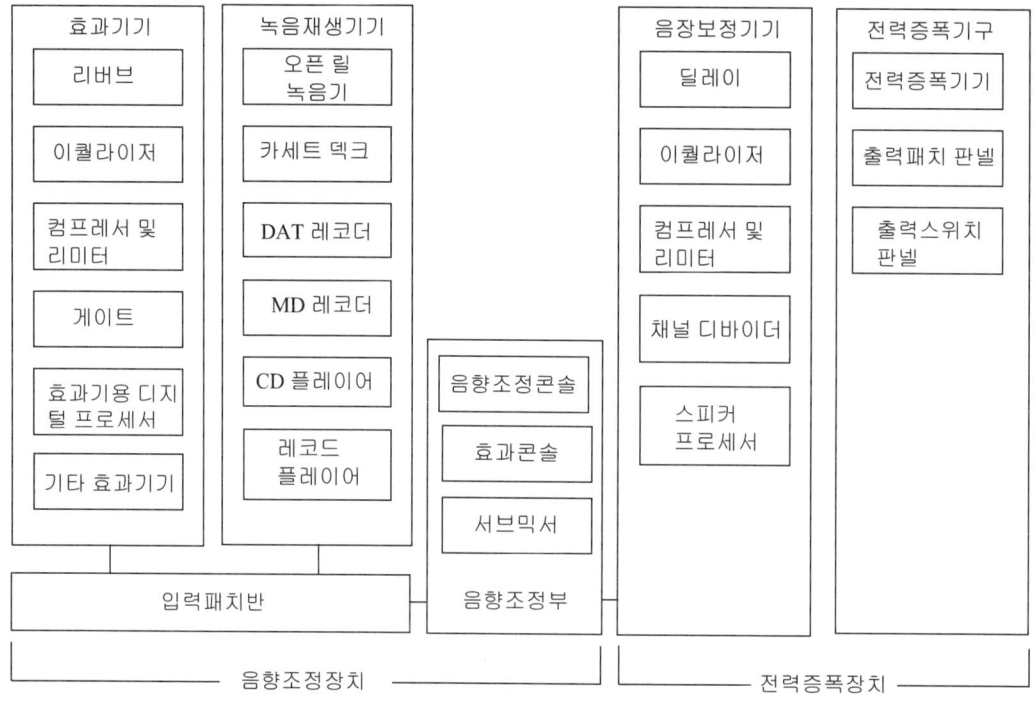

<그림 6.24> 전기음향장치의 일반 예

2. 음향조정장치의 기기

가) 음향조정부

음향조정콘솔은 마이크로폰이나 와이어리스 마이크로폰 수신기, 테이프 레코더, DAT(digital audio tape recorder), MD(mini disk), CD(compact disk), 레코드 플레이어 등의 음원 출력을 수신하고 원하는 레벨로 증폭하여, 필요에 따라 음질의 보정이나 잔향부가 등 연출효과상의 가공을 한다.

그들의 음원을 믹싱하고 여러 회로의 그룹 프로그램을 하며, 그 그룹 끼리를 필요에 따라 더 믹싱(매트릭스 믹싱)하여 전력증폭기 계통에 전송한다. 또한, 녹음기의 녹음출력, 영상계, 방송중계용 출력 등에도 분기한다. 이로 인해 음향조정콘솔에는 고도의 성능과 기능이 요구된다.

(1) 음향조정콘솔

음향조정실 또는 객석의 음향조정석에 설치되며, 무대, 객석, 로비, 분장실 등 홀 전부에 대해 음성 조정을 하고 주변기기의 재생, 녹음에 대하여도 홀 운영상 충분한 기능을 갖는 것이 필요하다. 입력 16~40채널, VCA(Voltage Control Attenuator) 4~8채널, AUX 8~12채널, 출력매트릭스 8~16채널, 그룹(Group) 8~16채널을 갖는 것이 사용되고 있다.(<그림 6.25>)

<그림 6.25> 음향조정콘솔의 일례

(2) 효과콘솔

연극, 뮤지컬을 주체로 하는 극장에 설치되며, 테이프 레코더 등의 녹음장치를 4~8대 리모트 조작하여 효과음을 재생할 수 있다. 또한, 장면마다 음원의 장소, 음량, 음질 등을 기억, 재생할 수 있는 CPU를 탑재한 풀 디지털형이 사용되고 있다.(<그림 6.26>)

<그림 6.26> 효과콘솔

제 6 장   무대음향설비

(3) 무대측면 믹서

음향조정콘솔을 사용하지 않고, 무대측면에 고정형 또는 이동형으로써 설치되며 CD, 카세트 등과 동일한 캐비넷에 구성되어 전문가가 아닌 사람이라도 용이하게 쓸 수 있도록 한 것으로, 중규모 이상의 홀에 대부분 설치되어 있다. 입력 4~8채널, 스테레오 출력 이상의 기능을 갖게 한 것이 많다.

(4) 서브믹서

음향조정콘솔의 입력수의 부족을 보충하며, 무대측면 등에 간이적으로 믹싱을 행하는 것을 말한다. 입력 8~24채널, 프로그램 4채널, AUX 4채널 이상의 기능을 갖는 것이 필요하다.

그 외에, 무대모니터용 음향조정콘솔, 녹음용 음향조정콘솔, 운영, 분장실계를 독립시키기 위한 음향조정콘솔 등이 설치되는 경우가 있다.

나) 효과기기(이펙터)

가수, 출연자의 노래소리나 악기 등의 음원에 리버브나 이퀄라이저 등에 의해 독특한 음색을 부가하기 위한 기기이다. 효과기기는 시대에 따른 유행에 민감하며 최근에는 디지털방식의 혼합형 기기들이 많이 사용되고 있다.

(1) 리버브

과거에는 스프링이나 철판 등의 진동을 이용한 아날로그형 장비로 잔향감을 얻었으나, 최근에는 디지털 신호처리에 의해 잔향감을 얻는 장비가 주로 사용된다.(<그림 6.27>)

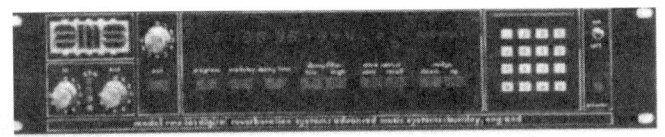

<그림 6.27> 리버브

(2) 이퀄라이저

이퀄라이저는 가청주파수를 여러 주파수 대역으로 나누어 대역별 레벨 가감이 가능하도록 한 기기로 연출공간의 건축환경이나 스피커의 특성 때문에 변화된 소리의 주파수 특성을 보정하기 위한 목적에 사용되며, 특정 음을 강조하거나 약화시키는 용도로 활용되기도 한다.(<그림 6.28>)

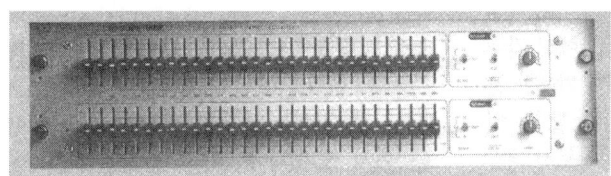

<그림 6.28> 이퀄라이저

(3) 컴프레서/리미터

컴프레서는 임의로 설정된 기준레벨을 초과하는 신호를 압축하는 기기로 북과 같이 강한 어택(attack)음이나 필요이상으로 큰 신호를 제어하는 목적으로 사용된다.

컴프레서의 압축비가 10:1 이상이 되었을 때에는 리미터라고 한다.(<그림 6.29>)

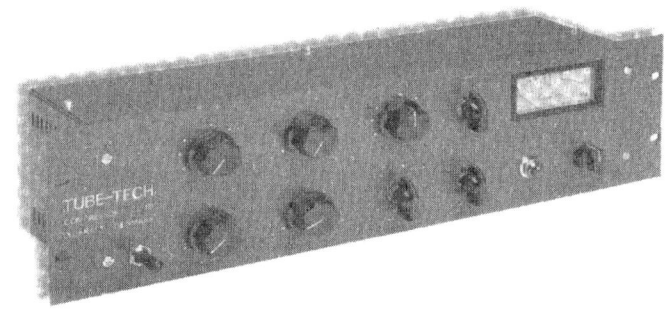

<그림 6.29> 컴프레서

(4) 게이트/익스팬더

게이트/익스팬더는 컴프레서/리미터와 상반되는 기기로 임의로 설정된 기준레벨보다 높은 신호는 정상적으로 출력하고 그 이하의 신호는 압축하여 더 작은 소리로 출력한다. 신호보다 적은 잡음이나 필요치 않은 소리의 여운을 제거하는 목적으로 사용하며, 압축비가 20:1 이상이 되면 게이트, 그 이하를 익스팬더라고 부른다.(<그림 6.30>)

<그림 6.30> 게이트/익스팬더

제 6 장 무대음향설비

(5) 효과용 디지털 프로세서

디지털 신호처리에 의해 상기 효과기기를 포함하는 다양한 음색의 소리를 제조, 효과연출을 행하는 기기이다. 그 외에 효과기기에는 디에서(de-esser), 익사이터(exciter) 등이 있다.

디에서는 음성에 포함된 고주파성분을 억제함으로써 저음에 의한 레벨 오버나 난청의 해소를 도모한 것이며(<그림 6.31>), 익사이터는 오디오신호에 포함된 위상 등을 보정하여 레코딩 과정에서 상실한 뉘앙스를 회복시키거나 음원의 성질상 신호에는 거의 포함되어 있지 않은 고주파를 인위적으로 만들어 내어 원음에 부가하는 기능을 가진 것이다.(<그림 6.32>)

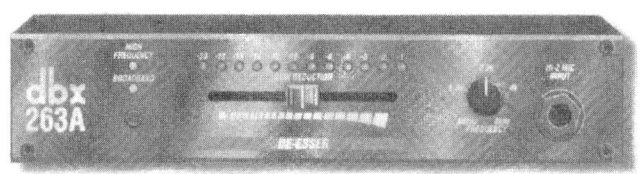

<그림 6.31> 디에서

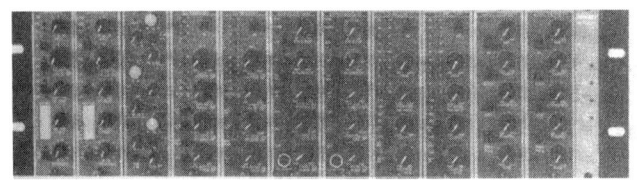

<그림 6.32> 익사이터

다) 녹음재생기기

(1) 오픈 릴 녹음기

대부분의 공연장에서 사용되지 않고 있으나, 연극 주체인 상업극장 등에서는 호환성, 신뢰성, 음악성 등에 따라 효과음용으로 1/4인치, 2트랙, 2채널의 콘솔형 또는 포터블형이 주로 녹음재생기기로서 사용되고 있다.(<그림 6.33>)

<그림 6.33> 오픈 릴 녹음기

(2) 카세트 덱크

　　일반 홀의 녹음재생에 주로 사용되는 것으로 견고하며 신뢰성이 있는 업무용이 사용된다. 녹음을 하면서 모니터할 수 있는 3헤드 타입을 설치할 필요가 있다. 녹음용, 재생용으로 구별하여 사용하는 경우가 많으며 2대 이상이 필요하다. 설치장소에 따라 와이어드 리모콘이 접속될 수 있는 기종을 사용하는 경우도 있다. 8시간 이상의 기록 녹음을 할 수 있는 더블 리버스 타입의 덱크도 있다.(<그림 6.34>)

<그림 6.34> 카세트 덱크

제 6 장 무대음향설비

(3) DAT 레코더

고음질의 디지털 녹음이 용이하게 되므로 음악녹음에 주로 사용된다.(<그림 6.35>)

<그림 6.35> DAT 레코더

(4) MD 레코더

편집이 카세트 덱크보다 용이하며 음질적으로도 양호하여 최근에는 녹음재생으로 많이 사용된다. 재생 기동시에 타임 래그가 있지만, 이를 해소하기 위해서 메모리 버퍼(memory buffer)를 갖게 하여 "폰 출력"(타임 래그 0)이 가능한 기종도 있다.(<그림 6.36>)

<그림 6.36> MD 레코더

(5) CD 플레이어

음악재생을 하는 것으로 가장 일반적으로 사용되고 있지만, 홀용으로서는 신뢰성이 높은 업무용이 사용되고 있다. 최근에는 CDR의 사용빈도가 증가하고 있다.(<그림 6.37>)

<그림 6.37> CD 플레이어

제 6 장 무대음향설비

(6) 레코드 플레이어

　　음원인 레코드판이 거의 제작되어지지 않고 있어 신설로는 설치되는 예가 없으나 민요 등에 사용되는 경우도 있다.

　　이외에 CD를 손쉽게 만들 수 있는 CDR이나 컴퓨터와 접속하여 소리 편집을 하는 하드 디스크 레코더 등을 사용하는 경우도 있다.

라) 그 밖의 기기

(1) 입력 패치반

　　무대측면 패치반이나 각종 마이크로폰장치에서 음향조정실에 들어오는 오디오신호나 효과기기, 녹음기기 등의 오디오신호를 입력 패치반에 의해 음향조정콘솔에 변환 접속하기도 하고, 음향조정콘솔의 출력을 전력증폭기의 입력에 변환 접속하기 위한 반이다.(<그림 6.38>)

<그림 6.38> 입력 패치반

(2) 모니터 스피커

　　음향조정실에서 에어 모니터 마이크로폰으로 집음한 장내의 소리나 장내에 송출하고 있는 소리, 출연자가 사용하고 있는 마이크로폰의 소리 등을 변환 청취하여 음향조작자가 확인하기 위한 스피커이다.

(3) 토크 백(talk back) 장치

　　분장실, 무대, 객석 등과 연락을 하기 위한 확성, 방송장치이며, 기록녹음의 내용을 음성으로 레코더에 기록하는 용도로도 사용된다.(<그림 6.39>)

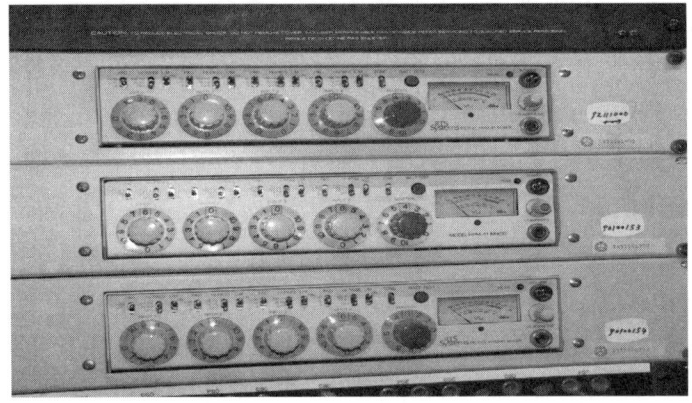

<그림 6.39> 토크 백 장치

(4) 단자반

　　오디오신호나 각종 컨트롤선 등을 결선 접속하기 위한 것이며, 약전 전용 단자반에서는 아주 미약한 신호의 음성계와 컨트롤계를 구분하여 설치하여야 한다. 이 밖에 전력증폭기의 출력을 확인할 수 있는 출력감시장치, 장내 아나운서가 조작하는 아나운서 테이블 등이 있다.

3. 음장보정(音場補正) 및 전력증폭장치

음향조정콘솔로 믹싱된 신호를 알맞은 음성으로 출력계에 전송하는 설비로 각종 보정과 신호증폭기기로 구성되어 있다.(<그림 6.40>)

<그림 6.40> 전력증폭장치의 일례

제 6 장 무대음향설비

가) 음장보정기기
(1) 딜레이
오디오신호를 일시 축적하여 신호를 늦추게 함으로써 소정시간 경과 후 출력시키는 기기로 동일한 음이 다른 거리로부터 발생하여 청취점에 도달하면 시간차에 의해 전송주파수특성이 흩어지는 것(콤틸터 효과), 최초에 도달한 방향에 음상(音像)이 정위(定位)하는 것 등 복수의 스피커로부터 출력되는 소리에 의한 장해제거를 위해 객석에 도달하는 시간을 조정하는데 사용된다. 그 예를 <그림 6.41>에 나타낸다.

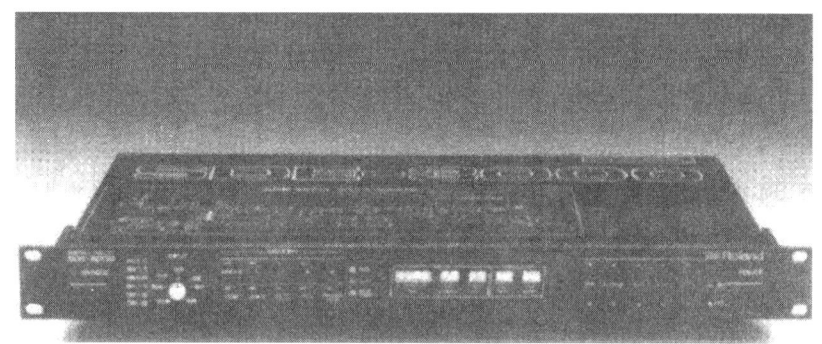

<그림 6.41> 딜레이

(2) 이퀄라이저
음장이나 스피커 등의 전송주파수특성을 알맞게 조정하기 위한 기기이다.
(3) 컴프레서 및 리미터
과대입력에 의한 출력의 포화를 막으면서 동시에 출력계를 보호하는 기기이다.
(4) 채널 디바이더
스피커의 담당 주파수대역마다 주파수를 분할하기 위한 기기이다. <그림 6.42>는 스피커 프로세서 내에 채널 디바이더 기능이 있는 것을 나타낸다.
(5) 스피커 프로세서
스피커 시스템의 일부에서 이퀄라이저나 컴프레서 및 리미터, 채널 디바이더 등으로 구성되어 스피커가 최적조건으로 동작하도록 조정하는 기기이다.(<그림 6.42>)

제 6 장 무대음향설비

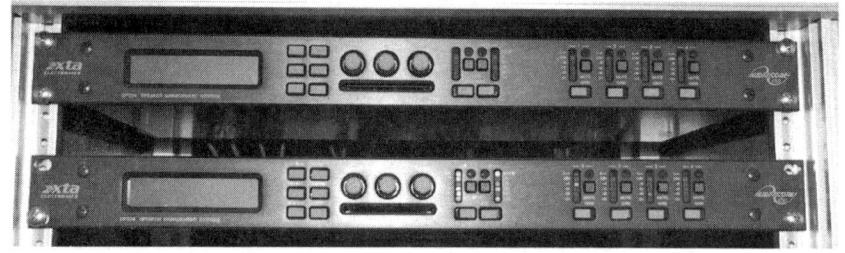

<그림 6.42> 스피커 프로세서(채널 디바이더 기능 내장)

나) 전력증폭기구
 (1) 전력증폭기

오디오신호를 스피커 구동용 전력에 증폭하는 기기이다.

전력증폭기의 부하임피던스는 16Ω, 8Ω, 4Ω, 2Ω이기 때문에, 최대출력전압을 일정하게 하면 8Ω에 대한 다른 임피던스비의 역수가 최대출력전력이 된다. 일반적으로 이 값은 125W, 250W, 500W 등이 사용되고 있다. 전력증폭기를 최저 부하임피던스 이하로 사용하면 과부하가 되어 소리가 왜곡됨으로써 고장의 원인이 되기 때문에 주의를 요한다.

전력증폭기에는 이하의 기능이 부가되어 있는 경우도 있다.

㉮ 음량조정기

음량조정기는 음장조정이나 보수점검 등 수치로 지시, 기록을 하기 때문에 정량적으로 감쇠하는 음량조정기의 사용이 바람직하다.

㉯ 로우 컷 오프 필터(Low Cut Off Filter)

에어 모니터 등으로 공조의 분출에 의한 극초저음 등의 서브소닉이나 음장의 특성에 의한 부밍(booming) 및 고음용 스피커에 오동작으로 저음이 들어가는 것을 방지하는 용도 등에 사용된다.

정전압 전송방식(스피커회선의 종류)에 의한 승압트랜스에 그 차단주파수 이하의 저주파가 들어가면 전력증폭기 고장의 원인이 된다. 이를 보호하기 위해서도 로우 컷 오프 필터는 유효하다.

㉰ 리모트 뮤트(Remote Mute)

공연 목적에 따라 사용하는 스피커를 음향조정실에서 선택하여 출력제어를 하기도 하며, 보수점검시에 사용된다.

㉱ 모니터출력

전력증폭기의 동작상태나 스피커의 출력감시에 사용한다. 용도에 따라 뮤트(Mute

Relay)의 전후를 선택하여 사용한다.
(2) 출력패치판넬(반)

전력증폭기의 출력과 스피커를 변환 접속하기 위한 조작판넬 또는 조작반이다.(<그림 6.43>)

<그림 6.43> 출력패치 판넬

(3) 출력스위치판넬

음장조정을 위해 전력증폭기와 스피커 사이에 배치된 스위치 판넬이다.(<그림 6.44>)

<그림 6.44> 출력스위치 판넬

제 6 장 무대음향설비

6.2 무대음향설비의 전기설비

6.2.1 전원설비

음향설비는 전원에 혼입된 노이즈의 영향을 받기 쉬우므로 매우 안정한 전원이 필요하다. (「제3장 전원설비 참조」)

1. 전원의 전기방식

무대음향기기의 주로 사용전압은 220V이지만 설비의 규모에 따라 단상 3선식, 3상4선식이 채용된다.(「제3장 전원설비 참조」)

2. 전원용량

무대음향설비의 전원용량의 산정은 기기명판의 정격용량의 총합을 기준으로 하여 수용률, 여유율을 고려하여 결정하여야 한다.(「제3장 전원설비 참조」)

3. 전원반

가) 무대음향설비는 기기마다 개별로 전원을 필요로 하기 때문에, 일반적으로 20A 분기회로로 하는 것이 많다. 또한, 운영관리 및 보안상 1분기회로에 복수의 기기를 접속하는 것은 바람직하지 않으므로 분기회로 수는 설비기기 대수로 할 필요가 있다.

그리고 반입기기나 증설기기 등을 고려하여 미리 예비회로를 구비한 분전반을 설치하는 것이 바람직하다.

나) 반입음향기기 전원반
  (1) 음향전원과 동일한 전원계통을 무대측면 부근에 인입하여 콘서트 등의 외부에서 가지고 들어오는 음향기기에 급전하는 전원반을 말한다.
  (2) 이 전원반은 주개폐기와 분기개폐기를 경유한 콘센트를 필요한 회로 수에 따라 설치한다.
  (3) 오케스트라 피트내에서 전자악기 등을 사용하는 것을 고려하여, 반입음향기기 전원반에 소용량 분기회로를 설치하고 그 부하측 설비로서 오케스트라 피트내에 음향전원용 콘센트를 설비하여 놓는 것이 바람직하다. 반입음향기기 전원반의 예를 <그림 6.45>에 나타낸다.

제 6 장 무대음향설비

<그림 6.45> 반입음향기기 전원반의 일례

6.2.2 음향설비의 배선공사

무대음향설비의 배선공사는 연출공간 전기설비 내부에서 가장 잡음장해를 받기 쉬운 성질을 가지고 있기 때문에 무대조명, 무대기구의 배선공사와 관련하여 특히 배려하여야 한다.

1. 무대음향의 배선공사의 특징

배선공사에는 여러 종류가 있지만 무대음향설비에서 일반적으로 행해지고 있는 배선공사는 다음 <표 6.12>와 같다.

또한, 무대음향의 실비회로는 음원인 마이크로폰으로부터의 오디오신호를 음향조정콘솔에서 제어하여 제어선을 통해서 전력증폭기로 증폭하여 스피커로 확성하여 관객에게 음성을 전달하는 구성이기 때문에 무대조명, 무대기계·기구와 다르게 다음과 같은 특징이 있다.

가) 오디오신호는 미세전압신호이다.(무대조명, 무대기계·기구의 제어신호는 약전류의 고속신호)

나) 전력증폭기의 증폭율이 대단히 높다.($10^3 \sim 10^5$배)

다) 전력증폭기는 소용량으로 사용대수가 대단히 많아 음향전원선이 필요하다.

라) 스피커배선의 전압강하는 정확한 확성음의 방해가 된다.

마) 스피커배선의 전선긍장은 길다.

이로 인해 마이크배선은 일반적인 신호회로와 다르고 아주 미세한 노이즈의 영향

제 6 장 무대음향설비

에도 증폭되어 음성장해가 될 우려가 있기 때문에 배선은 반드시 금속관 또는 금속덕트로 시공하여야 한다.(다만, 전자유도장해의 우려가 없는 경우는 제외)

또한, 음향전원반에서 전력증폭기에 달하는 음향설비 전원선은 교류 220V의 저압옥내배선이고 제어선(약전류전선)과 근접하는 경우가 많기 때문에 반드시 금속관 또는 금속덕트로 배선하여야 한다.

<표 6.12> 무대음향설비의 배선공사

공사종류	금속관배선	금속덕트배선	금속제가요전선관배선	케이블배선	버스덕트배선
간선	○	○			
스피커배선	○	○	○	○	
마이크배선				●	
음향전원배선	○	○	○	○	
제어선				●	

※ ○ : 일반적으로 행해지는 배선공사
　◎ : 일반적으로 행해지는 배선방법으로 바람직한 배선공사
　● : 케이블을 금속관 또는 금속덕트로 시공할 필요가 있는 공사
　　　 또는 금속관공사와 동등한 성능을 가지는 차폐케이블에 의한 공사

2. 오디오신호회로

가) 무대측면 커넥터반과 음향조정실을 연결하는 오디오신호회로의 경로는 전원선과는 격리하는 것이 기본조건이다.

공연장 전체를 고려할 때에 설계단계에서 의논하여 조정하고 결정하여야 한다.

나) 오디오신호회로 낮은 신호레벨(-80~-30dBu 정도)을 취급하기 때문에 금속전선관 배선 또는 금속덕트 배선으로 하여야 한다.

다) 오디오신호회로는 조명계나 동력계 배선이 평행한 루트를 갖는 것을 피하여야 한다. 평행한 경우에는 1m 이상, 교차하는 경우는 10cm 이상을 이격하는 것이 바람직하며 또한, 오디오신호회로는 음성의 출력계와 50cm 이상 이격할 필요가 있다.

3. 출력계(스피커 회선)

가) 출력계(스피커회선)는 금속전선관 배선에 의해 시공한다.

나) 배선은 단말에서 목적지 단말까지의 선로를 중간에 연결 또는, 도중의 풀박스 등으로 접속부를 설치하여서는 아니 된다. 특히, 입력계에서는 실드선을 많이 사용하고

제 6 장 무대음향설비

있기 때문에 단말까지 통과시키는 배선으로 하여야 한다.
다) 스피커회선은 <표 6.10>에 나타내는 스피커 케이블의 예에 준하는 케이블을 사용하고, 최단거리로 전력증폭기와 스피커를 접속하여야 한다.

4. 디지털 제어회선

가) 디지털 제어회선은 정전기나 전자개폐기 등의 방전에 의한 임펄스성 노이즈나 접지전위차의 영향을 받기 때문에 음성회선과 동일한 배려가 필요하다.
나) 다른 설비로부터의 노이즈장해를 방지하기 위한 대책을 고려하여야 한다.(「제9장 고조파 및 노이즈 방지대책」참조)

5. 케이블 배관의 이격거리

국내 공연장(ㅇㅇ아트센터)에서의 오디오신호회로와 전원선 및 접지선과의 이격거리 적용사례는 다음의 <표 6.13>과 같다.

<표 6.13> 케이블 배관 이격거리 적용사례

단위 : cm

신호 레벨	마이크 레벨	라인 레벨	RF 레벨	인터컴 DC 콘트롤	스피커 레벨	70.7V 스피커	전원 접지선	전원 간선	전동기, 조명 전원선
마이크 레벨	×	15	23	30	40	50	60	90	90
라인 레벨	15	×	10	15	23	30	50	60	60
RF레벨	23	10	×	10	15	23	40	40	40
인터컴 DC콘트롤	30	15	10	×	10	15	30	30	30
스피커 레벨	40	23	15	10	×	10	15	30	30
70.7V 스피커	50	30	23	15	10	×	15	23	30
전원 접지선	60	50	40	30	15	15	×	×	30
전원 간선	90	60	40	30	30	23	×	×	×
전동기, 조명 전원선	90	60	40	30	30	30	30	×	×

※ 배관은 금속전선관을 사용

제 6 장 무대음향설비

6.2.3 과전류보호설비

1. 무대음향설비의 과전류차단기

공연장의 무대음향설비는 일반적으로 대용량 간선으로부터 직접 다수의 분기회로에 분산 접속되는 경우가 많으므로 특히 단락보호 협조시 충분히 유의하여야 한다.

과전류차단기 보호협조의 검토에 있어서는 반드시 단락전류를 계산하고 각 보호기기의 종류, 정격의 선정, 정정치를 결정하여야 한다.

전로의 보호에 사용하는 과전류차단기의 선정에 있어서, 과전류 보호협조와 동시에 단락보호협조가 필요하다. 단락보호협조는 전로의 각 부위에 사용되는 전선재료, 전기기기 등이 단락전류의 계산에 의해 산출한 각 상정위치의 단락전류 값에 대하여 보호할 수 있는 성능을 갖는 과전류차단기를 선정하여야 한다.

단락전류의 계산, 단락보호협조의 조건 등은 「4.5.2 무대조명설비의 과전류보호」를 참조.

2. 단락보호협조의 계산 예

가) 조 건

기준용량			100MVA
전원변압기	정격용량		150kVA
	전원방식	△-△	
	1차측 정격전압		22,900V
	2차측 정격전압	3상3선	220V
	2차측 정격전류		393A
	변압기 %임피던스		4.47
	임피던스비	X/R	2
간선	상수 주개폐기	MCCB	100A 3P
	하수 주개폐기	MCCB	100A 3P

간선	음향조정실 주개폐기	MCCB	200A 3P
	프로시니엄 주개폐기	MCCB	50A 3P
	앰프실 주개폐기	MCCB	225A 3P
간선계통	상수분전반	케이블 (CV)	60㎟ (긍장 46m)
	하수분전반	케이블 (CV)	60㎟ (긍장 76m)
	음향조정실	케이블 (CV)	60㎟ (긍장 85m)
	프로시니엄	케이블 (CV)	14㎟ (긍장 73m)
	앰프실	케이블 (CV)	150㎟ (긍장 16m)

나) 계통구성도

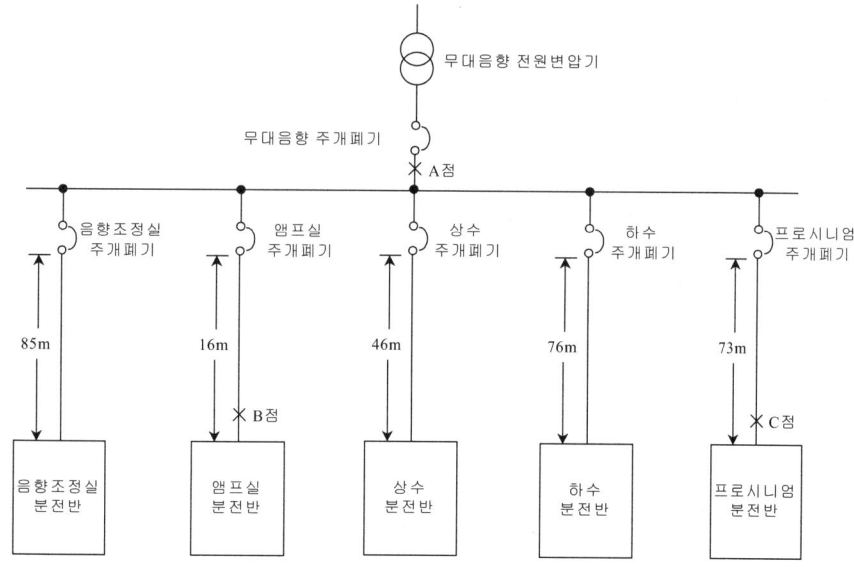

<그림 6.46> 계통구성도

다) 단락전류의 계산
  (1) 임피던스
    기준전압(선간전압)   V=220V
    기준용량(변압기용량) P=150kVA
    ㉮ 전원임피던스(%Z_s)
      %Z_s = 0으로 산주

제 6 장 무대음향설비

    ㈏ 변압기임피던스(%Z_t)

        %임피던스   4.47

        임피던스비 X/R 2

        %Z_t = 2+j4(%)

        %임피던스를 기준Base로 환산하면,

$$\%Z_t = \frac{100 \times 10^3}{150} \times (2 + j4) = 1333 + j2666$$

    ㈐ 배선임피던스

        앰프실 간선임피던스(Z_1)·········(CV 150㎟ :(0.157+j0.119)Ω/km)

$$Z_1 = (0.157 + j0.119) \times \frac{16}{1000}$$

        Z_1을 %Z_1로 환산하면,

$$\%Z_1 = \frac{100 \times 10^3}{10 \times 0.22^2} \times (0.157 + j0.119) \times \frac{16}{1000} = 519 + j393.3$$

    ㈑ 프로시니엄 간선임피던스(Z_2)······(CV 14㎟ :(1.67+j0.146)Ω/km)

$$Z_2 = (1.67 + j0.146) \times \frac{73}{1000}$$

        Z_2를 %Z_2로 환산하면,

$$\%Z_2 = \frac{100 \times 10^3}{10 \times 0.22^2} \times (1.67 + j0.146) \times \frac{73}{1000} = 25188 + j2202$$

(2) 단락전류

    ㈎ A점의 단락전류

        A점의 %임피던스(%Z_a)

        %Z_a = %Z_t = 1333+j2666(%)

        A점의 3상 단락전류(I_{a3})

$$I_{a3} = \frac{100}{2980.6} \times \frac{100 \times 10^6}{\sqrt{3} \times 220} = 8.80 kA$$

    ㈏ B점의 단락전류

B점의 %임피던스(%Z_b)

%Z_b=%Z_t+%Z_1=(1333+j2666)+(519+j39303)=1852+j3059.3

A점의 3상 단락전류(I_{b3})

$$I_{b3} = \frac{100}{3576.2} \times \frac{100 \times 10^6}{\sqrt{3} \times 220} = 7.33kA$$

㉰ C점의 단락전류

C점의 %임피던스(%Z_c)

%Z_c=%Z_t+%Z_2=(1333+j2666)+(25188+j2202)=26521+j4868

C점의 3상 단락전류(I_{c3})

$$I_{c3} = \frac{100}{26964} \times \frac{100 \times 10^6}{\sqrt{3} \times 220} = 0.973kA$$

A점의 3상 단락전류	I_{a3}	8.80(kA)
B점의 3상 단락전류	I_{b3}	7.33(kA)
C점의 3상 단락전류	I_{c3}	0.973(kA)

라) 단락보호협조
  (1) 무대음향 주개폐기
    주차단기

MCCB	정격전류	500A
	정격절연전압	AC 660V
	사용전압	AC 220V
	정격차단용량	AC 42kA

  ㉮ 차단용량의 적합성
    MCCB 차단용량 > A점의 3상 단락전류
    42kA > 8.8kA(적합)
  ㉯ 단락보호협조
    ○ 시한협조
      A점의 3상 단락전류에 의한 주차단기의 동작시간 0.016초
    ○ 배선보호
      보호대상배선이 부스바이므로 적합한 것으로 인정된다.

제 6 장 무대음향설비

(2) 간선의 보호

㉮ 앰프실 간선

앰프실 주개폐기

MCCB	정격전류	225A
	정격전압	AC 660V
	사용전압	AC 220V
	정격차단용량	AC 18kA

a. 차단용량의 적합성

MCCB 차단용량 > B점의 3상 단락전류

18kA > 7.33kA(적합)

b. 단락보호협조

○ 시한협조

B점의 3상 단락전류에 의한 차단기의 동작시간

무대음향 주개폐기	0.019초
앰프실 주개폐기	0.015초

따라서 직근 전원측의 분기 주개폐기에 의해 차단이 가능하므로 적합.

○ 배선보호

차단기의 동작시간 0.015초로부터 보호대상배선 CV 60㎟의 단락허용전류 값은

$$\frac{0.141 \times 60}{\sqrt{0.015}} = 69kA$$

따라서, 배선의 단락허용전류 값 > B점의 3상 단락전류 값

69kA > 7.33kA(적합)

㉯ 프로시니엄 간선

프로시니엄 주개폐기

MCCB	정격전류	50A
	정격절연전압	AC 660V
	사용전압	AC 220V
	정격차단용량	AC 5kA

a. 차단용량의 적합성

MCCB 차단용량 > C점의 3상 단락전류

5kA > 0.973kA(적합)

b. 단락보호협조

제 6 장 무대음향설비

○ 시한협조

C점의 3상 단락전류에 의한 차단기의 동작시간

무대음향 주개폐기   25초

프로시니엄 주개폐기   0.016초

따라서, 직근 전원측의 분기주개폐기에 의해 차단할 수 있기 때문에 적합.

○ 배선보호

차단기의 동작시간의 최대치 0.016초로부터 보호대상배선 CV 14㎟의 단락허용전류 값은,

$$\frac{0.141 \times 14}{\sqrt{0.016}} = 15.6 kA$$

따라서, 배선의 단락허용전류 값>C점의 3상 단락전류 값

15.6kA > 0.973kA(적합)

6.2.4 지락보호설비

1. 지락보호 판정기준

가) 금속제 외함을 가지는 사용전압이 60V를 넘는 저압의 기계기구로서 사람이 쉽게 접촉할 우려가 있는 곳에 시설하는 것에 전기를 공급하는 전로에는 감전을 방지하기 위해서 전로에 지기가 생겼을 때에 자동적으로 전로를 차단하는 장치(누전차단기 등)를 시설하는 것이 의무로 부과되고 있다.

다만, 기계기구를 건조한 장소에 시설하는 경우에는 대지전압이 150V 이하의 기계기구를 물기가 있는 장소 이외의 곳에 시설하는 경우 또는 기계기구가 고무·합성수지 기타 절연물로 피복된 경우 등에 있어서는 감전의 우려가 적기 때문에 지락차단장치(누전차단기 등)의 시설 의무가 생략되어 있다.(「기술기준」제45조)

나) 무대음향설비는 전력증폭기까지 사용전압 220V 이상이고, 그 2차측은 약전류 회로이다. 또한, 사용전압이 저압으로서 대지전압이 150V 이하의 기기이기 때문에 감전의 위험이 적은 설비이므로 누전차단기의 시설을 생략할 수 있다.

그러나 무대음향설비의 보수운용상의 관점에서 지락검출 또는 기계기구의 보안을 목적으로 한 누전경보설비를 시설하는 것이 바람직하다.

다) 공연 및 행사 등에서 반입음향기기를 사용하는 경우가 많으므로 반입음향기기 전원 간선스위치 2차에도 누전경보장치를 시설하는 것이 바람직하다.

제 6 장 무대음향설비

2. 누전경보장치의 감도전류 값

감전사고 예방을 위한 누전검출을 목적으로 한 누전경보장치의 감도전류 값은 음향설비에 접지가 제3종 접지공사(100Ω이하)로 시설되어 있는 경우에는 누전경보장치의 동작시간이 0.1초 이내, 감도전류 값은 500mA 이하의 것을 사용하여야 한다.

3. 누전경보장치의 경보표시 방법

연출공간전기설비는 무대운영상 각각의 설비를 집중하여 제어할 수 있는 조작반, 또는 조작대에서 조작이 된다.
따라서 누전경보장치가 작동한 경우의 경보표시는 해당 기기의 조작반 등에서 확인할 수 없으면 아니 된다. 또한, 연극진행을 방해하지 않는 표시방법이어야 한다.
이상과 같이 무대음향설비의 경보표시방법은 다음에 의한 것이 바람직하다.

가) 경보표시장치는 음량조정기능이 부착된 음성경보기와 경보표시등이 병용된 것이어야 한다.
나) 경보표시등은 작동한 회로가 쉽게 확인될 수 있도록 설비하여야 한다.
다) 누전경보표시장치는 음향조정실에 설치되는 음향조정콘솔로부터 확인하기 쉬운 장소에 설비하여야 한다.

4. 누전경보장치의 정격감도전류 값의 계산 예

가) 조건

    전원전압 ·················· AC 105V/ 210V
    배선방식 ·················· 단상 3선식
    주파수   ·················· 60Hz
    전원용량 ·················· 20kVA
    기기접지 ·················· 제3종 접지공사 100Ω
    전력증폭기   단상 전파정류형   (550W+550W)×3대
                  단상 전파정류형   (350W+350W)×7대
                  단상 전파정류형   (100W+100W)×3대
    분기회로 직(直)회로 ········ 20A × 13회로 전력증폭기
    전선의 종류 및 전로 길이(600V 비닐절연전선(IV))
        IV 2mm² ·················· 70m

제 6 장 무대음향설비

나) 누설전류의 계산
　(1) 전로의 누설전류
　　　전선로의 누설전류
　　　　　IV 2㎟　99.6mA × 0.07km = 6.97mA
　　　배선방식에 의한 누설전류 환산표에 의해
　　　　　6.97mA × 0.3 = 2.09mA

　(2) 설비기기의 누설전류
　　　전력증폭기　단상 전파정류형　　(550W+550W) × 3대
　　　　　　　　　단상 전파정류형　　(350W+350W) × 7대
　　　　　　　　　단상 전파정류형　　(100W+100W) × 3대
　　　　　　　　　　　　　　　　합　계　　　　13대
　　　전력증폭기의 누설전류 값을 3.5mA로 하면
　　　　　3.5mA × 13대 = 45.5mA

　(3) 전로의 누설전류 값
　　　　2.09mA + 45.5mA = 47.59mA

　(4) 무대음향 간선개폐기에 시설하는 누전경보장치의 감도전류 값은 <표 4.31>에 의해
　　　　47.59mA × 5 = 237.59mA
따라서, 정격감도전류 값은 500mA가 된다.

6.2.5 접지설비

　음향설비의 전기사용기기에는 기술기준 및 내선규정으로 표시된 기기의 안전 확보를 위하여 제3종 접지공사를 실행하여야 한다. 또한, 무대음향설비는 노이즈에 약하고 전위의 미세한 변동에 영향을 받기 쉬운 음성신호이므로 전력증폭기 및 마이크로폰 등의 경우에는 기능상 필요한 안정전위확보 및 노이즈장해 방지를 위한 "신호회로에 관한 접지"를 독립하여 특별 제3종 접지공사에 의해 시설된 접지극 보다 전용의 접지선으로 신호회로에 실행하여야 한다.(「제8장 접지설비」 참조)

제 6 장 무대음향설비

6.3 음향기기의 설치시 유의사항

6.3.1 음향기기의 설치 장소 및 구조

Ⅰ. 음향조정실

음향조정실에는 음향조정콘솔, 녹음재생용 기기, 효과기기, 와이어리스 마이크로폰 수신기, 모니터 스피커 등을 설비함과 동시에 무대나 객석의 마이크로폰 커넥터, 스피커 커넥터 등의 배선을 접속하기 위해 라인입력 패치반, 출력단자반을 설치한다. 스피커를 구동하는 전력증폭기기는 앰프실에 설치하지만, 규모가 작은 홀의 경우는 음향조정실에 설치한다. <그림 6.47>에 음향조정실의 기기배치의 예를 나타낸다.

<그림 6.47> 음향조정실의 기기배치 예

가) 음향조정실의 위치
  (1) 무대에서 개최되는 각종 공연의 확성 조정 조작을 하기 위해서는 무대 전체를 충분히 볼 수 있는 장소일 뿐만 아니라 시계(視界)가 넓은 객석 후방에 음향조정실이 위치하는 것이 바람직하다.
  (2) 외부장비 사용시를 대비하여 객석부스(전원포함)를 설치하는 것이 바람직하다.
      음향조정콘솔의 앞은 무대 전체가 완전히 바라볼 수 있는 장소이어야 한다. 창은 개폐가능하게 하며 창틀의 하단은 조작자가 음향조정콘솔 앞에 걸터앉은 상태로 무대 선단을 전망할 수 있는 높이이어야 한다.

또한, 창틀의 상단은 조작자가 선 상태라도 무대가 무리 없이 보이는 높이로 하여야 한다. 창틀의 상부에는 모니터 스피커를 설치할 공간(약 700mm)이 필요하다.
(3) 음향조정실의 넓이는 음향기기의 조작이 용이하게 행해질 수 있는 위치에 배치하고, 후방을 사람이 통행할 수 있는 공간이 충분히 확보되도록 하여야 한다.
(4) 스테이지와 음향조정실의 왕래가 용이(최단거리)하도록 전용통로로 하는 것이 바람직하다.
(5) 조광기계실(디머실) 및 조광조작실과는 멀리 떨어진 위치로 하여야 한다.

나) 음향조정실의 구조
(1) 실내는 충분한 흡음처리(천장: 흡음판, 벽: 유공판(有孔板), 기초: 흡음재)를 하고 잔향시간은 0.3초 이하가 바람직하다.
(2) 음향조정실과 홀 사이 및 음향조정실과 복도 등의 차음(遮音)특성은 40dB 이상이 바람직하다.
(3) 문은 방음문으로 하여 개폐시에 소음이 발생되지 않도록 한다.
(4) 창은 개폐가능하고 기밀성(氣密性)이 높은 것으로 한다. 창의 내측에는 커튼을 설치하는 것이 바람직하다.
(5) 공조설비는 홀과는 독립한 것으로 소음이 없고 공기조절덕트를 통하여 다른 방과 크로스토크가 발생하지 않도록 하여야 하며, 단독으로 온도조절이 가능한 것이어야 한다.
(6) 방의 조명과는 별도로 음향조정콘솔의 상부에 국부조명장치가 필요하다. 조명기구는 위치를 가변시킬 수 있는 라이팅 레일방식이 바람직하며, 탭 레코더, 레코드 플레이어, 효과기, 주변기기 왜건 등의 조작면에 대해서도 국부조명이 필요하다.
　　　이들의 조명은 공연중 객석에 실 조명이 새지 않도록 하기 위해서 각각 개별로 조광이나 점멸을 할 수 있는 것이어야 한다.
(7) 마루는 케이블배선용 금속덕트의 설치나 프리 액세스(free access)로 한다. 프리 액세스 마루에서 음향계의 배선루트는 전원, 조광, 동력계 배선과는 1m 이상 이격되도록 시공하여야 한다.
(8) 음향조정콘솔은 자계의 영향을 받기 쉽다. 따라서 자계가 발생하기 쉬운 동력케이블은 음향조정콘솔로부터 이격하여야 한다. 경우에 따라서는 자성재료로 차폐하여야 한다.

제 6 장 무대음향설비

2. 앰프실

가) 국내 공연장은 대부분이 별도의 앰프실이 없고 음향조정실과 함께 설비되어 있지만, 별도의 앰프실을 설치하는 경우에는 전력증폭기가 소비전력도 크고 발열량도 많으므로 독립된 별도의 공조설비를 설치하여야 한다.

나) 공기조절 덕트를 통해 다른 방과 크로스토크가 발생되지 않도록 하여야 하며, 독립한 온도조절이 가능하고 여유가 있는 공조설비(냉방)가 필요하다.

다) 앰프설비는 중량이 크기 때문에 마루 내 하중을 충분히 고려하여야 한다.

3. 기타 조작장소

가) 장내 분위기에 맞추어 연출하는 콘서트 등의 공연에 있어서 객석에 이동형 음향조정콘솔을 설치하여 조작하는 경우가 있다.
  이 경우에는 무대위의 마이크로폰이나 앰프실 등과 접속하기 위해서 객석에 커넥터반을 설치하는 것이 바람직하다. 이 때에 믹싱 스페이스를 확보하여야 한다.

나) 강연회 등 조작이 간단한 상황에서는 한 사람의 조작자가 마이크로폰 출력 음향조정을 하기 때문에 무대측면에 간단한 음향믹서가 필요하다.

4. 스피커 설비

가) 스피커를 고정하는 경우 스피커 박스는 노출설치가 이상적이지만 매입할 필요가 있는 경우에 스피커의 소리가 방사되는 전면에는 소리의 장해가 되지 않는 구조로 하며, 개구면적은 매우 크게 하고 전면은 음향측면에서 손실이 적은 재질을 선택하여야 한다.

나) 프로시니엄 스피커는 객석 천장 내에 매달아 설치되므로 탈락, 낙하 등이 있어서는 아니 된다. 특히, 프로시니엄 스피커는 중량이 크기 때문에 스피커 캐비넷의 보강, 현수방법, 건축물과의 부합, 강도의 확인 등을 고려하여야 한다.

다) 프로시니엄 스피커, 실링 스피커, 사이드 스피커, 객석천장에 시설하는 3점 매달린 마이크로폰장치 등에는 보수점검 등을 위해 시설취급자가 통행할 수 있는 연락통로를 설치하여야 한다.
  통로에는 장해물이 없어야 하며 사람이 보행할 때에 충분한 공간을 확보하여 전용통로에는 통행에 위험이 없도록 통로 등을 설치하고 점멸 스위치를 설치하여야 한다.

제 6 장 무대음향설비

5. 매달린 마이크로폰장치

매달린 마이크로폰장치로 현수되는 마이크로폰은 다음의 사항을 유의하여야 한다.

가) 매달린 마이크로폰장치의 승강조작은 매달린 마이크로폰이 보이는 장소에서 조작할 수 있어야 한다.

나) 마이크로폰 및 그 부속품 이외의 물건을 매다는 것을 금지하는 취지를 명확히 하여야 한다.

다) 허용하중을 명기하여 허용치 이상의 하중의 사용에 주의를 하여야 한다.

6. 와이어리스 수신안테나

와이어리스 마이크로폰장치는 송신기인 와이어리스 마이크로폰의 출력 전파를 수신 안테나를 통해 수신하기 때문에 안테나의 설치장소의 선정이 중요하다.

옥내에서 사용하는 경우에는 전파의 특성상 건축물에 반사하는 전파와 직접 도달하는 전파로 상호간섭이 발생하여 수신할 수 없는 사각지대가 발생하는 경우가 있다.

안테나의 설치에 있어 다음의 사항을 주의하여야 한다.

가) 안테나 설치위치는 마이크로폰의 사용위치로부터 직시할 수 있는 장소이어야 한다.

나) 2개의 안테나를 쌍으로 사용하는 다이버시티 수신방식의 안테나 상호간의 거리는 20m 이하로 한다.

다) 2개의 쌍 안테나로부터 수신기까지의 케이블은 매우 짧고 같은 길이로 한다.(케이블의 감쇠가 다르면 다이버시티 효과가 없어짐)

라) 마이크로폰이 너무 가까우면 안테나에 과대입력을 주는 것이 되이 혼변조(混變調) 왜곡이 발생하여 노이즈의 원인이 되므로 마이크로폰으로부터 2~3m 이상 이격하여 설치하여야 한다.

마) 벽이나 천장 등의 내장재의 뒷편이나 창, 금속프레임, 금속판 가까이에는 설치하지 않아야 한다.

바) 안테나에는 증폭기나 주파수변환기가 내장되어 있고, 안테나 케이블을 경유하여 직류전원을 공급하는 것이 있다.

　　이로 인하여 제조사간에 호환성이 없으므로 안테나와 수신기는 동일 제조사, 동일 기종을 사용하여야 한다.

제 7 장
무대운영용 설비

7.1 TV 중계설비
7.2 연락, 확인설비
7.3 영사설비
7.4 기타 조명설비

제 7 장 무대운영용 설비

무대운영설비라 함은 무대효과를 직접 연출하는 설비가 아닌 무대 스탭(staff)의 연락·확인용 설비, TV 중계설비 및 영사설비 등을 말한다.
　이 설비들은 스탭들을 위한 설비이므로 무대의 규모, 상연 목록, 운영, 운용에 의해 그 내용, 정도, 필요성은 각각 다르다고 볼 수 있다.
　설비의 일부는 무대설비의 본체와 동등한 중요도를 가지는 것도 있지만 본체설비를 축소하면서까지 설비할 필요가 없는 부분도 있다.

7.1 TV 중계설비

　녹음·방송중계설비는 모든 공연장에서 필요로 하는 것은 아니다. 그 지역을 대표하는 대형 공연장으로 음향성능이 양호하고, 무대설비가 갖추어져 있는 경우에 한해서 방송중계의 대상이 되는 경우가 있다.
　클래식(classic)음악전용 공연장 등은 연주의 녹음을 위해 녹음실을 필요로 하는 경우가 있다. 공연중인 연주를 녹음하는 용도로 사용될 때에는 공연장 내의 소음(騷音), 차음(遮音), 노이즈 방지 등에 관해서 주의 깊게 설계, 시공하여야 한다.

7.1.1 중계설비용 설치 공간

1. 녹음·방송 중계실
　가) 녹음·방송 중계실을 설치하는 경우에는 클래식 음악의 스테레오(stereo)조정 및 녹음을 고려하는 것이 바람직하다.
　나) 방의 치수는 폭 4m, 깊이 5m 이상으로 하여 벽, 천장은 흡음(吸音) 처리를 필요로 한다.
　다) 무대를 볼 수 있는 창을 설치하는 경우에는 일부를 개폐 가능하게 한다. 개폐 가능한 창 설치시 고려할 점은 창문이 닫힌 상태에서는 어느 정도의 차음성(遮音性)도 필요하다는 것이다. CCTV 설비 등이 갖추어져 있다면 녹음·방송 중계실에서 무대가 보이지 않아도 상관없다.
　라) 분장실의 수용력이 충분하다면 전용의 녹음·방송 중계실을 설치하지 않고 분장실과 겸용하는 경우도 있다.

제 7 장 무대운영용 설비

2. TV 카메라(camera) 설치 공간

공연물의 종류와 주최자가 방송국이냐 아니면 다른 주최자이냐 등에 의해 카메라의 위치나 대수가 다르다. 무대에서 홀 측으로는 특별히 고려할 필요가 없다. 공연장내 일반적인 설치 공간은 다음과 같다.

가) 객석 내에서는 일반적으로 객석의 후방(무대 정면 30m정도 이내)
나) 객석의 측벽 근처(무대를 기울여 옆에서 보는 위치)
다) 2층석이 있는 경우는 2층석

방송국 주최의 콘서트(concert)나 이벤트(event) 등 TV 방송을 주체로 한 공연물이 있는 경우는 프로그램에 따라 카메라 위치도 다르지만 화면에 비춰지는 상을 우선으로 카메라의 위치를 결정하게 된다.

3. TV 중계차 공간

가) TV 중계차 주차장소는 중계케이블을 무대에 직접 인입할 수 있는 무대의 측방, 후방 등에 설치하는 것이 바람직하며 대도구 반입, 분장실 출입, 관객의 피난 등의 동선과 겹치지 않는 장소이어야 한다.
나) 중계차 주차장소를 확보하는 경우는 대형버스 정도(폭 2.5m, 길이 9m, 높이 3.5m)의 주차 공간과 설치, 운영 작업을 위해 중계차의 측방과 전방은 각 1m 정도, 후방은 2m 정도, 상부 0.5~1m 정도의 여유가 필요하다.
다) 두개 채널 이상의 동시중계 또는 중계차와 음성중계차의 동시 주차 등을 고려하는 경우는 2대 분 이상의 주차 공간으로 하는 것이 바람직하다.

4. 파라볼라 안테나(parabola antenna) 설치 공간

파라볼라 안테나는 TV 생중계나 중계녹화를 하는데 필요한 설비이다.

가) 방송국 또는 중계수신 기지를 전망할 수 있고, 중계차 주차 공간에서 가까운 장소에 설치하는 것이 바람직하다. 일반적으로 건물 옥상 등의 높은 위치가 선택된다.
나) 안테나, 송신기, 삼각대 등을 운반해서 올려야 하는 곳이므로 난간이 있는 계단 등 위험이 적은 통로를 설치하고, 옥상의 통로 부분과 안테나 설치 공간의 주위는 사람이 보행을 할 수 있는 공간을 확보하는 것이 바람직하다.

안테나 대(카메라 삼각대 겸용)를 고정하기 위한 콘크리트 기초, 철물 등의 예를 <그림 7.1>에 나타낸다.

제 7 장 무대운영용 설비

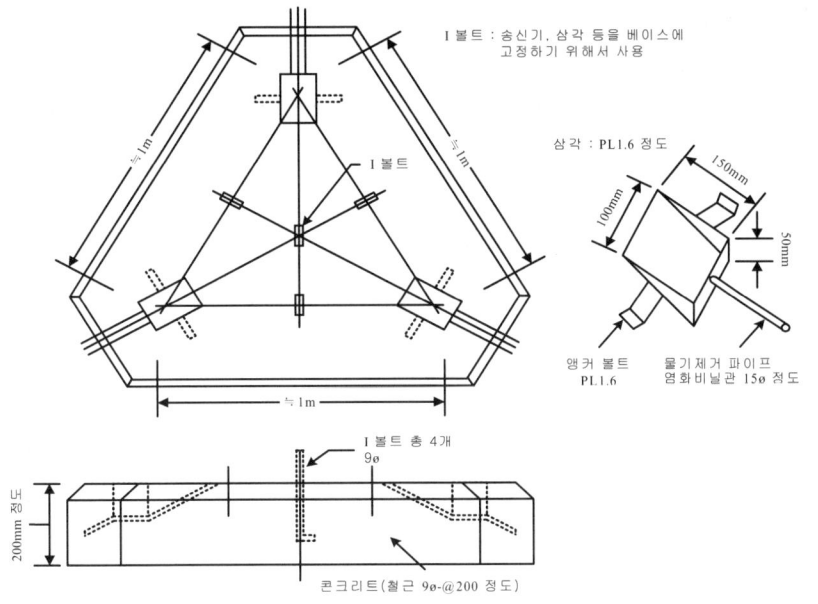

<그림 7.1> 파라볼라 안테나 콘크리트 베이스(concrete base)의 예

7.1.2 중계설비용 전원과 케이블의 시설

1. 방송 중계용 전원

가) 중계차용 전원반

(1) 중계차용 전원반은 중계 케이블 인입구 근처의 실내 측에 시설하는 것이 보수관리상 바람직하다. 또한 음향계의 반입이나 기기용 전원과도 공용이 가능하다.

(2) 전압과 용량은 단상3선 110/220V 또는 3상4선 220/380V, 15~20kVA×2(1대 당)정도이다. 분전반에는 전압계 및 전류계 또는 전압 상표시기를 설치하고, 출력단자로서 300A 정도의 단자대 또는 12㎜ 이상의 볼트 단자를 설치하여 중계차에 전원을 공급한다.

(3) 전원 공급 및 노이즈 예방측면에서 발전차를 이용하는 경우도 있다.

나) 녹음·방송 중계실의 전원

(1) 반입용 기기의 전원으로서 공연장의 음향전원으로부터 난상 220V(단상 3선 또는 3상 4선)를 5~10kVA정도 이상 공급한다. 전원콘센트는 2P 15A 및 C형 30A를 설치한다.

(2) 영상의 조정은 중계차 내에서 행하는 것이 대부분이고, 음향조정은 공연에 따라 객석 내 또는 중계차 내에서 행하는 경우도 있다.

제 7 장 무대운영용 설비

2. 방송 중계용 케이블

가) 모니터 연락용 배선

(1) 모니터 연락용 배선은 <그림 7.2>에 표시된 장소들을 다음과 같이 연결할 수 있도록 준비하여야 한다.

㉮ 영상 모니터용(동축케이블) : 2~4회선 정도

㉯ 음성 모니터용(4E6 마이크로폰 케이블 등) : 2~4회선 정도

㉰ 연락용(반입된 인터폰 등 배선은 4E6 등) : 2~4회선

(2) 음성, 연락용 배선에 있어 동축배선은 패치 패널로 연결해 병렬접속하여 사용하는 경우가 대부분이다.

(3) 무대 측면의 각 조정실 등에서는 공연장의 음향용 커넥터반에 연결해도 무방하다.

(4) 카메라 케이블은 규격, 보수, 점검 등 문제가 되는 경우가 있기 때문에 신중히 검토하여야 한다.

나) 녹음·방송 중계배선은 <그림 7.2>에 도시한 바와 같이, 마이크 배선을 방송 중계실과 무대 간에 32~64회선 이상, 중계실과 음향실 및 중계차 커넥터(connector)반 간에 각각 16회선 정도 이상을 필요로 한다.

다) 안테나와 중계차간에는 방송국의 케이블로 직접 연결하는 것이 바람직하고, 케이블의 긍장은 150~200m정도 이하로 하는 것이 바람직하다. 배치상 또는 안전상 반입하여 케이블에 의한 접속이 불가능한 경우는 홀측으로 케이블, 커넥터 등을 설치한다. 그 경우의 상세한 것은 방송국 등과의 협의에 의하여야 한다.

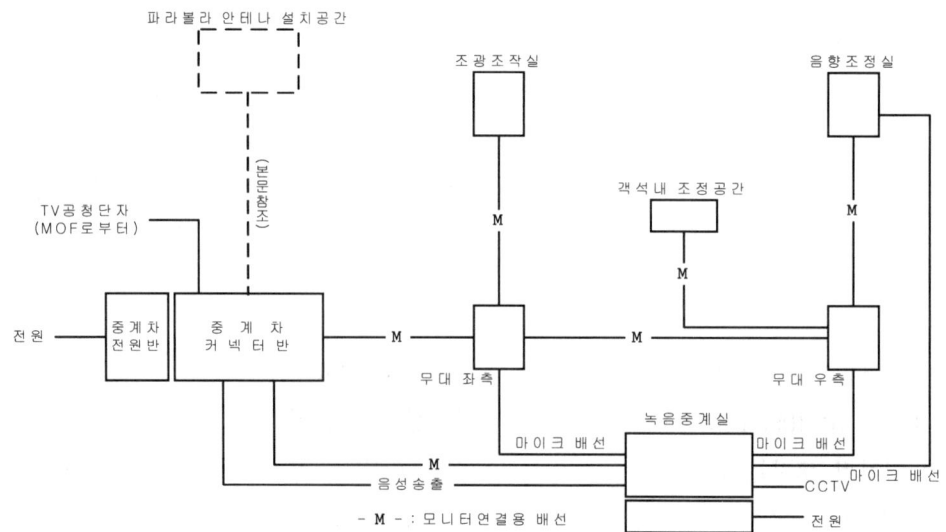

<그림 7.2> 방송중계용 배선의 예

3. 케이블 인입 루트

가) 중계차 주차 공간 근처의 외벽에 폭 0.3m, 높이 0.3m 정도의 인입구를 설치한다. 가급적이면 대도구 반입, 분장실 출입 등의 동선과 겹치지 않도록 하여야 한다. (<그림7.3> 참조)

<그림 7.3> 중계차 케이블 인입루트의 일례

나) 케이블 배선은 무대 위에서의 마루 배선은 상관없지만 객석 내 통로, 손님용 복도 등은 마루에 케이블 홈을 설치하거나, 벽 또는 천장에 케이블 후크(cable hook) 등을 설치하여 사람의 보행을 방해하지 않도록 충분히 주의하여야 한다.

4. 중계차 커넥터반

가) 중계 케이블 인입구 근처의 실내 측에 <그림 7.2>에 표시된 배선용 커넥터를 설치하여야 한다.

나) 마이크 단자는 프로그램 수록 음을 송출하여 소리를 중계차에 송신하기 위한 마이크 배선용으로 사용한다.

다) TV 공청단자는 생중계 시 방송되고 있는 프로그램을 모니터하기 위한 모니터 케이블용으로 사용한다.

라) 모니터 연락단자는 공연장 안의 각부에서의 모니터와 연락하기 위한 연락케이블용으로 각각 사용한다.

마) 전화단자는 방송국과의 연락용 전화를 가설하기 위해서 2~10회선 정도를 설치한다. 라디오 방송의 중계에서는 프로그램의 송출에 사용하는 경우도 있었지만, 향후에는 디지털 전화회선으로 대체될 것으로 기대된다.

7.1.3 방송 중계용 기타 설비

1. 객석 보조 조명

TV 중계에서는 관객의 표정을 찍기도 하고, 객석에 등장한 가수 등을 찍는 경우도 있다. 이러한 경우에는 프론트 사이드(front side) 투광실 또는 실링 투광실로부터 스포트라이트 조명을 하던지 프로시니엄 서스펜션라이트의 일부를 객석 측에 조명하도록 한다. 경우에 따라서는 무대측면의 통로로부터 스탠드 스포트라이트(stand spotlight)로 객석을 조명하기도 한다.

2. HDTV에의 대응

이상의 요건은 통상의 TV 중계를 고려한 경우이지만, HDTV의 중계에 대응하기 위해서는 HDTV용 카메라 영상신호를 전송하기 위한 광케이블도 고려하여야 한다.
또한 고화질의 방송 중계에 적합한 보다 세밀한 무대세트, 조명 및 음향 등이 준비되어야 한다.

7.2 연락, 확인설비

7.2.1 인터컴(intercom)

무대운영용의 인터컴(intercom) 설비는 주로 공연장의 운영, 진행을 위해 쓰이는 연락장치이다. 인터컴 시스템(intercome system)은 공연장, 방송국 등에서 가장 많이 사용되는 스탭간의 연락장치로 연습이나 실제 공연중에 있어서 각 섹션(section)내의 작업은 대개 이것에 의존하고 있으며 무대의 운영을 안전하고 원활히 행하기 위해서 무대 연출 상에서도 생략할 수 없는 중요한 설비이다.

Ⅰ. 시스템의 종류

가) 유선 인터컴

유선 인터컴에는 동시상호 일제 통화방식(party line)의 2선방식과 개별호출(point to point)을 할 수 있는 4선방식이 있다. <그림 7.4>는 유선 인터컴 단말기의 일례이다.

<그림 7.4> 유선 인터컴 단말기의 일례

제 7 장 무대운영용 설비

(1) 2선식

2선식(2W)은 문자 그대로 2본의 도선으로 각 통신 단말 간을 접속함으로써 상호동시 통화를 할 수 있는 설비이다.

㉮ 2선식(2W)의 종류

  a. 카본 타입(carbon type)

   헤드셋(head set)은 카본 타입(carbon type)으로 마이크에 전압을 걸어 전송 레벨을 올리는데 사용되어 왔다. 그러나 하이브리드 트랜스에 의한 사이드 톤(side tone : 자신의 소리가 헤드셋에 돌아오는 측음)이 많고 송신 라인(line)이 수백 Ω으로 낮기 때문에 접속하는 단말이 증가하면 통화가 불안정하게 되는 결점이 있다.

  b. 액티브 타입(active type)

   카본 타입을 대신해 현재는 성능이 좋은 전자식 2W(party line)를 주로 사용하고 있다. 이 방식은 "액티브 타입(active type)"으로 불리고 각 단말이 송수신 앰프를 독립해서 가지고 있으므로 단말기의 수나 전송 거리에 관계없이 안정된 통화를 할 수 있다. 또한 사이드 톤도 깨끗이 제거할 수 있다. 이 액티브 타입은 제품화된 단말기의 종류도 풍부하고 복잡한 구성에서도 시스템 향상이 용이하게 된다는 것이 장점이다. 이 타입은 각 단말의 앰프 동작용에 전원을 공급하기 위해서 실제로는 3본의 선을 쓰고 있지만, 전송방식이 송수신 한조의 선으로 행해지고 있기 때문에 2W 방식으로 분류된다.

㉯ 2선식(2W)의 특성

  2W 시스템은 계통도 알기 쉽고, 자기가 통화하고 싶은 채널(channel)에 마이크로폰 케이블을 사용하여 접속만 하면 되기 때문에 단말기의 증감을 간단히 실시할 수 있는 장점이 있다.

  단지 2W는 채널 내의 단말기 전부가 일제통화상태가 되고 특정한 스테이션(station)과의 연락은 할 수 없다. (<그림 7.5> 참조)

제 7 장 무대운영용 설비

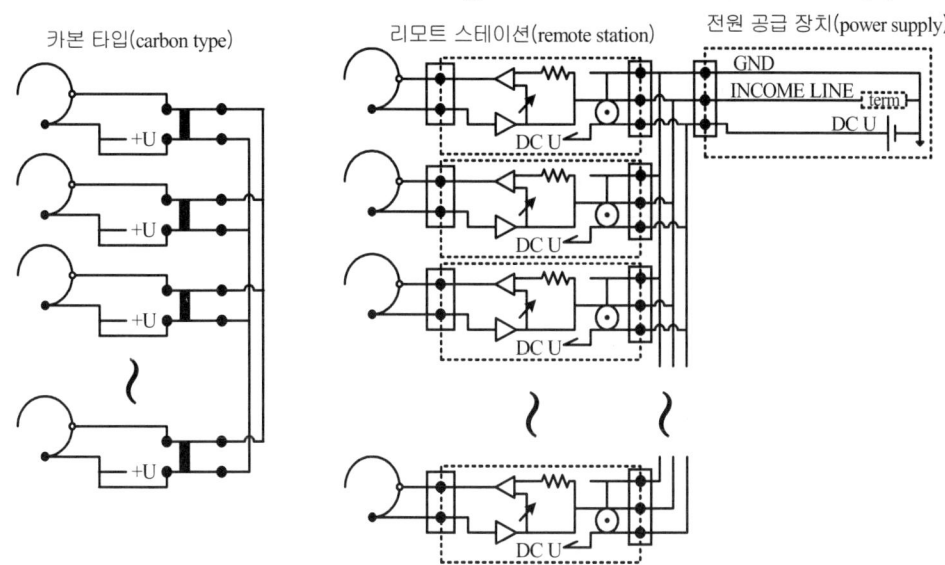

<그림 7.5> 2선식 인터컴 시스템(income system)의 예

(2) 4선식
  ㉮ 4선식(4W)의 구성
    4선식(4W)은 단말기로부터 송신과 수신의 신호가 독립하여 송・수신되고, 각각을 상대 단말에 접속한다. 이 때문에 2대 이상의 단말에서 시스템을 조합하는 경우에는 별도로 크로스 포인트 매트릭스(cross point matrix)를 설치하여 송・수신호를 조정할 필요가 있다. 종래에는 이 매트릭스(Matrix)가 하드 와이어(hard wire)로 조합되어 있어, 한번 시스템을 구축하면 그 후의 변경은 거의 불가능하였다. 최근 이 크로스 포인트(cross point)를 소프트웨어로 제어하여, 셋업(setup)의 작성이나 변경이 용이한 디지털 인터컴(Digital intercome)이 제품화되어 주류를 이루고 있다. 또한 이 디지털 인터컴은 종래의 4W 시스템이 멀티케이블에 의한 복잡한 배선이던 것을 송수신선, 제어선을 디지탈화하여 1본의 페어케이블(pair cable)로 전송할 수 있어 설치공사도 간이화되었다.
  ㉯ 4선식(4W)의 특성
    이와 같이 4W 시스템은 복잡한 지령계통이 조합되어 있는 반면, 시스템 크기도 커져서 숙련된 엔지니어에 의한 관리가 필요하다. 그러나 일정 이상의 규모가 되면 전술한 2W 시스템 보다 경제적이다. (<그림 7.6> 참조)

제 7 장 무대운영용 설비

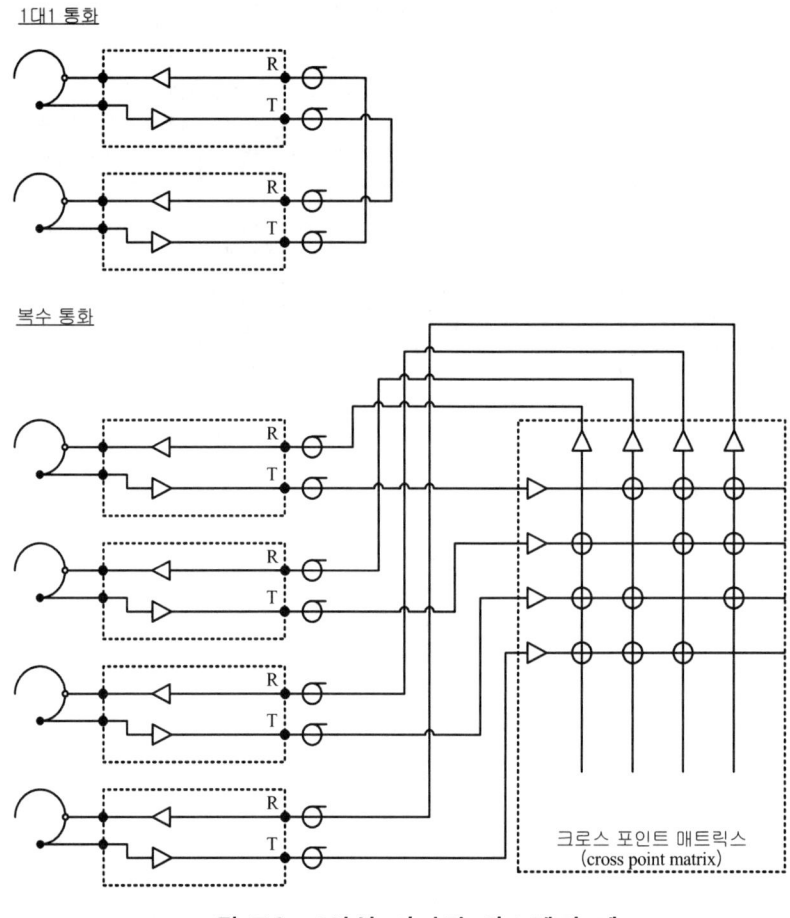

<그림 7.6> 4선식 인터컴 시스템의 예

나) 무선 인터컴

무선 인터컴에는 육상이동 업무용 무선 인터컴 시스템과 디지털 무선 인터컴 시스템(디지털 이동 통신기술을 이용한 무선 양방향 연락장치) 등이 있다. <그림 7.7>은 디지털 무선 인터컴 시스템의 일례이다.

제 7 장 무대운영용 설비

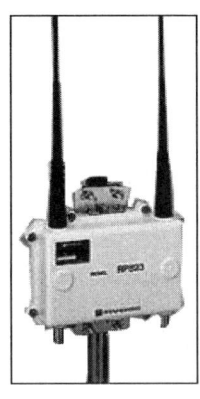

(a) 본체   (b) 별체
<그림 7.7> 디지털 무선 인터컴의 일례

(1) 간이면허방식

　　무선 인터컴 시스템은 작업자가 작업의 현장으로부터 언제라도 무선에 의해 자유롭게 정보 교환이나 긴급 지령을 할 수 있는 연락 시스템이다. 안테나를 분산 배치함으로써 은폐된 서비스 구역에서도 그 영향이 가장 적은 방식으로 시스템을 구성해, 전파의 사각지대를 없애는 것이 중요하다.

　　기기는 안테나, 본체, 별체, 헤드셋(head set)으로 구성되어, 본체 1대에 별체 4대까지 동시통화를 할 수 있다. 일반적인 시스템의 규격은 <표 7.1>과 같다.

<표 7.1> 일반적인 무선 인터컴 시스템의 규격

사용주파수	454㎒대(본체→별체) 24파내의 1파 413㎒대(별체→본체) 72파내의 4파
전파형식	F3E, F2D(F2D만은 불가)
공중선전력	1㎽ 이하
통신방식	1:4의 동시통화나 프레스 토크 (press talk)통화

제 7 장 무대운영용 설비

4선식 유선 인터컴 시스템과 연결시켜 유선 인터컴과의 병용도 가능하다. 무선 인터컴 시스템의 일례를 <그림 7.8>에 나타낸다.

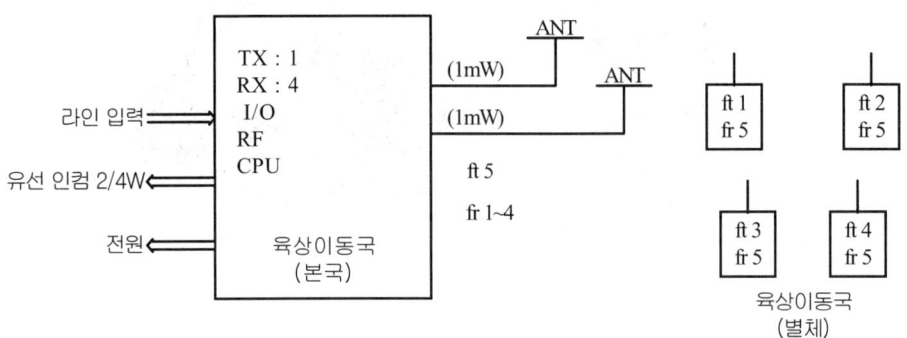

<그림 7.8> 무선 인터컴 시스템(간이면허방식)

(2) 디지털 무선 인터컴 시스템

　이 시스템은 디지털 이동통신기술을 이용한 무선동시 양방향 연락장치로 전송구간(별체→CS(접속장치/antenna)→본체)은 32kbps/ ADPCM에 의한 디지털 전송으로 행해지며, 잡음/혼신이 없고, 통화음성은 사이드톤(sidetone)이 거의 들리지 않고 장시간 통화하여도 피로가 적다.

　CS(접속장치/안테나)는 통상의 오디오 케이블로 600m까지 연장할 수 있고, 또한 증설 유닛을 사용하여 8기까지 분산배치가 가능하기 때문에, 넓은 통화 영역을 확보할 수 있다.

　기기는 RCR 표준에 준해 면허신청이나 전파사용료 등은 불필요하다.

<표 7.2> 일반적인 디지털 무선 인터컴 시스템의 규격

사용주파수대 및 송신출력	1.9GHz대 10mW(RCR STD-28에 준거)
음성부호화방식	32kbps/ADPCM

제 7 장 무대운영용 설비

4선식 유선 인터컴 시스템과의 연결을 통해서 유선 인터컴과의 병용도 가능하다. 디지털 무선 인터컴의 일례를 <그림 7.9>에 나타낸다.

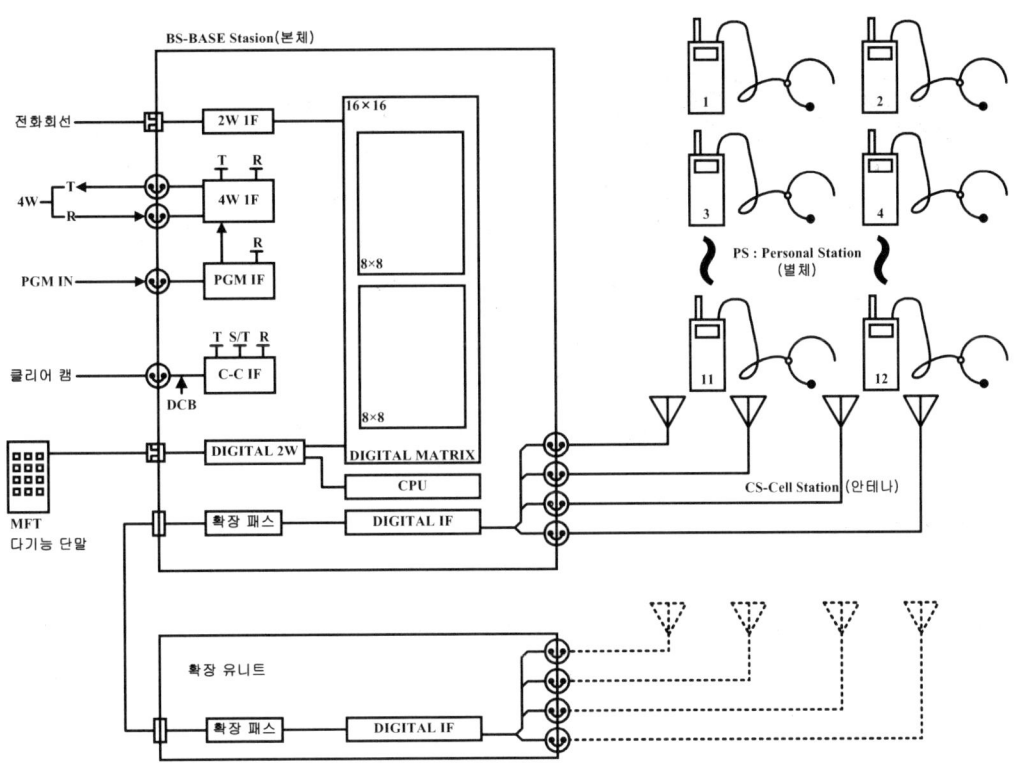

<그림 7.9> 디지털 무선 인터컴 시스템의 예

2. 시스템의 선택

2W, 4W의 특성을 고려하여 일반적인 극장의 운용에 있어서는 일제동시형의 파티 라인(party line) 2W를 중심으로 한 시스템이 권장되고 있다. 또한 개별통화가 필요한 시스템이 요구되는 경우 선택 채널이 많을 때는 4W를 일부 추가하고, 선택 채널이 적을 때는 2W 파티 라인으로 전용 라인을 구성하는 것이 바람직하다. 또한 2W식이라도 단말의 수가 많게 되면 설치공사를 포함시킨 비용이 4W식보다 높아지는 경우도 있어 사전에 검토를 요한다.

3. 계통의 구성

음향, 조명, 무대 등의 그룹 내에서는 각 담당자를 중심으로 일제통화로 한다.
무대감독은 각 담당자와의 연락회선을 준비한다.

제 7 장 무대운영용 설비

가동물 조작이 있는 조작반, 무대하부 등에는 안전을 확보하기 위해서 무대감독을 비롯하여 각 그룹의 담당자와도 연락할 수 있도록 한다.

공연장에서의 인터컴 계통의 구성 예를 <그림 7.10>에 나타낸다.

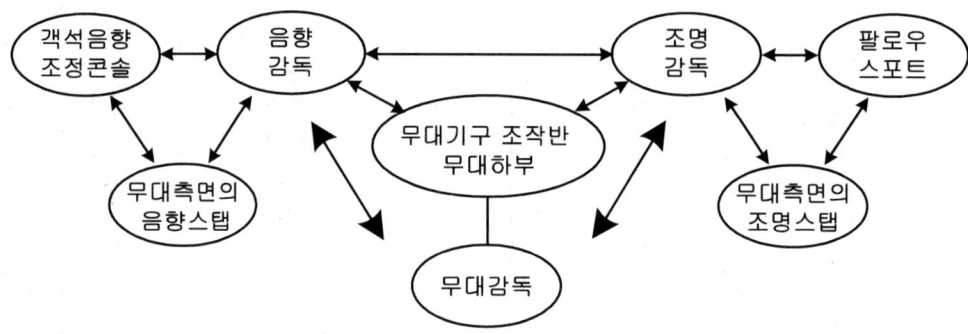

<그림 7.10> 인터컴 계통의 구성 예

4. 단말기의 선택

단말기의 종류는 통화계통의 수나 통신하는 인간의 동작 등을 고려하여 선택한다.

가) 별체를 켠 채로 이동하는 경우 - 휴대용 원격 스테이션(portable remote station)
나) 조작반으로부터 이동하지 않는 경우 - 랙 마운트 스테이션(rack mount station)
다) 조작반으로부터 이동하는 경우 - 랙 마운트(rack mount)・라우드스피커 스테이션 (loud speaker station)(main station)
라) 큰 소리의 호출이 필요 - 라우드 스피커 스테이션(loud speaker station)
마) 기기내에 삽입 - 리모트 스테이션 키트(remote station kit)
바) 1계통만의 통화 - 싱글 채널 스테이션(single channel station)
사) 복수 채널 통화 - 메인 스테이션(main station)

그 외 헤드셋은 양쪽 귀 형태인지, 한쪽 귀 형태인지 또는 핸드마이크인지, 핸드셋(handset)(수화기)인지 등에 관해서도 고려할 필요가 있다.

제 7 장 무대운영용 설비

7.2.2 CCTV설비 등

이 절에서는 공연장의 무대진행, 연락용에 사용하고 있는 TV를 CCTV의 명칭을 사용하여 설명한다.

1. 무대진행, 연락용 CCTV의 기능

가) 지휘 연락용

　　무대 측으로부터 소형 고성능의 카메라로 지휘자의 지휘 모습을 찍어서 각 조정실, 무대 감독실 등에 보내어 각 부문의 담당자는 지휘자의 모습과 진행표, 보면, 큐 사인 등에 의해 담당 부문을 총괄하여 필요한 무대효과를 연출한다. 또한 연기자는 지휘자의 모습을 보면서 연기를 하는 경우가 있다. 이때 자연스러운 연기를 위해서는 무대 중앙과 좌우측의 상단에 모니터를 설치하여 연기자가 연기중에도 지휘자의 모습을 볼 수 있도록 한다.

　　지휘자가 보이지 않은 장소에서의 연기, 연주에서는 부지휘자가 지휘자의 CCTV 화상에 의해 연주자, 연기자를 지휘한다. 제작자가 있는 경우는 제작자의 테이블 등에도 모니터가 설치된다.

나) 진행상황의 확인

　　무대의 준비 중이나 정식 연기 중에는 각각의 역할분담으로 동시진행하기 때문에 각각의 진행상황의 문의나 연락은 업무의 방해가 된다. 단지 상황 확인용인 경우에는 CCTV 화상만으로도 충분하다. 면막이 내려지고 있을 때 면막 뒷편의 상태를 각 조정실에서 모니터하고 또한, 관객이 들어가는 상태나 객석로비에 관객이 몰리는 상황을 무대감독이나 무대측면에서 모니터하는 경우도 많이 있다.

　　분장실이나 출입하는 공간에는 객석 측으로부터의 무대정면의 화상을 보내어 진행상황을 모니터한다. 무대사무실, 관리사무실 등에는 무대정면 외에 객석, 객석로비의 화상도 필요로 한다.

다) 어두운 곳을 보는 기능

　　무대 전환시 무대, 객석을 어둡게 하고 출연자, 무대 세트 등을 전환(암전)하는 경우가 많다. 이 경우 출연자, 스탭은 어두운 곳에서도 익숙하게 움직일 수 있지만, 다른 관계자에게는 전환의 진행상황을 알기 어려운 것이 많다. 그 때문에 적외선 카메라와 적외선광원을 사용하여 무대감독이나 각 담당자의 상황을 파악할 수 있다.

　　공연 중 승강하는 곳에서는 전담하는 관계자가 출연자의 타고 내림을 도와서 안

제 7 장 무대운영용 설비

전을 확인한 후 조작자에게 연락함으로써 조작반으로 기동조작을 행한다. 이 경우에도 CCTV에서 점검할 수 있다. 암전으로 승강하는 것도 있으므로 적외선장치를 준비하는 것이 바람직하다. 안전의 확인과 등장, 퇴장 등의 연출상의 확인은 전담하는 스탭에 의해서 할 필요가 있고, CCTV를 설비함으로써 그 인원을 생략할 수 있는 것은 아니다.

라) 관객 서비스, 간단한 상연기록

늦게 도착해서 입장할 수 없는 관객, 피곤해서 객석로비에서 쉬는 관객 등을 위해 무대의 화상을 서비스하는 곳이 있다.

모니터의 설치장소는 조명조건, 관객의 흐름 등을 충분히 검토하여 선정한다. 간단한 상연 기록으로서 녹화를 하는 경우 CCTV의 화상을 이용하기도 한다. 화상의 품질, 카메라 앵글 그 외 CCTV의 화상으로서는 불충분한 경우도 있으므로 본격적인 기록으로 이용할 수는 없다.

녹화기의 조작도 전담하는 스탭에 의존하는 것이 바람직하고, 다른 부문의 스탭이 겸임하는 것은 곤란한 점이 많다.

2. CCTV 카메라와 모니터의 설치장소

전술한 것과 같은 CCTV의 기능을 활용하기에 적합한 CCTV 카메라와 모니터의 설치장소를 정리하면 다음과 같다.

가) CCTV 카메라의 설치장소

(1) 무대정면을 촬영하는 객석 중앙의 카메라

1층석 뒤 벽 중앙이나 2층석 앞단 하부에 전동 리모콘 받침대부터 설치한다. 프로시니엄 개구 또는 무대 측면의 통로 등에 카메라 각도를 확보할 수 있고, 관객의 손이 닿지 않으며(우산에 닿는 경우도 있다), 보수 점검할 수 있는 높이에 설치하도록 한다.

카메라 각도의 문제뿐만이 아니라, 출연자가 무대정면의 표적으로서 인식하는 경우가 있으므로 최대한 객석 중앙에 설치한다. 카메라 동작표시의 LED 등은 꺼놓는 것이 무난하다.

<그림 7.11>은 객석 중앙의 카메라의 예를 나타낸다.

제 7 장 무대운영용 설비

<그림 7.11> 객석 중앙의 카메라

(2) 객석 촬영용 카메라(무대 전면 좌우측 객석 상부)

객석의 상황, 관객이 입장하는 곳을 볼 수 있는 위치를 선정한다. 프론트 사이드 투광 통로 또는 그 근처의 벽을 따라 기울어진 천정의 하부 등에 설치한다. 무대 조명기구 등과 간섭하지 않는 위치가 필요하다. 관객에게 감시당하고 있다는 인상을 주지 않는 것이 바람직하다. 카메라 각도는 고정식인 것도 있다.

(3) 객석로비, 입구 촬영용 카메라

객석로비의 주요부 중에서 개장선, 개언전 등에 형태를 아는 장소가 바람직하다. 조명조건에 주의하여, 역광이 되는 것을 막고 명암의 차가 지나치게 크지 않은 것이 필요하다.

(4) 면막 안쪽 촬영용 카메라

카메라 설치에 어려움이 있는 장소이다. 포털 타워, 토멘터라이트 타워, 플라이 브리지(fly bridge), 갤러리 등에 설치하는 경우가 있지만 충분한 카메라 각도 확보에 있어서 어려운 점이 많다.

포털 브리지나 플라이 브리지(fly bridge)는 공연의 종류에 따라 높이가 다르고, 무대 가로방향에서의 촬영은 무대 끝막 등에 가려지는 것도 많다. 따라서 조명기구와의 간섭과 무대 세트 이동시 무대 세트와의 접촉을 피할 수 있으며, 공연의 상황을 잘 검토할 수 있고, 필요한 화면을 확보할 수 있는 장소를 선정하는 것이 바람직하다.

승강하는 브리지나 타워류에 카메라를 설치하는 경우에는 가요성 케이블을 사용하

제 7 장 무대운영용 설비

며, 무대조명의 보더케이블의 취급에 준해 배선을 하여야 한다.
- (5) 지휘자 촬영용 카메라
- (6) 오케스트라 피트 내부 촬영용 카메라

나) CCTV 모니터 설치장소
- (1) 각 조정실
- (2) 무대 감독실
- (3) 방재실
- (4) 제작자 테이블
- (5) 분장실
- (6) 무대 사무실, 관리 사무실
- (7) 객석 로비
- (8) 무대 중앙과 좌우측의 상단부(연기자용 지휘자 모니터)

4. CCTV 카메라 배선, 전원 및 설치

가) 영상케이블, 커넥터, 카메라, 모니터용전원 등
- (1) 카메라, 모니터를 상설하지 않고 필요에 따라서 설치할 수 있도록 무대 각부에 케이블과 커넥터를 준비 해 둔다. 예컨대 무대, 무대하부, 갤러리, 그리드, 오케스트라 피트, 객석, 객석로비, 조정실, 감독실, 투영 효과실 등과 CCTV 제어 랙을 동축케이블로 연결하여야 하므로 패치를 사용하여 접속하여야 한다.
- (2) 같은 위치에 카메라, 모니터용의 단상 전원을 음향전원계로부터 공급하여야 한다.
- (3) 고정적으로 설치하고 있는 카메라, 모니터도 용도별로 점멸할 수 있도록 계통별로 CCTV 제어기로부터 배선하여야 한다.
- (4) 영상케이블은 카메라나 분배기에 연결하기 적합하고, 필요한 배선거리에 맞는 손실이 적은 케이블을 사용한다. 노이즈 방지를 위해 원칙적으로 단독의 금속관 배선으로 하여야 한다.

나) 앵커 볼트(anchor bolt)

카메라, 모니터 등은 충분한 강도를 가지는 앵커 볼트 등에 의해 설치한다. 객석 공간에 설치하는 기기는 복수 개의 앵커 볼트를 사용하여 고정시킨다. 앵커 볼트의 배치는 1개 볼트의 탈락에 의해 나머지 볼트가 연쇄적으로 탈락하지 않도록 주의하여야 한다.

7.2.3 큐 램프 및 큐 번호표시설비

공연장 무대를 이용하는 공연물의 장르와는 관계없이 예컨대 연극은 첫 날 개연을 맞이하기 까지는 각본 연구, 연습, 리허설 등 다방면에 걸치는 단계가 있다.

또한 개막 이후 폐막에 이르는 무대진행에 있어서 장면 내용들 간의 무대진행은 큐 신호(CUE, 동작의 개시신호)가 필요하게 된다. 이 큐는 매우 중요한 사항이고 무대 공연진행에 있어서의 시간 축 상의 유일한 시점이며, 큐가 없어서는 무대진행이 존재하지 않는다.

큐는 리허설, 연습 등에도 존재하며, 공연장에서는 개연을 알리는 벨 소리를 내보내기 위한 큐, 사회자가 무대에 나가기위한 큐, 면막을 올리기 위한 큐, 지휘자가 연주를 시작하는 큐 등이 있고 개막으로부터 폐막 시까지 큐로 관리되어 진다.

이 큐를 관리하여 출연자 및 스탭에게 알리는 것이 무대감독이고, 큐의 발생을 표시하는 설비가 큐 램프 및 큐 번호표시설비(이하, 큐 설비라 한다)이다.

1. 큐의 표시방법

큐의 목적은 미리 결정된 행동 이행을 위한 신호이다. 큐의 방법은 유선, 무선에 관계없이 종전의 소리로 큐를 내는 방법, 몸짓, 손짓으로 큐를 내는 방법, 미리 결정된 특정한 동작, 상황이 된 때를 큐라고 간주하는 방법 등이 있다.

여기서 말하는 큐 설비는 일련의 큐 번호표시와 램프 등에 의한 발광체의 점등 또는 소등을 큐로서 출연자 및 스탭에게 알리는 방법이다.

2. 구성

가) 큐 설비는 무선방식이 아니라 유선방식이다. 큐 신호를 발생하는 본체와 큐 신호를 받고 표시하는 별체로 구성하고, 별체에는 앤서(answer) 기능이 첨부된 것도 있다(지휘자, 무대기구의 면막 등).

나) 이동형 별체는 소형이 바람직하지만 반드시 경량일 필요는 없다. 접속케이블로 마이크 케이블 등을 이용하는 경우가 있어 어느 정도 중량이 있는 편이 쓰기 쉽기 때문이다.

별체에는 사용상의 편의를 고려하여 후크(hook) 등에 걸 수 있는 구멍이 있고, 배면에는 착탈 가능한 자석을 붙여 금속부에 용이하게 장착할 수 있는 구조로 만들어 놓으면 편리하다.

다) 큐 램프 및 큐 번호는 10~15m 정도의 거리에서 확인할 수 있어야 하며, 큐 표시의 발광체로서는 수명측면에서 발광다이오드(LED) 등을 광원으로 하는 것이 바람직하다.

제 7 장 무대운영용 설비

사용설치장소에 따라 광원을 기울어진 곳으로부터 보는 경우도 있으므로 산광성(散光性)이 있고 확인하기 쉬운 형상이 바람직하고 또한, 광량을 제어할 수 있는 기능도 필요하다.

3. 설치장소

가) 본체

주된 사용자가 무대감독이므로 무대감독자가 상주하는 장소가 바람직하지만, 고정본체 이외로 소형의 이동본체를 준비하고 리허설 시에는 객석 등에서 사용할 수 있는 것도 필요하다.

나) 별체

설치장소는 출연자 및 스탭에 대하여 큐를 알리는 것부터 극장내 각처에 점재하여 고정된 개소와 이동형으로써 벽 등에 매입된 콘센트로부터 케이블 접속에 의한 경우도 있다.

4. 큐 설비의 동작

가) 큐 설비의 동작은 본체의 버튼을 눌러서 별체의 스탠바이(standby)램프를 점등시키어 출연자, 스탭에 대하여 준비를 하도록 한다.

앤서백(answer back)이 부착된 별체는 버튼을 눌러 준비가 된 것을 알리어 본체의 OK 램프가 점등한다. 본체의 큐 버튼(GO)을 눌러 별체의 스탠바이 램프의 소등으로 큐(GO)가 된다.

나) 별체의 계통은 공연장 규모에 의해 다르지만 20~30계통 정도가 고려되고, 계통은 4그룹 정도로 정리하며 일괄 제어를 가능하게 한다.

다) 별체 큐 램프 표시방식으로는 1등식과 2등식이 있다. 점등과 큐의 내용을 <표 7.3>에 나타낸다.

큐 번호는 일련의 동작에 주어지는 번호로 표시는 4자리(3+1)로 표시하며 3자리수가 통상 큐, 1자리수를 추가 큐로 하고 있다.

<표 7.3> 별체 큐램프 점등기능 내용

방 식	스탠바이	큐(GO)
1등식(적색)	점등	소등
2등식(적색, 청색)	적 점등	적 소등, 청 점등후 소등

제 7 장 무대운영용 설비

7.3 영사설비

7.3.1 종류

영사장치는 통상 필름 사이즈로 분류되지만, 현재 사용되고 있는 필름 사이즈는 16㎜, 35㎜, 70㎜의 3종류이다. 일반적으로 16㎜ 영사기와 35㎜ 영사기가 대부분이다.

상설 영화관에서는 35㎜ 영사기가 주류이고, 일부에서는 70㎜ 영사기도 쓰이고 있다. 또한 공공의 공연장에서는 16㎜, 35㎜ 용 및 16/35㎜ 겸용 형태 영사기가 주로 사용되고 있다.

필름 사이즈, 사용목적, 설치장소에 따라 정리하면 <표 7.4>와 같다.

<표 7.4> 영사설비의 종류, 사용목적, 설치장소

기 종	사 용 목 적	설 치 장 소
16㎜ 영사기	오락, 문화, 교육, 회의, 기록, 이벤트, 박람회, 전시회	홀, 극장, 회의장, 강당, 체육관, 시청각실, 박물관, 가설회장(仮設會場)
〃 특수	이벤트, 박람회	가설회장
35㎜ 영사기	오락, 문화, 회의, 연출효과, 이벤트, 박람회, 전시회	홀, 극장, 영화관, 회의장, 박물관, 테마파크, 가설회장
〃 특수	이벤트, 박람회	테마파크, 가설회장
70㎜ 영사기	오락, 이벤트, 박람회	홀, 극장, 영화관, 테마파크, 가설회장
〃 특수	이벤트, 박람회, 문화	가설회장, 돔 극장(dome theater)

1. 기종별 특징

가) 16㎜는 필름의 입수가 비교적 용이한 것과 용도 분야가 넓은 것이 장점이지만, 필름 사이즈가 작고 큰 화면에서의 영사에는 화질, 밝기에 있어서 한계가 있다.

나) 35㎜는 대부분이 오락용이고 상설 영화관에서 가장 많이 영사되고 있으며 화질도 우수하다.

다) 70㎜는 제작되는 작품 수는 적다. 화질은 대단히 선명하고 대화면에 쓰이고 있다. 상설 영화관에서 쓰이는 것은 적어지고 있지만 대형영상, 돔 영상, 특히 대화면을 필요로 하는 특수한 극장에 쓰이는 것이 많다.

제 7 장 무대운영용 설비

2. 시네마 멀티플렉스

가) 영화관객의 다양화로 하나의 건물 안에 소규모 영화관(객석수 150~250석 정도)을 복수(6관~18관)로 집약하는 곳이 만들어지고 있다.

나) 이 영화관은 운영관리를 효율화 하기위해서 영사실을 중심부에 1실로 하고 주위에 관객석을 배치한 구조를 가진다.

　　이러한 설비를 시네마 멀티플렉스(multiplex theater)라고 부르며, 이 시스템은 우리나라에서 1998년 처음 개관된 이래 급속히 증가하고 있다.

다) 그러나 일반의 영화관과 마찬가지로 영사, 음향, 스크린 등의 각 영사 설비는 영화관의 수만큼을 필요로 한다. 단지 영사기는 플래터(Platter) 사용에 의한 1대 영사방식이 통례이다.

　　건물전체의 종합관리, 종합방재 등을 제외하면 시네마 멀티플렉스 설비를 위한 특별한 영사설비는 없다.

7.3.2 구성

필름 영사설비의 구성은 영화관과 홀, 극장 및 박람회 등에서 각각 다르지만 영화관을 예로 들면, 영사기, 램프 하우스(lamp house), 음향 재생장치, 전자동 프로그램장치, 스크린, 스크린 커튼(screen curtain), 컷 마스크(cut mask), 객석 조광장치, CCTV 카메라에 의한 감시장치 등이다. 전자동 영사 장치의 계통도를 <그림 7.12>에 나타낸다.

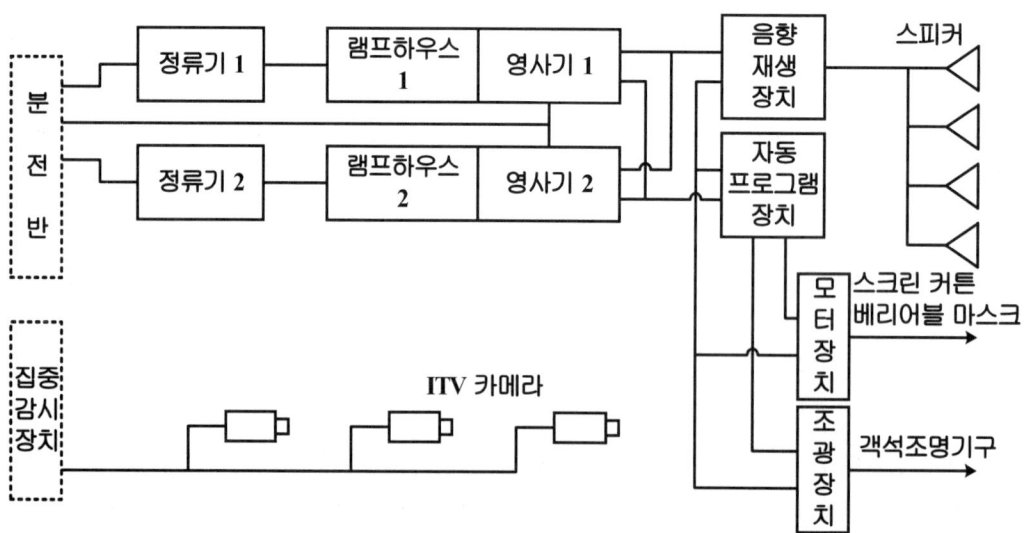

<그림 7.12> 전자동 영사장치 계통도

제 7 장 무대운영용 설비

1. 영사기

가) 영사기는 인터미턴트 유닛 (intermittent unit : 1초간에 필름을 24코마 간헐적으로 수동(輸動)시키는 기구)가 심장부이다.

나) 그리고 구동용 모터, 셔터, 필름게이트, 스프로킷(sprocket), 광학 또는 자기 음향 헤드, 영사 렌즈, 릴 보관 유지부, 필름 절단사고 시의 비상 정지용 안전장치로 구성되어 있다.

다) 또한 영사기 및 램프 하우스를 견고하게 지탱하는 스탠드(pedestal)에 모터 제어부, 각 자동제어 회로 등이 부착되어 있다.

<그림 7.13>은 다목적 공연장에서 쓰이고 있는 영사기의 일례이다.

<그림 7.13> 영사기의 일례

라) <표 7.5> 각 영화에 사용되어 있는 필름의 종류와 화면비(aspect ratio) 및 영사용 렌즈 구경 치수를 나타낸다.

<표 7.5> 화면비(aspect ratio) 및 영사용 렌즈 구경(aperture) 치수

영사 방법		화면비 (aspect ratio)	렌즈구경 치수 (가로×세로) (㎜)
16㎜표준		1.33 : 1	9.65×7.26
35㎜	표준	1.37 : 1	20.96×15.29
	비압축 와이드(미국·일본 타입)	1.85 : 1	20.96×11.33
	비압축 와이드(유럽 타입)	1.66 : 1	20.96×12.70
	압축 와이드(애널머픽 타입)	2.40 : 1(1.20 : 1)	20.96×17.53
70㎜		2.20 : 1	48.56×22.10

제 7 장 무대운영용 설비

2. 램프 하우스

현재 설비되는 영사기의 광원으로는 주로 크세논램프가 사용되고 있다. 이 램프는 색온도가 자연광에 가깝고 아크가 작기 때문에 높은 집광효과를 얻을 수 있으므로 영사용 광원으로서 사용된다. 또한 직류전원을 요하기 때문에 정류기가 필요하다. 램프의 출력은 영사되는 스크린의 크기, 소요조도에 의해서 결정한다.

램프 하우스는 크세논램프 외에 반사경, 점호기, 냉각팬 등으로 구성되어 있다.(<그림 7.14> 참조)

<그림 7.14> 램프 하우스

3. 스크린

스크린에는 반사형과 투과형의 2종류가 있다.

가) 반사형 스크린

반사형 스크린은 반사이득(gain) 및 지향성 정도에 따라, 화이트(white), 펄(pearl), 실버(silver)의 3종류로 대별된다. 통상은 펄(pearl) 또는 실버(silver)가 사용된다.

또한 반사형태 스크린은 라우드 스피커(loud speaker)가 스크린 후방부에 설치되는 것을 상정하여 소리가 투과하기 쉽도록 개공률(開孔率) 5% 정도의 작은 구멍이 전면에 뚫려 있지만, 영상에는 실질적인 영향이 없다.

나) 투과형 스크린

투과형 스크린(rear screen)은 영사광이 투과, 확산되도록 만들어진 스크린으로 연질의 것과 경질의 것이 있어 각각 투과율, 확산성의 다른 성능을 가지는 여러가지 스크린이 있다. 이 형태의 스크린 설계에는 스크린 후방부에 라우드 스피커를 배치

제 7 장 무대운영용 설비

할 수 없다는 것과 스크린 프레임을 위한 지주를 테두리 안에 세울 수 없는 것에 유의할 필요가 있다.

4. 음향 재생장치

필름의 사운드 트랙(sound track)에는 광학 녹음된 것과 자기 녹음된 것이 있고 가장 간단한 형태로서, 단청(monaural)의 광학녹음이 있다. 현재는 스테레오(stereo) 광학녹음이 주류로 되고 있고, 35㎜ 필름에서는 이것을 4~6ch의 입체음향으로 재생하는 방식이 대부분 채용되어 있다. 또한 광학 디지털 녹음된 필름도 있어 4~8ch의 입체음향으로 재생하고 있다. 70㎜ 필름의 경우는 6ch 자기녹음 소프트(soft)가 통상이다. 영화의 다채널 재생의 경우 그중에 1~2ch분을 효과용으로서 사용하는 것이 대부분이다.

화재 등 비상시에는 자동 화재경보기와 연동해서 음향 재생장치를 정지하여야 한다.

다목적 공연장의 영화 상영시에는 기존 음향설비와 연계해서 사용할 수도 있지만 영화 상영 전용의 스피커 시스템을 별도로 구성하여 사용하는 방법도 있다.

5. 전자동 프로그램 장치

주로 영화관에서 자동화를 목적으로 하는 경우에 설치된다. 상영의 준비, 상영, 그리고 종료 시까지 영사기 1호기, 2호기의 변환, 필름의 변경에 따르는 렌즈구경 마스크, 렌즈의 선택, 장내의 BGM, 알림(announce), 객석 조광, 면막의 개폐, 스크린 커튼의 개폐, 필름 사이즈에 맞춰서 스크린 사이즈를 결정하는 가변 마스크(variable mask)의 가변 등의 동작을 초단위로 메모리된 프로그램에 의해서 실행하는 장치로 구성되어 있다.

6. 감시용 CCTV 장치

영사장치를 자동화한 경우의 각 장치의 감시용 카메라로써 사무실 등에서 감시하기 위한 설비이다. 또한 카메라는 장내, 로비, 판매장 등에도 설치되는 경우가 있다.

7.3.3 설계 및 시공

1. 영사기의 선정

영사기는 우선 사용 필름의 사이즈로 기종이 결정된다. 따라서 사전에 사용 필름의 사이즈를 반드시 확정해 놓을 필요가 있다.

가) 수동 운전 2대 교대영사

가장 기본적인 방식이다. 1호기, 2호기의 영사기를 교대로 운전한다. 1대의 상영시간은 릴(reel)의 용량에 의해 결정된다.(<표 7.6> 참조)

제 7 장 무대운영용 설비

<표 7.6> 릴(reel) 용량과 상연시간

기 종	릴용량	상연시간(최대)
16mm	400ft	약 10분
	200ft.	약 30분
	6,000ft	약 2시간 30분
35mm	3,000ft	약 30분(배급회사에서의 상영 프린트는 1권 약 20분)
	6,000ft	약 1시간
	12,000ft	약 2시간
70mm	3,000ft	약 20분
	6,000ft	약 45분

나) 플래터(platter) 장치에 의한 1대 영사(반자동 영사)

플래터(platter)장치란, 수평하게 놓여진 원반상에 1작품의 모든 필름을 넣어 그 중심부에서 필름을 인출하고 장전함으로써 1대 영사를 가능하게 한 장치이다. 상영이 종료된 시점에서 앞부분을 재장전하는 것이 필요하다. 35mm 영사기에 사용되는 경우가 대부분 이지만, 이벤트 등에서는 70mm 영사기에 사용되기도 한다. <그림 7.15>는 영사기에 쓰이는 플래터 장치를 나타낸다.

<그림 7.15> 플래터(platter) 장치

다) 전자동에 의한 2대 영사

12,000ft용 긴 릴이 장착 가능한 영사기를 교대로 운전하는 것은 수동기와 마찬가지 이지만, 1호기가 운전을 완료하여 2호기의 운전이 개시한 시점에서 1호기는 이 영사 속도보다 빨리 역전을 시작하여 필름의 처음 부분 상태로 정지하여 다음 영사 개시까지 스탠바이하고 있다.

이 반복으로 전자동 상영을 하는 것으로 자동 프로그램 장치가 필요하다. 자동화의 면에서 상설 영화관에서 사용되어 있고 35mm 영사기가 대부분이다.

2. 램프 하우스의 선정

램프 하우스는 램프의 출력에 의해서 결정된다. 영사기용 광원으로는 크세논램프가 사용되고, 정격용량으로 1kW, 2kW, 3kW, 3.6kW, 5kW, 6kW가 통상 사용된다. <그림 7.16>은 영사기용 크세논램프를 보여준다.

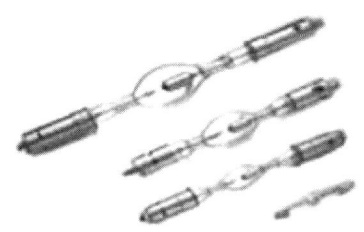

<그림 7.16> 영사기용 크세논램프

크세논램프의 정격용량과 스크린에 투사되는 광속으로부터 스크린 폭 및 공연장의 크기를 객석수로 나타내면 <표 7.7>와 같다.

<표 7.7> 램프 하우스의 선정

크세논 램프 정격용량	스크린 투사 전광속	사용최대 스크린폭 (C. S)	객석수		사용기종 (mm)
			영화관	공연장 등	
1kW	3,200lm	6m	100명 이하	200명 이하	16mm, 35mm
2kW	6,100lm	6~8m	100~250명	200~400명	16mm, 35mm
3kW	8,000lm	8~12m	250~500명	400~700명	35mm
3.6kW	12,000lm	12~16m	500~700명	700~1000명	35mm, 70mm
5kW	18,000lm	16~20m	700~1000명	1000~1500명	35mm, 70mm
6kW	25,000lm	20~25m	1000명 이상	1500명 이상	35mm, 70mm

[비고] 1. 16mm 영사기는 이동용 형태(portable type)로서, 크세논램프 550W이하, 또한 할로겐램프를 사용한 기종도 있다.
 2. 70mm 영사기의 특수 대화면용으로는 표 이외의 대출력 크세논램프로 7.5kW, 10kW, 15kW 등도 사용된다.

제 7 장 무대운영용 설비

3. 스크린의 설계

　가) 스크린

　　<7.3.2의 1>에서 서술한 바와 같이 필름의 종류에 의해서 화면의 가로·세로의 비가 다르고, 스크린은 필름의 종류에 대응하여 크기를 전환할 수 있는 것이 필요하다. 통상 스크린 치수를 결정하는 경우 스크린의 세로 치수를 일정하게 하여, 초점 거리가 다른 영사 렌즈를 사용하고 <그림 7.17>에 가로 폭을 애스펙트 비(aspect ratio)에 맞추는 방식이 일반적이다.

　　최근에는 압축 와이드(C.S)의 프린트 제작이 대단히 적어졌기 때문에 <그림 7.18>의 변형 스크린도 볼 수 있게 되었다.

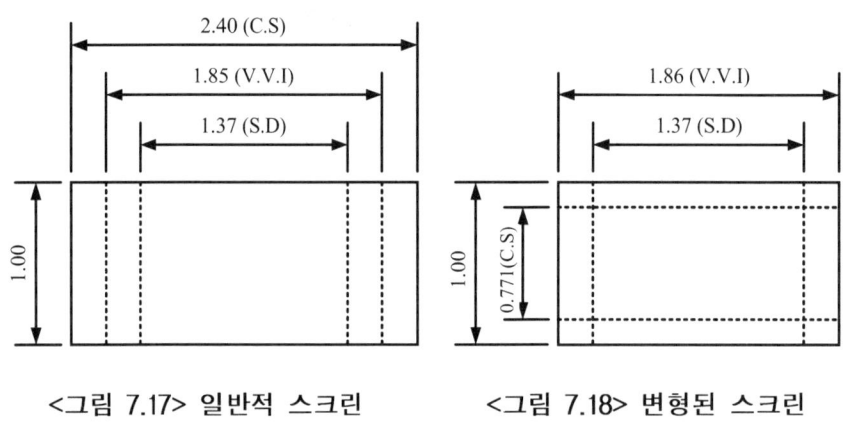

　　<그림 7.17> 일반적 스크린　　<그림 7.18> 변형된 스크린

　나) 커트 마스크(cut mask)와 스크린 커튼(screen curtain)

　　(1) 커트 마스크

　　　스크린의 외측을 흑색 또는 어두운 색의 천으로, 스크린 취부부의 차폐나 스크린으로부터 새어 나오는 영사광을 흡수할 목적으로 사용된다. 보통 상하는 고정식으로 좌우를 애스펙트 비에 맞추어 가동할 수 있는 구조로 한다. 가동 부분의 마스크를 가변 마스킹(variable masking)이라고 한다.

　　(2) 스크린 커튼

　　　스크린 커튼에는 양인형(兩引形), 편인형(片引形), 권상형(卷上形) 등이 있으며 각각 상부, 좌우부의 개폐에 필요한 공간이 다르고, 때로는 2종류를 포개어 쓰는 경우도 있다. 이 경우, 객석 측에 두꺼운 것을, 스크린 측에 얇은 것을 배치하여 시간차를 두고 좌우 또는 상하로 개폐시킨다.

4. 음향 재생장치의 선정

영화의 음향 시스템에는 다음과 같은 방식이 있다. 이 방식들은 35㎜ 필름에 주로 사용되는 설비이다.

가) 모노포닉(monophonic) 광학

기본적인 방식으로 1채널의 음향 재생방식이다. 16㎜ 필름은 이 방식만 있다.

나) 돌비 스테레오포닉(dolby stereophonic) 광학 재생방식

현재 많은 극장이 채용하고 있는 방식으로 2채널 광학 재생방식이면서 4채널의 스테레오포닉 재생을 할 수 있고, 다이나믹 레인지(dynamic range)가 넓고 왜곡이 적다. 또한 저 잡음으로 고출력을 낼 수 있기 때문에 높은 평가를 얻고 있다.

다) 디지털 광학 재생방식

최근에는 광학 디지털 녹음된 필름이 늘어나고 있고, 이것도 다이나믹 레인지(dynamic range)가 넓고 노이즈 왜곡은 없다. 재생했을 경우도 같은 특성을 나타내므로 이상적인 음향 재생방식이라고 할 수 있다. 이 디지털 방식에는 다음과 같은 방식이 있다.

(1) 돌비 디지털 방식

필름 상에는 디지털화된 음성신호가 그대로 녹음되어 있다.

6채널(L+C+R+SubW+효과음 2ch)

(2) DTS(Digital Theater Sound 방식)

필름상에 타임 코드가 녹음되어 있고, 이 신호로부터 CD-ROM에서 재생 처리를 한다.

6채널(L+C+R+SubW+효과음 2ch)

(3) 소니(Sony) 방식

(1)과 동일, 8채널(L+CL+C+CR+R+SubW+효과음 2ch)

5. 영사실의 위치 및 크기

가) 영사실의 위치

영사기는 화면의 변형을 최소화하기 위해서 스크린 중심선의 연장선상에 설치하는 것이 중요하다.

(1) 2대 영사의 경우 평면적으로 각각의 영사기는 스크린의 중심선으로부터 같은 위치에 설치하고 조작상 필요한 최소한의 간격을 두어 설치한다.

(2) 단면으로 보는 경우도, 스크린 중심선과 영사광 축을 될 수 있는 한 직각으로 하는

것이 바람직하지만, 극장 전체로부터 본 영사실의 배치상 어느 정도 하향 영사가 되는 것은 어쩔 수 없다.

(3) 관객이 장내에서 일어선 상태에서도 영사화면에 영향을 주지 않아야 하며, 2층석, 발코니가 있는 경우에도 건축이나 내장 등으로 화면에 영향을 주지 않는 것에 유의를 하여야 한다. (<그림 7.19> 참조)

나) 영사실의 크기

(1) 영사실의 크기는 부대설비 및 부속기기 등이 필요하기 때문에 2대영사의 경우 폭 4m 이상, 너비 3m 이상, 천장높이 2.4m 이상의 여유가 있는 공간을 확보하는 것이 바람직하다.

(2) 영사실 내의 각 기기의 배치에 관하여는 조작과 유지의 편의성을 고려하여 적절한 설치장소와 간격을 두는 것이 필요하다. 특히 영사기의 주위는 최저 50㎝ 이상의 공간를 확보하는 것이 바람직하다.

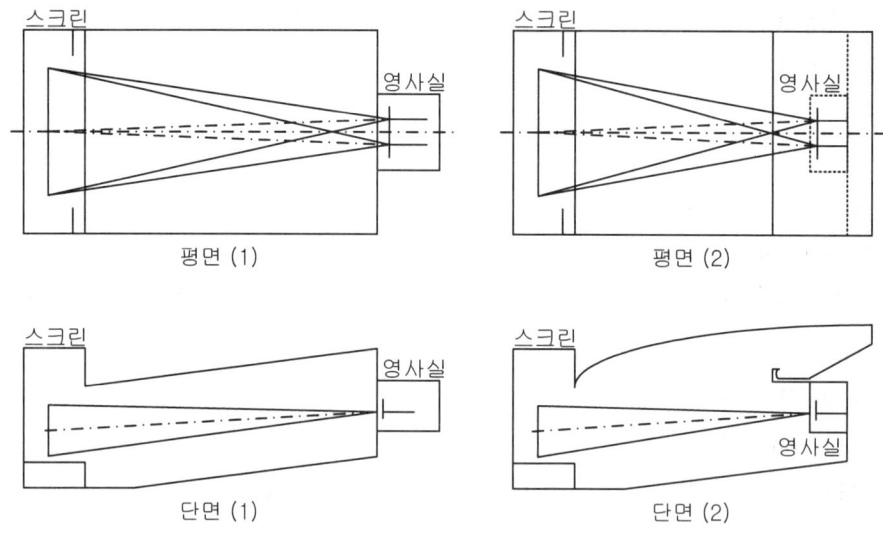

<그림 7.19> 영사실의 위치 예

(3) 음향 재생장치의 설치상의 유의점으로서 다채널화, 대출력화에 따른 전력증폭기 (power amplifier) 등의 발열량이 증대하고 있기 때문에 통풍, 환기를 배려할 필요가 있다.

(4) 정류기의 설치에 있어서 전용의 방을 설치하는 경우에는 다음과 같은 주의가 필요하다.

㉮ 정류기로부터의 발생열을 처리하기 위해서 공기 조절을 필요로 한다. (출력 1kW 당 약 300kcal/h)

제 7 장 무대운영용 설비

㉯ 정류기의 각 면은 벽면에서 10cm 이격시킬 것.
   2대 이상 나란히 설치하는 경우도 서로 10cm 이상 이격시킬 것.

6. 영사기의 부대설비

가) 급배수 설비

램프 하우스의 광원이 3kW 이상인 경우 영사기의 필름 게이트 주변의 온도가 상승하여 필름이 열손상을 받기 때문에, 이것을 방지하기 위해서 수냉시킬 필요가 있다. 영사기 본체에는 주수구(注水口), 배수구(排水口)가 갖추어 있으므로, 수돗물 또는 수냉용 순환 장치를 이용해 냉각할 수 있다. 흡수량은 1대 당 2~3ℓ/분이다. 수돗물 사용의 경우는 당연히 배수설비가 필요하다.

나) 배기설비

램프 하우스에는 배기설비가 필요하고, 램프 하우스 상부로부터 배기 덕트를 통하여 옥외로 강제적으로 배출한다. 배기량은 램프의 출력에 따라서 2kW에 4m³/분 이상, 4kW에 6m³/분 이상이 필요하다.

다) 공조설비

영사실 내에는 열원이 되는 램프 하우스(대부분 배기 덕트로 배출) 및 음향장치가 있기 때문에 이들을 고려하여 공기조절설비가 필요하다. <그림 7.20>은 배기 덕트가 설치된 영사기의 예이다.

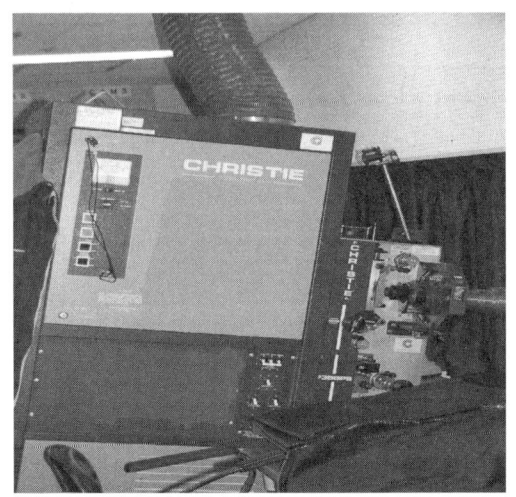

<그림 7.20> 영사기에 설치된 배기덕트

제 7 장 무대운영용 설비

7. 영사실의 전기설비

가) 전원설비

영사실내의 영사설비가 필요로 하는 전원은 3상4선 380/220V, 단상3선 220V/110V, 단상2선 110V의 3종류이다. 주된 영사 설비기기가 필요로 하는 전원의 종별과 부하용량을 정리하면 <표 7.8>과 같다.

상기 설비기기 중 특히 램프 하우스용 전원은 다른 기기나 설비에의 노이즈 장해의 영향을 피하기 위해서 다른 설비전원과 공용하지 않고 전용 전원으로 하는 것이 필요하다.

또한 객석 조광기와 음향 재생장치에 관해서도 조광 노이즈의 영향을 고려하여 각각 전용의 전원으로 하는 것이 필요하다. 2대 영사방식의 경우 2대분의 부하용량을 고려할 필요가 있다.

<표 7.8> 전원방식과 부하용량

영사 설비기기	전원 방식	부하 용량
35㎜ 영사기 본체	단상3선 220V/110V	2kVA×2
동상(同上) 램프 하우스용 정류기 크세논 2kW~6kW	3상4선 380/220V	4kVA×2~12.5kVA×2
음향재생장치	단상2선 110V	0.5kVA(모노)~ 4kVA(6 채널)
16㎜ 영사기	단상3선 220V/110V	2kVA×2~5kVA×2
객석 조광기	단상3선 220V/110V	6kVA~12kVA

[주] 객석 조광기는 영화관이나 영화 상영 전용 홀인 경우의 객석 조명용량이고, 영화 외의 공연물과 병용하는 공연장의 경우는 무대 조명설비의 안에서 구성된다.

나) 과전류 차단기 및 누전 차단기

(1) 전항에서 서술한 영사설비 각 기기의 부하용량에 따라 분전반에는 적절한 과전류 차단기를 선정하는 것이 필요하다.

통상은 배선용차단기(MCCB)를 시설하는 것이 일반적이다.(「기술기준」제195조, 내선규정 150-1)

(2) 램프 하우스용 정류기의 전원은 220V이기 때문에 각 정류기마다 누전차단기를 시설하여야 한다.(「기술기준」제187조 2항, 내선규정 151-1)

제 7 장 무대운영용 설비

다) 배선공사

영사실 내에서 영사설비에 관련된 주된 배선으로는 이하의 것을 들 수 있다.

(1) 저압 옥내 배선
   ㉮ 영사설비 각 기기까지의 전원배선
   ㉯ 정류기의 2차측으로부터 램프 하우스까지의 배선
   ㉰ 영사기간의 이동배선
   ㉱ 스크린 커튼, 가변 마스크(variable mask)용 배선
   ㉲ 객석 조명기구로의 배선

(2) 약전류회로의 배선
   ㉮ 음향 재생장치의 입력계 배선과 라우드 스피커용 배선
   ㉯ 자동 프로그램 장치와 영사기, 음향 재생장치와의 이동배선
   ㉰ CCTV 카메라용 배선

   전술한 내용의 배선공사를 시공하는 경우에는 각 배선의 이동이 빈번하기 때문에 각 기기의 배치, 배선에 관하여는 충분한 검토를 하여 시공도를 작성할 필요가 있다.
   유의할 것은 반드시 금속관 또는 금속덕트에 의해 시공하여야 한다는 것이다. (「4.6.1 옥내배선의 시공」 참조) 또한, 정류기의 2차측 배선은 노이즈원이 되기 때문에 특히 주의를 하여야 한다.

라) 접지공사

(1) 안전대책으로 기술기준, 내선규정에 정해진 접지공사에 준하여 제3종 접지공사를 시설하여야 한다.
(2) 음향재생 장치, 자동 프로그램 장치의 신호회로에 관한 접지를 실행하는 경우는 노이즈의 영향을 받지 않도록 고려하여야 한다.(「제8장 접지설비」 참조)

8. 노이즈 방지 대책

영사기는 광원으로 방전등인 크세논램프를 사용하지만, 이것은 노이즈의 발생원이 되기 때문에 음향장치, 조광장치 등의 약전류회로에 노이즈에 의한 장해가 없도록 충분히 유의하여 시공하여야 한다. (「제9장 고조파 대책 및 노이즈 방지대책」 참조)

7.4 기타 조명설비

7.4.1 객석 조명설비

객석조명은 프로시니엄 아치(proscenium arch)라고 불리는 개구부에서 구획된 객석과 콘서트홀 등의 개방된 객석에서의 조명방법이 고려된다.

객석조명은 공연장 전체의 건축의장, 디자인과의 조화를 꾀하여 계획된다. 일반적으로는 다운 라이트, 브래킷(bracket), 간접조명, 장식조명 등으로 구성되어 무대 조명설비와는 달리 일반 전기설비로서 설계되는 경우가 대부분이다.

최근의 상업극장, 콘서트홀, 전문극장 등에서는 샹들리에(chandelier)형식의 조명수법이나 오브제(objet)와의 일체화된 조명수법 등 다방면에 걸치는 조명수법이 사용되어 왔다.(<그림 7.21> 및 <그림 7.22> 참조)

객석 조명은 공연장의 규모, 형태, 용도에 의해 목적에 알맞은 의장성과 조명기구의 특성이나 필요 조도, 조광 기능 등을 고려하고 계획하는 것이 필요하다.

그림 7.21 다운 라이트에 의한 객석조명 예 　　　 그림 7.22 샹들리에 형식에 의한 객석조명 예

I. 객석의 조도

　가) 객석 조명설비는 한국산업규격인 KS A 3011에 규정된 조도기준을 참고로 하여 시설, 시공하는 것이 바람직하다. KS A 3011에서는 관람석의 조도는 관객 이동시 150~300lx, 상영중에는 3~6lx로 규정하고 있다.

　나) 다목적 공연장, 강당 등에서는 공연 이외에 강연회, 세미나 또는 심포지엄(symposium) 등의 행사를 하는 경우가 있다. 이 경우에는 주위의 자료가 충분히 보여 필기 등에 지장이 없는 밝기가 필요하기 때문에 300~500lx 정도의 조도로 하는 것이 바람직하다.

다) 객석조명은 일반적으로 조광제어를 필요로 하기 때문에 광원에 할로겐 전구가 많이 사용되지만, 높은 조도를 얻기 위해서 HID 기구(메탈할라이드램프 등)나 형광등 기구 등을 같이 설치하여 필요 조도를 확보하여야 한다. 이 경우는 조도 뿐만아니라 광원의 색온도에 의한 객석내의 분위기가 공연 계획을 저해하지 않도록 충분히 유의할 필요가 있다.

또한, 방전등은 무대 조명에 요구되는 원활한 조광제어에 지장이 있기 때문에 객석 전체의 조광제어 시스템으로 배려하여 계획을 하여야 한다.

<그림 7.23>에 할로겐 다운라이트의 일례, <그림 7.24>에 HID 다운라이트의 일례를 나타낸다.

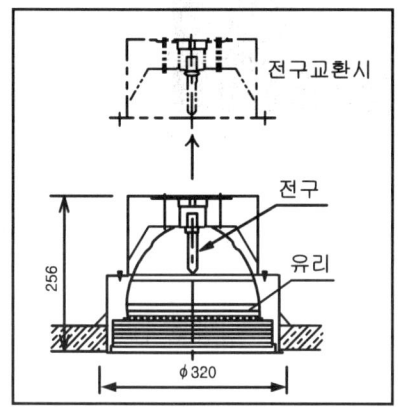

<그림 7.23> 할로겐 다운라이트 예

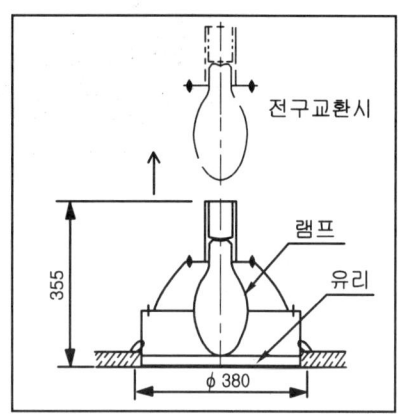

<그림 7.24> HID 다운라이트의 예

2. 객석조명의 조광조작

객석조명은 무대에서 행해지는 여러 가지 공연물의 조명연출을 효과적으로 행하기 위해서 객석의 조명을 연속적으로 변화시키는 조광제어가 필수적이다.

가) 일반적으로 객석조명의 조광제어는 무대 조명설비와 연동하여 행해지기 위해서 조광기, 조작부는 무대 조명설비로서 설정되는 경우가 많다.

나) 조광회로는 대천장·2층석 하부·벽면 등 계통별로 설치하여 장소별로 조광제어를 할 수 있는 것이 바람직하다.

다) 객석조명의 조광조작은 통상 개연시에 객석을 어둡게 하고 종연시에 밝게 하는 것은 물론이고 조명연출의 하나로써 장면 메모리(scene memory)에 조합되어 조작되기도 한다.

객석조명의 조광조작은 독립한 객석 조광조작부에서의 조작과 장면 메모리(scene memory)에 기억시키는 조작 중에 선택할 수 있도록 할 필요가 있다.

제 7 장 무대운영용 설비

라) 식전이나 강연회 등 간단한 객석조광조작은 무대측면에서 행해지므로, 조광조작콘솔이 아닌 무대 측면의 조광원방 조작반에서 조작할 수 있는 것이 바람직하다. <그림 7.25>는 무대 측면에 있는 객석 조광조작반의 일례이다.

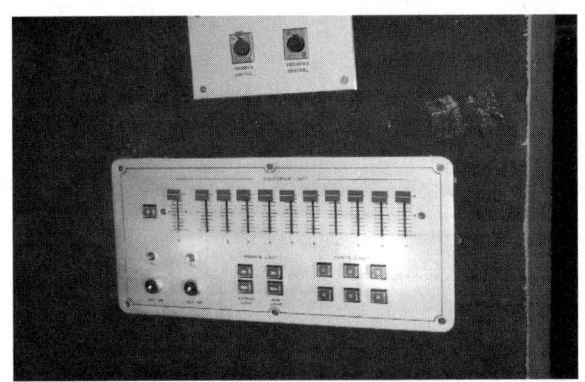

<그림 7.25> 무대 측면의 객석 조광조작반의 일례

마) HID(메탈할라이드램프 등)기구는 조광을 할 수 없기 때문에 백열등조명기구의 조광제어와 연동한 ON-OFF 조작으로 할 필요가 있다.

바) 조광제어의 조작부는 조광조작실과 무대 측면의 조광 원방조작반에서 조작할 수 있는 것이 바람직하다.

3. 객석조명기구의 선정

가) 일반적인 객석조명은 조광 가능한 할로겐전구가 대부분 사용되지만, 다운 라이트 등은 공연장의 천장이 높고 전구 교환 등의 보수점검을 객석에서 할 수 없는 경우가 많다.
   천장 위쪽의 캣워크(catwalk)로부터 전구교환을 할 수 있는 구조의 기구의 선정이 필요하다.

나) 객석조명기구는 록 콘서트 등의 대음량과 공진하지 않는 구조의 기구이어야 한다. 특히 다운 라이트는 밑에 전구의 낙하방지로서 철망 또는 글래스(glass)가 있는 기구를 선정하여야 한다.

다) 콘서트 홀 등에서는 점등시·소등시의 삐걱거리는 소리를 억제한 저소음 설계의 기구의 선정이 필요하다.
   또한 샹들리에 형식의 기구를 선정하는 경우는 실링 스포트라이트(ceiling spotlight)의 조사(照射) 범위를 고려하여 설치함으로써 높이·배치 등을 검토하고 지장이 없도록 설

제 7 장 무대운영용 설비

비한다. 오브제(objet)와의 일체화 조명기구를 사용하는 경우는 기구 자체의 공진음으로 음향효과가 방해되지 않도록 고려할 필요가 있다.

라) 형광등 기구의 선정의 경우 형광등의 특성상 점등·소등시의 조광이 평활이 아니고 차이가 생기는 일이 있다. 원활한 조광이 요구되는 전문공연장 등에서는 적합하지 않으며 형광등의 적용에 있어서는 이러한 특성을 고려하여 설계자와 공연장 운영자가 사전에 협의하여 선정하여야 한다.

또한 형광등 선정에 있어서는 안정기의 소음·건축 구조물과의 공진 등을 설계상에서 해결해야 할 필요가 있다. 객석 조명기구의 선정 예를 <표 7.7>에 나타낸다.

<표 7.7> 객석조명의 선정 예

조명기법 램프 종류 호 칭	다운라이트(주조명)			간접조명			장식조명		
	할로겐	형광등	HID	할로겐	형광등	HID	할로겐	형광등	HID
상업극장	◎	─	─	◎	△	─	◎	△	─
전용극장	◎	─	─	◎	△	─	◎	△	─
대관 홀	◎	○	△	◎	○	─	◎	○	─
콘서트 홀	◎	─	─	◎	○	─	◎	○	─
강당	○	○	○	○	○	─	○	○	─
체육관	○	○	◎	△	○	○	○	○	○
이벤트 홀	◎	○	◎	◎	○	─	◎	○	△
다목적 홀	◎	△	○	◎	△	△	◎	△	─
영화관	◎	△	─	◎	△	△	◎	△	─
TV 스튜디오	◎	△	○	─	─	─	─	─	─
호텔 연회장	◎	○	△	◎	○	△	◎	△	△

[비고] ◎ : 최적, ○ : 적합, △ : 검토 필요, ─ : 부적합

제 7 장 무대운영용 설비

7.4.2 보면등(譜面燈)

　오페라, 발레, 뮤지컬 등의 공연은 오케스트라 피트를 사용하여 음악을 연주하는 공연으로 공연을 진행하는 모든 기준은 이 음악에 의해서 행해진다.

　오케스트라 피트는 객석 내에서 나와 있는 장소로 연극이 개연하면 객석과 동시에 오케스트라 피트도 암전한다. 따라서 음악연주에 있어서의 지휘자 및 연주자에게는 가장 중요한 설비 중 하나가 보면등이다.

　보면등의 일례를 <그림 7.26>에 나타낸다.

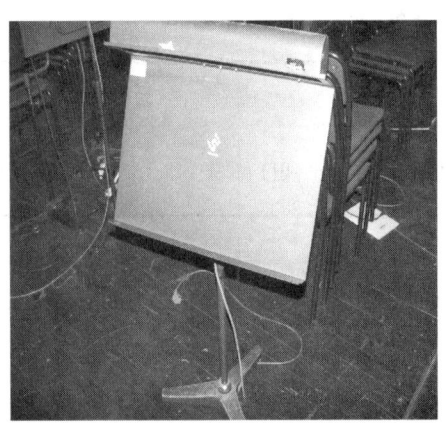 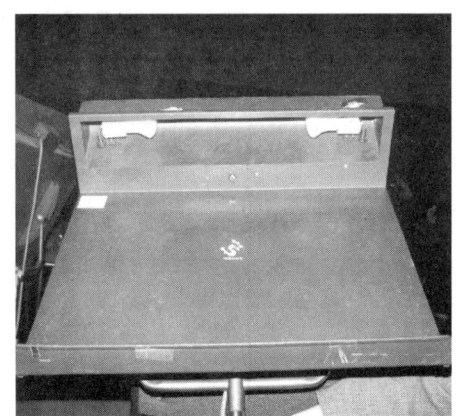

<그림 7.26> 보면등의 일례

I. 보면등 전원 배선시 유의점

　가) 보면등은 개연중 전구의 단선, 회로의 불량에 의한 소등 등이 있어서는 안된다.
　　(1) 보면등의 전구는 2등식으로 하는 것이 바람직하다.
　　(2) 오케스트라 피트 내에서 분기 코드는 사용하지 않는다.
　　(3) 오케스트라 피트는 협소하므로 안전상 이동전선은 절대 사용하지 않고 보면등 전원을 얻을 수 있도록 콘센트 설비에 충분히 유의하여야 한다.

2. 보면등 조광제어 방식

　가) 보면등의 전원은 노이즈 장해방지를 위해서 사이리스터 등 반도체 조광회로를 사용하여서는 안된다.
　나) 보면등 조광을 필요로 하는 경우는 자동 트랜스 등의 전압제어방식으로 한다.

7.4.3 작업등(作業燈)

연출용 조명설비가 공연 운용상 가장 중요한 설비인 것은 분명하지만, 무대진행 및 공연장의 관리 운용용으로써 연출용 조명설비와는 별도의 조명이 필요하다. 이것은 일반적인 조명과 다르게 취급을 하기 때문에 이 조명을 작업등이라고 한다.

무대진행에 필요한 작업등이란 무대공연의 준비, 마무리, 조명준비, 공연중의 막간, 휴게 중에 무대전환, 대도구, 조명세트 전환 등의 소정의 작업을 하기 위한 조명을 말한다.

작업등은 연출효과를 방해하지 않고 관객이 알아차리지 못하게 하는 것이 필요하다.

공연장 관리 운용에 필요한 작업등이란 객석 내, 객석 천장 위, 무대안쪽 등의 보수점검, 청소 등 일반조명 취급에 가깝지만 그 목적의 작업을 할 수 있기 위한 조명을 말한다.

이것들의 작업등 설비는 공연장의 규모, 형태, 용도에 의해 목적에 맞추고 이하의 기능을 대비하는 것이 바람직하다.

1. **작업등을 필요로 하는 장소**

작업등이 필요한 장소는 크게 나누면 무대주변, 객석주변이 된다. 이밖에 갤러리, 객석 천장 안의 캣워크(catwalk) 등의 통로등(通路燈)이 있다.

무대주변에는 무대, 무대 측면, 그리드, 무대하부, 머신 피트(machine pit), 갤러리 등의 작업등이 있다. 객석주변에는 프론트 사이드(front side) 투광실, 실링(ceiling) 투광실, 팔로우 스포트라이트(follow spotlight)실 등의 작업등이 있다.

각각의 영역은 해당 작업에 있어서의 안전과 충분한 밝기를 얻을 수 있어야 한다. 통로등은 각각의 실(투광실 등)을 연결하는 통로를 조작원이 안전히 보행할 수 있는 밝기로 하여야 한다. 또한 공연중 ㄱ 빛을 점등할 필요가 있는 경우에는 무대와 객석에 빛이 누설되지 않도록 하여야 한다.

2. **작업등 설비시 유의점**

작업등은 공연장의 운영 관리상에 있어서 다음 사항을 충분히 유의하여야 한다.

가) 작업등의 조도는 100~300lx 정도로 하여 최대한 균등하게 비추게 하고, 용도에 맞는 충분한 밝기를 얻을 수 있어야 한다.

나) 등기구의 배치는 무대 상부기구, 대도구 등에 의해서 빛이 차단되지 않을 높이, 방향, 수량을 고려하고 불필요한 장소에 빛이 새지 않고 조작자에게 눈부심이 없도록 고려하여야 한다.

다) 갤러리 등 높은 장소에서의 접사다리 사용은 위험이 따르기 때문에 접사다리를 사용하지 않더라도 전구의 교환, 점검보수가 용이하도록 등기구의 취부 높이, 기능구조

제 7 장 무대운영용 설비

를 고려하여야 한다.
라) 무대측면, 무대하부 등은 대도구의 출입, 이동 정비 등으로 등기구가 파손되고 떨어지지 않을 위치에 설치하거나 가드(guard)가 부착된 등기구를 사용하여야 한다.
마) 개연 중에 점등하는 작업등은 무대에서 객석으로 빛이 새어나가지 않는 위치에 설치하거나 또는 등기구의 구조가 빛의 누설이 없도록 고려하여야 한다.
　　한편, 프론트 사이드(front side), 실링(ceiling) 투광실의 작업등은 무대 쪽에서 등기구의 광원이 직접 보이지 않는 설치위치 또는 구조가 되도록 고려하여야 한다.
바) 광원은 백열등, HID 등으로부터 용도, 목적, 연색성(演色性), 재 점등성(再點燈性), 경제성 등을 고려하여 알맞은 것을 선정하여야 한다.
사) 조명기구는 최대한 전용으로서 보수점검, 전구의 교환, 청소 등을 용이하게 행할 수 있는 구조 및 기능을 갖도록 고려하여야 한다.

3. 전원 및 조작기능상의 유의점

작업등은 연출조명과 연동하면서, 일반조명의 취급과 같이 단순한 조작으로 운용해야 하기 때문에 다음 사항을 충분히 유의하여야 한다.
가) 조명의 목적에 의해 작업등, 손잡이등, 통로등, 객석등, 일반등의 구분을 명확히 하고 부하회로 배선도 맞추어 구분하여야 한다.
나) 천장의장(天井意匠)과 조화시킨 전반조명기구(全般照明器具) 배치에 맞추어 작업등용 조명기구를 배치하는 것은 비효율적이고 경제성이 없기 때문에 겸용으로 하는 경우가 많지만, 조도의 분포 및 배치, 배열을 충분히 고려하여야 한다.
다) 무대내 작업등은 연출용 조명기구의 일부(보더라이트 등)를 겸용하는 경우가 많지만, 음향반사판이나 그 밖의 상부기구와 관련하여 충분한 고려를 하여야 한다.
라) 점멸동작은 순시에 또한 용이하게 행할 수 있으며, HID와 같이 재점등에 시간을 요하는 경우는 백열등과 병용하는 것이 바람직하다.
마) 점멸 스위치는 작업등, 손잡이등, 통로등 등으로 구분한 회로단위로 구분하여야 한다.
바) 작업등의 점멸 스위치는 각 영역 단위로 조작자의 동선을 고려하여 복도, 계단의 각 출입구에 설치하여야 한다.
사) 작업등은 개연 중 사용하는 것과 개연 중 사용하지 않는 것으로 구별하여 개연 중 사용하는 것은 점멸조작을 무대 측면 등에서 집중 조작할 수 있는 방식이 바람직하다.
아) 작업등 전원은 관리 운용상 연출용 조명전원과 별도의 계통전원으로서 독립된 분전반을 설치하여 사용하여야 한다.
자) 작업등용과 겸용하는 회로(조명기구)는 전자접촉기로 회로를 구분하여 전원계통도

분리하여야 한다.
차) 작업등 스위치는 개연 중에 부주의로 인한 조작을 방지할 수 있도록 연출용 조광장치의 제어회로와 연동시켜 조작상의 오류가 발생하지 않도록 하여야 한다.
카) 그리드, 갤러리, 객석 천장 위 등은 무대 측면에서도 점멸할 수 있는 것이 바람직하다.

제 8 장
접지설비

8.1 접지설비
8.2 공연장 전기설비의 접지
8.3 공연장 전기설비의 접지계통의 개념도

제 8 장 접지설비

　접지설비는 다른 설비에 비해서 단지 부속설비처럼 안이하게 취급하는 경우가 많다. 그러나 접지설비는 전로의 이상전압을 억제하고 지락시의 고장전류를 안전하게 대지로 흘려 인체의 보호나 화재, 기기의 손상 등의 재해를 방지하는 것뿐만 아니라 제어기기를 안정하게 동작시키는 등의 역할을 위한 필수불가결한 설비이다.
　특히 최근 전자기기의 급격한 증가에 따라 안정된 신호계를 확보하기 위한 접지설비가 다양화, 혼재화하고 있다.
　접지를 하여야 할 설비에는 전력설비, 정보·통신설비(신호, 제어, 유무선통신, 컴퓨터 등), 피뢰설비(피뢰침, 피뢰도선, 가공지선 등)를 비롯하여 정전기 제거설비, 유도장해 방지설비 등 여러 가지 설비가 있다.
　접지는 기본적으로 대지에 전기적 단자를 접속하는 것으로 즉, 금속 등의 도전성 물체를 대지와 전기적으로 접속하여 도전성물체의 전위를 대지와 같은 전위 또는 전위차를 최소화시키는 것을 말한다.
　금속체와 대지를 접속하는 단자의 역할을 하는 것이 접지전극(Grounding electrode)이라고 하며 보통은 지중에 매설되어 있는 도체가 사용된다. 접지전극과 접지를 하는 설비를 연결하는 도선을 접지도선 또는 접지선(Grounding conductor)이라고 한다.
　따라서, 접지설비를 설계하기 위해서는 접지의 목적, 기능, 종류를 정확하게 이해하여 접지시스템을 구축함과 동시에 적절한 접지개소, 접지선, 접지극을 선정하고 시공하여야 한다.

제 8 장 접지설비

8.1 접지설비

8.1.1 접지설비의 목적에 따른 분류

접지설비는 인체의 감전 또는 이상전압에 대한 기기의 파괴, 손상, 화재로부터 보호하기 위한 보안용접지와 고조파 등의 노이즈장해의 방지나 기기의 기능상 필요한 안정기준전위를 확보하기 위한 신호회로용 접지로 분류할 수 있다.

또한, 접지설비를 목적에 따라 세분화 하면 <표 8.1>과 같이 나타낼 수 있다.

<표 8.1> 접지의 종별과 목적

접지의 종별		주된 접지개소	목 적
보안용접지	계통접지	변압기 2차측 중성점	고압전로와 저압전로와의 혼촉시에 저압전로에 유입되는 고압전로의 지락전류를 안전하게 대지로 흘러, 저압전로의 대지전압을 억제시킨다
			(자락검출용)1선지락시에 지락계전기를 확실히 동작시키기 위해 충분한 지락전류를 흘린다.
	기기접지	전기기계기구의 철대 또는 금속제외함	전기기계기구의 절연저하에 의한 지락시에 노출 비충전 금속제부분에 과대한 대지전압이 발생하는 것을 억제한다.
		인체접촉이 우려되는 노출 비충전 금속제부분	(등전위용)인체접촉이 우려되는 금속제부분을 상호 결합하여 등전위로 함에 의해 사고시의 감전을 방지하고, 동시에 위험전류를 대지에 흘린다.
		전기기계기구의 노출 비충전 금속제부분	(정전기장해방지용)정전기의 축적에 의한 전기기기의 장해 또는 인체의 감전을 방지한다.
신호회로에 관한 접지		전자기기장치의 금속제부분, 전자실드 등	(잡음대책용)외부로부터의 진입노이즈에 의한 전자기기장치의 오동작이나 전자기기로부터 발생하는 고주파에너지가 외부로 누설되어 다른 기기에 장해를 주는 것을 방지한다.
		전자기기 신호선의 단자 등	(기준전위용)전자기기장치 등이 정상적으로 동작하기 위해 안정한 기준전위를 확보한다.
뇌해방지용 접지		피뢰침, 피뢰도체, 피뢰기 등	직격뇌 또는 유도뇌에 의해 발생하는 뇌전류를 안전하게 대지에 방류한다.

8.1.2 접지공사의 종류

접지설비란 전기기기, 전자, 통신설비기기를 대지와 전기적으로 접속하는 것으로서 접속하는 터미널의 역할이 접지극이며 이 터미널과 기기를 연결하는 통로가 접지선이다.

이상적 접지는 대지와의 사이에 전위가 생기지 않는 것이고 항상 대지전위 0V가 확보되어 있으면 모든 기기는 하나의 접지극으로써 지장을 초래하지 않는다. 그러나, 접지극 및 접지선에는 전기저항이 있다. 특히, 접지극은 접지선에 비하여 대단히 큰 접지저항을 가지기 때문에, 접지설비는 지락전류에 의해서 전위상승이 생겨 여러 가지 장해를 일으키게 된다. 이로부터 보안상, 기능상으로 안전확보를 위해 여러 가지 접지공사를 필요로 하게 된다.

1. 보안용접지

「기술기준」에는 전기설비에 대한 접지는 감전·누전사고 방지, 대지전압의 저감, 이상전압의 억제, 보호장치류의 확실한 동작 등 주로 보안용 접지를 목적으로 기술되어 있다.

「기술기준」 제21조에는 접지공사의 종류를 분류하여 각각의 접지저항 값이 정해지고 있다. 이것을 나타내면 <표 8.2>와 같다.

<표 8.2> 접지공사의 종류와 접지저항 값

접지공사의 종류	접지저항 값
제1종 접지공사	10Ω 이하
제2종 접지공사	변압기의 고압측 또는 특별고압측 전로의 1선지락전류의 암페어수로 150(변압기 고압측의 전로 또는 사용전압이 35kV 이하의 특별고압측 전로와 저압측 전로와 혼촉하여 저압전로의 대지전압이 150V를 넘는 경우에 1초를 넘고 2초 이내에 자동적으로 고압전로 또는 사용전압이 35kV 이하의 특별고압전로를 차단하는 장치를 설치할 때는 300, 1초 이내에 자동적으로 고압전로 또는 사용전압이 35kV 이하의 특별고압전로를 차단하는 장치를 설치할 때는 600)을 나눈 값과 같은 Ω수 이하
특별 제3종 접지공사	10Ω(저압전로에 있어서, 해당 전로에 지기(地氣)가 발생한 경우에 0.5초 이내에 자동적으로 전로를 차단하는 장치를 시설할 때는 500Ω) 이하
제3종 접지공사	100Ω(저압전로에 있어서, 해당 전로에 지기가 발행한 경우에 0.5초 이내에 자동적으로 전로를 차단하는 장치를 시설할 때는 500Ω) 이하

또한, 공연장 등에 시설하는 전기설비에 관계되는 것으로서 「기술기준」에 규정되어 있는 각 접지공사가 필요한 개소를 <표 8.3>에 나타낸다.

그리고 각각의 접지공사의 시공방법의 세목에 관하여는 「기술기준」 제22조에 규정되어 있다.

제 8 장 접지설비

<표 8.3> 공연장 전기설비에 있어서 접지공사가 필요한 개소

접지공사의 종류	접지공사의 필요개소
제1종 접지공사	• 변압기에 의해 특별고압전선로에 결합된 고압전로의 방전장치 • 고압 기계기구의 철대 및 금속제외함 • 변압전로에 시설하는 피뢰기 및 방출방호통 또는 그 외의 피뢰기에 대체되는 장치 • 고압옥측 전선로의 시설에서, 관 그 밖의 케이블을 수납하는 방호장치의 금속제부분, 금속제 전선접속상자 및 케이블의 피복에 사용하는 금속체 • 고압옥내배선에 사용하는 관 그 밖의 케이블을 수납하는 방호장치의 금속제부분, 금속제 접속박스 및 케이블의 피복에 사용하는 금속체 • 방전등용 안정기의 외함 및 방전등용 전등기구의 금속제부분(관등회로의 사용전압이 고압이며 또한, 방전등용 변압기의 2차 단락전류 또는 관등회로의 동작전류가 1A를 초과하는 경우) • 옥측 또는 옥외에 시설하는 관등회로의 사용전압이 1000V를 초과하는 방전등
제2종 접지공사	• 고압전로와 저압전로를 결합하는 변압기의 저압측의 중성점 또는 일단자(사용전압이 300V 이하로서 해당 접지공사를 변압기의 중성점에 시설할 때) • 고압전로와 저압전로를 결합하는 변압기로서, 고압권선과 저압권선 사이에 설치하는 금속제의 혼촉방지판 • 다심형 전선을 사용하는 경우의 중성선 또는 접지측 전선용으로서 사용하는 절연물로 피복되지 않은 도체
특별 제3종 접지공사	• 사용전압이 300V를 초과하는 기계기구의 철대 및 금속제외함 • 사용전압이 300V를 초과하는 금속제 배선재료(관, 덕트 등) 및 배선기구
제3종 접지공사	• 고압계기용 변성기의 2차측 전로 • 300V 이하의 기계기구의 철대 및 금속제외함 • 케이블 가설용 조가용선 및 케이블 피복의 금속 • 사용전압이 300V 이하인 금속제 배선재료(관, 덕트 등) 및 배선기구

제 8 장 접지설비

가) 계통접지

(1) 계통접지를 실시하는 주된 목적은 감전사고를 방지하며, 전로의 대지전압을 저감시켜 절연레벨을 낮추고 보호계전기의 동작을 확보할 수 있으며 이상전압의 발생을 억제하는 것이다.(<그림 8.1조>)

(2) 전기시설물의 전기안전에 관한 기본 법규인 「기술기준」 제15조에서는 "전로는 원칙적으로 대지로부터 절연하는 것"이라고 규정하고 있다. 전로가 대지로부터 절연되어 있지 않으면 누설전류(Leakage current)로 인하여 감전이나 화재의 위험이 있으며, 전력손실도 발생하므로 전로의 절연은 필수적이다.

(3) 다만, 여러 가지 이유에 의해서 대지로부터 절연할 수 없는 부분에 관하여는 이를 지정하여 전로의 절연원칙으로부터 제외하고 있다. 그 최대 제외부분이 변압기 2차측의 중성점의 접지로 「기술기준」 제26조에 규정되어 있다.
　이러한 전로에 시설하는 접지를 계통접지라고 하며, 접지공사는 제2종 접지공사로 되어있다.

<그림 8.1> 변압기 제2종접지

나) 기기접지

(1) 전기기계기구의 절연이 어떠한 원인으로 저하되면, 내부의 충전부분으로부터 외부의 노출 비충전 금속부분에 전기가 흘러 누전 또는 지락상태가 되며 이 부분에 사람이 접촉되면 감전될 우려가 있다.
　이것을 방지하기 위해서 노출 비충전 금속부분을 미리 대지와 접속하여 놓는다. 이 접지를 기기접지라고 한다. 또한, 저압옥내배선에 관계되는 접지도 기기접지에 포함된다(<그림 8.2>)

(2) 기기접지의 목적은 노출 비충전 금속부분에 이상 대지전압이 발생하는 것을 억제하고 지락보호장치를 확실히 동작시키기 위해 충분한 지락전류를 흘릴 수 있는 것 등에 의해 감전, 화재, 기기의 소손을 방지하는 보안용 접지로 제1종, 특별 제3종, 제3종의 접지공사를 실행하는 것으로 정해져 있다.

제 8 장 접지설비

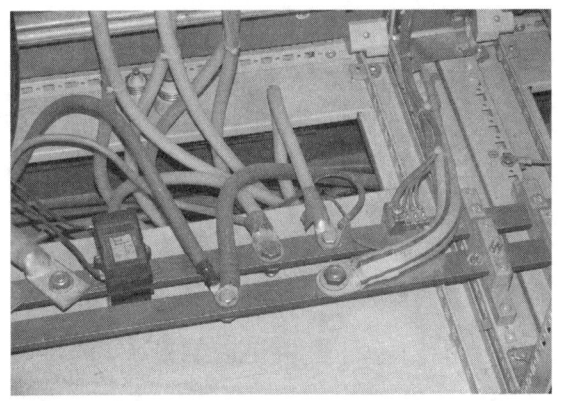

<그림 8.2> 기기외함 접지

2. 신호회로에 관한 접지

보안접지는 전술한 안전확보를 위해 법규상 의무를 부과하고 있다.

그러나 신호회로에 관한 접지는 노이즈장해 방지와 안정한 기준전위확보가 목적이다. 또한 설치되는 제어기기마다 그 사용목적, 수단내용에 의해서 특성, 성능이 다르기 때문에 기준전위가 안정되고 정확한 동작레벨에 큰 차이가 있어 설치기준은 정하기 어렵다. 그로 인해 「기술기준」에는 규정하고 있지 않다.

가) 최근 고도정보화가 급격히 발전하여 이에 따라 방대한 정보량의 고속전송화가 이루어지고 있는 분야에서 실시되고 있다.

이것은 동일 시설의 홀 이외에서의 지락사고의 발생 등은 매우 미세한 전위의 변동, 근접하는 기기의 제어신호의 상호간섭 등에 의한 오동작발생을 유발하는 원인이 되어 공연에 지장을 초래할 우려가 있다.

이들 장해를 방지하기 위해서는 그 외에 영향을 받지 않는 접지환경이 필수조건이 된다.

나) 신호회로에 관한 접지는 다른 설비의 접지 및 공연장 전기설비의 보안접지와 분리한 접지로 하며, 또한 무대조명설비, 무대기구설비 및 무대음향설비 각각 독립한 접지극과 전용의 접지선을 시설하는 것이 바람직하다.

또한, 신호회로에 관한 접지는 보안접지와는 그 특성이 다르기 때문에 별도의 독립한 접지공사로 할 필요가 있다.(<그림 8.3>)

제 8 장 접지설비
341

<그림 8.3> 신호회로 접지

다) 신호회로에 관한 접지는 안정한 기준전위의 확보가 가장 큰 목적이다. 최선의 조건은 어떤 경우에도 전위를 0V로 유지하는 것이 이상적이지만 현실적으로는 불가능하다. 그 때문에 현실적인 조건으로서 할 수 있는 것은 낮은 임피던스의 접지저항 값을 유지하도록 하는 것이다.

따라서 「기술기준」에 규정되어 있는 4종류의 접지저항 값에 있어 특별 제3종 접지공사에 준한 10Ω 이하로 하고 있다(<표 8.4> 참조)

<표 8.4> 신호회로에 관한 접지의 종류와 접지저항값

신호회로에 관한 접지	접지저항값
특별 제3종 접지공사	10Ω 이하

제 8 장 접지설비

8.2 공연장 전기설비의 접지

8.2.1 공연장 전기설비의 특수성

공연은 일단 개막하면 절대로 되돌릴 수 없다. 따라서 기기의 고장, 장치의 오동작 또는 잡음장해에 의한 사고나 고장은 절대로 용납되지 않는다.

그러나, 연출공간의 각종 무대설비는 사용조건이 매우 열악한 환경에 있다. 그 특수사정을 나열하면 다음과 같다.

1. **사용조건**
   가) 공연장의 전기설비는 조명, 기구, 음향 각각의 설비용량이 크고 또한 근접한 장소에 설치하기 때문에 각각의 노이즈 영향을 받기 쉽다.
   나) 공연장 전기설비는 무대진행에 따라 운용되기 때문에 각각의 설비는 일제히 동작하거나 또는 급격한 간헐동작 등이 많아 사용조건이 매우 나쁘다.

2. **무대조명설비**
   가) 무대조명설비의 조광설비는 반도체위상각 제어방식이기 때문에 고조파 성분의 함유량이 대단히 많다.
   나) 무대조명설비로 사용되는 부하에는 크세논램프, HMI 등 대용량 방전등이 사용되고 있기 때문에 점등시 노이즈발생원이 많다.
   다) 무대조명제어의 조광조작 테이블이 컴퓨터화 되어 있어 전송 데이터량이 대단히 많으며 고속전송이기 때문에 제어선의 시설은 통신회선의 시설조건을 필요로 하고 있다.

3. **무대기계.기구설비**
   가) 무대기구조작반은 인버터 제어에 의한 컴퓨터화가 되어 있어 전송 데이터량이 대단히 많으며 고속전송이기 때문에 제어선의 시설은 통신회선의 시설조건을 필요로 하고 있다.
   나) 무대기구설비는 최근 인버터방식에 의한 속도제어나 레벨설정에 의한 동시운전 등의 고도의 제어방법이 채용되는 경우가 많아지고 있다.

제 8 장 접지설비

4. 무대음향설비
가) 무대음향설비는 기본적으로 노이즈장해를 받기 쉬운 성질을 가지고 있다.
나) 최근에는 앰프의 음압이 일반적으로 높은 경향이다. 특히 록 콘서트 등의 음악공연에서는 음질의 향상과 동시에 현저한 출력증강 요청이 높다. 그 때문에 음성장해 레벨을 낮게 할 필요가 있어 점점 노이즈성분에 대하여 민감해 지고 있다.

8.2.2 계통접지

1. 목적
고압전로 또는 특별고압전로와 결합하는 변압기로서, 저압측의 중성점을 제2종 접지공사로 접지하는 목적은 고압전로 또는 특별고압전로와 저압전로의 혼촉에 의해 발생하는 이상전압의 억제 및 대지전압의 저하를 도모함과 동시에 전로의 보호장치를 확실히 동작시키는 것이다.

2. 시설장소
무대조명설비, 무대기구설비, 무대음향설비의 계통접지는 각 전원변압기의 이하의 장소에 시설하여야 한다.
가) 상기 설비의 고압전로 또는 특별고압전로와 저압전로를 결합하는 변압기의 저압측의 중성점에 시설하여야 한다. 다만, 저압전로의 사용전압이 300V 이하인 경우에 해당 접지공사를 변압기의 중성점에 하기 어려울 때에는 저압측의 1단자에 시행할 수 있다.(「기술기준」 제26조 1항)
나) 가)의 접지공사는 변압기의 시설장소마다 시행하여야 한다.(「기술기준」 제26조 2항)

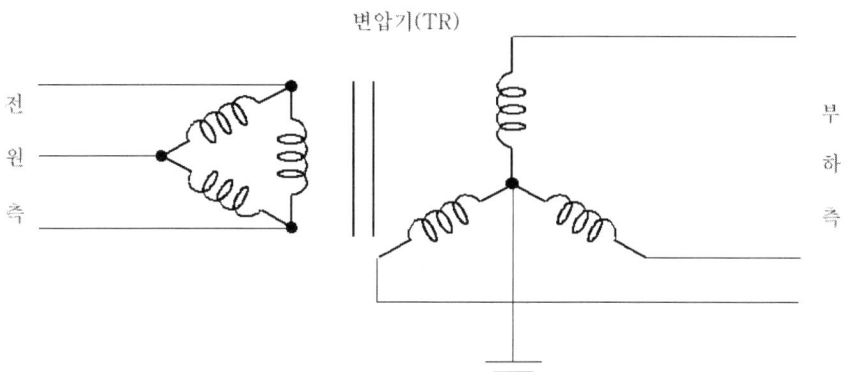

<그림 8.4> 전력계통의 중성점 접지방식

제 8 장 접지설비

3. 접지의 종류

고압전로 또는 특별고압전로와 저압전로를 결합하는 변압기의 저압측의 중성점에 시설하는 계통접지는 제2종 접지공사이어야 한다. (「기술기준」제26조 1항)

제2종 접지공사의 접지저항값의 계산은 고압전로의 혼촉시에 고압측 전로의 차단시간에 의해 다음 식과 같다. (기술기준 제21조 1항)

R = 150/I (2초를 초과하고 3초 이내에 차단)

R = 300/I (1초를 초과하고 2초 이내에 차단)

R = 600/I (1초 이내에 차단)

R : 접지저항값

I : 1선 지락전류(A)

(1선 지락전류는 실측치 또는「기술기준」 별표 13에서 정하는 계산식에 의해 계산한 값으로 한다.)

4. 접지선의 종류

가) 접지선의 재료

공연장 전기설비의 계통접지의 접지선은 다음에 의하여야 한다.

(1) 접지선은 IV 전선 또는 이와 동등 이상의 절연효력이 있는 동전선을 사용하여야 한다. 다만, 지중 및 접지극에서 지표면상 60㎝ 이하의 부분, 습기찬 콘크리트, 석재, 벽돌류에 접하는 부분 또는 부식성 가스 또는 용액이 발산하는 장소에 사용하는 경우를 제외하고 알루미늄전선을 사용할 수 있다.(내선규정 140-3)

(2) 가요성을 필요로 하는 부분은 클로로프렌 캡타이어케이블(3종 및 4종에 한함), 클로로설폰화 폴리에틸렌 캡타이어케이블(3종 및 4종에 한함) 또는 고압용 캡타이어케이블의 1심 또는 다심 캡타이어케이블이나 고압용 캡타이어케이블의 차폐 금속체를 사용하고 또한 단면적 8㎟ 이상으로 고장시 흐르는 전류가 안전하게 통할 수 있는 것이어야 한다.(내선규정 140-5)

나) 접지선의 굵기

특별고압전로 또는 고압전로와 저압전로를 결합하는 변압기의 저압측 중성점에 시설하는 계통접지의 접지선의 굵기는 원칙적으로 내선규정 140-5의 표 1-18(제2종 접지공사의 접지선의 굵기)에 의하여야 한다. 이것을 <표 8.5>에 나타낸다.

제 8 장 접지설비

<표 8.5> 제2종 접지선의 굵기

변압기 1상분의 용량			접지선의 굵기	
110V	220V	380V · 440V	동선	알루미늄
5kVA까지	10kVA까지	15kVA까지	5.5㎟ 이상	8㎟ 이상
10 〃	20 〃	30 〃	8 〃	14 〃
20 〃	30 〃	75 〃	14 〃	22 〃
30 〃	75 〃	100 〃	22 〃	38 〃
50 〃	100 〃	150 〃	38 〃	60 〃
75 〃	150 〃	250 〃	60 〃	80 〃
100 〃	200 〃	350 〃	60 〃	100 〃
175 〃	350 〃	600 〃	100 〃	125 〃

[주] 1. 이 표의 산정의 기초는 내선규정 부록 1-6을 참고할 것.
   2. 「변압기 1상분의 용량」이라 함은 다음의 값을 말한다.
     (1) 3상변압기의 경우는 정격용량의 1/3의 용량을 말한다. 다만, 계산상 소수점으로 계산될 경우 직근 상위용량을 적용한다.
     (2) 같은 용량의 단상변압기 3대로서 △결선 또는 Y결선하는 경우에는 단상변압기의 1대의 정격용량을 말한다.
     (3) 단상변압기 V결선의 경우
       가. 같은 용량의 단상변압기 2대로 V결선하는 경우에는 단상변압기 1대의 정격용량을 말한다.
       나. 다른 용량의 단상변압기 2대로 V결선하는 경우에는 큰 용량의 단상변압기정격용량을 말한다.
   3. 변압기가 2뱅크 이상으로 병렬 연결되어 저압측이 1대의 차단기로 보호되는 경우 「변압기 1상분의 용량」은 각 뱅크에 대한 주 2.의 용량의 합계치로 한다.
   4. 저압측이 다선식인 경우에는 그 사용전압중 최대전압을 적용한다.
     예 : 단상 3선 220V/440V와 같은 경우는 440V를 적용한다.

다) 접지선의 표식
   공연장 전기설비에 있어서의 계통접지의 접지선은 다음에 의해야 한다.
 (1) 접지선은 접지선만 단독으로 배선한 경우와 같이 접지선인 것이 용이하게 식별될 수 있는 경우를 제외하고 녹색의 표지를 실행하여야 한다.
 (2) 녹색 또는 녹황색 보양 이외의 절연전선을 접지선으로서 사용하는 경우는 단말 및 적당한 개소에 녹색 테이프 등에 의해 접지선인 것을 표시하여야 한다. 공연장 전기설

제 8 장 접지설비

비에 있어서의 계통접지의 접지선은 녹색의 절연전선을 사용하는 것이 바람직하다.

5. 접지선의 시공

계통접지인 전로의 중성점의 접지극은 고장시에 그 근방의 대지와의 사이에 발생하는 전위차에 의해 사람이나 가축 또는 다른 시설물에 위험을 줄 우려가 없도록 시설하여야 한다.(「기술기준」제30조, 내선규정 140-6)

수전실, 전기실 등 이외에 제2종 접지공사의 접지선을 전주, 옥측 기타 사람이 접촉될 수 있는 장소에 시설하는 경우는 다음 각 호에 의하여야 한다.

가) 접지극은 지하 75cm 이상으로 하되 동결깊이를 감안하여 매설할 것

나) 접지선을 사람이 접촉될 수 있는 장소에 철주와 같은 금속체에 따라서 시설하는 경우는 접지극을 철주 등의 금속체의 바닥면으로부터 30cm 이상의 깊이에 매설하는 경우 이외에는 그 철주 등의 금속체의 측면으로부터 1m 이상 이격하여 접지극을 시설할 것

다) 접지선은 접지극에서 지표상 60cm 까지의 부분에는 절연전선, 캡타이어케이블(3종 및 4종에 한함), 클로로프렌 캡타이어케이블(3종 및 4종에 한함), 클로로설폰화 폴리에틸렌 캡타이어케이블(3종 및 4종에 한함) 또는 케이블(클로로프렌외장 케이블 또는 비닐외장 케이블에 한함)을 사용할 것

라) 접지선은 지표면하 75cm에서 지표상 2m까지의 부분에는 합성 수지관(2mm 미만의 합성수지제 전선관 및 콤바인덕트관 제외) 또는 이와 동등 이상의 절연효력 및 강도가 있는 것으로 덮을 것

8.2.3 기기접지

1. 목적

전기기계기구는 충전부분과 철대, 외함 등의 비충전 금속부분이 있으며 이 두 부분의 사이의 절연을 기능절연(Functional insulation)이라고 한다.

이 절연기능이 전로의 절연열화 등의 원인에 의해서 저하되면 누전 또는 지락이 발생하여 위험이 발생하는 경우가 있다.

기기접지는 누전 등에 의해 충전된 철대 등에 사람이 접촉하면 감전될 위험이 있으므로 그 안전 확보를 위하여 대지전압을 억제하고 지락 보호장치가 확실히 동작하도록 하는 것을 목적으로 한다.

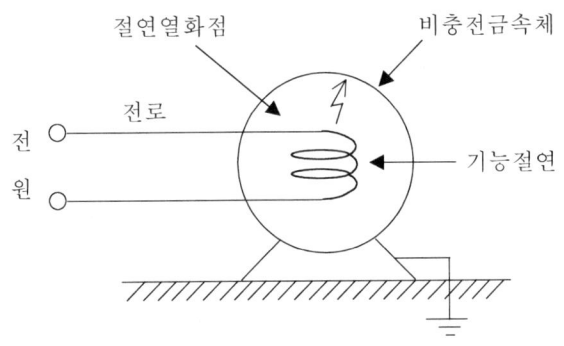

<그림 8.5> 기기접지의 개념

2. 시설장소

무대조명설비, 무대기구설비 및 무대음향설비의 기기접지는 다음 장소에 시설하여야 한다.

가) 전기기계기구의 철대 및 금속제외함 등의 비충전 금속부분의 접지
  (1) 무대조명설비 : 조광장치(주간반, 조광기반, 조광조작테이블), 조명기구용 전원반 등 및 조명기구의 비충전 금속부
  (2) 무대기구설비: 무대기구장치(전원반, 무대기구제어반, 무대기구조작반), 전동장치 등의 비충전 금속부
  (3) 무대음향설비: 음향장치(음향전원반, 전력증폭기, 음향조작테이블), 음향기기용 전원반 등의 비충전 금속부

나) 배선공사 및 배선기구 등의 접지
  무대조명설비, 무대기구설비, 무대음향설비의 다음 각 부분
  (1) 금속관, 금속덕트부, 접속 박스

제 8 장 접지설비

(2) 플라이 덕트, 플로어 콘센트 박스, 벽부 콘센트 박스
(3) 각종 접속기

3. 접지의 종류

가) 전기기계기구의 접지

공연장 전기설비로 시설되는 전기기계기구의 철대 및 금속제외함 등에는 <표 8.6>에 나타내는 접지공사를 실행하여야 한다.(「기술기준」제36조)

<표 8.6> 전기기계기구의 사용전압 구분에 의한 접지공사의 적용

기계기구의 구분	접지공사
400V 미만의 저압용의 것	제3종 접지공사
400V 이상의 저압용의 것	특별 제3종 접지공사
고압용 또는 특별고압용의 것	제1종 접지공사

나) 저압옥내배선의 접지

저압옥내배선으로 금속관공사, 금속덕트공사, 버스덕트공사 및 케이블공사에 사용하는 케이블 랙 등의 비충전 금속부에는 <표 8.7>에 나타내는 접지공사를 실행하여야 한다.(「기술기준」제204조, 제206조, 제207조, 제208조, 제213조, 제215조 참조)

<표 8.7> 저압옥내배선의 접지공사의 적용

저압옥내배선	접지공사의 종류
저압옥내배선의 사용전압이 400V 미만인 경우	제3종 접지공사
저압옥내배선의 사용전압이 400V 이상인 경우	특별 제3종 접지공사
저압옥내배선과 약전류전선이 혼재한 경우*	특별 제3종 접지공사

[주] 저압옥내배선과 약전류전선은 안전상 「기술기준」제215조에서 이격하는 것을 원칙으로 하고 있다. 그러나 공연장전기설비에 사용하는 기기는 원격조작에 의한 것이 많고, 그 제어용 약전류전선과 저압옥내배선이 혼재된 것이 있다. 배선공사의 시공상 저압옥내배선과 약전류전선이 동일한 금속제박스, 금속덕트 등으로 행하지 않으면 안 되는 경우는 저압옥내배선과 약전류전선과의 사이에 견고한 격벽을 설치한 박스, 덕트 등에 특별 제3종 접지공사를 실행하거나, 약전류전선에 특별 제3종 접지공사를 실행한 금속성 전기적 차폐층을 갖는 통신용 케이블을 사용해야만 하기 때문에 특별 제3종 접지공사를 필요로 한다.

제 8 장 접지설비

다) 공연장 전기설비에 필요한 접지공사

상기한 기준에 근거한 공연장 전기설비에는 <표 8.8>에 나타내는 접지공사를 하여야 한다.

<표 8.8> 공연장 전기설비의 접지공사

무대관련설비의 종류	접지공사의 종류
무대조명설비	제3종 접지공사(특별 제3종 접지공사)
무대기구설비(사용전압 110V)	제3종 접지공사(〃)
(사용전압 220V)	제3종 접지공사(〃)
무대음향설비	제3종 접지공사(〃)

[비고] ( )안은 배선공사의 시공상, 저압옥내배선과 약전류전선이 혼재하는 경우에 필요로 하는 공사이다.

라) 기기접지의 주의사항

기기접지의 각종 접지공사는 보안접지이기 때문에 접지극은 공용(다만, 접지선은 각 설비마다 접지극 접속단자로부터 전용의 접지선으로 한다)으로 한 시공이 좋지만 「8.2.4 신호회로에 관한 접지」에서 서술하는 제어기능상의 접지와의 혼촉을 피하기 위해서「신호회로에 관한 접지」의 접지극 및 접지선을 사용하여서는 아니 된다.

4. 접지선의 종류

가) 접지선의 재질

공연장 전기설비의 기기접지의 접지선은 다음에 의하여야 한다.

(1) 접지선은 동선을 사용하여야 한다.

다만, 지중 및 접지극에서 지표면상 60cm 이하의 접지선, 습기찬 콘크리트, 석재, 벽돌류에 접하는 부분 또는 부식성 가스 또는 용액이 발산하는 장소의 접지선을 제외하고 접지선에 알루미늄선을 사용할 수 있다(내선규정 140-3).

(2) 이동하여 사용하는 무대조명기기 등의 저압의 전기기계기구의 접지선은 그 전기기계기구에 부속하는 다심 캡타이어 케이블의 1심(다만, 그 전기기계기구에 전기를 공급하는 심선과 동등 이상의 굵기를 가진 것에 한한다.)을 사용할 수 있다.

제 8 장 접지설비

나) 접지선의 굵기

공연장 전기설비의 기기접지를 위한 특별 제3종 및 제3종 접지공사에 사용하는 접지선의 굵기는 원칙적으로 <표 8.9>에 따른다.

<표 8.9> 공연장 전기설비의 기기접지의 접지선의 굵기
(특별 제3종 및 제3종 접지공사)

접지하는 기계기구의 금속제외함, 배관 등의 저압전로의 전원측에 시설되는 과전류차단기중 최소의 정격전류용량	일반의 경우			이동하면서 사용하는 기계기구에 접지를 하여야 할 경우로서 가요성(可撓性)을 필요로 하는 부분에 코드 또는 캡타이어케이블을 사용하는 경우	
	동		알루미늄	단심의 굵기	2심을 접지선으로 사용하는 경우 1심의 굵기
20A 이하	1.6㎜ 이상	2㎟ 이상	2.6㎜ 이상	1.25㎟ 이상	0.75㎟ 이상
30A	1.6 〃	2 〃	2.6 〃	2 〃	1.25 〃
50A	2.0 〃	3.5 〃	2.6 〃	3.5 〃	2 〃
100A	2.6 〃	5.5 〃	3.2 〃	5.5 〃	3.5 〃
150A		8 〃	14㎟ 이상	8 〃	5.5 〃
200A		14 〃	22 〃	14 〃	5.5 〃
400A		22 〃	38 〃	22 〃	14 〃
600A		38 〃	60 〃	38 〃	22 〃
800A		60 〃	80 〃	50 〃	30 〃
1,000A		60 〃	100 〃	60 〃	30 〃
1,200A		100 〃	125 〃	80 〃	38 〃

[주] 1. 이 표의 과전류차단기는 인입구장치, 간선용 또는 분기용으로 시설하는 것이며, 전자개폐기와 같은 전동기의 과부하보호기는 포함하지 않는다.

2. 코드 또는 캡타이어케이블을 사용하는 경우의 2심인 것은 2심의 굵기가 동등한 것으로, 2심을 병렬로 사용하는 경우의 1심 단면적을 표시한다.

3. 이 표의 산정기준은 다음 식에 의한다.(내선규정 부록 1-6)

  $A = 0.052 I_n$ A: 동선의 단면적(㎟)

  I_n: 과전류차단기의 정격전류(A)(내선규정 140-3, 표 1-16 참조)

4. 분전반 또는 배전반에 있어서 그 전원측에 과전류차단기가 시설되지 아니한 경우에는 분전반 혹은 배전반의 정격전류에 따라 접지선의 굵기는 내선규정 표 1-16을 적용한다.

다) 접지선의 표식

공연장 전기설비에 있어서의 기기접지의 접지선의 표식은 다음에 의하여야 한다.
(1) 접지선은 다음 각 항을 제외하고는 녹색 표시를 하여야 한다.
   a. 접지선이 단독으로 배선되어 있어 접지선을 한눈에 쉽게 식별할 수 있는 경우
   b. 다심케이블, 다심 캡타이어케이블 또는 다심코드의 1심선을 접지선으로 사용하는 경우로서 그 심선이 나전선 또는 황록색의 얼룩무늬 모양으로 되어 있을 경우
(2) 부득이 녹색 또는 황록색 얼룩무늬 모양의 것 이외의 절연전선을 접지선으로 사용할 경우는 말단 및 적당한 개소에 녹색테이프 등으로 접지선임을 표시하여야 한다.(내선규정 140-15)

5. 접지단자의 구조

가) 전기기계기구의 철대 및 금속제외함 등의 비충전 금속부분의 접지단자 및 조광장치, 무대기구장치, 음향장치의 접지단자는 다음 <그림 8.6>에 나타낸 어느 하나의 구조로 해야 한다.

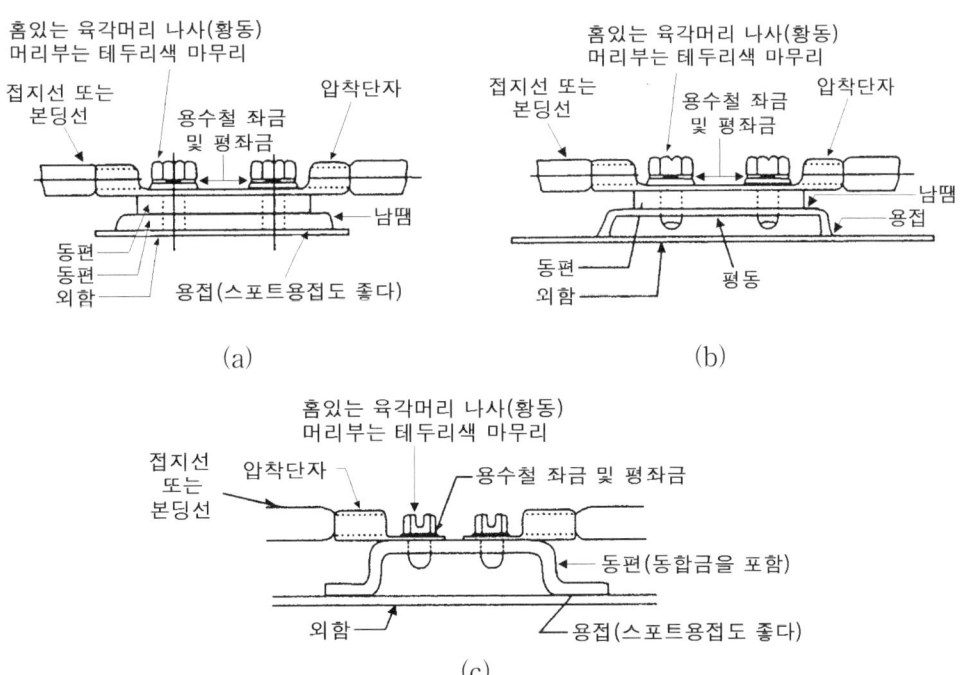

<그림 8.6> 공연장 전기설비의 기기접지용 단자의 구조

나) 배선공사 및 배선기구 등의 접지단자

배선공사에 있어서의 금속덕트, 플로어박스, 케이블랙 등 및 콘센트박스, 조인트박스 등의 배선기구의 접지단자는 다음 <그림 8.7>에 나타낸 어느 하나의 구조로 해야 한다.

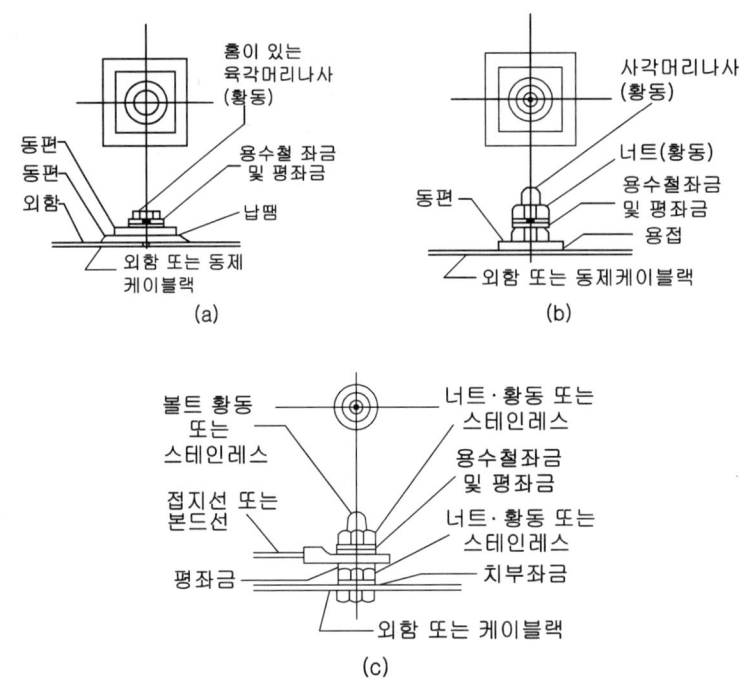

<그림 8.7> 배선공사 및 배선기구 등의 접지단자의 구조

6. 접지선의 시공

공연장 전기설비에 있어서의 기기접지의 접지선은 다음에 의해 시공해야 한다.

가) 기기접지(보안접지)의 접지극은 다른 전기설비의 접지극에서 독립한 접지극으로 하며, 노이즈 등의 장해로부터 서로 영향을 받지 않도록 시설하여야 한다.

나) 무대조명설비, 무대기구설비, 무대음향설비의 기기접지의 접지극은 공용으로 시설해도 좋다.

다) 공연장 전기설비의 기기접지의 접지극 및 접지선은 피뢰침용 접지극 및 접지선으로부터 2m 이상 이격하여 시설해야 한다.

라) 전기기계기구의 철대 및 금속제외함 등의 비충전 금속부분의 접지공사

　(1) 공연장 전기설비의 전기기기용 접지선은 금속관, 금속덕트 등의 배선설비 및 콘센트

제 8 장 접지설비

박스, 조인트 박스 등의 배선기구의 접지공사와는 별도로 적합한 굵기의 접지선을 종단기기까지 시공하여야 한다.

다만, 콘센트 박스, 조인트 박스 등의 배선기구의 접지공사에 접지선 전용의 배선을 적합한 굵기로 시공할 경우는 공용할 수 있다.

(2) 무대조명설비로 사용하는 조명기구의 비충전 금속부분은 확실히 접지하는 구조(어스기구)로 되어 있기 때문에 기구코드로서 접지선을 포함하는 다심 케이블에 부속하는 접속기는 접지극이 부착되어 있는 구조를 사용하여야 한다.

또한, 콘센트는 접지선 전용의 접촉극을 가지는 접지극 부착 콘센트로 되어 있어 접지선은 반드시 종단접속기까지 시설하여야 한다.

마) 금속관, 금속덕트 등의 접지공사

(1) 각 금속관의 접속부나 플로어 박스부 및 금속덕트 등의 접속부는 본드선에 의해 접지선이 접속되도록 시공하거나, 적합한 굵기의 접지선에 의해 시공하여야 한다.

(2) 본드선에 의한 시공의 경우, 금속관배선의 금속관과 박스 사이 또는 금속덕트 사이를 본드선으로 전기적 및 기계적으로 확실히 접속하여야 한다.

본드선의 굵기는 <표 8.9>에 의한다. 다만, 나사로 접속되는 개소 등에는 전기적으로 완전히 접속된 부분은 생략할 수 있다.(최종 말단까지의 전기저항은 2Ω 이하가 되도록 시공하여야 한다.)

(3) 금속관배선의 본드선에 의한 접지공사의 일례를 <그림 8.8>에 나타낸다.

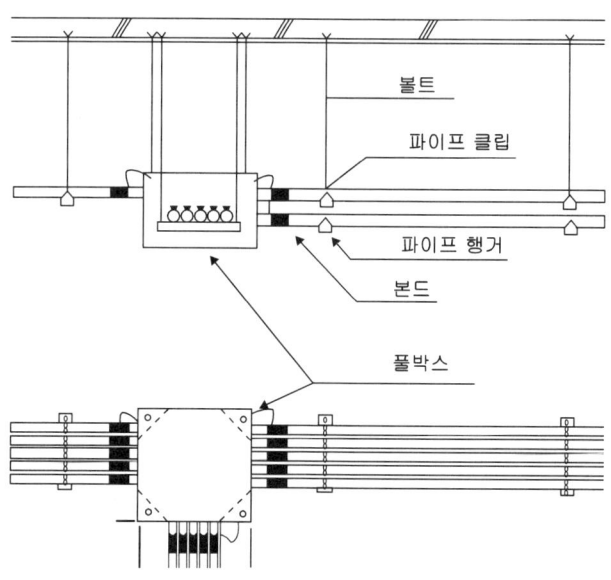

<그림 8.8> 금속관배선의 본드선에 의한 접지공사의 시공예

제 8 장 접지설비

바) 케이블 배선공사의 접지

케이블 배선공사의 경우 접지선의 시공은 다음중 1에 의하여야 한다.
(1) <표 8.9>에 의해 적합한 굵기의 접지선 전용의 단심케이블로 종단의 접속기까지 접지선을 시공하여야 한다.
(2) 전기를 공급하는 전선이 다심케이블인 경우, 그 다심케이블중 1심을 접지선 전용으로 종단의 접속기까지 접지선을 시공하여야 한다. 이 경우의 접지선의 굵기는 전기를 공급하는 심선과 동등 이상이어야 한다.

사) 콘센트 박스 등의 접지

콘센트 박스와 배선용 금속관은 본드선에 의해 접지선이 확실히 접속되도록 시공하거나, 콘센트 박스까지 적합한 굵기의 접지선을 시공하여야 한다. 콘센트 박스와 금속관과의 본드선에 의한 접지공사의 일례를 <그림 8.9>에 나타낸다.

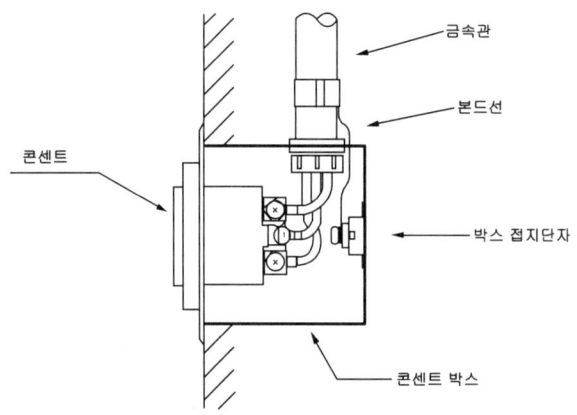

<그림 8.9> 콘센트 박스의 접지공사의 시공예

아) 플라이덕트의 접지공사

무대상부에 매달은 보더라이트 및 플라이덕트 등의 접지공사는 다음에 의하여야 한다.
(1) 조인트 박스 및 보더라이트 또는 플라이덕트 등은 접지선 전용의 단자대를 가져야 한다.
(2) 보더케이블은 다심케이블로 하고, 그 1심을 접지선으로 사용할 수 있는 것이어야 한다. 다만, 일체화한 금속제 조명기기에 복수의 보더케이블이 시설 되는 경우에는 그 전부에 접지선을 시설할 필요는 없다.
(3) 보더케이블의 접지선은 전기를 공급하는 심선의 굵기와 동등 이상의 굵기로 하여야 한다.

제 8 장 접지설비

(4) 보더라이트 및 플라이덕트 등 금속제 조명기기의 연속부분은 본드선 이외의 방법으로 확실히 접지할 수 있는 구조로 하여야 한다.

(5) 플라이덕트에 시설되는 접속기는 접지극부착으로 하며, 그 접지극에서 플라이덕트의 단자대에 설치된 접지단자까지 적합한 굵기의 접지선을 배선해야 한다.

(6) 플라이덕트의 접지공사의 일례를 <그림 8.10>에 나타낸다.

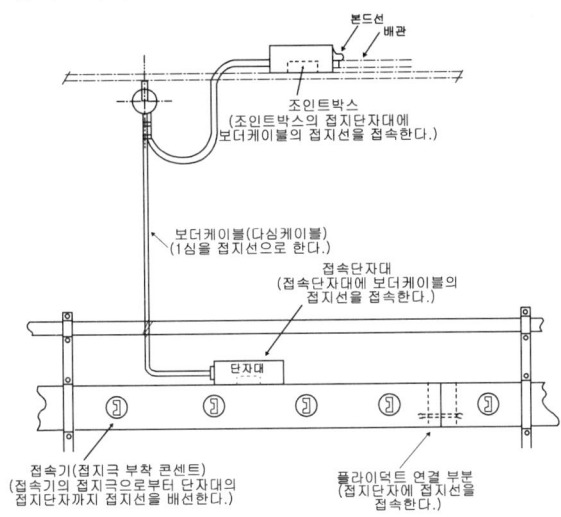

<그림 8.10> 플라이덕트의 접지공사의 시공예

(7) 전동장치의 접지공사

무대관련설비의 전동장치의 접지는 제어반과 전동기 사이의 배선에 적합한 굵기의 접지선을 시설해야 한다. 전동장치의 접지공사의 일례를 <그림 8.11>에 나타낸다.

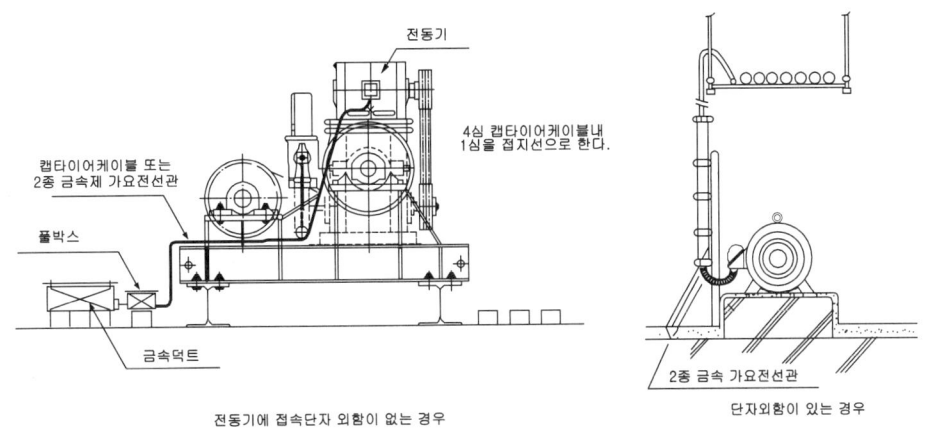

<그림 8.11> 전동장치의 접지공사의 시공예

8.2.4 신호회로에 관한 접지

1. 목적

 공연장 전기설비에 있어서, 무대음향설비는 노이즈장해에 약하고 전위의 미세한 변동에 영향을 받기 쉬운 음성신호이며 무대조명설비 및 인버터제어에 의한 무대기구설비는 다수의 제어회로를 동시에 동작시킬 필요가 있고 매우 고속인 신호전송에 의한 컴퓨터제어이기 때문에, 기준전위의 순간 변동은 오동작의 원인이 된다.
 따라서, 공연장 전기설비의 조작계통에 있어서 보안접지와는 다른 분리독립한 신호회로에 관한 접지를 시설하며 기기 기능을 항상 정상적으로 동작시키는 것을 목적으로 한다.

2. 시설장소

 공연장 전기설비의 신호회로에 관한 접지가 필요한 장소는 다음과 같다.
 가) 무대조명설비
  조광기반, 조광조작 테이블, 리모트 제어부 조명기기의 신호부
 나) 무대기구설비
  무대기구제어반, 무대기구조작반, 인버터 제어전동장치의 제어신호부
 다) 무대음향설비
  전력증폭기, 마이크로폰, 스피커 등의 음성회로신호부

3. 접지의 조건

 보안접지는 「기술기준」 및 기타 법규에 의해 규정된 안전확보를 위한 접지이지만 신호회로에 관한 접지는 노이즈장해 방지, 안정한 기준전위확보를 목적으로 하기 때문에 법규에 의한 규제는 없다.
 여기서는 공연장 전기설비의 신호회로에 관한 접지에 대해 필요조건을 서술하면 다음과 같다.
 가) 공연장 전기설비의 신호회로에 관한 접지의 접지선은 접지극 접속점에서 단독으로 하며 다른 설비의 접지선을 접속하여서는 아니된다.

 나) 무대조명설비, 무대기구설비, 무대음향설비의 접지극은 가능하면 각각 독립한 접지극을 시설하는 것이 바람직하다.
  무대조명설비의 컴퓨터제어는 고속제어(최고속도 $0.1\mu s$)를 필요로 하기 때문에, 순간의 노이즈장해라도 오동작이 발생할 우려가 있다.

제 8 장 접지설비

무대기구설비에 있어서의 제어신호회로에 의한 오동작은 공연의 진행에 방해가 되고, 연동하여야 할 전동장치에 지장이 생기는 것은 인명손상, 기물파손 등 대형사고의 요인이 될 우려가 있다.

또한, 무대음향설비는 신호레벨이 0.5mV 정도이기 때문에 약간의 노이즈장해에도 영향을 받을 환경에 놓여 있다. 이상으로부터 신호회로에 관한 접지의 접지극은 각각 독립한 접지극으로 하는 것이 바람직하다.

다) 신호회로에 관한 접지는 보안접지와 혼촉하여서는 안된다. 이에 대해 특히 유의할 점은 다음과 같다.

(1) 기기의 외함 금속부와 기기내의 제어회로부는 반드시 절연시켜야 하며, 신호회로용 접지선은 보안접지된 기기의 외함금속부와 혼촉되지 않도록 배선계통을 분리하여야 한다.

(2) 배선공사의 금속관, 금속덕트 등 및 저압옥내배선과 신호용 케이블은 혼촉되지 않도록 시공하여야 하며 특히 신호용 케이블의 접지선은 건축 금속체 및 배선용 금속관, 금속덕트 등과 혼촉되지 않도록 유의해야 한다.

4. 접지의 종류

가) 접지저항값

신호회로에 관한 접지의 접지저항값은 10Ω 이하의 특별 제3종 접지공사로 해야 한다.

나) 접지극간의 간격

신호회로에 관한 접지는 안정한 전위의 확보가 목적이기 때문에, 신호회로에 관한 접지의 접지극은 다른 접지극 전위상승에 영향받지 않는 위치에 매설하는 것이 바람직하다.

이상적으로는 2개의 접지극의 간격은 무한대의 거리를 이격하지 않으면 완전한 독립이라고 말할 수 없다. 그러나, 이것은 현실적으로 불가능하며 필요로 하는 전위상승치가 허용되는 일정 범위에 있다면 목적은 달성하는 것이다.

접지극간의 이격거리는 다음 3개의 요인에 의한 것이라고 생각된다.

(1) 발생하는 접지전류의 최대치
(2) 전위상승의 허용치
(3) 접지장소의 대지저항률

제 8 장 접지설비

여기서 접지모델 <그림 8.12>(봉형 접지극 반경 7㎜, 길이 3m인 경우)에 의해 이 격거리를 계산한 값을 <표 8.10>에 나타낸다.

<표 8.10> 독립접지의 이격거리

(단위 : m)

상정 접지전류 I [A]	전위상승의 허용치 △V		
	2.5V	25V	50V
10	63	6	3
50	318	32	16
100	637	64	32

대지저항률 ρ=100Ω·m

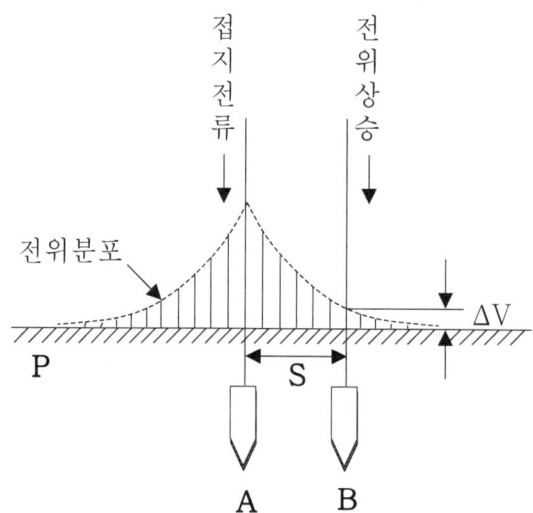

<그림 8.12> 독립접지 전극간의 전위간섭

이로부터 안정한 기준전위확보를 위한 접지극은 다른 접지극에 흐르는 접지전류의 크기와 접지극간의 이격거리에 의해 영향을 받는 정도가 크게 다르다.

따라서, 신호회로의 접지는 보안접지(특히, 계통접지)와는 가능한 한 이격한 장소에 매설을 하여야 한다.

제 8 장 접지설비

5. 접지선의 종류

가) 접지선의 재질

신호회로에 관한 접지는 법규에 의한 규정은 없지만 운용상 안정한 기능을 확보하기 위해서 보안접지와 동등한 접지선이 필요하다. 따라서 「8.2.3 4. 가)」에 준하여야 한다.

나) 접지선의 굵기

(1) 신호회로에 관한 접지는 주로 기준전위의 확보가 목적이기 때문에 접지선에는 거의 전류가 흐르지 않는다.

따라서, 신호회로에 관한 접지의 접지선의 굵기는 그 목적에 적합한 굵기로 할 수 있지만 기계적강도 및 내구성을 고려하여 접지극에서 조작반까지의 주접지선은 2.0㎜ (3.5㎟) 이상으로 하는 것이 바람직하다.

(2) 무대기구설비의 신호회로는 인버터제어이기 때문에 제어주파수가 매우 높다.(수 ㎑ ~ 수백 ㎑)

따라서 신호회로에 관한 접지에 사용하는 접지선은 저 임피던스화가 필요하며 시설환경 등을 검토하여 결정하여야 한다.

다) 접지선의 표식

(1) 신호회로에 관한 접지는 보안접지와 계통분리하고 있기 때문에, 접지선은 보안접지와 식별 구분할 필요가 있다.

보안접지의 접지선은 내선규정에 의한 녹색 또는 황록색의 얼룩무늬 모양인 것이 규정되어 있기 때문에, 신호회로에 관한 접지의 접지선은 보안접지의 접지선 및 전압측 전선의 색과 다른 색의 전선을 사용하여야 한다.

(2) 신호회로에 관한 접지의 접지선은 신호선을 제외하고 일반적으로 전압측 전선에는 거의 사용되고 있지 않은 황색으로 하는 것이 바람직하다.

또한, 전선의 말단 및 적당한 개소에 신호회로에 관한 접지의 접지선인 것을 표시하여야 한다.

6. 접지선의 시공

가) 신호회로에 관한 접지는 보안접지와 절연할 필요가 있기 때문에 접지극 접속단자부에서 신호회로에 관한 접지를 필요로 하는 주제어기기로의 배선은 독립한 계통으로 시공하여야 한다.

나) 신호회로에 관한 접지는 무대조명, 무대기구, 무대음향의 각 설비에 있어서 독립한 접지계통이기 때문에 각각의 접지계통은 혼촉하지 않도록 하여야 한다.

제 8 장 접지설비

특히, 각 시설에 병설되는 보안접지와의 혼촉은 신호에 관한 접지를 독립한 의미가 없어져 제어의 오동작 또는 노이즈장해 등이 발생하는 원인이 되기 때문에 보안접지와는 혼촉되지 않도록 하여야 한다.

8.2.5 인버터제어식 전동기의 노이즈 필터용 접지

공연의 연출효과로서는 무대기구의 입체화, 장면변화의 고속화, 공연진행중의 무대장치의 가변 등 여러 가지 동작이 요구되므로, 무대기구설비에 있어서 속도제어나 위치설정 등 다양한 기능이 필요하다.

이러한 다기능을 필요로 하는 무대기구에는 인버터 제어방식에 의한 전동장치가 가장 우수하며, 근래에는 대부분의 공연장에서 이 방식을 채용하고 있다.

그러나 인버터 제어방식에 의한 전동장치는 주파수변환에 의한 고조파발생량이 많으므로 이로 인한 외부의 장해방지 및 외부로부터 받는 고조파에 의한 오동작 등의 장해를 방지하기 위해서 전원에 노이즈 필터를 설치하는 경우가 많다. 이 경우에 노이즈 필터에는 전용의 접지선을 필요로 한다.

노이즈 필터용 접지선에는 전동기의 운전시에는 3~10㎑(캐리어주파수)를 중심으로 수백㎑ 이상의 고주파까지의 전류가 다량의 접지전류로서 흐른다.

따라서 인버터제어식 전동기의 노이즈 필터용 접지는 신호회로에 관한 접지와는 별도로 분리하여야 한다.

인버터제어식 전동기의 노이즈 필터용 접지에 대하여 고려하여야 할 사항을 다음에 나타낸다.

1. 인버터제어식 전동기의 노이즈 필터용 접지는 제3종 접지공사를 실행하여야 한다.
2. 인버터제어식 전동기의 노이즈 필터용 접지선은 다른 목적으로 사용하는 접지선과 공용하여서는 아니 된다.
3. 특히, 보안접지용 접지선(지락보호장치에 사용하는 접지선) 및 신호회로에 관한 접지에 사용하는 접지극, 접지선과는 분리하여야 한다.
4. 인버터제어식 전동기의 노이즈 필터용 접지의 접지극은 보안접지의 제3종 접지공사(100Ω 이하)에 의한 접지극과 공용할 수 있다.
5. 인버터제어식 전동기의 노이즈 필터용 접지의 접지극이 보안접지의 접지극과 공용인 경우에는 인버터제어식 전동기의 노이즈 필터용 접지선의 접지극의 접속점은 보안접지용 접지선 접지극의 접속점과 동일한 위치에 접속하여야 한다.
6. 인버터제어식 전동기의 노이즈 필터용 접지의 접지공사의 시공은 법규로 규정하고 있는 기기접지에 준하여야 한다.(「8.2.3 기기접지」 참조)

8.3 공연장 전기설비의 접지계통의 개념도

공연장 전기설비의 접지계통 중 보안접지의 기기접지계통과 신호회로에 관한 접지계통 및 무대기구설비의 인버터제어식 전동기의 노이즈 필터용 접지에 있어서, 각각 접지를 필요로 하는 기기에 대한 개념을 <그림 8.13~8.15>에 나타낸다.

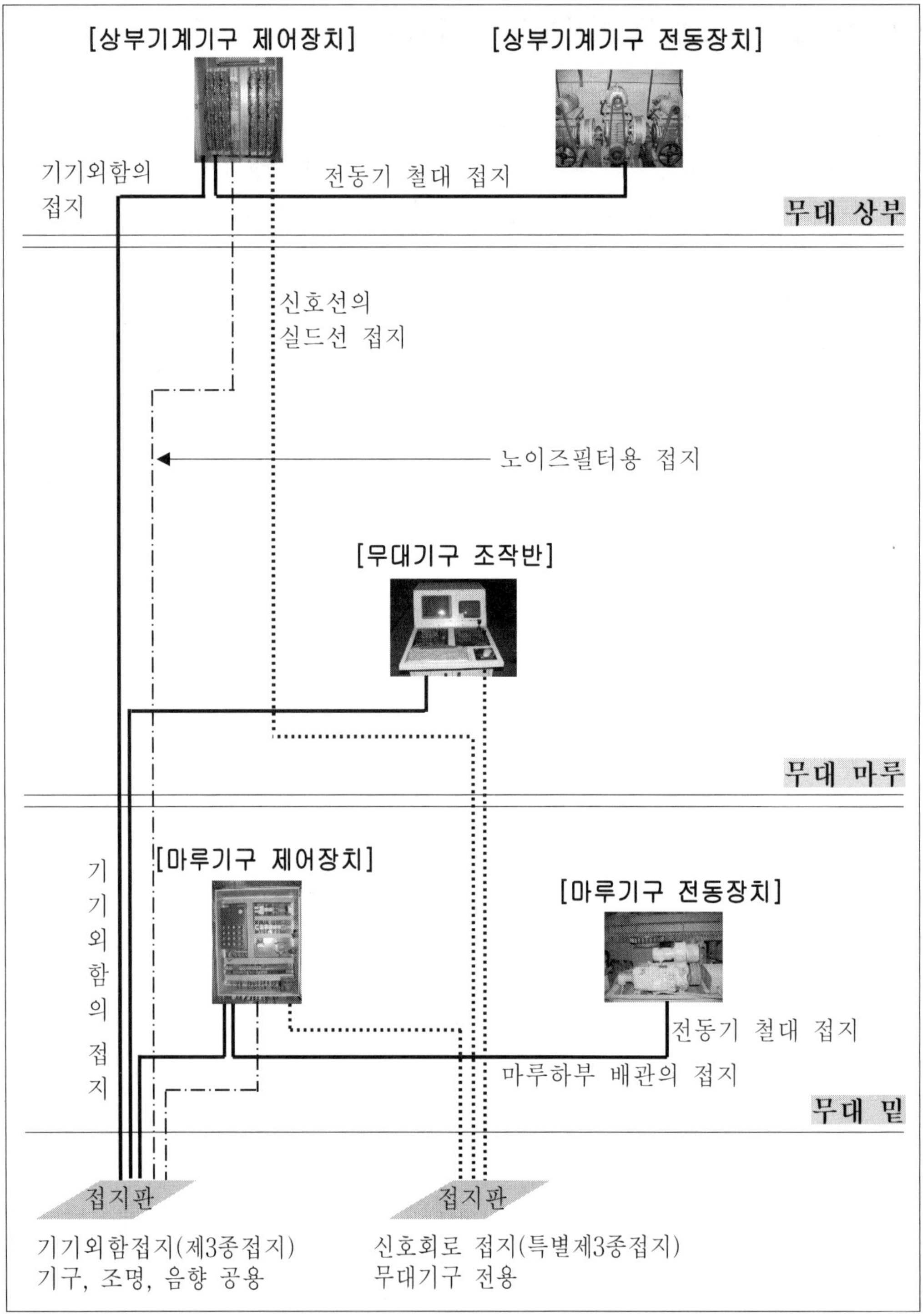

제 8 장 접지설비

<그림 8.13> 무대기구설비의 접지계통도

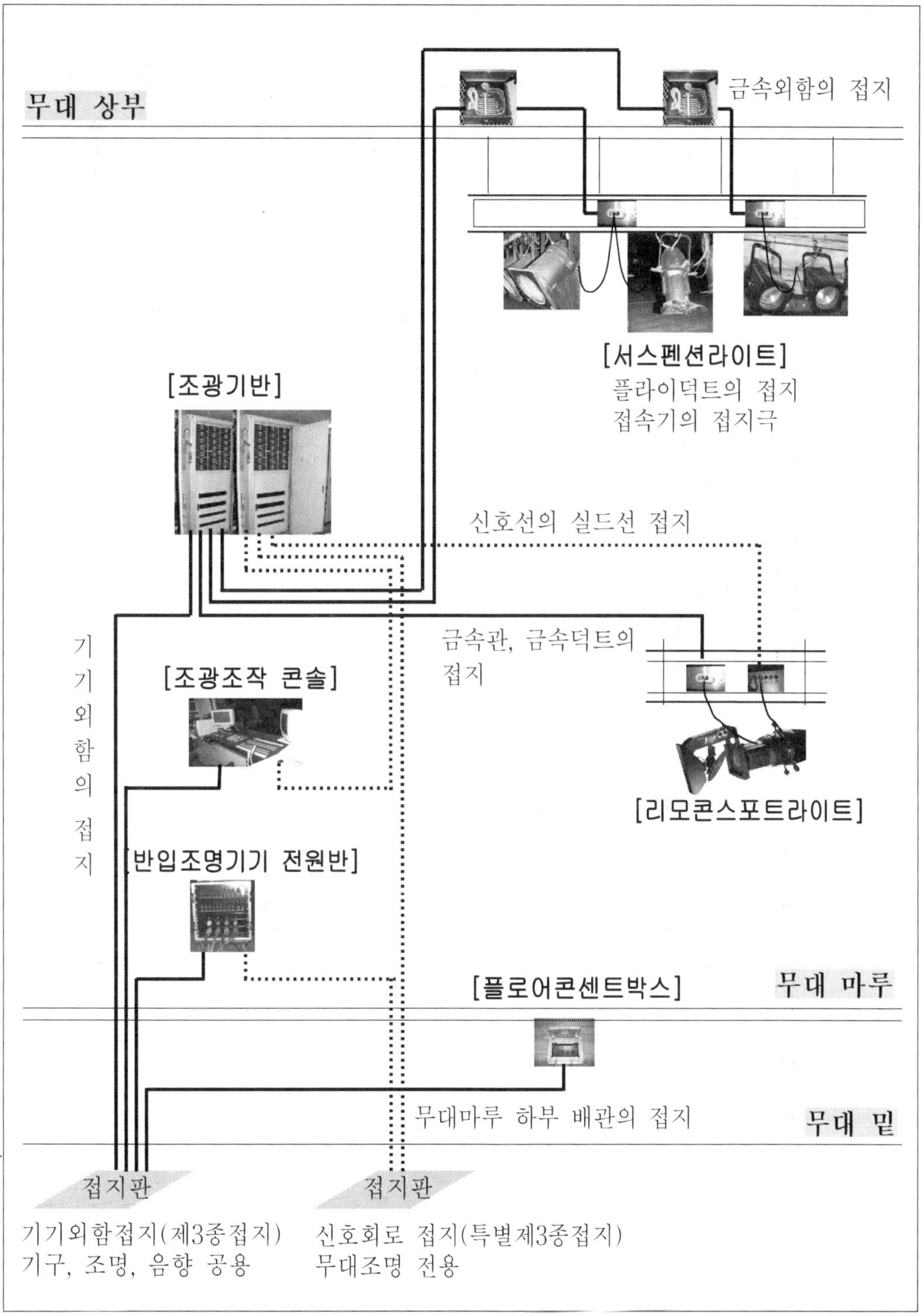

제 8 장 접지설비

<그림 8.14> 무대조명설비의 접지계통도

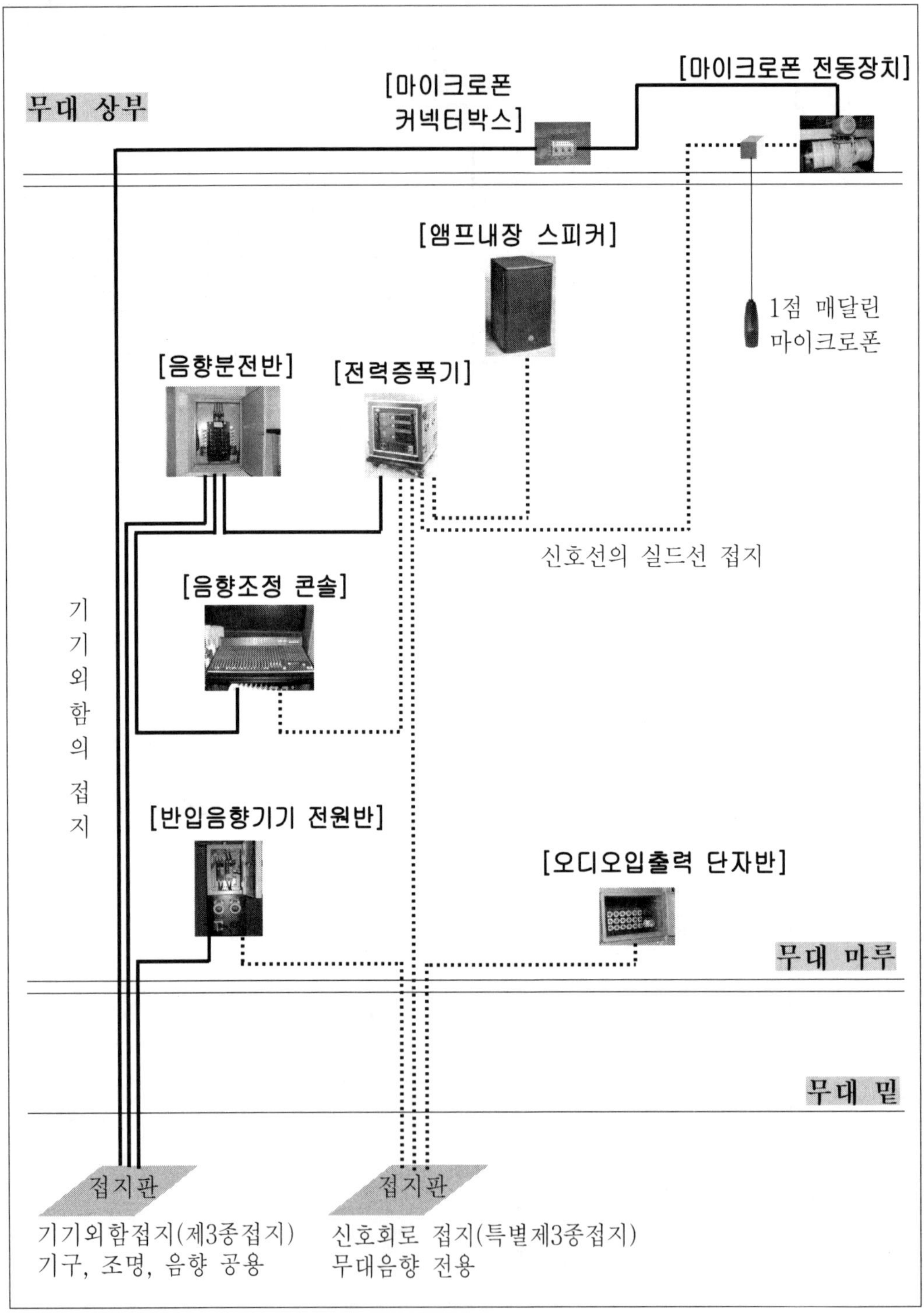

제 8 장 접지설비

<그림 8.15> 무대음향설비의 접지계통도

제 9 장
고조파 및 노이즈 방지대책

9.1 고조파 대책
9.2 노이즈와 그 방지책

제 9 장 고조파 및 노이즈 방지 대책

9.1 고조파 대책

최근의 전력 전자(electronics)기술의 급속한 진보에 의해서 반도체응용기기가 가정용으로부터 산업용 또는 공공 시스템 기기에 이르기까지 폭넓게 이용되고 있다. 이들 기기로부터 발생하는 고조파전류에 의한 전력계통의 전압변형(일그러짐)이 증대하여 동일 전력계통에 접속된 다른 기기에도 영향을 미치고 있다.

또한, 공연장의 전기설비에 있어서도 사이리스터에 의한 전력제어를 사용한 조광설비, 최근 설비용량이 증가하고 있는 음향설비(콘덴서 입력의 정류회로사용) 또는 인버터(inverter)전동기를 사용하는 기구설비 등 고조파전류를 발생하는 기기가 증가하고 있어 여러 가지 고조파 장해의 원인이 되는 경우가 있다.

따라서, 공연장의 전기설비가 고조파 장해의 영향을 받게 되면 무대기구설비의 오동작에 의해 출연자, 설비 취급자 및 관객이 안전사고의 위험이 있으며, 무대조명설비는 제어 불능 및 무대음향설비의 잡음 발생 등으로 공연에 막대한 지장을 초래할 수 있는 일이 발생하게 된다.

그러므로 공연장 전기설비의 고조파 억제대책은 안전사고 예방 등에 대단히 중요하다고 할 수 있다.

9.1.1 고조파 정의 및 이론

I. 고조파의 정의

파워 일렉트로닉스(Power electronics) 응용기기에 정현파 전압을 공급하더라도 <그림 9.1>과 같이 부하기기(인버터에어컨)에 흐르는 전류파형은 비정현파가 된다.

주기적으로 연속되고 있는 이러한 비정현파는 정현파 공급전압과 같은 주파수성분(기본파 성분)과 그 정수배의 주파수 성분이 합성된 것으로서 기본파에 대해 정수배의 주파수 성분이 합성된 것을 총칭하여 고조파(Harmonic)라 부르고 있다.

즉, 비정현파의 전류를 흘리는 기기는 고조파 전류(Harmonic current)를 발생시켜 전력계통측으로 유출시키므로 고조파 발생원이 된다. 또한, 각 반사이클이 대칭인 비정현파의 경우는 정수 가운데 홀수배의 고조파만을 발생시킨다.

이들 기기에서 전력계통내로 유입되는 고조파 전류는 계통내의 선로나 변압기 등의 임피던스에 의한 전압강하에 의해서 고조파 전압(Harmonic voltage)을 발생시켜 공급전압의 파형을 왜곡시키는 원인이 되고 있다.

제 9 장   고조파 및 노이즈 방지 대책

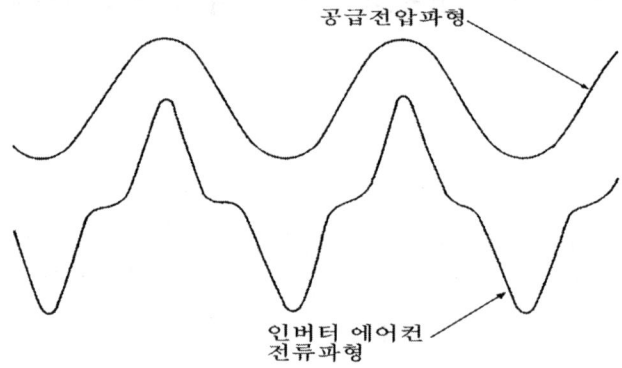

<그림 9.1> 인버터 에어컨의 전류파형

2. 왜형률(Distortion factor)

왜형률은 임피던스를 통해서 전원측으로 흐르는 고조파 전류량의 함수이다. 왜형률(DF)은

$$DF = \sqrt{\sum_{h=2}^{H} V_h^2 / V_1^2} \qquad \text{(식 9.1)}$$

단, $V_h = I_h Z_n$,

　　$V_1 =$ 기본파 전압,

　　$I_h =$ 고조파 전류

전압 왜형률(DF)은 <식 9.1>과 같지만 실제의 왜형률계는

$$DF = \frac{\text{기본파 이외의 전압}}{\text{입력전압}}$$ 으로

되어 있으므로 왜형률이 수 % 이상인 경우나 입력레벨이 변동할 때는 오차가 커진다.

9.1.2 고조파 장해의 실태

반도체 응용기기는 일반적으로 <그림 9.2>에 나타나듯이 사용전원과 부하와의 사이에 설치되고(부하가 기기 내에 내장된 것도 있음) 상용 전원을 입력으로 하여 그 전력이 주파수·전압·전류 등이 다른 전력으로 변화하는 것인데 그 때에 상용 전원과 부하기기의 쌍방에 고조파 장해를 초래할 가능성이 있다.

특히 전원측에서 유출하는 고조파전류는 발생원 근방에 설치된 기기에 직접적인 장해를 초래할 뿐만 아니라 송·배전 계통을 통하여 각종 기기에 광범위한 장해를 초래하는 경우가 발생할 수가 있다.

제 9 장 고조파 및 노이즈 방지 대책

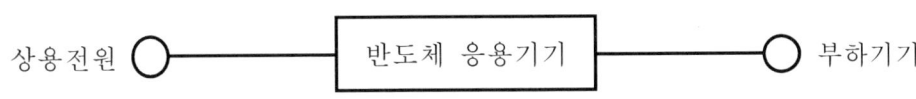

<그림 9.2> 반도체 응용기기 설치 예

1. 전원측에 있어서의 고조파 장해

전원측에 유출한 고조파 전류는 계통의 전압 파형을 왜곡시킨다든지 전력용 콘덴서의 과부하·소손 등 각종 장해를 발생시키는 경우가 있다.

고조파 전류에 의해 장해를 받는 기기 및 장해의 종류는 <표 9.1>에 나타낸다.

<표 9.1> 장해를 받은 기기 및 장해의 종류

장해를 받는 기기류			장해의 종류
조상용 기기	전력용 콘덴서	리액터 부착	과 부 하 과 열 이 상 음 진 동
		리액터 없음	과 부 하 과 열 이 상 음 진 동
		콘덴서용 리액터	과 열 소 손 이 상 음
기타 기기		과전류 계전기	오동작, 전류코일의 소손
		배선용 차단기	오 동 작
		변 압 기	진동, 소음
		누전 차단기	오 동 작

2. 부하측에 있어서의 고조파 장해

각종 반도체 응용기기는 이에 접속되는 부하기기의 특성을 충분히 검토하여 설계, 제작되므로 부하측에 있어서의 고조파 장해의 가능성은 전원측에 비해 적다.

다만, 각종 제어장치의 제어 신호의 난조, 인버터 유도기의 손실, 소음 및 진동이 증가하는 등의 고조파에 의한 영향은 발생한다.

<표 9.2>는 부하측 기기에 대한 고조파 영향을 나타낸다.

<표 9.2> 각종 기기에 대한 고조파의 영향

기기명	영향의 종류
케이블	· 3상 4선식 회로의 중성선에 고조파 전류가 흐르는데 따른 중성선의 과열
통신선	· 전자유도에 의한 잡음 전압의 발생
유도 전동기	· 고조파 전류에 의한 정상 진동 토크의 발생에 의해 회전수의 주기적 변동, 철손·동손 등의 손실 증가
음향기기	· 고조파 전류·전압에 의한 다이오드, 트랜지스터, 콘덴서 등의 고장, 수명의 저하 및 성능의 열화 · 잡음, 영상의 깜박임
부하 집중 제어 장치	· 제어 신호 난조에 의한 수신기의 오·부동작
정류기 등의 각종 제어장치	· 제어 신호 위상의 차질에 의한 수신기의 오·부 동작
릴레이	· 고조파 전류 혹은 전압에 의한 설정 레벨의 초과 혹은 위상 변화에 의한 오·부동작
형광등	· 고조파 전류에 대한 임피던스가 감소하고 과대 전력이 역률 개선용 콘덴서나 초크 코일에 흐르는데 따른 중성선의 과열

9.1.3 고조파 발생원

고조파 발생원으로는 아크(arc)로·고조파 전기로 등의 비선형부하(nonlinear load), 자기포화성이 강한 변압기, 리액터, 회전기(전동기, 발전기) 등이 있으며 교류를 직류로 변환하는 순브리지 정류회로, 주파수 변화를 행하는 사이리스터 컨버터, 사이리스터 위상제어에 의해 전력조정을 하는 반도체 응용기기들이 있다.

1. 조명 기기

백열전구의 조광기(dimmer)에서 사이리스터 위상제어 방식의 것은 부하가 저항 특성을 가지며 고조파 전류가 발생한다. 형광등 조명기구는 사이리스터 등의 유무에 관계없이 형

제 9 장 고조파 및 노이즈 방지 대책

광관 자체가 일종의 방전관이므로 고조파 전류를 발생시킨다.

2. 전동기 응용기기

전파정류를 전원으로 하는 기기의 경우는 정류기의 순방향 전압강하분 등이 고조파성분 발생의 요인으로 되나 그 정도는 무시할 수 있을 정도로 적다.

그러나 핸드믹서(Handmixer), 드라이어(Drier) 등과 같이 속도절환을 반파 정류기로 행하는 방식의 기기는 고조파 성분이 발생하며 특히, 우수차 고조파 성분(Even order harmonic)도 발생한다.

사이리스터를 이용한 전파 및 반파 위상제어장치를 가지는 소제기, 전동기 등에서는 그 점호 위상에 따라서 고조파 전류의 성분이 변화한다.

3. 전자 응용기기

전자렌지를 포함한 대부분의 전자 응용기기는 전원에 직류전압을 필요로 하므로 상용 교류전원을 전파정류 또는 반파정류해서 직류전압으로 변환해서 사용한다.

양질의 직류전압을 얻기 위하여 평활용 커패시터를 정류회로에 접속하는 것이 일반적이나 평활 커패시터에서의 방전전류가 고조파전류 발생의 원인이 되고 있다.

4. 전열 응용기기

고조파 전류의 발생 메커니즘은 일반적으로 전자 응용기기의 경우는 용량성 부하(평활 커패시터)이지만 전열 응용기기의 경우는 저항성 부하로 생각되며 입력 전류파형이 각각 특유의 것으로 되어 있다.

<표 9.3> 고조파 발생원(기기)

발 생 원	발 생 기 기
사이리스터 등 반도체를 사용한 기기 혹은 정류기에서 발생하는 것	사이리스터 레오너드 장치
	사이클로 컨버터
	저항 용접기(사이리스터 및 실리콘 정류기 사용)
	정지형 주파수 변환기(사이리스터 사용)
	사이리스터 정류기
	전기로 부속 제어반(사이리스터 사용)
	실리콘 정류기
	사이리스터 위상제어 조명기기
아크로 등 비선형 기기로부터 발생하는 것	아크로
불 명	불명(공진으로 추정)

9.1.4 고조파 억제대책

고조파 장해의 대책은 장해를 발생시키는 측에서의 대책(고조파 저감대책)과 고조파 장해를 받는 측에서의 대책으로 크게 둘로 분류할 수 있는데, 후자는 일반적으로 곤란할 뿐만 아니라 근본적 대책으로는 되지 않고 있는 실정이다.

일반적으로는 고조파 발생원에서의 저감대책이 바람직하다.

고조파 발생원에서의 저감대책에는

- 발생한 고조파를 실질적인 해가 없는 정도로 감쇠 혹은 흡수하는 필터에 의한 대책
- 고조파의 발생이 적은 고조파 저감형 장치에 의한 대책이 있다.

1. 수동필터(Passive filter)에 의한 대책

고조파를 감쇠·흡수시키는 장치로서 콘덴서·리액터·저항을 조합한 필터이다.

가) 전원측에 사용되는 수동형 필터

수동형 필터의 기본회로는 <그림 9.3>에 나타내는 동조 필터와 2차형 고차 필터의 두 가지가 있다.

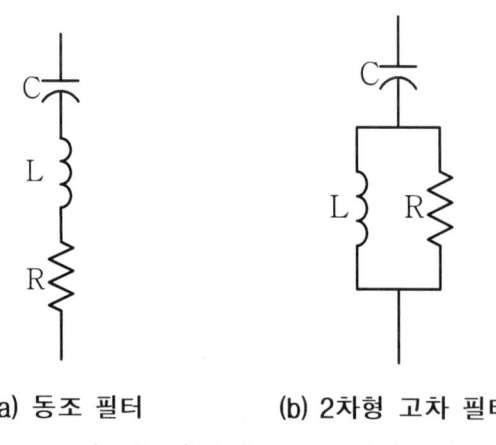

(a) 동조 필터   (b) 2차형 고차 필터

<그림 9.3> 수동형 필터의 기본 회로

(1) 동조 필터는 단일의 고조파 흡수에 적용되고 동조 주파수에서 저 임피던스로 되며, 고차 필터는 복수의 고조파 흡수용에 적용되고 넓은 주파수 범위에서 저 임피던스로 된다.

일반적으로 이것들을 조합한 것이 하나의 필터 설비가 된다.

(2) <그림 9.4>는 사이리스터변환기를 고조파 발생원으로 한 수동 필터 구성도이며, 이 그림에서 다음 식이 도출된다.

제 9 장 고조파 및 노이즈 방지 대책

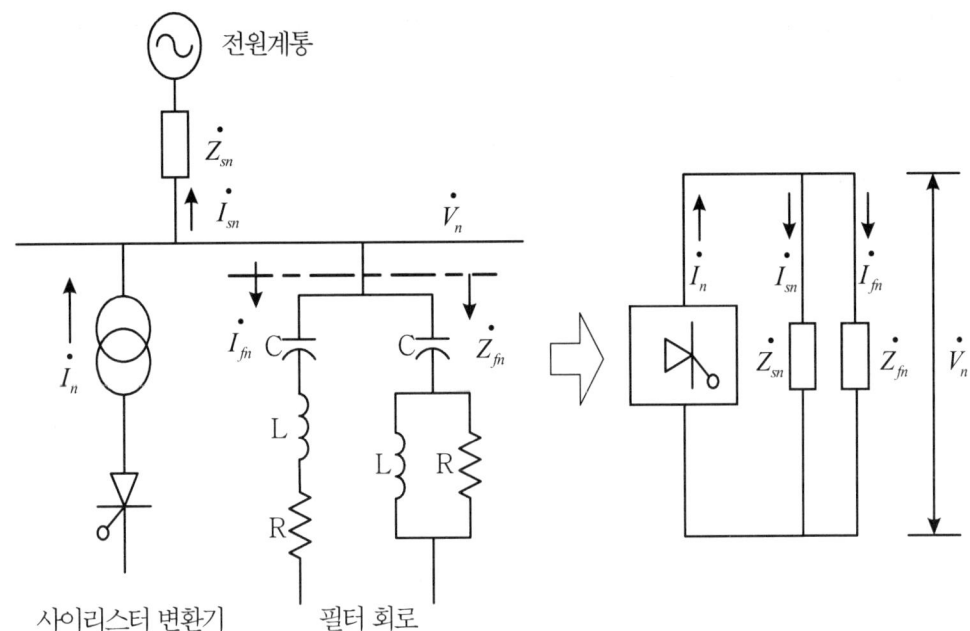

I_n : 발생 고조파 전류

I_{fn} : 필터설비에 유입하는 고조파 전류

I_{sn} : 전원 회로에 유출하는 고조파 전류

Z_{fn} : 필터 설비의 고조파 임피던스

Z_{sn} : 전원 회로의 고조파 임피던스

V_n : 모선의 고조파 전압

<그림 9.4> 고조파 분류 등가회로

$$V_n = \frac{(Z_{fn} \cdot Z_{sn})}{(Z_{fn} + Z_{sn})} \cdot I_n = \frac{1}{(Y_{fn} + Y_{sn})} \cdot I_n \qquad (식\ 9.2)$$

$$I_{sn} = \frac{Z_{fn}}{(Z_{fn} + Z_{sn})} \cdot I_n = \frac{Y_{sn}}{(Y_{fn} + Y_{sn})} \cdot I_n \qquad (식\ 9.3)$$

$$I_{fn} = \frac{Z_{sn}}{(Z_{fn} + Z_{sn})} \cdot I_n = \frac{Y_{fn}}{(Y_{fn} + Y_{sn})} \cdot I_n \qquad (식\ 9.4)$$

수동형 필터의 고조파 임피던스 Z_{fn}은 대상 고조파에 대하여 저 임피던스가 되게 설정되었기 때문에 <식 9.2>의 고조파 전압 V_n 및 <식 9.3>의 전원에 유출하는 고조파 전류 I_{sn}을 억제한다.

(3) 수동형 필터를 실제로 설치하는 경우에는 계통 임피던스 변화에 의한 공진의 가능성이나 계통측으로부터 고조파 전류 유입에 대한 가능성을 고려하는 예측 계산이 필요하다.

나) 부하측에 사용하는 수동형 필터
(1) 수동형 필터는 UPS·CVCF의 교류 출력의 고조파 전압 억제에도 사용되고 있다.
그 한 예가 <그림 9.5>와 같으며 리액터와 콘덴서로 역 L형 회로를 구성하고 있다.

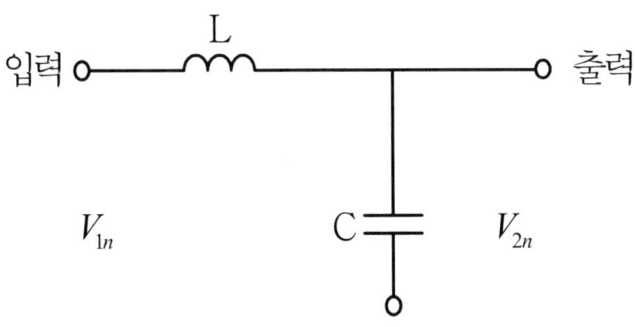

<그림 9.5> 역L형 필터 회로

이 필터는 입력 전압에 포함되는 고조파 성분 V_{1n}중 고차 성분을 감쇠시키는 것이다. <그림 9.6(a)>에 나타내는 고차 고조파 함유율이 높은 전압형 PWM인버터 출력 전압 파형을 입력하여 <그림 9.6(b)>가 된다.

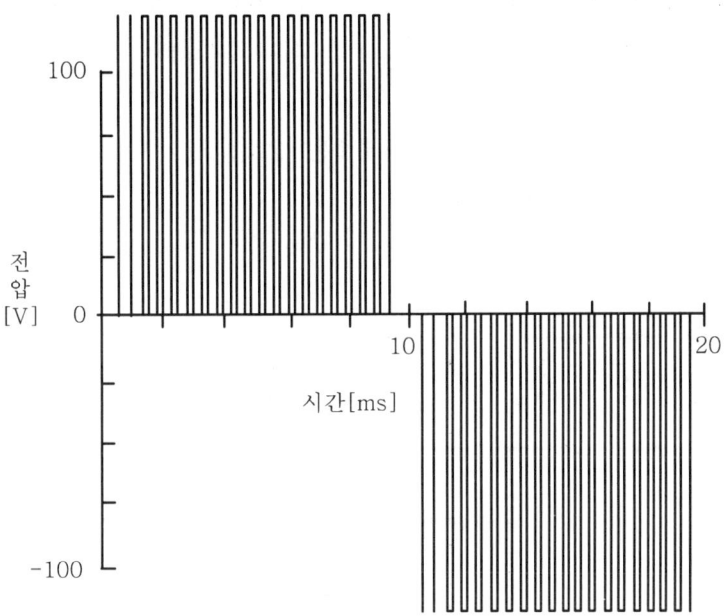

(a) PWM 전압형 인버터 출력 전압 파형(필터 입력 전압)

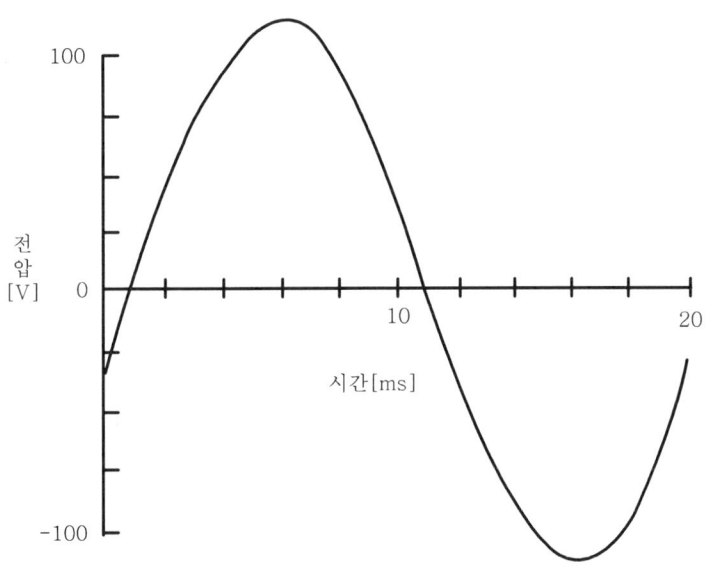

(b) 필터 출력 전압(부하 전압) 파형

<그림 9.6> 역L형 필터의 입출력 전압 파형의 예

(2) 유도전동기 구동용 인버터 출력측에 수동형 필터를 접속하면 제어성의 저하나 공진이 발생하는 경우가 있으며 또한 비용 저감이나 콤팩트화의 지장이 되어 보통은 사용하지 않는다.

다만, 유도기의 소음이 문제되는 경우에는 <그림 9.7>과 같이 교류리액터를 접속하면 어느 정도의 효과를 볼 수도 있다.

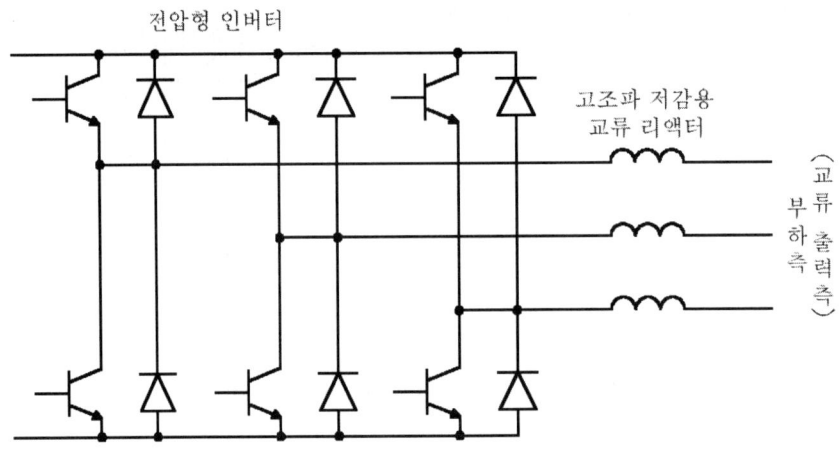

<그림 9.7> 교류 리액터 부착 전압형 인버터

다) 수동형 필터의 단점
 (1) 구성요소인 리액터·콘덴서는 모두 중량·용적·가격 면에서 부담이 되기 쉽다.
 (2) 고조파 성분이 설계값보다 증가한 경우에 과부하로 된다.
 (3) 기본파에 대하여 진상부하로 되고 무효분이 증가하는 경우가 있다.
 (4) 소형·고 효율화를 우선하는 용도에는 적당하지 않다.

2. 액티브 필터(능동형 필터)

액티브 필터는 고조파 발생원에서 전원에 유출하는 고조파 전류와 크기가 같고 역상의 고조파 전류를 발생시켜 서로 간에 고조파 전류를 상쇄시킴으로써 전원측에의 고조파 전류의 유출을 억제한다.

이 액티브 필터는 코스트 혹은 용적이 어느 정도 필요하기 때문에 중소 용량의 고조파 발생원에 사용하는 일이 없고 대용량의 고조파 발생원에 대해서 주로 사용된다.

가) 동작원리
 (1) 액티브 필터의 동작원리는 <그림 9.8(a)>에 나타내는 방형파(실선)를 고조파 발생원

제 9 장 고조파 및 노이즈 방지 대책

의 전원 전류라고 하면 <그림 9.8(a)>의 기본파 성분(파선)을 제외한 <그림 9.8(c)>에 나타내는 성분이 고조파 성분이며, 이것과 역상인 <그림 9.8(d)>에 나타낸 전류를 외부로부터 공급하면 고조파 성분은 상쇄되고 <그림 9.8(b)>에 나타낸 기본파 성분으로만 된다.

(2) 이와 같은 전류를 발생하는 장치(액티브 필터)를 <그림 9.9>와 같이 설치하면 설치점에서 전원측의 전류를 기본파 성분만의 정현파(사인파)로 만들 수 있다.

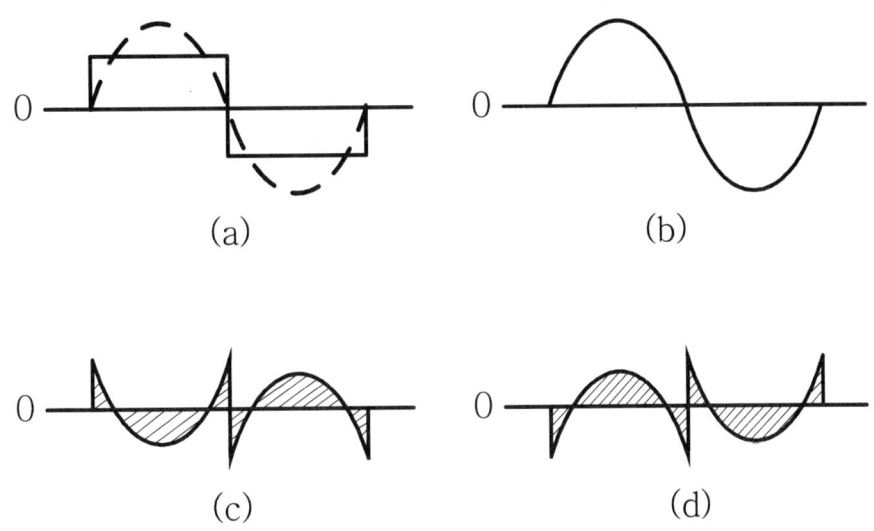

<그림 9.8> 액티브 필터에 의한 고조파 저감의 원리

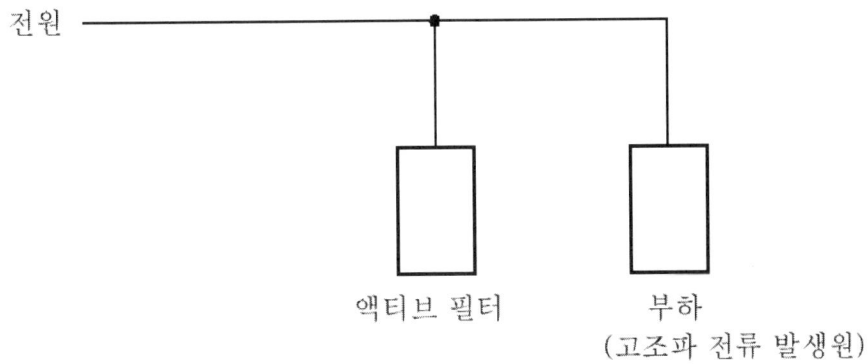

<그림 9.9> 액티브 필터의 접속 방법

나) 액티브 필터 주회로 구성은 전류형과 전압형이 있으며, <그림 9.10>의 회로는 전류형의 예로서 각 GTO는 역저지형의 것이 필요하며 직류 전류원으로서 직류 리액터가 사용된다.

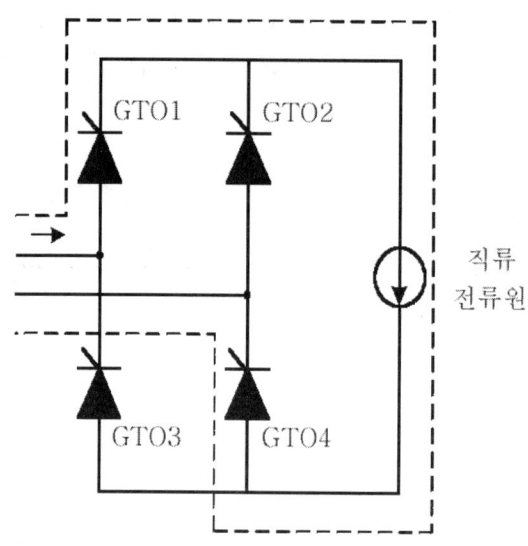

<그림 9.10> 액티브 필터의 주회로 구성(단상 전류형)

3. 다중화

정류회로나 인버터를 여러 대 조합하는 것을 다중화라고 하며, 효과적인 고조파 저감대책이다. 이 다중화에는 변압기 다중화 이외에 상간에 리액터를 활용하는 방식이 있다.

가) 변압기 다중화

(1) 정류회로에 있어서 전원 일주기 중의 정류소자의 전류 회수(또는 정류회로에 사용되는 정류 소자수)를 펄스수라고 부르고 있다.

(2) 일적으로 펄스 수 p 인 정류회로의 교류 입력 전류의 고조파 함유율은 다음 식으로 주어진다.

$$\frac{I_n}{I_1} \cdot 100 = \left\{ \frac{1}{n} \cdot 100 : n = kp \pm 1, 0 : n \neq kp \pm 1 \right\} [\%] \qquad \text{(식 9.5)}$$

다만, n : 고조파 차수
I_1 : 기본파 전류의 실효값
I_n : 제차 n 고조파 실효값[A]

k : 1, 2, 3 ···

p : 펄스수

그러므로 펄스 수 p를 증가시키면 고조파 전류의 총량이 저감될 뿐만 아니라 수동형 필터에 의한 억제가 곤란하며 고조파 장해의 주원인으로 되어 있는 저차 고조파가 발생하지 않는 아주 효과적인 고조파 저감대책으로 된다.

(3) 실제로 펄스 수를 증가시키는 데는 <그림 9.11(a)>에 나타나는 3상 브리지(6펄스) 정류회로와 이상 변압기를 n대씩 조합하여($6 \times n$) 펄스로 하고 있다. 그 실시 예는 <그림 9.11>에 나타낸다.

또한 고조파 함유율은 <표 9.4>에 나타낸다.

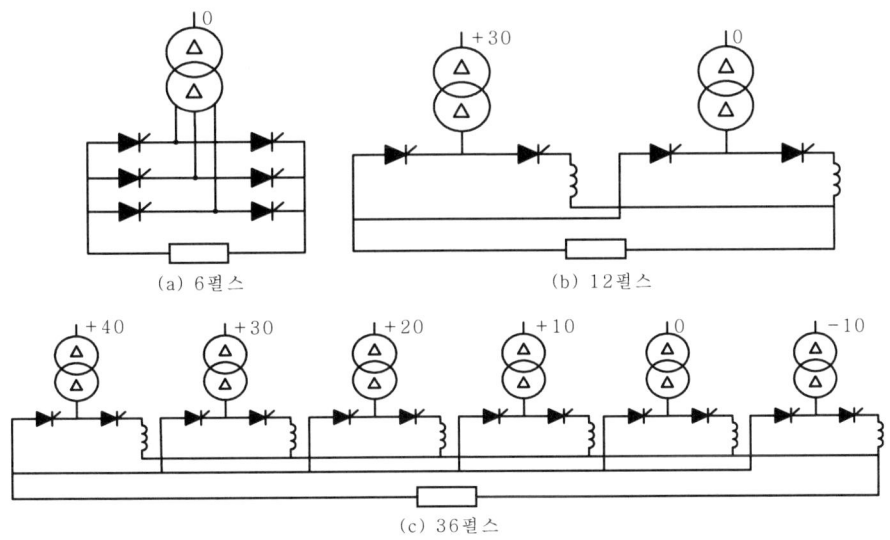

<그림 9.11> 이상 변압기에 의한 정류회로의 다중화

제 9 장 고조파 및 노이즈 방지 대책

<표 9.4> 각 정류 방식에 따른 교류 입력 전류의 고조파 함유율

고조파 차수 n	고조파 함유율[%]			
	(a) 변압기 다중화			(b) 클린 웨이브 방식 (36 펄스 상당)
	6펄스	12펄스	36펄스	
5	20.00	-	-	-
7	14.29	-	-	-
11	9.09	9.09	-	0.56
13	7.69	7.69	-	0.32
17	5.88	-	-	-
19	5.26	-	-	-
23	4.35	4.35	-	0.18
25	4.00	4.00	-	0.25
29	3.22	-	-	-
31	2.86	-	2.86	-
35	2.70	2.70	2.70	2.86
37	2.13	2.13	-	2.70
47	2.04	2.04	-	0.13
49	1.69	1.69	-	0.08
59	1.64	1.64	-	0.07
61	1.41	1.41	1.41	1.41
71	1.37	1.37	1.37	1.37
총합 전류 왜곡률(%)	31.08	15.2	5.04	5.10

나) 클린 웨이브 방식
 (1) 클린 웨이브 방식은 반도체 응용기기의 고조파 저감법이며, 변압기 다중화에 비해 설치 장소 및 비용은 적으나 고조파 저감 효과는 현저히 크게 나타난다.
 (2) 클린 웨이브 정류 장치(36펄스 상당)의 주회로는 <그림 9.12>에 나타낸다. 이 회로는 종래부터 사용되고 있는 상간 리액터 부착 2중 3상 브리지(12펄스) 정류회로(<그림 9.11(b)> 참조)를 기초로 하여 그 상간 리액터에 탭을 설정, 각 탭에 보조 정류 소자를 접속한 보조 정류 회로(<그림 9.12>의 파선으로 나타낸 부분)에 특징이 있다.
 (3) 클린 웨이브 정류 장치를 사용하면 고주파 장해의 주 원인인 저차의 고조파가 발생 하지 않고 잔존하는 고조파도 실용상 문제가 없을 정도의 크기이므로 콤팩트하고 경

제적인 고조파 저감 대책이다.
(4) 클린 웨이브 정류장치와 종래의 정류 장치의 교류 입력 전류의 고조파 함유율과 종합 왜곡률(모두 이론값)의 비교는 <표 9.4>에 나타낸다.

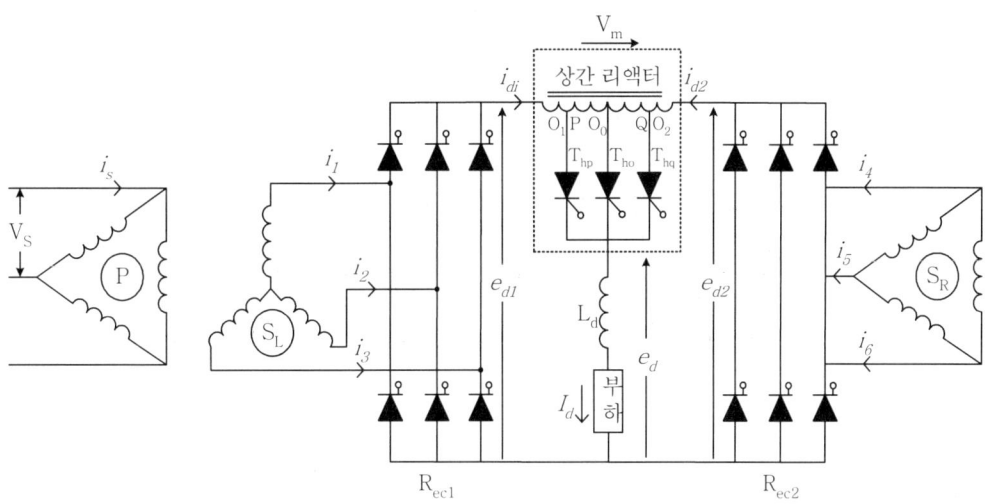

<그림 9.12> 클린 웨이브 정류장치의 주회로(36펄스 상당)

4. PWM 방식

가) PWM(Pulse Width Modulation - 펄스폭 변조) 방식은 GTO, 파워 트랜지스터 등의 자기 소호소자를 사용, 정류 회로나 인버터의 입출력 파형을 다수의 펄스열로 하여 저차 고조파의 발생을 억제하는 방식이다.

나) 원리는 <그림 9.13>에 의해 설명할 수 있다. <그림 9.13(a)>의 시령 신호(정현파)와 반송파 신호(3각파)를 비교하고 그 교차점에서 소자를 온·오프하고 지령신호가 반송파 신호로 되는 기간에 양 또는 음으로 함으로써 <그림 9.13(b)>에 나타내듯이 출력 파형의 각 펄스폭이 지령 신호의 순시값에 비례한다.

반송파 신호의 주파수/지령 신호의 주파수 : m

지령 신호의 진폭/반송파 신호의 진폭 : λ 라고 하면,

교류 출력의 유력한 고조파 성분은 m, $m\pm2$, $2m\pm1$ 차로 되며 그 함유율은 <그림 9.14>에 나타내듯이 제어율 λ에 의해 변화한다.

다) 캐리어 주파수(반송파 신호의 주파수)를 올려 m을 크게 하면 저차 고조파가 발생하지 않게 되고 수동형 필터에 의한 잔존 고조파의 억제도 용이해지는데 인버터에 사용하는 소자의 스위칭 속도에 의해 m의 상한이 결정된다.

제 9 장 고조파 및 노이즈 방지 대책

라) PWM 방식은 중량이 가벼운 VVVF나 UPS·CVCF 등의 전압형 인버터에 사용되고 있으며 장치의 소형화, 고 효율화에 크게 기여하고 있다.

그러나 대용량에의 응용에 있어서는 소자의 용량 또는 스위칭 속도가 충분하지 않으므로 이러한 점은 개선이 요망되고 있다.

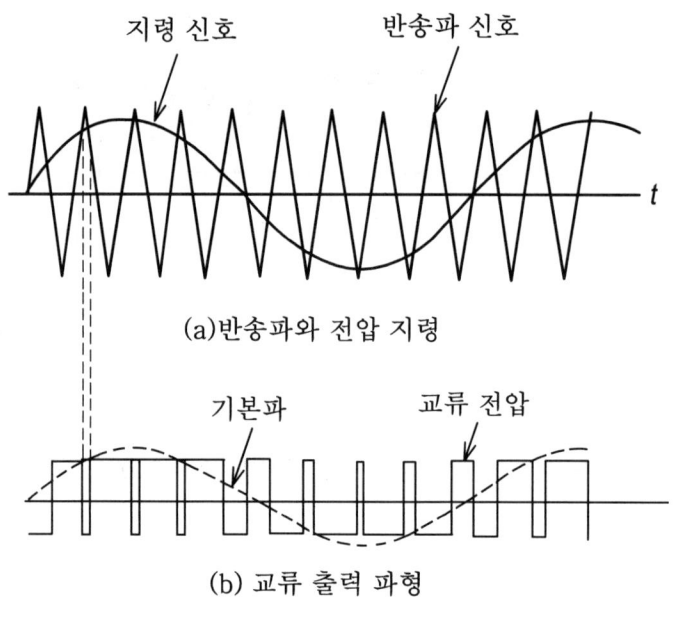

<그림 9.13> PWM 방식의 원리

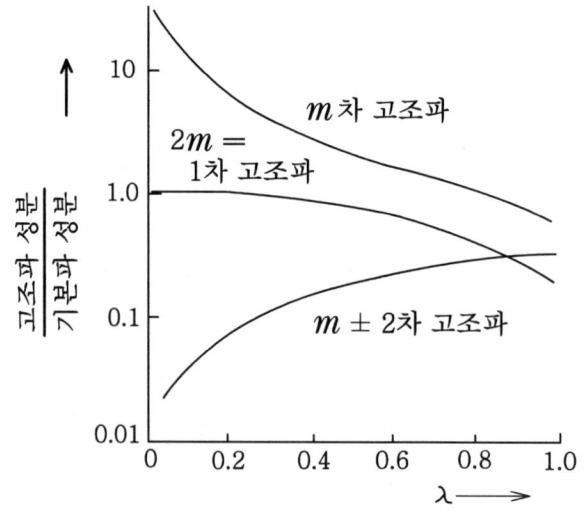

<그림 9.14> 제어율 λ에 대한 고조파 변화

9.2 노이즈(noise)와 그 방지책

잡음(노이즈)이란 원하지 않는, 듣기 싫은 소리라는 것은 너무 쉬운 설명이지만 또 모든 것을 설명하는 말이다. 음향시스템에서 수 많은 부품과 기기들 가운데 잡음이 생길 확률은 매우 크며, 때로는 필요한 잡음도 있다. 정확히 말하면 이 필요한 잡음들은 인공적으로 만들어 낸 잡음들이지만 음향시스템과 그 외 전자장비의 시험에 필수로 사용된다.

문제가 되는 것은 불필요한 노이즈이며 전자음향신호에서 설비 내의 노이즈를 억제하는 방법은 매우 어려운 것 중의 하나이다. 노이즈 억제를 위해서는 랙 내에 기기가 설치되는 방법 및 장소, 전원공급, 접지, 상호접속 등이 고려되어야 한다. 신호회로 및 기기 내에 침입하는 노이즈 문제는 음향설비에만 한정되지는 않는다. 항공우주산업, 비행, 산업용 제어 등에 관련된 분야에서도 이러한 노이즈 문제는 심도있게 다루어지고 있다. 이러한 기술은 소위 "전자파 적합성(EMC)" 및 "전자파 장해(EMI)"를 포함하는 전자환경공학이라 불려진다. 따라서, 음향기술자 및 음향설비 설계자는 이러한 노이즈를 억제하기 위해 노이즈의 생성, 전송, 수신, 노이즈 억제기술 등을 이해할 필요가 있다.

근래 조광기 등의 사이리스터 등을 이용한 파워일렉트로닉스 기기와 디지털 음향콘솔 등의 미약한 음성신호를 취급하는 전자기기의 홀 안에서의 사용이 증가하고 있다. 이에 따라 일부에서 전자적 장해가 발생하고 있으며, EMC에 관한 문제가 대두되고 있다. 파워일렉트로닉스 기기의 스위칭동작에 따라 생기는 고조파나 고주파 노이즈 등의 불필요한 에너지성분이 배전선로를 전도하여 유출되기도 하고 공간 방사(Radiation)에 의해 전파되어 노이즈에 민감한 전자기기의 회로에 침입해 생각하지도 않은 장해를 주기 때문이다. 전자파장해를 주는 기기(발생원)와 장해를 받는 기기(피해기기)가 공존될 수 있는 전자환경을 구축하는 데는 발생원의 상황을 구체적으로 파악하는 것이 필요하다.

제 9 장 고조파 및 노이즈 방지 대책

9.2.1 무대음향설비에 발생하는 노이즈

1. 노이즈의 분류

가) 필요한 노이즈

(1) 화이트 노이즈

화이트 노이즈란 입력신호 없이 앰프를 켜고 게인을 최대로 하면 스피커에서 무엇인가 소리가 들리는 것을 말한다. 이것은 TV와 FM 라디오의 방송이 안 잡히는 대역에서 들린다. 이 노이즈는 주파수마다 같은 에너지를 가지며 주파수의 옥타브(주파수를 두 배하면 그것이 한 옥타브가 됨)에 비례해 그 잡음의 양이 변한다. 쉽게 말해, 같은 한 옥타브라도 20Hz에서 40Hz의 한 옥타브와 4,000Hz에서 8,000Hz의 한 옥타브는 그 폭이 틀리다. 그 일례를 <그림 9.15>에 나타낸다. 따라서, 옥타브의 폭이 큰 고음일수록 더 많은 에너지를 가지며, 이는 주로 전자제품을 조정하는데 사용된다.

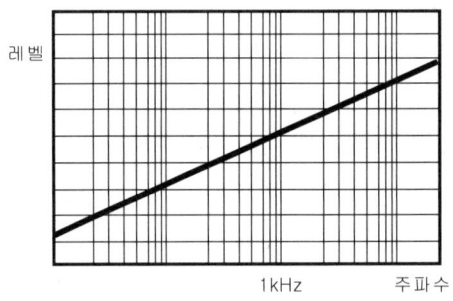

<그림 9.15> 화이트 노이즈

(2) 핑크 노이즈

화이트 노이즈와는 다르게 각 주파수의 옥타브마다 같은 레벨의 에너지를 갖는 잡음이다. 즉, 전 대역의 레벨이 같은 잡음이며 주파수 대역에 관한 시험의 기준으로 사용된다. 그 일례를 <그림 9.16>에 나타낸다.

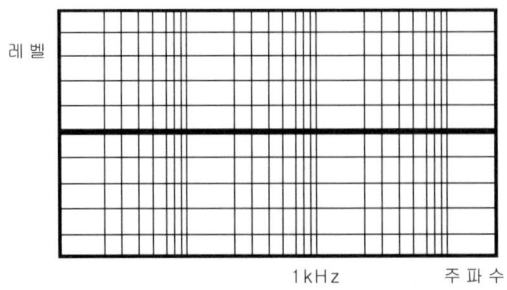

<그림 9.16> 핑크 노이즈

제 9 장 고조파 및 노이즈 방지 대책

나) 불필요한 노이즈
   (1) 험 (Hum)
       현재 전원은 정격주파수라고 하여 60Hz 교류전압의 주파수를 지정하여 사용하고 있는데, 이 60Hz의 주파수가 특정상황에 의해 음향시스템으로 유입되어 60Hz의 저음대에서 잡음으로 나타나는 것을 험(Hum : '웅~' 하고 들리는 소리)이라 한다.
   (2) 버즈(Buzz)
       험과 유사하게 전원에 의해 발생하지만 그 대역이 고음인 것을 버즈(Buzz : '지직' 하는 소리)라고 한다.

2. 노이즈의 원인

노이즈 원인으로서 교류 전원에서 살펴보면, 노이즈 주파수 스펙트럼은 교류 전원선(60Hz) 및 아마도 낮은 레벨의 고조파(120Hz 및 180Hz)로 나타날 수 있다. 교류 전원이 모터 및 전자 디머에 공급되면, 교류 전원주파수보다 높은 주파수로 노이즈의 광대역으로 초래된 라인상에서 스파이크(뾰족하게 나타남) 및 진동이 나타날 수 있다.

또한, 유도성 회로가 절환될 때, 큰 전압(약 공칭전압의 10배) 및 아크가 발생될 수 있다. 이러한 스파이크는 부하 또는 부하 공급용 변압기의 인덕턴스에 의해 발생될 수 있다. 이것은 코일내의 전류가 회로의 개방에 의해 흐르지 않을 때, 코일내의 자계를 와해시킴에 따라 생성된 전류에 의해 큰 전압이 발생하는 특성에 기인한다. 큰 변압기를 작동시키기 위해 사용되는 개폐장치에서 스위칭은 하루(심지어 일주일)에 1번 또는 2번 정도 발생하는 것에 반하여, 브러시를 갖는 모터에서 스위칭은 초당 수 백번 발생한다.

실제적으로 많은 노이즈가 존재하지만, 노이즈의 위협에 처한 피해 회로에 대해 미약한 상노로 인해 대부분의 노이즈가 소멸 되어진다.

가) EMI(전자파 장해) 원인
    음향설비에 있어서 대부분의 EMI의 공통원인은 교류 전원, 방사된 전자파(RF), 접속케이블 통신 누화 등이 있다. 이러한 이유로 인해 EMI는 험, 버즈 등의 자체 노이즈와 음성신호를 방해하는 것 등이 나타날 수 있다. EMI의 공통원인 몇 가지를 아래 <그림 9.17>에 나타낸다.
   (1) 주요 원인 :
       ㉮ 형광등 및 네온등
       ㉯ 스위칭 방식에 사용되는 사이리스터 및 다른 반도체장치
       ㉰ 모터, 개폐장치 등의 유도성 부하

제 9 장 고조파 및 노이즈 방지 대책

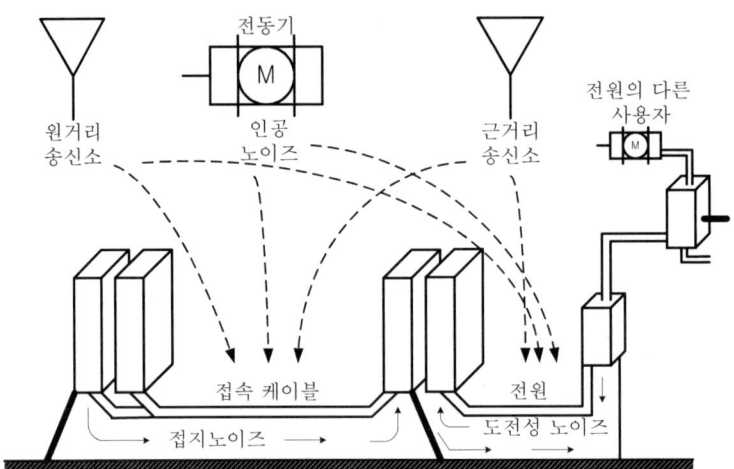

<그림 9.17> EMI 원인 및 전송 방법

㉣ 용접기기 및 다른 산업 처리
㉤ 자동차 점화장치
㉥ 교류 고전압 및 저전압 전원선
㉦ 컴퓨터
㉧ RF 송신기

(2) 소수 원인 :
   ㉮ 다른 금속 사이의 열 전압
   ㉯ 저항기의 열 노이즈
   ㉰ 불완전하게 접속된 도선 사이의 전해액으로 인한 화학적 전압

나) 그라운드 루프(Ground Loop)

　　노이즈의 주요 원인이 그라운드 루프이다. 두 기기가 각각 접지되어 있고 또 실드로 각 기기의 그라운드로 연결되어 있을 때 그라운드는 하나의 루프를 만들게 된다. 이 루프는 접지되어야 할 잡음들을 계속 신호의 흐름 가운데 두게 하는데 이것이 험으로 나타날 수 있다.

　　접지시스템에서의 그라운드 루프의 몇 가지 예를 다음에 나타낸다.

제 9 장 고조파 및 노이즈 방지 대책

(1) 접지시스템에 접속된 랙(Rack)이 부주의로 건물의 금속 구조체에 접속된 경우이다. 이는 랙에 들어가는 배관이 분리되지 않기 때문에 발생한다. 이러한 루프에서 유도성 결합을 매개로 하여 순환전류가 생성될 수 있다. 유도성 결합 그라운드 루프 전류를 이해하기 위해서는 다음의 물리현상을 살펴볼 필요가 있다.

㉮ 전류를 갖는 AC 전원 도체 주변에 자계가 존재한다.

㉯ 자력선이 루프를 통과한다면 자계는 루프 내에 전류를 생성할 것이다. (<그림 9.18>)

㉰ 루프의 면적, 주파수, 방해전류의 근접 등에 의해 생성된 전류의 크기가 결정 된다.

㉱ 루프 및 유도성 결합으로 전류 루프가 형성되고 기준 접지전위가 상승된다. 그라운드 루프가 존재하지만 유도성 결합이 없으면 순환전류는 발생하지 않는다.

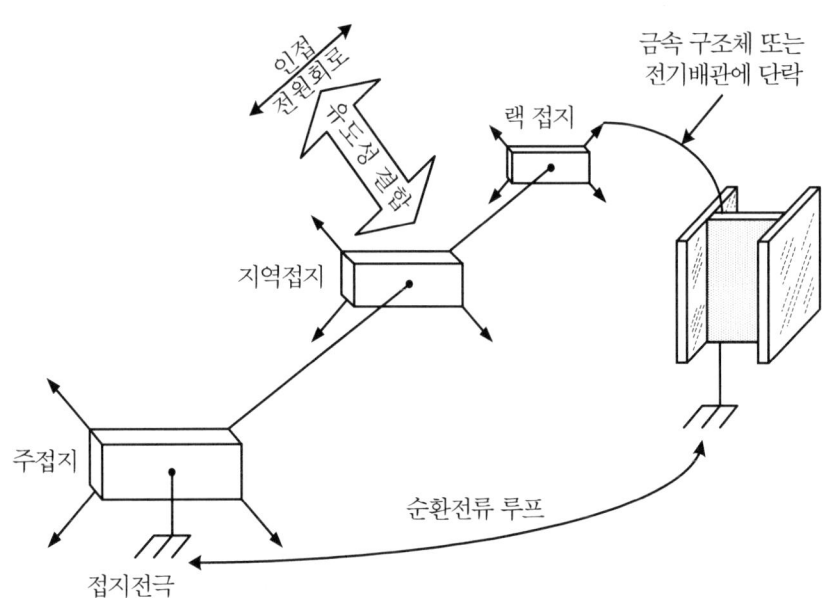

<그림 9.18> 유도성 결합으로 인한 그라운드 루프

(2) 케이블의 실드가 양 단에 접지된 경우이다(<그림 19>). 예컨대, 2개의 랙이 다른 방에 있고 그들 사이에 결합선이 있으며 접지에 접속된 실드선을 갖는다면 루프가 형성된다. 유도성 결합이 존재한다면 루프의 그라운드 전위는 상승된다. 이 경우에 루프는 접지시스템 내에 포함되며 금속 구조체, 배관, 또는 대지를 관통하지 않는다.

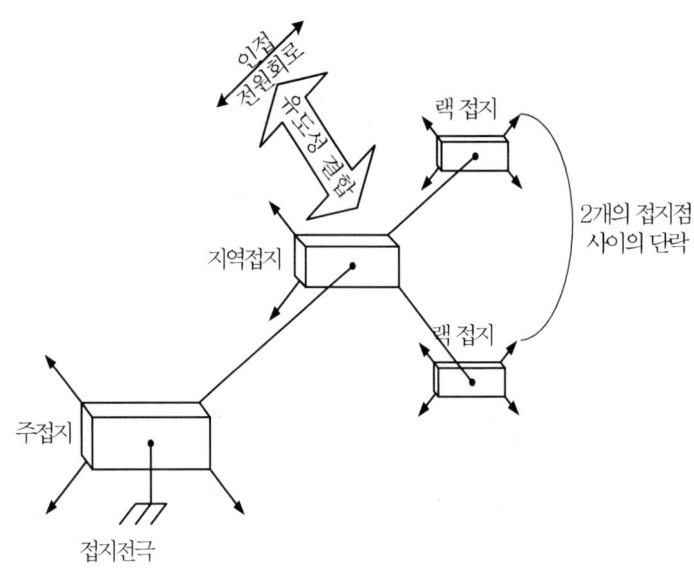

<그림 9.19> 2중 실드 접지로 인한 그라운드 루프

(3) 유해한 그라운드 루프에 있어 유도성 결합은 나타나지 않는다. 표유전류로 인한 금속 구조체내에 전위가 나타난다. 이러한 전류는 건물내의 다른 전기시스템의 구조체에 따른 용량성 결합에 의해 발생할 수 있다. 표유전류는 구조체를 통해 접지시스템으로 흐른다. 접지선이 강관과 단락되면 전류가 흐르기 시작하고 접지전위는 상승한다. 이 경우에 접지는 다른 전기설비와 혼합된 거대한 루프의 일부분이다.(<그림 9.20>)

제 9 장 고조파 및 노이즈 방지 대책

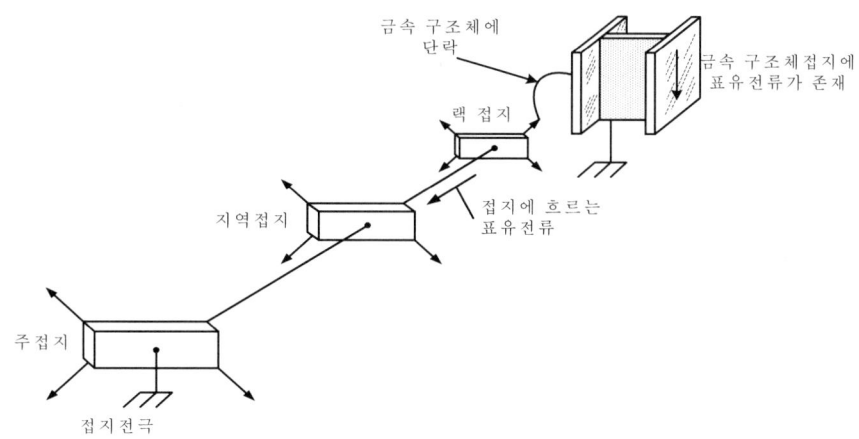

<그림 9.20> 표유전류에 의해 단락된 그라운드 루프

(4) 접지도선에 발생된 노이즈 전압은 임피던스에 의존한다. 도체가 저항 또는 임피던스를 갖지 않는다면, 접지설비는 그라운드 루프 또는 전자파장해(EMI)에 의한 영향을 받지 않는다. 실드상의 그라운드 루프 전류는 도체 임피던스에 관계없이 배선에 결합된다.

그라운드 루프는 접지도선에 공유된 모든 기기에 영향을 미치며 기기에 노이즈를 유발한다.(커먼임피던스결합(common-impedance coupling)이라고 함)

유도성 결합 또는 표유전류의 총합은 부분적으로 그라운드 루프의 심각성을 결정한다. 유도의 가능성, 표유전류, 전위차가 크게 나타나는 멀리 떨어진 방의 문제보다 랙 내의 그라운드 루프는 문제점이 적은 편이다.

상기에 기술된 예들은 설비의 다양한 부분에 직접적인 전기접속에 의한 단락에 근거하고 있다. 용량성 결합이 주파수에 의해 증가됨으로써 단락배선이 존재하지 않는 곳에서도 고주파 접지전류가 생성될 수 있다. 주파수가 증가함에 따라 배선의 인덕턴스도 증가한다. 실제적으로, 저주파 접지전류가 널리 발생될 때 고주파 접지전류가 빈번히 발생된다.

3. 노이즈 방지 대책

가) EMI 억제 방법

(1) 실딩 (Shielding)

㉮ 실딩의 종류

실딩은 수신기로부터 EMI의 전송을 방지함에 의해 노이즈를 억제하는 기술이다.

이는 노이즈원 또는 수신기에서 실행될 수 있으며 다음의 3종류가 있다.
- a. 정전실드 : 보호해야 할 소자의 주위에 그라운드와 같은 전위의 도체를 설치해 정전유도를 방지한다.
- b. 전자실드 : 경로인 공간에 도체를 설치하여 복사전파가 통과했을 때 과전류를 발생시켜 이에 의한 반항자속으로 방해전파의 작용을 없앤다.
- c. 자기실드 : 자속의 경로인 공간에 투자율이 좋은 자성체를 설치하여 피해소자를 자속의 영향으로부터 멀리한다.

㈎ 노이즈는 정전계가 아닌 고주파의 교류신호가 대부분이다. 이로 인해 격렬한 전하의 이동을 동반하여 실드 재료의 임피던스가 충분히 낮지 않으면 전압이 발생하여 그 위에 2차 복사를 일으킬 가능성이 있다. 따라서 전자실드의 구조를 취하지 않으면 효과가 없다. 전자실드는 정전실드도 겸할 수 있다.

㈐ 실딩은 전계의 경우에 가장 효과적인 방법이다. 간략하게 말하면, 전자계가 도전성 표면에 접촉될 때 실딩기법이 효과를 나타낸다. 반사파 및 표면파를 발생시키는 도체의 표면상에 입사파는 전류를 발생시킨다.

도체에서 표면파는 입사파를 상쇄시킨다. 완전한 도체가 아니라면, 표피 깊이로 알려진 표면을 전류가 관통하고 완전한 반사가 이루어지지 않는다. 실드 측면상의 전류는 전자계를 방사시킨다. 전체 실드효과는 반사량, 전류의 감쇠 등에 영향을 받는다.

㈑ 낮은 도전성, 구멍 및 다른 비연속체, 접촉저항, 비접지 등의 실드에 흐르는 전류를 방지하는 것은 측면상에 전자계를 이끈다. 선반이나 용기에 있어 전자파 노이즈 파장의 1/10보다 큰 구멍 및 비연속체는 피하여야 한다.

따라서 끈형 및 나선형보다 케이블 단면에서 보았을 때 주변에 연속적인 도전성을 갖는 박(箔)으로 이루어진 것이 더 효과적이다. 또한 그라운딩 없는 정전계 실드는 비효과적이다.

㈒ 전계에 비해 자계의 실딩은 매우 어렵다. 자계는 투자율에 관계된다. 공기 중의 동의 투자율은 1이며, 배관 등에 사용되는 강철은 1,000 이고 투자율이 우수한 뮤메탈 (Mumetal)은 80,000이다.

저주파(10㎑ 이하) 자계실드는 매우 두꺼운 실드 또는 뮤메탈 등의 고투자율 재료 없이는 불가능하다.

따라서 모두 얇고 비투자율이 1인 박형, 끈형, 나선형 케이블 실드는 자계 차폐에 효과가 거의 없다. 신호의 대역폭이 100㎑ 이상 증가할 때 케이블 실드를 위한 방법은 더 어려워진다.

케이블이 실드된 신호의 파장이 케이블 길이의 1/4~1/30일 때 차폐효과는 실드상

제 9 장 고조파 및 노이즈 방지 대책

의 정재파로 인해 감소된다. 음향신호가 20㎑로 제한되면 실드는 한 지점에서만 접지되는 것이 바람직하다.

케이블 실드에 대해 알아보면 다음과 같다.

a. 단말 처리할 때 실드 케이블은 항상 실드 되지 않은 부분이 가능한 짧도록(통상 25㎜ 이하) 하는 것이 바람직하다.

b. 평형 음향신호선의 양 단의 실드를 모두 단말 처리하지 않아야 한다.

c. 재킷(Jacket)위에 절연 슬리브(Sleeve)를 덮어 실드 케이블을 단말 처리한다. 이것은 부주의하게 접지되는 것을 방지한다.

d. 재킷 단말 위에 절연 슬리브를 덮거나 절연전선 위를 튜브로 처리해 실드 케이블의 접지 종단을 단말 처리한다. 이것은 다른 회로, 실드, 접지, 커넥터 등과 부주의로 단락되는 것을 방지하며 멀티핀 커넥터에서 중요하다.

e. 다른 케이블 실드와 접지 또는 단락되어 그라운드 루프가 발생되지 않도록 실드는 완전하게 절연되어야 한다.

f. 매우 긴 케이블(300m 이상) 또는 EMI 영역의 경우에 두 개의 케이블에 있어 실드 및 접지를 각각 분리하는 것이 바람직하다. 이는 실드 길이를 감소시킨다. 명시되어 있지 않으면 음향시스템 설계자에게 자문을 구하는 것이 바람직하다.

g. 케이블이 긴 경우 한 쪽 단은 정상적으로 접지하고 다른 한 쪽은 세라믹 콘덴서를 사용하여 접지한다. 이것은 고주파 그라운딩에 있어 DC 그라운드 루프를 방지한다. 극도의 EMI 레벨 영역에서 이 기술은 케이블 길이에 관계없이 사용될 수 있다.

h. 정크션 박스 등의 실드내에서 케이블을 불필요하게 쪼개는 것을 방지 또는 최소화하기 위해 다른 시스템 설계 문서가 언급되어 있지 않다면 박스 또는 멀티핀 커넥터를 통해 그라운드로부터 실드의 연속성 및 절연을 유지한다.

i. 디지털 제어 및 데이터 라인에 차폐뿐만 아니라 신호전송을 위해 실드 케이블을 사용한다.

j. 주위 환경에 대해 연속적인 도전성 경로를 갖는 실드 케이블을 사용한다. 케이블 주위를 박으로 둘러싸고 알루미늄박에 대해 마일라(Mylar) 절연체를 쌓는다. 박의 층은 겹쳐진 부분(Overlap)에서 확실한 도전성을 필요로 한다. 전기적 접촉이 있는 인출 전선은 박 측면에 놓여야 한다.

k. 다심 실드 트위스트-페어 케이블은 각각의 절연 실드를 가지며 각 실드에 대해 인출 전선을 가져야 한다.

(2) 그라운딩 및 본딩

그라운딩 및 본딩은 EMI 방지에 사용되는 기초 기술이다. 이것은 전도성 결합을 최소화하고 실드를 그라운드하기 위해 실행된다. 이상적인 그라운드는 전자회로의 기준전위(0)를 유지하는 도체이다. 대지에 접속하는 것만이 그라운드는 아니다. 동일 전자기기내에서 동일전위로 간주하는 양도체(良導體)는 노이즈대책에서 중요하다. 특히 고주파에 있어서는 임피던스가 매우 낮은 구조로 어느 점을 선택하여도 동일전위를 나타낼 필요가 있다.

㉮ 전자기기의 그라운드에는 SG(Signal Ground)와 FG(Frame Ground)가 있다.
  a. SG는 전자회로를 구성하고 있는 "전원이나 신호의 전류가 전원으로 복귀하는 낮은 임피던스 경로"이다. 즉 기능성 접지이며 회로의 안정화를 위해 필요하다
  b. FG는 케이스 어스라고도 하며 통상 녹색으로 케이스를 대지에 접속함으로써 전자기기내에서 누전 등의 문제가 발생했을 경우 사람에게 감전되지 않도록 하는 역할과 내부회로에 안정된 동작 환경을 만들기 위한 것이다.
  c. 노이즈에 대해서는 SG를 보강하고 실드 또한 겸하는 경우가 많다. 외부의 복사 노이즈나 라인 노이즈는 FG에서 흡수하고 SG에 침입하지 않도록 구성한다.

㉯ 그라운딩의 한 부분이 본딩이다.
  a. 본딩이란 조립 부분품, 장치나 보조시스템의 상호간을 접속기 또는 낮은 임피던스의 도전성 매체를 이용하여 전기적으로 접속하는 것을 말하며, 물체 상호간의 전위를 동일하게 하는 방법이다.
  b. 모든 전자회로와 전기·전자시스템은 샤시나 기준접지로부터 절연되는 것이 이상적이지만 실제로는 이러한 조건을 만족시킬 수가 없기 때문에 기기 또는 시스템 사이의 높은 임피던스에 의해서 기인되는 불필요한 잡음을 제거하거나 커다란 전위차에 의해 발생하는 절연파괴 또는 감전사고를 방지하는 측면에서 본딩은 중요한 역할을 한다.
  c. 본딩 방식에는 접속방법에 따라 나사, 볼트, 납땜, 용접, 캐드 용접 접합(Cadweld joint), 도전성 접착제, 복합재료와 도전성 플라스틱을 사용하는 직접 본드와 점퍼(Jumper), 본드편(Bond strap), 도전성 가스켓(Conductive gasket)을 사용하는 간접 본드로 분류된다.
  d. 전기적 결합이 요구되는 금속 사이의 접속에 있어서 요구되는 도전율을 갖는 신뢰성이 있는 도체를 본딩 점퍼(Bonding jumper)라고 하며, 짧고 둥근 연선인 도체를 사용한다. 본딩 점퍼는 약 10㎒ 이하의 고주파에 대해서는 전자파 장해를 방지하고, 저주파 영역에 정전기의 발생을 억제하기 위한 본딩에 주로 사용된다.

㈐ 그라운딩에 대한 바람직한 방향을 다음에 제시한다.
  a. 모든 그라운딩은 기준접지와 접지되는 대상물 사이의 완벽한 전기적 접속이 이루어져야 한다.
  b. 가능한 그라운드 루프가 없는 대부분 경로의 접지도선은 자기 인덕턴스를 최소화하고 접지를 향상시켜야 한다.
  c. 배관, 정크션 및 단자 박스는 건축물 강구조체에 접지되어야 한다.
  d. 상호 접속된 먼 지역 사이에 접지전위가 존재하여 접지기술을 이용해 제거할 수 없다면 절연변압기 사용을 고려하여야 한다.
  e. EMI 지역에서 모든 커넥터의 케이스는 접지되어야 하며 그라운드 루프가 발생되지 않도록 특히 주의하여야 한다.
  f. 다심 케이블에 있어 EMI 지역이나 누화가 발생될 수 있는 지역에서 모든 사용되지 않는 선은 한 쪽에서 접지되어야 한다.

(3) 평형(Balancing) 및 트위스팅(Twisting)

평형 및 트위스팅은 EMI에 대한 내성을 제공하기 위해 함께 실시되어야 한다. 평형은 차동모드(Differential-mode)신호는 통과시키지만 공통모드(Common-mode : 노이즈가 많이 포함됨)신호는 차단한다. 트위스트 페어선은 짧은 간격으로 반 회전 꼬아 엮은 것에 의해 작은 루프를 만들 수 있고 그 곳에서 생기는 기전력이 서로 다른 방향으로 움직이므로 유도 노이즈를 방지할 수 있다.

그것은 노이즈 전류에 의해 발생하는 자속의 방향이 루프마다 반전하게 되므로 서로 상쇄하는 효과가 되기 때문이다. 트위스팅에 있어 케이블의 루프 면적을 감소시키면 EMI도 감소되는 효과가 있다.

트위스팅에 관해 고려할 사항을 다음에 기술한다.
㉮ 자계 결합을 억제하기 위해 모든 평형선을 트위스트한다.
㉯ 단말 처리할 때 트위스트-페어 케이블에 있어 트위스트 안된 부분은 가능한 짧게 한다. XLR 커넥터에서 핫(Hot)선과 귀로선을 접속함에 있어 트위스트를 한 후 실드를 접속하도록 한다.
㉰ 핫선과 귀로선을 트위스트하는 것은 다른 회로에 대한 전자계 영향을 감소시킨다.
다음 <그림 9.21>은 평형 및 루프 면적감소(트위스팅)가 단계적으로 이루어짐을 나타낸다.

제 9 장 고조파 및 노이즈 방지 대책

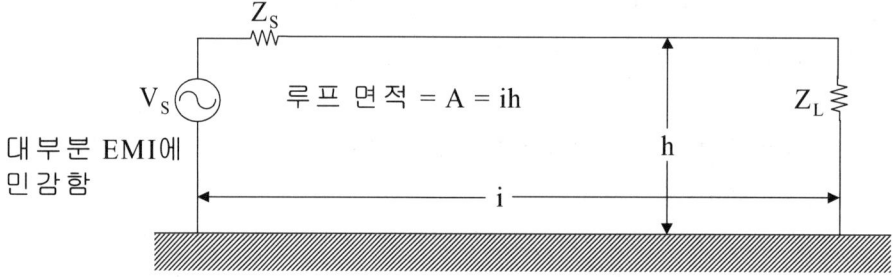

큰 루프 면적 및 대지귀로

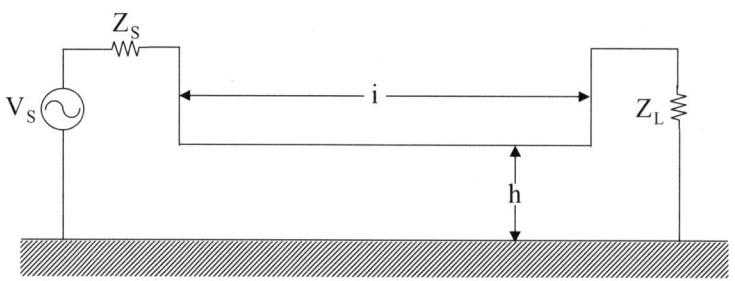

작은 루프 면적 및 대지귀로

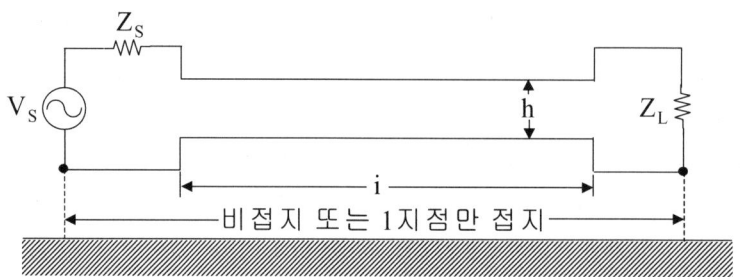

작은 루프 면적 및 대지귀로가 없는 귀로선

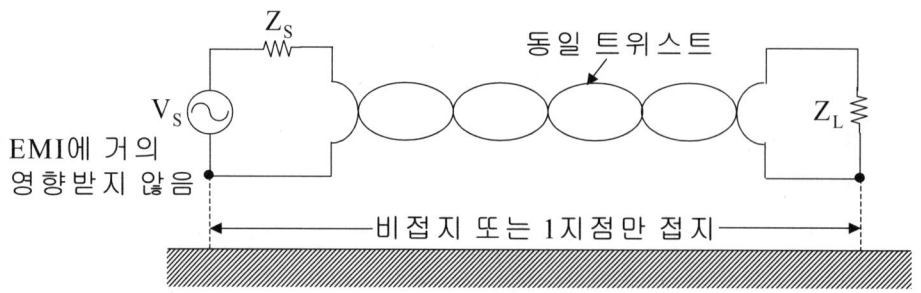

최소 루프 면적 및 대지귀로가 없는 귀로선

<그림 9.21> 평형 및 트위스팅을 통한 노이즈 억제의 점차적 단계

(4) 이격(Separation) 및 경로선택(Routing)

케이블의 이격은 서로의 상호작용에 있어 중요한 역할을 하며 EMI가 누화(crosstalk)를 일으킬 수 있다.

누화란 서로 다른 전송 선로상의 신호가 정전결합, 전자결합 등 전기적 결합에 의하여 다른 회선에 영향을 주는 현상으로서 통신의 품질을 저하시키는 직접적인 원인이 된다. 선로상에서 누화가 송단측에서 전파되는 것을 근단 누화, 수단측으로 전해지는 것을 원단 누화라 한다.

케이블 경로를 선택할 때 다른 신호레벨의 전선을 직각으로 교차시키면 전체 자계 결합을 상쇄시킬 수 있지만, 전계 결합은 상쇄시킬 수 없다.

또한, 전계 결합을 최소화시킬 수는 있지만, 전선 방향에 의해 전계 결합을 제거할 수 없다. 결과적으로 경로선택으로는 고임피던스 회로에서 전계 결합에 의한 영향을 여전히 받게 된다.

이격 및 경로선택에 있어 EMI를 최소화하기 위한 방법을 다음에 나타낸다.

㉮ 다른 신호레벨과 유형인 케이블은 항상 이격하고 특히 서로 임의의 거리로 평행인 케이블은 이격하도록 한다. 최소 이격거리는 100㎜이다.

㉯ 교류 전원 케이블에서 핫선과 귀로선은 가능한 서로 가깝게 하는 것이 바람직하며, 이는 방사 전자계를 최소화한다. 공통 귀로선보다는 각 핫선에 대해 개별적 귀로선을 사용하고 서로 쌍으로 트위스트한다.

㉰ 누화에 내성이 없다면 동일 다심케이블에 대해 다른 특성(레벨 및 대역폭)의 신호를 전송하지 않아야 한다.

㉱ 케이블 경로선택은 다른 신호유형들 사이의 거리를 최대한으로 활용하여 배관부터 배선조합까지 설비의 모든 부분을 이용하여야 한다.

㉲ 접지판(접지 금속부) 부근의 경로 케이블은 케이블 부근의 전계로 인한 누화를 감소시킨다.

㉳ 간선, 개폐장치 등의 주전원선 근처에 음향케이블을 설치하지 않아야 하며 심지어 배관에 포함되어 있을 때도 그러하다. 필요하다면 자계 장벽을 배치하는 것도 고려한다.

(5) 절연(Isolation)

변압기를 통한 전기절연은 공통임피던스 결합을 방지한다. 이것은 공통임피던스 결합 및 그라운드 루프를 억제하는 수단이다. 변압기는 고주파 및 저주파 절연에 자주 이용된다.(그림 9.22)

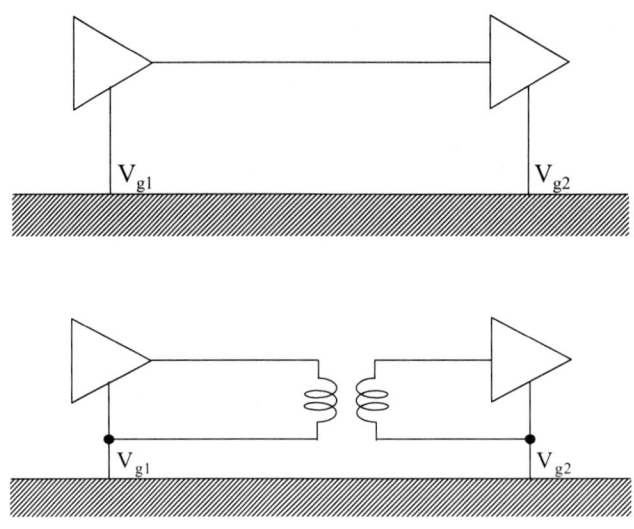

<그림 9.22> 변압기에 의한 절연

나) 그라운드 루프 방지대책

　　상기한 그라운드 루프에 대한 해결방법을 살펴보기 전에 우선 평형과 불평형에 대해 알아보면, 케이블에 있어서 불평형(Unbalanced)은 일반적인 두 가닥의 선으로, 한 가닥은 신호를 그리고 다른 한 가닥은 그 신호의 기준 역할(0의 값)을 한다. 여기서 0V를 전달하는 선이 실드(Shield : 외부로부터의 잡음이 신호에 전달되는 것을 방지하기 위해 감은 호일이나 금속망 등을 말하며, 접지되어야 한다.)의 기능도 함께 하게 되어 있다.

　　따라서 신호와 0V의 전달에 기기의 잡음도 함께 전달된다. 주로 높은 임피던스를 가진 마이크, 가정용, 아마추어용 기기에 사용되며 프로용 기기에는 사용하지 않거나 사용할 경우에는 꼭 다이렉트 박스를 이용하여 평형으로 변환하여 사용한다.

　　이와는 다르게 평형(Balanced)은 신호와 0V 외에 실드를 더 갖는 세 가닥의 선으로 되어 있다. 실드를 따로 갖는다는 것은 잡음을 위한 또 하나의 통로를 갖는다는 것이다.

　　따라서 그라운드 루프의 방지대책으로는

(1) 전원회로의 공유화

　㉮ 불평형 접속을 하지 않는다.

　㉯ 전원을 하나로 통일(접지를 하나로 사용, <그림 9.23> 참조)

제 9 장 고조파 및 노이즈 방지 대책

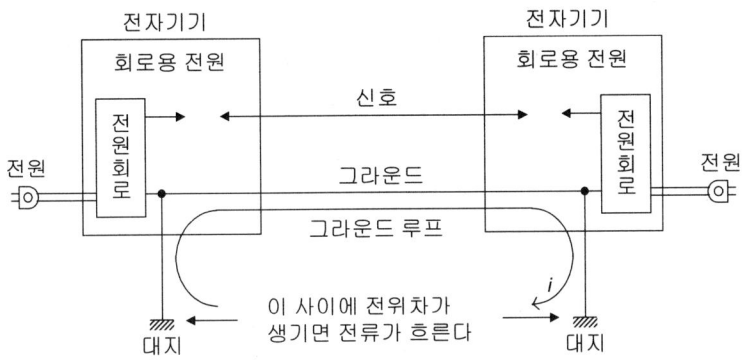

(a) 그라운드 루프의 형성

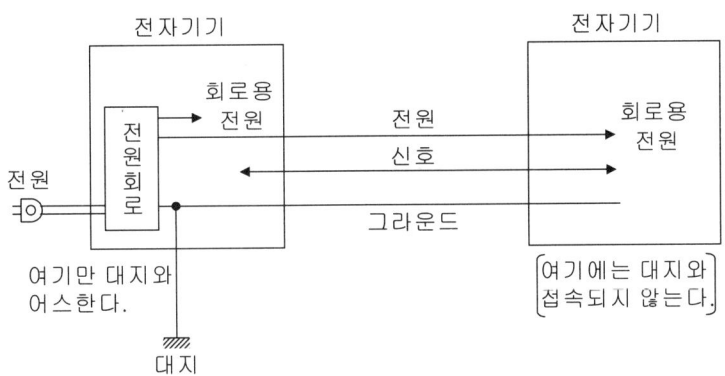

(b) 전원회로의 공유화(1개소만 대지와 접속)

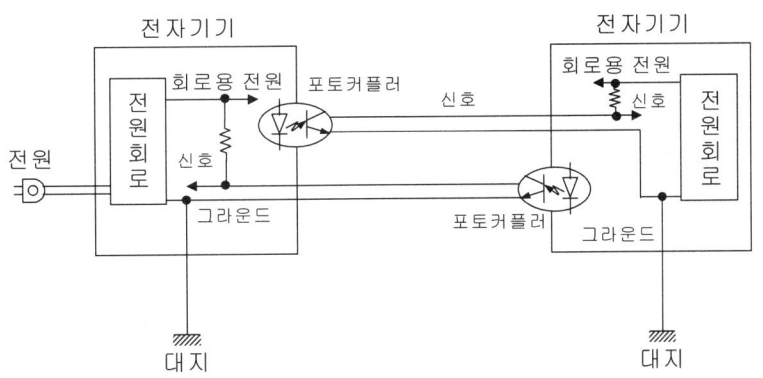

(c) 포토커플러를 이용한 절연

<그림 9.23> 그라운드 루프의 형성 및 대책

(2) 텔레스코핑 실드

기기 연결을 위한 케이블의 실드를 텔레스코핑 실드(Telescoping Shield : 평형 접속시 출력측에 연결되는 실드는 끊는 방법)로 함 등이 있다.(<그림 9.24>)

케이블은 실드를 뺀 나머지 선의 수에 따라 그 종류를 구분하기도 한다. 1심 케이블은 불평형 기기간의 연결에 쓰이고 2심 케이블은 평형이나 스테레오에 쓰인다.

<그림 9.24> 텔레스코핑 실드의 예(마이크 라인 제외)

(3) 랙 그라운딩

랙(Rack)은 앰프 등의 여러 기기를 고정해 놓는 캐비넷과 같은 박스를 말하는데, 앞면에는 기기의 고정을 위한 구멍이 있는 판넬이 있어 각 기기와 볼트로 연결된다. 이 그라운드를 콘솔의 그라운드와 연결하면 된다.

다음에 랙의 그라운드 연결을 기술하면 다음과 같다.

㉮ 평형기기

랙의 판넬과 기기 샤시의 볼트에 의한 접속이 불완전할 때도 많으므로 굵은 선으로 각 기기의 케이스를 모두 연결해 놓는 것이 좋다.

㉯ 콘솔의 그라운드와 연결되는 불평형기기

모든 불평형기기를 하나의 랙(판별 부분이 나무로 되어 있음)에 고정하여 기기간에 연결될 수 있는 접촉을 끊어서 그라운드 루프를 방지한 후, 각각의 기기의 샤시 그라운드를 랙의 그라운드로 통합 연결한 후에 콘솔의 그라운드로 연결한다.

㉰ 전원을 통해 그라운드 되는 불평형기기

판넬 부분이 나무로 되어 있는 랙에 기기를 고정한 후, 기기의 전원 플러그를 통해 샤시 그라운드가 랙의 전원 콘센트의 그라운드를 통해 접지되게 한다.

다) 고주파 간섭

시스템에서 라디오 방송이 수신되거나 버즈와 같은 잡음이 유입되는 경우가 있는데 이를 고주파 간섭(RFI : Radio Frequency Interference)이라 하며 컴퓨터, 라디오, TV, 무대조명, 공업용 기계 등과 같은 여러 가지 이유에 의해 발생한다.

그 중에서 접지 상태가 양호하지 않아 발생하는 잡음은 다음의 방법으로 제거할 수 있다.
(1) 접지와의 연결선을 일반 전선보다는 실드선을 사용한다.
(2) RFI 필터를 전원에 연결하여 사용한다.
　　다음 <그림 9.25>는 필터를 이용한 RFI 해결방법이다.
　㉮ <그림 9.25(a)>는 일반 믹서의 경우로, 공중을 떠다니는 고주파가 입력 커넥터를 통해 믹서 내부로 들어온 후 믹서내에 흘러다니다가 트랜지스터, 다이오드, IC 등의 부품을 통해 귀에 들리는 소리로 수신/증폭되는 것을 나타낸다.
　㉯ <그림 9.25(b)>는 입력 잭 홀더부터 금속제를 사용하여 바로 믹서 케이스에 연결되게 하고, 잭 홀더의 끝에 필터인 콘덴서를 장착하여 유입되는 고주파를 바로 케이스를 통해 그라운드되게 하여 고주파 간섭을 억제하는 방법을 나타낸다.
(3) 음향의 케이블과 조명의 케이블간의 간격을 최대로 이격한다.
(4) 불평형 케이블의 경우 짧은 것(약 3~5m)만 사용한다.

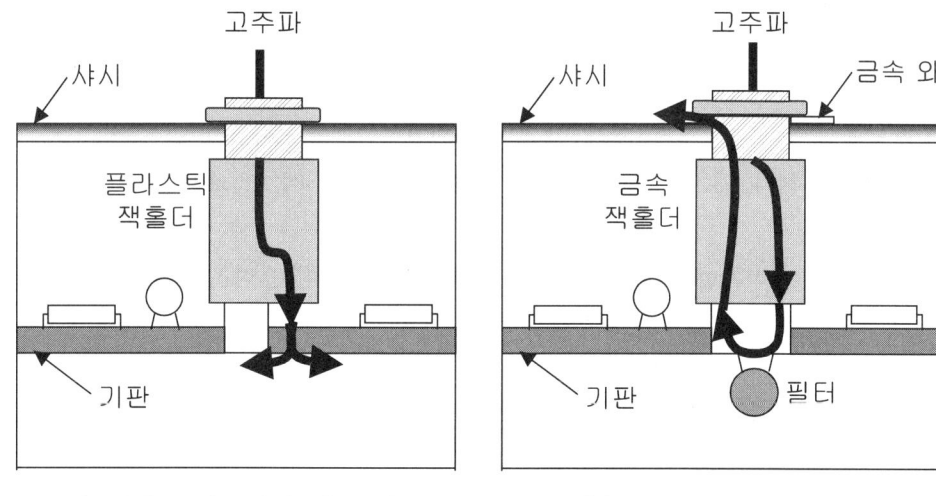

a) 필터를 사용하지 않은 경우　　(b) 필터를 사용한 경우

<그림 9.25> 필터를 이용한 고주파 방지방법

9.2.2 조명기기 등에서 발생하는 노이즈

1. 사이리스터조광기에 의한 고조파전류의 유도장해 및 방지대책

가) 사이리스터조광기의 동작에 의해서 발생한 고조파전류가 간선 및 부하선로에 침입하여 마이크로폰케이블 등의 신호케이블에 대하여 전자유도에 의해서 음향기기 등의 약전기기에 장해를 준다.

나) 사이리스터조광기의 동작에 의한 고조파전류에 의해서 전원 전압파형에 고조파의 변형(일그러짐)이 생기어 동일 전원에 접속되어 있는 기기에 장해를 준다.

다) 사이리스터 조광기에 의한 고조파전류의 유도장해 대책

　(1) 부하선로와 마이크로폰케이블을 이격

　　　이격하는 거리의 일단 목표로서는

　　　　평행하여 포설되는 경우 ················ 1.0m 이상

　　　　교차하여 포설되는 경우 ················ 10cm 이상

　(2) 건축구조상 이격거리가 안 되는 경우 또는 장해 발생원이 있는 경우에는 마이크로폰 케이블을 전자실드 4심 케이블로 하여 노이즈 전압을 없애는 방법이 있다.

　(3) 부하배선, 마이크로폰케이블을 별개의 금속관에 넣고 전자적 결합을 차폐하는 것이 유효한 수단이다.(전자유도의 경우, 마이크로폰케이블의 실드효과는 거의 기대할 수 없다.)

　(4) 마이크로폰케이블의 실드선이 플로어콘센트에 접촉하여 노이즈를 함유한 접지전위를 인가시키는 것은 피하지 않으면 아니 된다.

　(5) 부하배선으로 특히 주의를 요하는 것은 전자유도에 의한 장해를 피하기 위해서 각 선로마다 전원선(L측)과 중성선(N측)을 트위스트 또는 밀착 평행하여 포설하는 것이며, 전원선과 중성선을 각각 정리하고 정렬 배선하는 것은 바람직하지 못하다.

　(6) 특히, 전원선과 중성선의 경로를 다르게 하거나, 앵커 볼트(anchor bolt)의 좌우에 선로가 나뉘어 지는 것은 큰 자력선이 발생하여 유도장해가 생기며, 또한 덕트에서 이상음이 발생하기 때문에 피하여야 한다.

　　　예를 들면 <그림 9.26>과 같이 조광분전반을 아래층의 조광실에 설치하기 위해서, 전원선만 아래층에 내린 경우 대단히 큰 유도장해가 발생될 수 있다.

　　　이 대책으로서 전원선과 중성선을 병행하여 왕복시키는 것에 따라 해결할 수 있다. 이와 같이 부하배선은 전원선, 중성선과 항상 트위스트 또는 밀착 평행하여 포설하는 것이 유도장해를 막기 위한 대전제이다.

제 9 장 고조파 및 노이즈 방지 대책

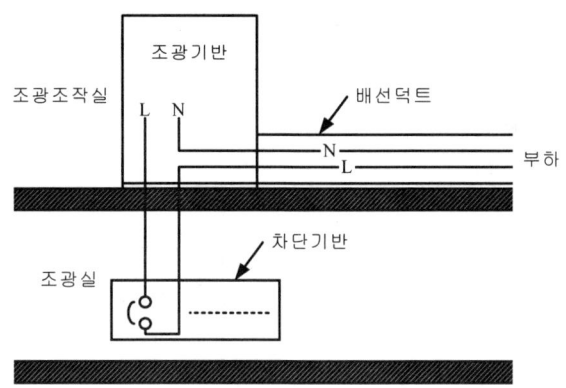

<그림 9.26> 유도장해를 발생시키는 예

2. 사이리스터조광기와 동일전원을 사용한 기기에의 장해 및 방지대책

가) 동일전원을 사용한 경우의 전원전압의 노이즈파형

사이리스터조광기는 앞에서와 같이 조광동작 도중 고조파전류가 간선 및 전원변압기에 유입하고 각각의 임피던스에 의해서 전원전압의 파형은 <그림 9.27>과 같이 고차의 고조파를 함유한 파형이 된다.

이 전원을 약전기기(예 : 음향기기)에 사용한 경우 <그림 9.27>와 같은 노이즈파형이 약전기기에 침입하여 큰 장해가 발생한다.

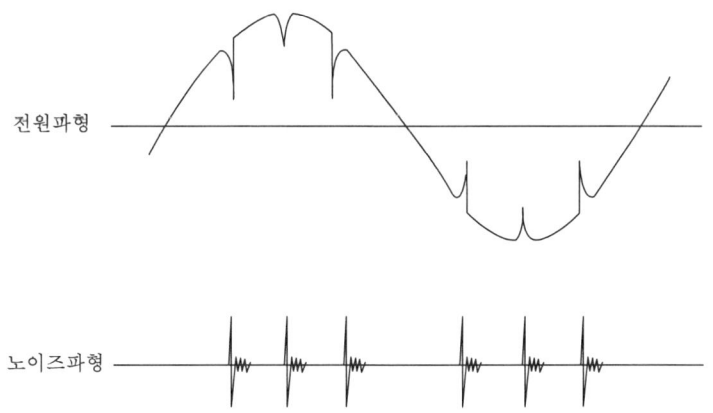

<그림 9.27> 사이리스터 조광기의 전원파형과 노이즈파형

나) 전원전압 노이즈파형의 방지대책
 (1) 전용변압기를 사용한 단독전원으로서 설치하고 다른 기기에는 사용하지 않는 것을 원칙으로 한다.

제 9 장 고조파 및 노이즈 방지 대책

(2) 대단히 소규모의 조명설비로서 단독전원을 설비하는 것이 불가능한 경우에는 <그림 9.28>과 같이 다른 기기의 전원측에 노이즈 컷트(noise cut)기능을 가지는 변압기를 설치하여 고조파전압을 차단하고 사용하여야 한다.

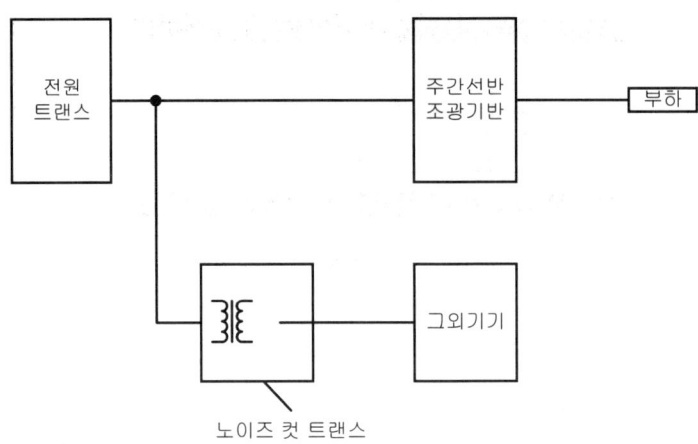

<그림 9.28> 소규모 설비에서 전원을 공유하는 경우

(3) 이와 같이 노이즈측면 및 안전측면에서도 여러가지의 문제가 있기 때문에 조명용 전원과 다른 기기와의 공용은 바람직하지 아니하다. 또, 조광조작콘솔 등의 조명제어기기의 전원은 일반 조명용 전원으로부터 분기하여 공급한다. 이 경우에는 반드시 조명제어 기기측으로 고조파전압 대책을 실행하지 않으면 아니 된다.

3. 고압방전등의 개시시의 노이즈장해 및 방지대책

가) 고압방전등의 시동시 노이즈원 및 장해

(1) 크세논램프, HMI 램프 등 고압방전등은 <그림 9.29>에 도시한 바와 같이 시동시 점등기(ignitor)를 사용하여, 고전압을 램프에 인가하여 기동하는 방식을 취하고 있다. 점등기(ignitor)는 15kV~30kV 수MHz의 고주파전압을 발생시키기 때문에 기동시에는 큰 노이즈가 발생한다.

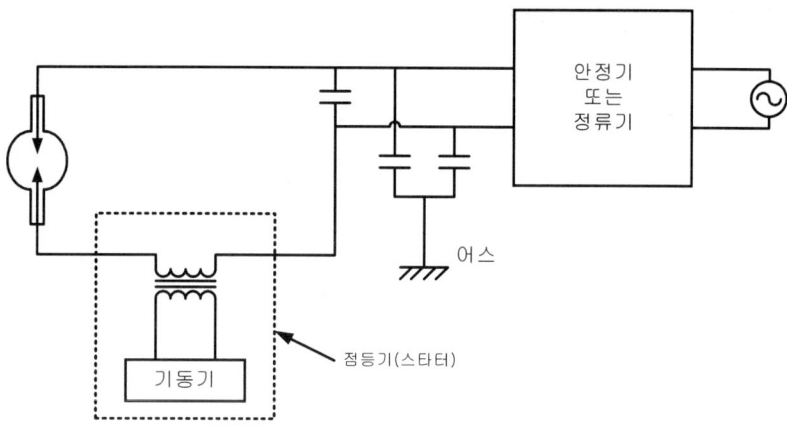

<그림 9.29> 고압 방전등 회로

(2) 이 노이즈는 방전등으로부터 직접 또는 선로를 통하여 복사(輻射)되어 신호선을 안테나로 하여서 약전기기에 침입하기도 하고 또는 유도에 의해서 약전기기에 장해를 발생시키는 경우가 있다. 현상적으로는 다음과 같은 장해가 발생한다.
㉮ 음향기기에의 clicking noise의 발생
㉯ 무선 안테나에 들어가 noise의 발생
㉰ 조광조작콘솔 등의 조명제어장치에 침입하여 오동작을 발생
㉱ 비디오 모니터(video monitor) 등에 들어가 화면의 어른거림을 발생

나) 고압방전등 시동시 발생하는 노이즈 방지대책
  점화기(igniter)에서 발생하는 노이즈의 특징으로서는 고주파이고 공간복사(輻射)가 많기 때문에 다음과 같은 노이즈 방지대책이 유효하다.
(1) 고압방전등의 방전등과 안정기(정류기)간의 선로 또는 전원선로가 다른 기기의 신호 케이블 등에 근접하는 경우에는 각각 별개의 금속배관에 넣을 것
(2) 방전등, 안정기 및 금속배관의 접지를 단독으로 시공하고 확실히 접속할 것
(3) 고압방전등의 근방에 무선 안테나 설치하는 경우 그 취부 위치는 충분히 고려할 것. 취부 위치를 조금 변경한 만큼 장해가 경감되는 경우가 많다.
(4) 음향조정콘솔 또는 조광조작콘솔와 고압방전등의 거리는 적어도 5m 이상 이격하거나 별실에 설치하는 것이 바람직하다.

제 9 장 고조파 및 노이즈 방지 대책

4. 고압방전등(HMI)의 점등 중 노이즈

가) 점등 중 노이즈원

(1) HMI 등의 고압방전등은 구형파 전류로 점등하는 것이 많다. 이 구형파전류의 급한 상승, 하강에 의해서 첨예한 전류가 발생하여 방전등의 점등 중 계속적으로 노이즈를 발생하는 경우가 있다.

(2) 크세논램프는 직류점등이지만 방전전류를 자르고 변환시켜 절반(half)점등으로 한 경우 선로를 포함시킨 회로 시정수와 램프의 점등상태가 전기적 공진(共振)이 생기어 큰 노이즈를 발생하는 경우가 있다.

나) 점등 중 노이즈 방지대책

(1) 안정기(정류기)부터 방전등까지의 선로가 긴 경우에 장해가 쉽게 발생한다. 이 선로를 필요 이상으로 길게 하는 것을 피하여야 한다.

(2) 절반(half)점등시의 전류값을 약간 높게 설정함으로써 피할 수 있는 경우가 있다. 그 밖의 노이즈방지대책은 전항과 마찬가지이다.

5. 조명제어기기의 신호선 디지털 노이즈(Digital noise)

가) 신호선의 디지털 노이즈원

(1) 조명제어기기는 현재 컴퓨터를 사용하고 있으며 그 제어신호는 디지털화 되어 있다. 이 제어신호케이블은 일반적으로 조광 조작콘솔과 조광기반(盤) 사이 또는 무대 밑 조작반 사이에 포설되어 있지만 최근 원격 조정(remote control) 조명기기의 다양화에 따라 무대천장, 무대 옆, 프론트 사이드, 천장 또는 객석 등에도 포설되는 것이 많아지고 있다.

(2) 제어용 신호케이블에 흐르는 고주파의 클럭 등의 디지털 신호전류는 첨예한 전파로서 복사(輻射)되어 무선 안테나를 통하여 무선장치 등에 장해를 주는 경우가 있다.

나) 신호선의 디지털 노이즈 방지대책

신호선의 디지털 노이즈의 방지대책으로서는 무선 안테나와 신호케이블의 거리를 유지하는 것이 가장 유효하지만, 이것을 할 수 없는 경우 안테나에 근접하는 신호케이블을 금속관에 넣는 것이 유효하다.

9.2.3 정전기에 의한 장해 및 방지대책

1. 정전기에 의한 장해

가) 정전기는 동절기 모직물의 스웨터(sweater)를 벗을 때나 텔레비젼 브라운관의 화면 등으로 일상 보이는 현상이다. 무대용 약전 기기에 있어서도 마루에 카펫(carpet)이나 융단이 깔려있는 경우 조작자가 조작반에 닿게 되면, 순간적으로 방전해서 공동 라인(line)을 통하여 CPU, IC 등에 침입하여 오동작을 일으키는 경우가 있다. 이러한 현상은 재현성(再現性)이 부족하여 오동작의 원인구명이 대단히 곤란한 현상이다.

나) 정전기의 발생전압은 마찰을 받는 재질과 그 때의 상대 습도에 크게 영향을 받지만 최고치는 30kV에 달한다.

또한 특히 주의를 요하는 점은 약전기기류의 설치나 수리시 정전기가 발생하면 인체를 통하여 방전하여 IC 등의 전자부품을 영구 파괴하는 것이 있다는 것이다.

다) 정전기 발생의 일반적인 참고치는 <표 9.5>에 나타낸다.

<표 9.5> 정전기 발생전압

환경과 동작	정전기 발생전압(V)	
	습도 10-20%	습도 65-90%
카펫(carpet)상의 보행	35,000	1,500
P 타일(tile)등 비닐마루 위의 보행	12,000	250
벤치(bench)에 있는 조작자	6,000	100

2. 정전기 장해의 방지대책

정전기장해의 방지책으로서는 약전기기를 설치하는 실내의 바닥에 정전기가 발생하기 어려운 재질을 선택하는 것이다. 카펫(carpet)은 피하고 P 타일(tile)이나 도전성이 있는 플로어 매트(floor mat) 등을 선택하는 것이 바람직하다.

또한, 정전기의 발생은 실내의 습기에 크게 영향을 받기 때문에 이상 건조를 피하기 위해서 공기조절·가습기의 설비도 유효하다.

9.2.4 무대시설 시공상의 노이즈 방지책

공연장에서 발생하는 노이즈의 사례 및 그 대책에 관하여는 앞에서 상술하였지만 시공상에서의 노이즈 방지책을 정리하면 다음과 같다.

1. 조명설비나 기구설비의 전원선과 제어계의 신호선은 될 수 있는 한 이격한다. 구체적으로는,
   가) 마이크 케이블과 부하배선의 간격은 평행 포설의 경우 1.0m 이상, 교차하여 포설하는 경우 10㎝ 이상으로 할 것
   나) 신호선이 근접하는 경우에는, 금속 덕트 등을 사용할 것
   다) CRT는 전자계의 영향을 받기 쉽기 때문에 대용량의 전력기기나 배선과 5m 이상 이격할 것
   라) 크세논 등의 고압방전등에서는 기동시에 고주파의 복사 노이즈를 발생하는 경우가 있기 때문에 선로의 격리, 차폐에는 충분히 주의할 것

2. 조명설비 기구설비 음향설비의 전원은 각각 따로 설치한다.
   음향기기 등의 약전기기로 전원으로부터의 노이즈 침입이 있는 경우에는 차단성능을 가지는 노이즈 컷 트랜스(noise cut trans)를 약전기기측에 설치할 것

3. 기기의 보안용 접지와 신호회로에 관한 접지는 따로 설치하여, 신호회로에 관한 접지계통이 보안용 접지계통에 접촉하지 않도록 시공할 것(「제8장 접지설비」 참조)

4. 신호선에는 지정된 신호케이블을 사용할 것
   또한 신호케이블의 단말에서 터미네이션(termination)이 필요한 경우에는 반드시 터미네이터(terminator)를 설치하는 것이 필요하다.

5. 무대에서 사용되는 기기는 매우 다양화되어 대부분의 기기에는 마이크로컴퓨터(microcomputer)를 내장하고 있기 때문에, 노이즈에 의한 약전기기의 장해가 공연 중단 등의 사고로 이어질 수 있으므로 시공에 있어서 충분한 고려가 필요하다.

6. 또한 세심한 주의를 기울여 시공하더라도 노이즈 장해가 생기는 경우가 있다. 이것은 설치장소, 환경, 전원 상황 등의 여러 가지 조건에 의해서 좌우되므로 해결되지 않은 많은 현상이 존재하기 때문이다.
   따라서 노이즈 장해가 발생한 경우 노이즈 발생 측의 방지책이 전제 조건이지만, 장해를 받는 기기 측에서의 대책이 불가피한 경우도 있어 관계자간의 노이즈 방지대책에 관한 협력체제가 필수조건으로 되어 있다.

제 10 장
방재 및 보안설비

10.1 방재설비의 종류
10.2 방재전원설비
10.3 방재배선
10.4 기타 방재설비

제 10 장   방재 및 보안설비

　소방법에는 화재의 발견, 통보, 초기소화, 안전피난 등의 목적으로 소방용 설비 등의 설치와 그 유지를 의무화하고 있다. 또한, 건축법에서는 재해 발생시 건축물로부터 안전하게 피난을 할 수 있도록 피난시설, 배연설비 등의 설치와 그 유지를 의무로 하고 있다.
　본 지침에서는 공연장 등 연출공간의 방재설비를 설계·시공할 때 특히 주의하여야 할 사항을 나타내고자 하였다.
　방재설비는 건물의 용도, 규모, 입지조건 등을 고려한 부가기준이 화재예방조례, 기준, 고시 등에 정해지고 있는 경우가 있다.
　따라서, 그것들에 준한 설치가 의무로 부과되기 때문에 관할소방서에 확인을 하여야 한다.
　무대용 특별보안설비는 법에 의한 설치의무는 없지만, 공연장 등 연출공간에서 공연의 안전상 설치하는 것이 바람직하다.

제 10 장 방재보안설비

10.1 방재설비의 종류

10.1.1 경보설비

1. **자동화재 탐지설비**(소방법 제17조, 제30조, 소방령 제29조, 소방규칙 제81조 등)

   자동화재 탐지설비는 화재의 발생을 방화대상물의 관계자에게 자동적으로 보고하는 설비로서 감지기·중계기·수신기·발신기 등으로 구성되어 있다.

   가) 감지기의 설치기준

   감지기는 방의 용도, 천장의 높이 및 환경상태를 충분히 고려하여 선택할 필요가 있다. 특히, 지하층·무창측 등으로서 환기가 잘되지 아니하거나 실내용적이 적은 장소 등에서 일시적으로 발생한 열기·연기 또는 먼지 등으로 인하여 화재신호를 발신할 우려가 있는 장소에는 복합형감지기 또는 축적형감지기 등을 사용하여야 한다.

   (1) 설치장소에 따른 감지기의 종류는 <표 10.1>(소방규칙 제85조)과 같다.

   <표 10.1> 설치장소에 따른 감지기의 종별

설 치 장 소	감지기의 종별
일반사무실	차동식 스포트형
주방, 보일러실, 탕비실, 다량의 증기를 발생하는 장소	정온식 스포트형
주차장, 격납고, 지하 창고, 소 회의실 등	보상식 스포트형
계단, 경사로, 복도, 통로, 엘리베이터의 승강로, 린넨슈트 파이프 닥트 기타 이와 유사한 장소	연기식
강당, 체육관, 연출공간 등 고천장이 있는 장소	광전식 분리형, 불꽃, 아날로그
감지기를 설치하는 구역의 천장높이가 20m 이상인 경우	광전식 분리형 불꽃, 아날로그

(2) 부착높이에 따른 감지기의 종류는 <표 10.2>(소방규칙 제85조)와 같다.

<표 10.2> 부착높이에 따른 감지기 종류

부 착 높 이	감지기의 종류
4미터 미만	차동식스포트형 차동식 분포형 보상식스포트형 이온화식 또는 광전식 정온식 스포트형 또는 감지선형 열복합형 연기복합형 열 연기복합형
4미터 이상 8미터 미만	차동식스포트형 차동식 분포형 보상식스포트형 광전식 1종 또는 2종 정온식 스포트형 특종 또는 1종 이온화식 1종 또는 2종 열복합형 1종 또는 2종 연기복합형 1종 또는 2종 열 연기복합형 1종 또는 2종
8미터 이상 15미터 미만	차동식 분포형 이온화식 1종 또는 2종 광전식 1종 또는 2종 연기복합형 1종 또는 2종
15미터 이상 20미터 미만	이온화식 1종 또는 광전식 1종 연기복합형 1종
20미터 이상	행정자치부장관이 정하여 고시하는 감지기

나) 무대상부의 감지기의 설치

(1) 무대상부(무대 천장부)는 공기(연기)가 자유롭게 유통되는 것으로서 광전식 스포트형 감지기를 설치하는 것이 좋고, 무대하부에 설치하는 감지기는 점검함에 넣는 등 상부로부터의 점검, 유지관리가 용이하게 행할 수 있도록 하여야 한다(<그림 10.1>)

(2) 다목적 홀의 무대부(천장높이가 20m 이상)에는 광전식감지기(분리형), 불꽃감지기 등을 설치하여야 한다. 다만, 불꽃감지기를 설치한 경우에는 감시거리와의 관계로 비화재보에 주의해야 한다.

<그림 10.1> 무대상부의 감지기

다) 객석 상부의 감지기의 설치
  (1) 객석상부는 일반적으로 설치하여야 할 높이가 높고, 무창층이 되는 경우가 많기 때문에 광전식 스포트 감지기의 설치가 기본이 된다. 그 외에 사용할 수 있는 감지기는 차동식 분포형, 광전식 분리형이 있다.
      일반적으로 천장높이가 15m 미만은 광전식 스포트감지기 2종, 천장높이가 20m 미만은 광전식 스포트감지기 1종이 사용되고 있다.(<그림 10.2>)
  (2) 천장높이 20m 이상의 경우에는 불꽃감지기, 광전식감지기(분리형) 등을 사용할 수 있지만, 객석 등의 의자에 의한 미 경계부분이 많아지기 때문에 대처방법을 관할소방서에 확인하는 것이 바람직하다.
  (3) 객석부의 천장은 높고 또한, 바닥에 고정된 의자나 계단이 있어 하부로부터의 점검이 용이하게 행해질 수 없다. 따라서, 점검함에 넣어 이중천장 속의 상부작업통로(cat walk) 등으로부터 점검, 유지 관리할 수 있도록 설치하여야 한다.
      주요 구조부를 내화구조로 한 경우에는, 천장 속 부분에는 감지기의 설치를 필요로 하지 않지만, 일반적으로 객석의 천장 속 부분은 면적도 넓고, 사람이 자유롭게 점검할 수 있는 상부작업통로가 설치되어 있는 경우가 많아 감지기의 설치가 필요하게 된다.

<그림 10.2> 객석상부 감지기

라) 프론트 사이드 투광실 등의 감지기의 설치

프론트 사이드 투광실, 실링 투광실 등에 설치되는 연기감지기는 무대조명기구로부터 발생하는 열에 의해 성능이 떨어지지 않도록 일정한 거리를 두고 설치하는 것이 바람직하다.(<그림 10.3>)

<그림 10.3> 프론트사이드 투광실 상부감지기

2. 비상경보설비

비상경보설비에는 비상벨, 자동식 사이렌, 방송설비의 3종류가 있다. 이들은 기본적으로는 건물의 규모와 구조에 의하여 설치가 의무로 되어 있다.(소방령 제 29조)

가) 비상벨 또는 자동식 사이렌

(1) 비상벨 또는 자동식 사이렌은 연면적 $400m^2$ 이상인 것(지하가중 터널은 제외)이거나 지하층 또는 무창층의 바닥면적이 $150m^2$ 이상(공연장인 경우 $100m^2$ 이상)인 것에 시설하여야 한다.

제 10 장 방재보안설비

(2) 비상벨 또는 자동식 사이렌은 부식성가스 또는 습기 등으로 인하여 부식이 없는 장소에 시설하되, 바닥으로부터 0.8m 이상 1.5m 이하의 높이에 설치하여야 한다.

(3) 비상벨 또는 자동식 사이렌은 소방대상물의 층마다 설치하되, 당해 소방대상물의 각 부분으로부터 하나의 음향장치까지의 수평거리가 25m 이하가 되도록 하고, 당해 층의 각 부분에 유효하게 정보를 발할 수 있도록 설치하여야 한다.

　　다만, 비상용방송설비 규정(소방규칙 제97)에 적합한 방송설비를 자동 화재탐지설비 감지기와 연동하여 작동하도록 설치한 경우에는 비상벨 또는 자동사이렌을 설치하지 아니할 수 있다.

(4) 비상벨 또는 자동사이렌은 정격전압의 80% 전압에서 음향을 발할 수 있는 것으로 하여야 하며, 음량은 부착된 음향장치의 중심으로부터 1m 떨어진 위치에서 90폰 이상이 되는 것으로 하여야 한다.(<그림 10.4>)

<그림 10.4> 자동사이렌

나) 비상방송설비

　비상용 방송설비는 기동장치(발신기 등), 조작부 및 증폭기(비상용 앰프), 스피커, 비상전원(배터리), 전원, 배선의 각 기기에 의해 구성되어 있고 각각이 정해진 기준을 충족하여야 한다.

(1) 비상방송설비의 설치기준

　　비상방송설비는 연면적 3,500㎡ 이상이거나 층수가 11층 이상 또는 지층의 층수가 3 이상인 소방대상물에 설치하여야 하며, 다음 각 호의 기준에 의하여 설치하여야 한다. 이 경우 엘리베이터 내부에는 별도의 음향장치를 설치할 수 있다.

㉮ 확성기는 각 층마다 설치하되, 그 층의 각 부분으로부터 하나의 확성기까지의 수평 거리가 25m 이하가 되도록 하고, 당해 층의 각 부분에 유효하게 경보를 발할 수 있

제 10 장 방재보안설비

도록 설치하여야 한다.
  ㈏ 확성기의 음성입력은 3와트(실내에 설치하는 것에 있어서는 1와트)이상이어야 하며, 음량조정기를 설치하는 경우 음량조절기의 배선은 3선식으로 하여야 한다.
  ㈐ 조작부는 기동장치의 작동과 연동하여 당해 기동장치가 작동한 층 또는 구역을 표시할 수 있는 것으로 하여야 한다. 또한, 조작스위치는 바닥으로부터 0.8m 이상, 1.5m 이하의 높이에 설치하여야 한다.
  ㈑ 증폭기 및 조작부는 수위실 등 상시 사람이 근무하는 장소로서 점검이 편리하고 방화상 유효한 곳에 설치하여야 한다.
  ㈒ 다른 방송설비와 공용하는 것에 있어서는 화재시 비상경보외의 방송을 차단할 수 있는 구조로 하여야 한다.
  ㈓ 다른 전기회로에 의하여 유도장애가 생기지 아니하도록 하여야 한다.

(2) 방송구역에서의 스피커 설치기준
  방송구역마다 임의의 장소로부터 1개의 스피커까지의 수평거리가 10m 이하가 되도록 설치하고, 계단 또는 경사로에서는 수직거리 15m 이하에 L급 스피커를 1개 이상 설치하여야 한다.
  ㈎ 스피커 성능구분에 의한 종별(형식마다 인정)
    L급=음압 92dB/1m 이상, M급=87dB/1m 이상, S급=84dB/1m 이상
  ㈏ 방송구획의 크기에 따라서 스피커의 종류가 <표 10.3>과 같이 규정되어 있다.

<표 10.3> 방송구역의 크기에 따른 스피커의 종류

설치장소	방송구역의 크기	스피커의 종별
계단, 경사로 이외	100㎡ 초과	L급
	50㎡~100㎡	L급 또는 M급
	50㎡ 이하	L급, M급 또는 S급
계단 또는 경사로		L급

(3) 스피커배선의 기준
  비상용 방송설비의 스피커는 다음 각호에 따라서 배선을 하여야 한다.
  ㈎ 절연저항은 대지전압이 150V 이하의 경우는 0.1MΩ 이상이 필요하다.
  ㈏ 동일관에 다른 선과 공유하여서는 아니 된다.
  ㈐ 음량조절기를 설치하는 경우는 3선식 배선이 필요하다.
  ㈑ 스피커배선은 계통별 단독배선이다.

㉮ 증폭기로부터 스피커까지의 배선은 600V 2종 비닐절연전선(HIV 등)을 사용하고 금속관공사로 한다. 다만, 소방 적합용 케이블(예, FR)의 경우에는 금속관공사는 불필요하다.

(4) 스피커제어

다른 설비와 공유함에 있어서 화재시에 비상경보 이외의 방송을 차단할 수 있는 기능이 필요하다.

(5) 전원

㉮ 전원은 전기가 정상적으로 공급되는 축전지 또는 교류전압의 옥내간선으로 하고, 전원까지의 배선은 전용으로 하여야 한다.

㉯ 개폐기에는 "비상방송설비용"이라고 표시한 표지를 부착하여야 한다.

㉰ 비상방송설비에는 그 설비에 대한 감시상태를 60분간 지속한 후, 유효하게 10분이상 경보할 수 있는 축전지설비(수신기에 내장하는 경우를 포함한다)를 설치하여야 한다.

10.1.2 피난 유도설비

피난유도설비는 화재 발생시 건물내의 재실자가 안전을 위하여 피난구나 피난을 위한 설비가 있는 곳까지 안전하게 대피할 수 있도록 하기 위한 설비로서 유도등설비, 유도표지설비, 비상조명등설비가 있다.

1. 유도등설비

유도등은 사용목적에 따라 2개로 크게 나누어진다. 1개는 재해시에 건축물 내의 사람을 옥외의 안전한 장소로 용이하게 피난시키기 위해서 계단, 거실 등의 출입구, 복도 등에 설치하며, 피난구 또는 피난의 방향을 나타내기 위한 투광성의 표시면을 가지는 유도등이다. 다른 1개는 계단, 공연장의 객석 등에 있어서 피난로를 조명하기 위해서 설치되는 유도등이다.

어느 쪽도 정전이 생긴 경우에는 비상전원으로 절환 되어서 일정시간 그 부분을 조명하여 피난활동을 용이하게 하는 기구이다.

가) 유도등의 분류

유도등은 표시면에 의해 피난을 유도하는 유도등과 피난경로를 조명하는 유도등이 있지만 분류하면 <그림 10.5>와 같다.

나) 유도등의 설치기준

공연장 등의 관람집회시설에는 대형피난구유도등, 통로유도등, 객석유도등을 설치하여야 한다(소방규칙 제103조의 2).

(1) 피난구유도등의 설치기준

㉮ 피난구유도등은 다음 각호의 장소에 설치하여야 한다.
    a. 옥내로부터 직접 지상으로 통하는 출입구 및 그 부속실의 출입구
    b. 직통계단·직통계단의 계단실 및 그 부속실의 출입구
    c. 위의 a 및 b의 규정에 의한 출입구에 이르는 복도 또는 통로로 통하는 출입구
    d. 공연장 등의 객석부분으로부터의 직접 복도, 로비에 있는 출입구

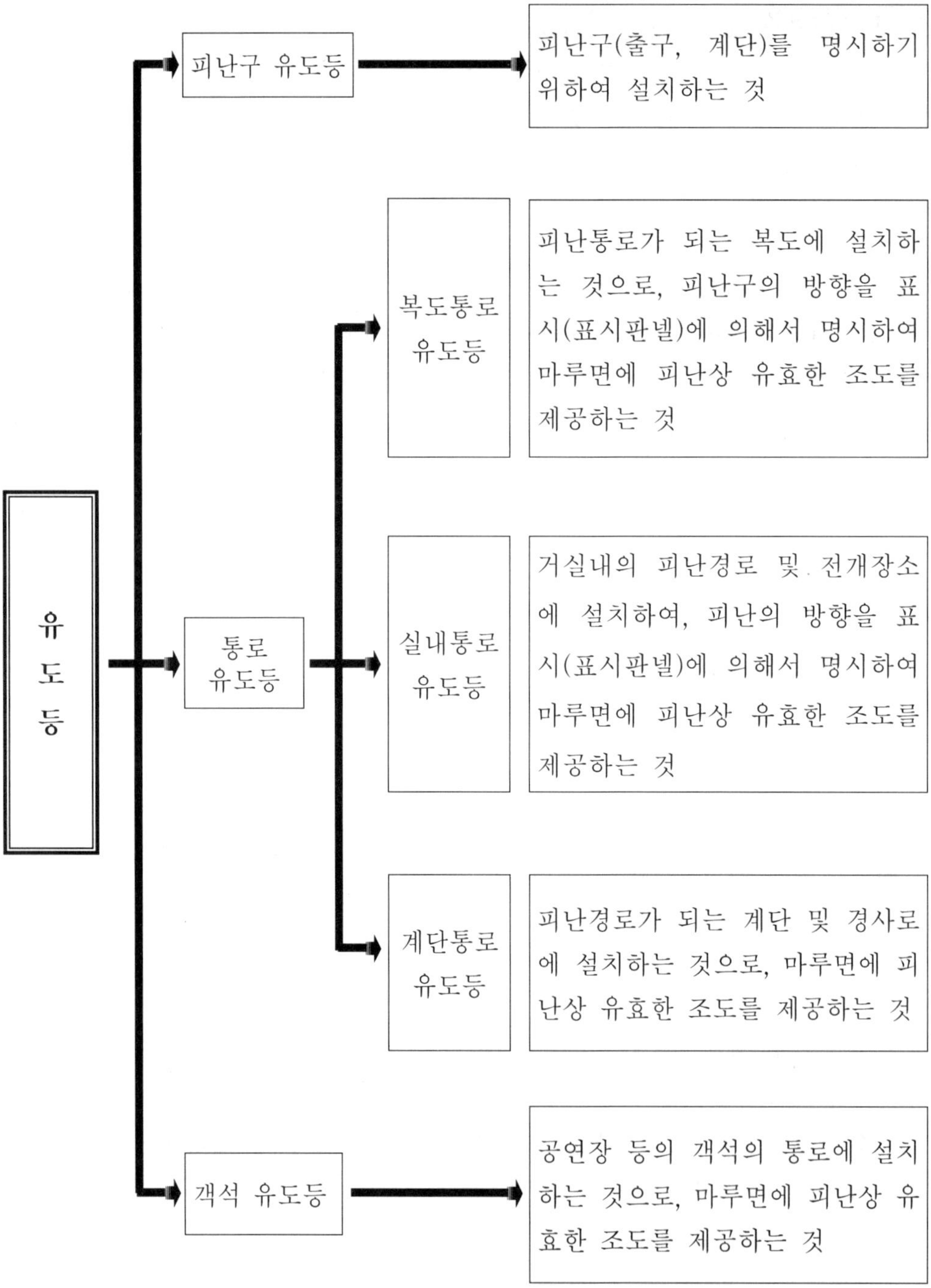

유도등의 분류

- 유도등
  - 피난구 유도등 → 피난구(출구, 계단)를 명시하기 위하여 설치하는 것
  - 통로 유도등
    - 복도통로 유도등 → 피난통로가 되는 복도에 설치하는 것으로, 피난구의 방향을 표시(표시판넬)에 의해서 명시하여 마루면에 피난상 유효한 조도를 제공하는 것
    - 실내통로 유도등 → 거실내의 피난경로 및 전개장소에 설치하여, 피난의 방향을 표시(표시판넬)에 의해서 명시하여 마루면에 피난상 유효한 조도를 제공하는 것
    - 계단통로 유도등 → 피난경로가 되는 계단 및 경사로에 설치하는 것으로, 마루면에 피난상 유효한 조도를 제공하는 것
  - 객석 유도등 → 공연장 등의 객석의 통로에 설치하는 것으로, 마루면에 피난상 유효한 조도를 제공하는 것

<그림 10.5> 유도등의 분류

㉯ 피난구유도등은 피난구의 취지를 표시한 녹색의 등화로 하고, 소방대상물이나 그 부분의 피난구 상부에 설치하여야 한다.

㉰ 피난구유도등은 피난구의 바닥으로부터 높이 1.5m 이상의 곳에 설치하여야 한다.

㉱ 피난구유도등의 조명도는 피난구로부터 30m의 거리에서 문자 및 색채를 쉽게 식별할 수 있는 것으로 하여야 한다.

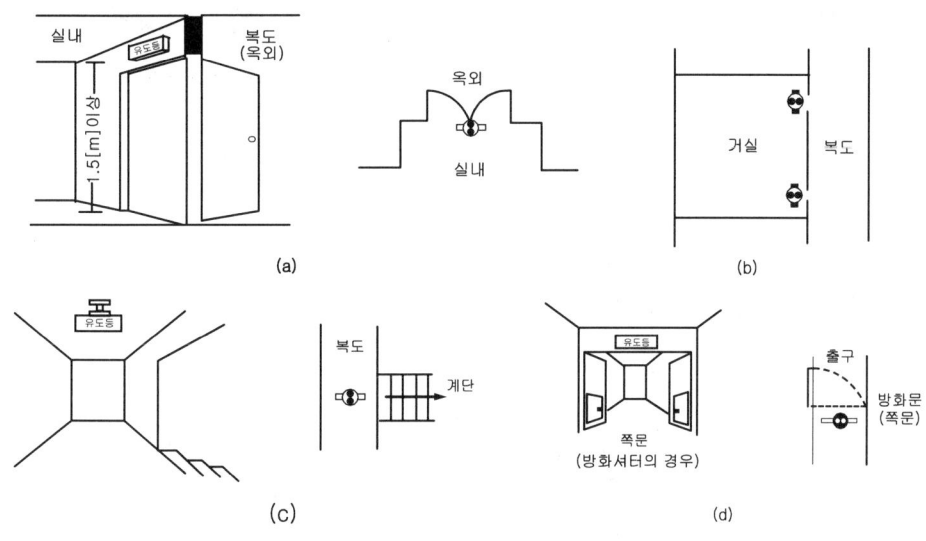

<그림 10.6> 피난구유도등의 설치

(2) 객석유도등의 설치기준

㉮ 객석유도등은 객석의 통로, 바닥 또는 벽에 설치하여야 한다.(<그림 10.7>)

㉯ 객석내의 통로가 경사로 또는 수평으로 되어 있는 부분에 있어서는 다음의 식에 의하여 산출한 수(소수점이하의 수는 1로 본다)의 유도등을 설치하고, 그 조도는 통로 바닥의 중심선에서 측정하여 0.2lx 이상이어야 한다.

$$설치개수 = \frac{객석의\ 통로의\ 직선부분의\ 길이(m)}{4} - 1$$

제 10 장 방재보안설비

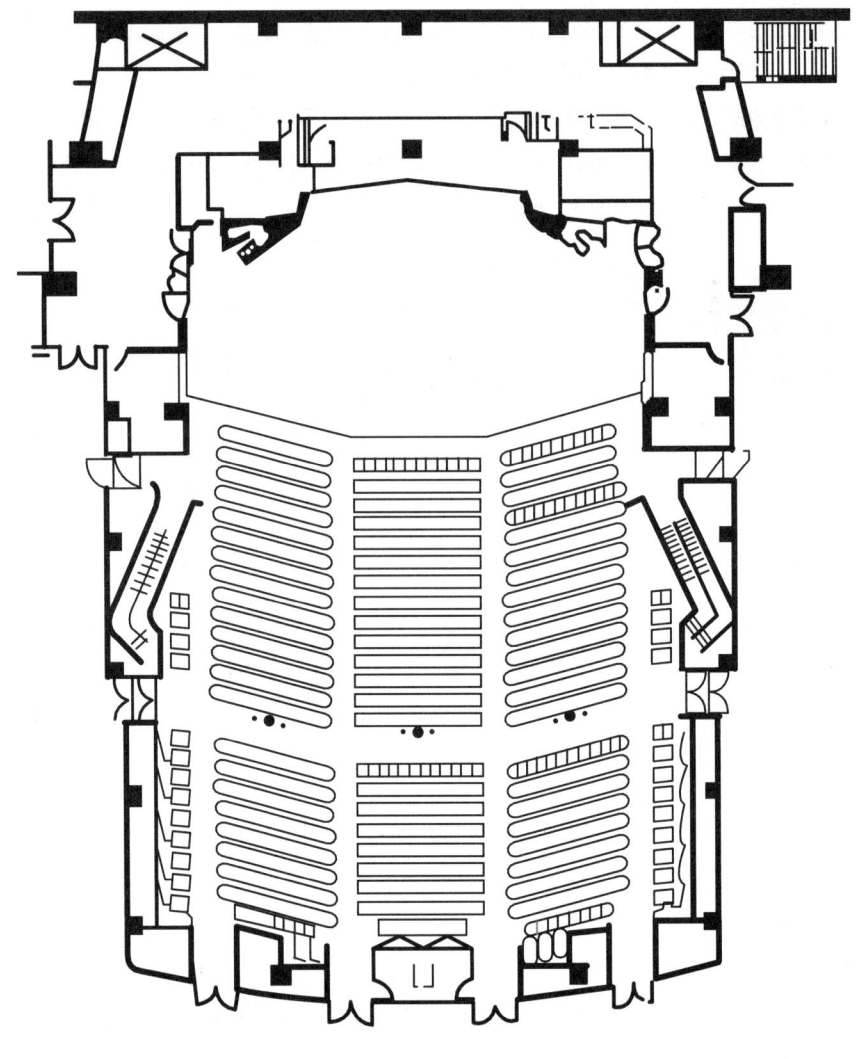

<그림 10.7> 객석유도등의 설치 예

㉓ 객석내의 통로가 옥외 또는 이와 유사한 부분에 있는 경우에는 당해 통로 전체에 미칠 수 있는 수의 유도등을 설치하되, 그 조도는 통로바닥의 중심선에서 측정하여 0.2lx 이상이 되어야 한다.
㉔ 객석내 통로가 계단형으로 되어 있는 부분에 있어서는 그 객석내 통로의 중심선상에서 해당 통로부분의 전장에 걸쳐 조명할 수 있는 것으로 하고 또한, 그 조도는 해당 통로의 중심선상에서 측정하여 필요한 조도를 얻을 수 있어야 한다.

제 10 장 방재보안설비

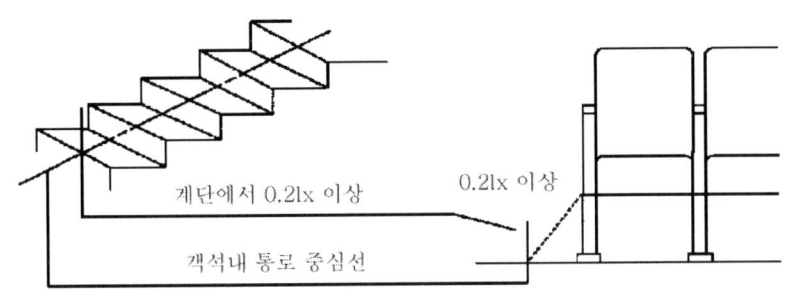

<그림 10.8> 객석유도등의 필요조도

㊂ 객석을 벽, 마루면에 기계적으로 수납할 수 있는 구조는 해당 객석의 사용상태에 있어서 피난상 유효한 조도를 얻을 수 있도록 설치한다.

㊃ 마루면에서의 높이를 원칙으로 하여 0.5m 이하의 개소에 설치한다.

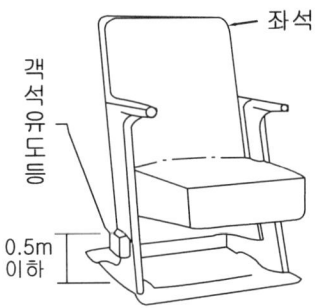

<그림 10.9> 객석유도등의 부착 높이

(3) 통로유도등의 설치기준
  ㉮ 통로유도등은 다음 각 호의 기준에 의하여 설치하여야 한다.
    a. 옥내로부터 직접 지상으로 통하는 출입구. 다만, 부속실을 경유하여 지상으로 통하는 경우에는 그 부속실의 출입구에 설치하여야 한다.
    b. 복도 통로유도등은 복도에, 거실 통로유도등은 거실의 통로에(<그림 10.10>), 계단 통로유도등은 계단 및 경사로에 설치하여야 한다.(<그림 10.11>)
       다만, 거실의 통로가 벽체 등으로 구획된 경우에는 복도 통로유도등을 설치하여야 한다.
    c. 복도 통로유도등 또는 거실 통로유도등은 구부러진 모퉁이 및 보행거리 20미터마다 설치하고, 계단 통로유도등은 각층의 경사로참 또는 계단참마다(1개층에 경사로참 또는 계단참이 2이상 있는 경우에는 2개의 계단참마다)설치하여야 한다.

제 10 장 방재보안설비

   d. 통행에 지장이 없도록 할 것
   e. 복도 통로유도등은 바닥으로부터 높이 1m 이하의 위치에 설치하여야 한다.
   f. 주위에 이와 유사한 등화광고물·게시물 등을 설치하지 아니할 것
㈏ 조도는 통로유도등의 바로 밑의 바닥으로부터 수평으로 0.5m 떨어진 지점에서 측정하여 1lx 이상(바닥에 매설한 것에 있어서는 통로유도등의 직상부 1m의 높이에서 측정하여 1lx 이상)이어야 한다.
㈐ 통로유도등은 백색바탕에 녹색으로 피난방향을 표시한 등으로 하여야 한다. 다만, 계단에 설치한 것에 있어서는 피난의 방향을 표시하지 아니할 수 있다.
㈑ 바닥에 설치하는 통로유도등은 하중에 의하여 파괴되지 아니하는 강도의 것으로 하여야 한다.

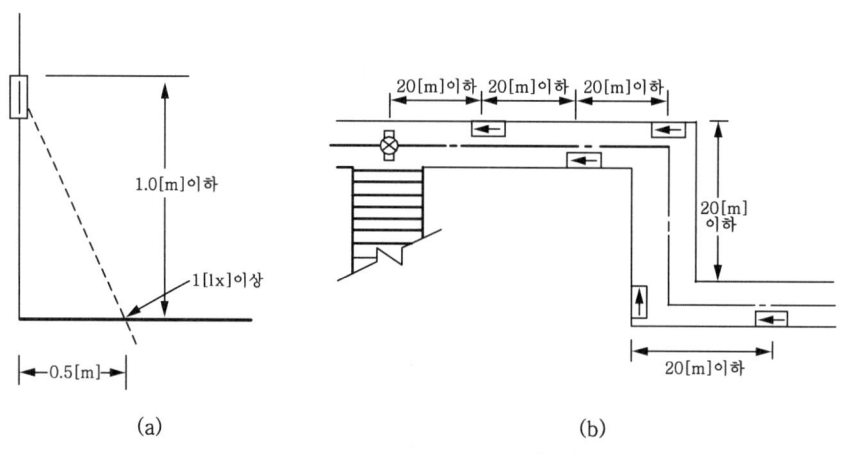

<그림 10.10> 복도 통로유도등의 설치

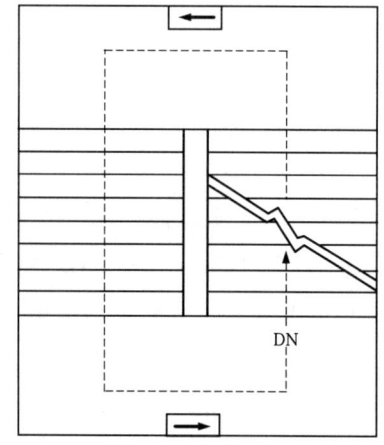

<그림 10.11> 계단통로유도등의 설치

2. 비상조명등

비상조명등이란 화재발생 등에 의한 정전시에 안전하고 원활한 피난활동을 할 수 있도록 거실 및 피난통로 등에 설치하는 조명등으로서 비상전원용 축전지가 내장되어 상용전원이 정전되는 경우에는 비상전원으로 자동 전환되어 점등되는 조명등을 말하며 정상상태에서는 상용전원에 의하여 점등되는 것을 포함한다. 비상조명등은 다음 각호에 의하여 설치하여야 한다.

가) 소방대상물의 각 거실과 그로부터 지상에 이르는 복도·계단 및 그 밖의 통로에 설치하여야 한다.

나) 조도는 비상조명등이 설치된 장소의 각 부분의 바닥에서 1lx 이상이 되도록 광원의 밝기 및 배치를 적절히 행하고 또한 일반 조명기구와의 밸런스를 배려할 필요가 있다.

다) 예비전원을 내장하는 비상조명등에는 평상시 점등여부를 확인할 수 있는 점검스위치를 설치하고 당해 조명등을 20분 이상 유효하게 작동시킬 수 있는 용량의 축전지와 예비전원 충전장치를 내장하여야 한다.

라) 비상조명등의 예비전원(자가발전설비 또는 축전지설비)을 별도로 설치할 경우에는 항상 비상조명을 일정시간 점등하기 위한 필요한 전원용량을 적정히 산정하고, 배선 등에는 요구되는 내열성능을 가지게 하여야 한다.

마) 비상조명등의 종류에는 상용과 비상용 전원이 별도로 내장된 전용형, 상용과 비상용전원을 겸하여 사용하는 겸용형, 폭발성 가스에 의해 용기 내부에서 폭발하였을 때 그 압력에 견딜 수 있는 방폭형, 구조가 방수구조로 되어 있는 방수형이 있다.

10.1.3 방화 설비

방화설비의 설치에 관하여는 건물의 용도, 규모, 구조에 의한 화재발생의 위험도나 피난, 구조, 소화활동의 난이도 등으로부터 건축법 및 소방법에 의해서 설치기준이 정해지고 있다.

건축법 및 소방법은 기본법이고, 각각 시행령, 시행규칙, 고시 등의 관련법규에 의해 구체적인 조항에 관한 규제가 이루어질 수 있기 때문에 주의해야 한다.

1. 방화 및 방연 댐퍼

방화 및 방연 댐퍼의 설치는 건축물의 피난·방화구조 등의 기준에 관한 규칙으로 정해지고 있고, 환기·난방 또는 냉방시설의 덕트가 방화구획을 관통하는 경우 덕트 등이 화재의 전파경로가 되는 것을 막기 위해서 화재에 의해 연기의 발생 또는 온도가 급격히

제 10 장 방재보안설비

상승한 경우에 자동적으로 폐쇄하는 구조로 된 곳에는 그 관통부분 또는 이에 근접한 부분에 적합한 댐퍼를 설치하여야 한다.

2. 방화문

방화문의 설치는 건축법으로 정해지고 있고, 갑종 방화문와 을종방화문의 2종류가 있다. 갑종 방화문은 화재시에 화재를 상당 시간 차단할 수 있는 것을 목적으로 그 구조가 정해지고, 을종 방화문은 개구부의 연소방지를 주목적으로 하는 것이다.

또한, 방화문에는 상시폐쇄 방화문과 면적구획용 방화문(상시개방 방화문)의 2종류가 있다.

가) 상시 폐쇄식 방화문

모든 구획에 사용할 수 있는 방화문으로서 상시 폐쇄상태를 유지하고 있고 직접 손으로 열 수 있으며, 자동적으로 폐쇄하는 구조를 가진 것이어야 한다.

나) 면적구획용 방화문(상시개방 방화문)

면적구획에 사용할 수 있는 방화문으로서 수시 폐쇄할 수 있고, 화재에 의한 연기 또는 불에 의해 자동적으로 폐쇄하는 구조를 가진 것이어야 한다.

10.1.4 제연설비

제연설비란 화재시 발생되는 연기를 건축물의 외부로 배출시키는 설비로서 배연과 방연으로 대별된다. 배연은 연기를 일정한 장소로 유인하여 건축물에 설치된 창문이나 기계적 동력에 의해 신속하게 옥외로 배출시키는 것을 말하며, 방연은 연기를 건축물의 한정된 장소로부터 다른 장소로 유동되지 않도록 하며 동시에 연기가 침입하는 것을 방지하는 것이다.

배연방식으로는 자연배연과 기계배연이 있지만 건축법은 자연배연을 원칙으로 하며 자연배연 할 수 없는 경우 기계배연을 설치하도록 되어 있고, 소방법은 기계배연의 설치를 의무로 하고 있다.

1. 제연설비의 구성

가) 일반적인 제연설비

일반적인 제연설비의 설치 및 연동 관계를 나타내면 <그림 10.12>와 같다.

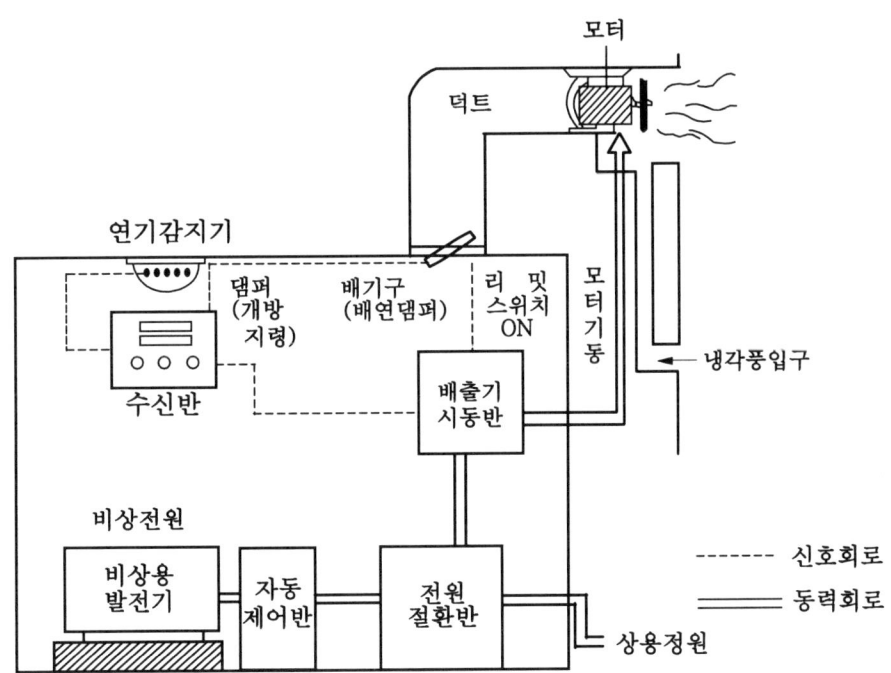

<그림 10.12> 일반적 제연설비의 구성

나) 제연설비 상호 연동관계

제연설비와 연기감지기 등과의 상호 연동관계는 <그림 10.13>과 같다.

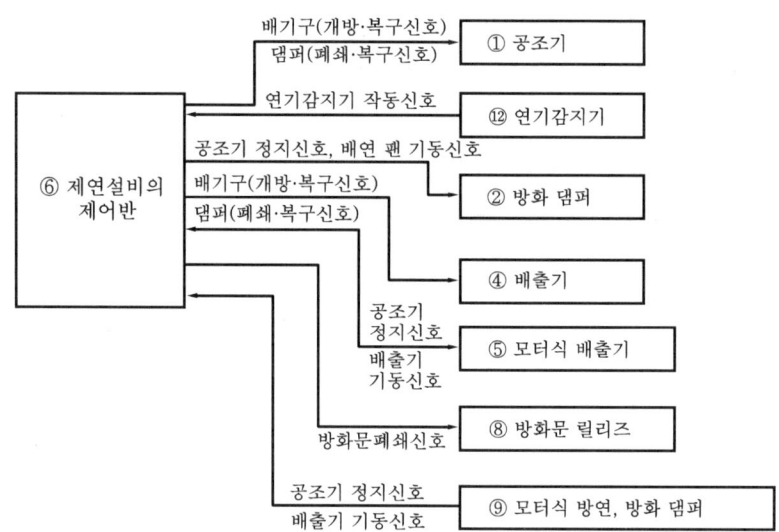

<그림 10.13> 제연설비와의 상호 연동관계

2. 제연설비 설치기준

제연설비의 설치장소는 다음 각 호에 의한 제한구역으로 설치하여야 한다.

가) 하나의 제연구역의 면적은 1000㎡ 이내로 하여야 한다.
나) 거실과 통로(복도를 포함)는 상호 제연구획을 하여야 한다.
다) 통로상의 제연구역은 보행 중심선의 길이가 40m를 초과하지 아니하여야 한다. 다만, 구조상 불가피한 경우에는 60m까지로 할 수 있다.
라) 하나의 제연구역은 직경 40m 원내에 들어갈 수 있어야 한다. 다만, 구조상 불가피할 경우에는 그 직경을 60m까지로 할 수 있다.
마) 하나의 제연구역은 2개 이상 층에 미치지 아니하도록 하여야 한다. 다만, 층의 구분이 불분명한 부분은 그 부분을 다른 부분과 별도로 제연구획을 하여야 한다.

3. 공연장 등 관람집회시설의 배연설비 구조

배연설비의 구조는 다음 각 호의 기준에 적합하여야 한다.

가) 건축물에 방화구획이 설치될 경우에는 그 구획마다 1개소 이상의 배연구를 바닥에서 1m 이상의 높이에 설치하여야 한다.
나) 배연구의 유효면적은 1㎡ 이상으로서 그 면적의 합계가 당해 건축물의 바닥면적

제 10 장 방재보안설비

(방화구획이 설치된 경우에는 그 구획된 부분의 바닥면적을 말함)의 1/100 이상이어야 한다. 이 경우 바닥면적의 산정에 있어서 거실 바닥면적의 1/20 이상을 환기창을 설치한 거실의 면적은 이에 산입하지 아니 한다.

다) 배연구는 연기감지기 또는 열감지기에 의하여 자동으로 열 수 있는 구조로 하되, 손으로 열고 닫을 수 있도록 하여야 한다.

라) 배연구는 예비전원에 의하여 열 수 있도록 하여야 한다.

마) 기계식 배연설비를 하는 경우에는 위의 가) 내지 라)의 규정에 불구하고 소방관계 법령의 규정에 적합하도록 하여야 한다.

10.1.5 소화설비

소화설비에 관하여는 소방법 시행령으로 규정하고 있으며, 물 기타 소화제를 사용하여 자동적으로 또는 사람의 조작에 의해서 소화를 하는 기계기구 또는 설비이다. 각각의 건축물의 용도, 규모, 고층에 따라서 설치한다.

소화설비는 대상으로 하는 부분의 사용상황에 따르고, 적절한 종류를 선정하는 것이 중요하다. 특히, 건물의 OA화, 인텔리전트화에 따른 전기관계의 여러 가지 실(室)이 증가하고 있어 주의를 하여야 한다.

1. 옥내소화전설비

옥내소화전은 화재의 초기소화에 신속하게 진화할 수 있도록 설치하는 고정설비로서 수원, 가압송수장치, 배관, 소화전상자, 표시등, 비상전원 소화전 호스 및 노즐 등으로 구성되어 있다.

화재시에는 사람이 호스를 인출하고 가압송수장치를 기동시켜 방수 소화한다.

옥내소화전을 설치하여야할 소방대상물은 소방령 제28조 제2항(소화설비), 설치기준은 소방기술기준에 관한 규칙 제2관(옥내소화전설비)에 기술되어 있다.

2. 스프링클러설비

스프링클러설비는 화재가 발생한 경우에 천장부근에 설치되어 있는 헤드가 자동적으로 작동하여 소화수를 살수함으로써 조기에 화재를 진압하는 설비로서 수원, 가압송수장치, 배관, 유수검지장치, 스프링클러 헤드, 송수구, 제어밸브 등으로 구성되어 있다.

화재발생시에는 이것을 자동적으로 감열하여 천장 등에 설치한 스프링클러 헤드로부터 소화물이 방수되는 것으로 폐쇄형 스프링클러 헤드를 사용하는 것과 개방형 스프링클러 헤드를 사용하는 것이 있다.

스프링클러를 설치하여야할 소방대상물은 소방령 제28조 제3항(소화설비), 설치기준은 소방기술기준에 관한 규칙 제3관(스프링클러설비)에 기술되어 있다.

가) 스프링클러설비의 종류
 (1) 폐쇄형 스프링클러 헤드를 사용하는 스프링클러설비
  ㉮ 습식
    스프링클러 헤드가 화재의 열을 감지하여서 작동하여 물의 출구가 개방되면 즉시 방수하여 소화활동을 하는 방식으로서 일반적인 스프링클러설비를 가리킨다.
  ㉯ 건식
    상시 관내에 압축공기가 충전되어 있다가 헤드의 작동에 의해 관내의 공기가 방출되어 공기압의 저하에 의해 드라이 밸브가 열려 배관 내에 물이 송수되어 방수하는 방식이다. 배관 내에 상시 물을 넣어 놓으면 동결되는 장소에서 사용된다.
  ㉰ 준비작동식
    배관의 도중에 준비작동식 유수검지장치(준비작동식의 자동경보밸브를 사용한다.)를 설치하고, 이 장치의 1차측의 주 배관에는 물을 충전 가압하고, 2차측의 주 배관에는 압축공기를 충전 가압하여 놓거나 대기압 상태로 둔다.
    또한, 화재를 감지하는 장치(자동화재 감지장치)로서 소화용 스프링클러 헤드와는 별도로 감지용 헤드 또는 전용의 자동화재감지기를 설치하여 준비작동판의 자동해방기구와 배관 또는 배선으로 접속하여 놓는다.
    화재의 열에 의해 자동화재 감지장치가 열을 감지하여 작동하면 우선적으로 준비작동판이 열리어 1차측의 물이 2차측에 유입된다. 또한, 온도가 상승하여 소화용 스프링클러 헤드가 감열 작동하여 개구되면 우선 압축공기가 분출되고, 이것이 방출된 후에 방수하여 소화하는 것이다.
 (2) 개방형 스프링클러 헤드를 사용하는 스프링클러설비
    열을 감지하는 기구가 설정되어 있지 않으며, 물의 출구가 열려 있는 개방형 스프링클러를 사용하는 방식이다.
    이 방식은 유수 검지장치 2차측의 배관의 도중에 물의 분출을 억압하기 위한 일제개방밸브 또는 수동개방밸브를 설치하였고, 이 밸브의 1차측에는 물이 충전 가압되며 2차측은 대기압으로 되어 있다.
    이 밸브가 개방이 되면 밸브의 2차측에 설치되어 있는 스프링클러헤드 전체로부터 동시에 방수하는 방식이다. 이것은 불타기 쉬운 것이 많이 있어 화재가 발생하면 연소

가 대단히 일찍 화재가 확대되는 장소 또는 천장 또는 지붕이 높아 폐쇄형 스프링클러 헤드가 설치되었지만 열 기류의 관계로 인하여 열 감지 및 개방의 시간이 걸리는 장소 등에 사용한다.

또한, 이 방식에는 자동화재 감지장치와 감열 작동과 연동하여 일제개방밸브를 열게 하는 자동식과 인력으로 일제개방밸브 또는 수동개방밸브를 여는 수동식이 있다.

나) 스프링클러설비의 무대부의 취급

무대부 같은 곳은 천장도 높고 또한, 화재가 발생하면 연소가 대단히 빠르다. 폐쇄형 스프링클러 헤드를 사용하면 열기류가 흘러 화점의 바로 위의 헤드가 여간해서 해방되지 않기 때문에 연소가 확대될 우려가 있다.

따라서 개방형의 헤드를 <그림 10.14>과 같이 설치한다. 단지, 이동복도의 상부에 가연물이 설치되지 않은 경우는 해당 천장 또는 작은 방의 실내에 인접한 부분에는 폐쇄형 헤드를 설치할 수 있다.

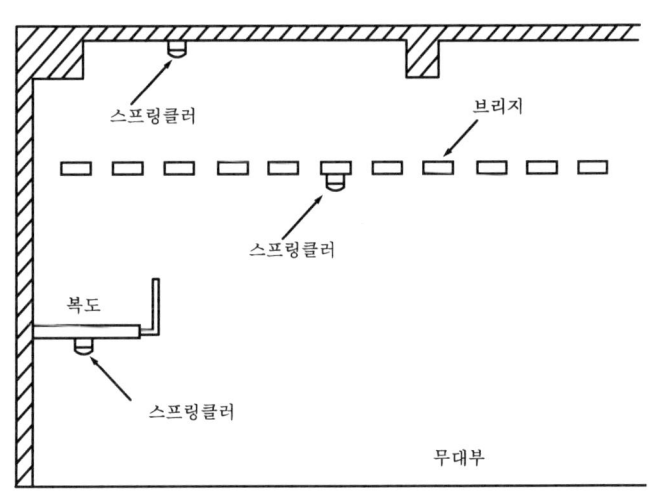

<그림 10.14> 스프링클러의 설치예

3. 물분무 소화설비 등

물 및 기타 소화제를 사용한 소화설비에는 다음의 것이 있다.

가) 물분무 소화설비

물을 분무상태로 살수하여 냉각, 질식, 유화, 희석 등의 효과에 따라 화재의 억재, 소화, 냉각, 연소방지 등을 도모하는 것으로서 주차장, 준 위험물 및 특수가연물을

제 10 장 방재보안설비

저장 또는 취급하는 장소에 설치하며 가연성 액체의 화재에 유효 할 뿐만 아니라 주수량을 적게 할 수 있으므로 전기화재 및 전기기기의 소화에도 유효하여 변전소 등에서 주수식 소화설비로도 사용되고 있다.

스프링클러로서는 소화하기 어려운 대상물을 효과적으로 소화하는 설비이다.

나) 거품소화전설비

유류화재 또는 물의 분사에 의해 화재를 확대할 위험성이 있는 가연성 액체의 화재에 이용되는 설비로서 물과 포소화약제를 비례 혼합하여 수용액상태로 포방출구까지 보내고 포방출구로 공기를 빨아들여 공기포를 발생시켜 그 포에 의하여 연소면을 덮어 공기의 공급을 단절함과 동시에 냉각효과를 일으켜 소화하는 설비이다.

다) 이산화탄소 소화설비

무색, 무취, 무독성의 무변질 가스인 이산화탄소(CO_2)를 고압용기에 저장해 두었다가 화재발생시 수동 또는 자동으로 분사하는 소화설비로서 질식 및 냉각 소화효과가 뛰어나며 심부 화재에 주효하면서도 오손, 소손, 부식 등의 피해가 없다. 전기절연성이 뛰어나고 자체압력으로 원격·자동조작이 용이하다.

라) 할로겐화물 소화설비

할로겐화물 소화약제를 일정한 고압용기에 액체상태로 보관하였다가 화재시 자동 또는 수동으로 화점에 분사되도록 하여 소화하는 설비로서 질식작용과 성분중의 브롬화 불소의 작용에 의해 연소의 연쇄반응을 정지시키는 부촉매작용(화학반응)에 의하여 소화하는 것이다.

마) 분말소화설비

저장용기 또는 저장 탱크에 저장된 속소성(速消性)이 높은 분말 소화 약재를 내연기관의 동력원에 의하지 않고 가압용 가스 용기에 충진된 질소가스 또는 이산화가스의 고정된 배관을 통하여 그 끝부분에 설치된 분사헤드에서 방호구획 또는 소방대상물에 분사시켜서 질식작용, 냉각작용, 희석작용으로 단시간에 소화하는 것이다.

4. 옥외 소화전설비

소화전 설비는 화재가 발생한 소방대상물의 관계자가 발화초기에 신속하게 진화할 수 있도록 설치하는 고정설비로서 수원, 가압송수장치, 배관, 제어반, 비상전원, 호스, 노즐 등으로 구성되어 있다.

옥외 소화전은 건축물의 화재를 진압하기 위하여 건축물의 외부에 설치하는 고정설비로서 자체진화 또는 인근 건물의 연소방지를 위해 설치하는 소화 설비이다.

10.1.6 그 밖의 방재설비

그 외에 각종의 방재설비가 있지만 특히, 공연장 등에 있어서의 전기설비에 관한 방재설비에 관해서 다음과 같이 서술할 수 있다.

1. 비상구 해정장치

비상구 해정장치는 옥외에의 출구 등을 자물쇠로 채운 구조를 나타내는 것으로서 건축기준법으로 피난경로 등에 위치하는 출입구의 문은 옥내에서 용이하게 개방될 수 있도록 하는 것을 의무로 하고 있다. 이것은 출입구의 문이 방범상의 이유로 자물쇠로 채워두어 비상시 피난의 장해가 되는 것을 막기 위해서 정해진 것이다.

2. 비상 콘센트설비

비상 콘센트설비는 소방법으로 정해지고 있고 소방활동에 필요한 설비의 하나로 고층건축물의 화재발생에 있어서 소방대원들의 진입이나 작업을 돕기 위한 조명에 사용하기도 하고 전동 커터, 배연기를 사용하여 소화활동을 능률적으로 행하기 위해서 설치하는 것으로서 배선, 비상전원, 콘센트 등으로 구성되어 있다.

전원회로는 3상 교류 220V 또는 380V인 것과 단상교류 110V 또는 220V인 것으로서, 그 공급용량은 3상 교류의 경우 3kVA 이상인 것과 단상교류의 경우 1.5kVA 이상인 것으로 하여야 한다.

3. 비상용 진입구등

비상용 진입구등은 재해시에 소방대원 등이 건축물내의 사람들의 구출 및 소화활동을 할 수 있도록 건축물 진입구 또는 그 가까이에 외부에서 보기 쉬운 방법으로 적색등으로 표시를 하여야 한다.

10.2 방재전원설비

방재설비나 소화설비와 같이 정전시에도 화재를 빠른 시기에 발견하여 통보, 초기소화, 안전피난 등에 필요한 설비에는 비상전원을 설치하는 것이 법규에 의해서 정해지고 있다.

비상전원은 상용전원이 정전한 경우에 방재설비의 기능을 소정의 시간을 확보하기 위해서 전원을 공급하는 것으로서 비상전원 전용 수전설비, 자가용 발전장치, 축전지설비 등이 있다.

10.2.1 방재전원의 설치대상과 기준

1. 설치대상

    현행 소방법, 건축법 등에서의 방재설비의 종류와 이에 대응하는 비상전원의 설치대상은 <표 10.4>, <표 10.5>, <표 10.6>과 같이 규정하고 있다.

2. 설치기준

    비상전원은 다음의 기준에 의하여 설치하여야 한다.
    가) 점검에 편리하고 화재 및 침수 등의 재해로 인한 피해를 받을 우려가 없는 곳에 설치하여야 한다.
    나) 상용전원으로부터 전력의 공급이 중단된 때에는 <그림 10.15>와 같이 자동으로 비상전원으로부터 전력을 공급받을 수 있도록 하여야 한다.

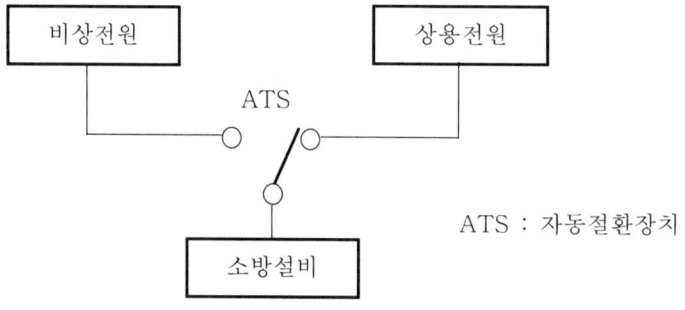

<그림 10.15> 비상전원으로의 자동전환방법의 예

    다) 비상전원의 설치장소는 다른 장소와 방화구획을 하여야 하며, 그 장소에는 비상전원의 공급에 필요한 기구나 설비 이외의 것을 두어서는 아니 된다.
    라) 비상전원을 실내에 설치할 때에는 그 실내에 비상조명등을 설치하여야 한다.

제 10 장 방재보안설비

<표 10.4> 비상전원의 설치대상

관계법령	설비의 종류	설치대상	조 문	비 고
소방법	옥내소화전설비	7층 이상으로 연면적 2000㎡ 이상, 지하층 바닥면적 3,000㎡ 이상	(기준)제9조	자가발전설비 축전지설비
	스프링쿨러설비	전 부	(기준)제21조	
	물분무등소화설비	전 부	(기준)제33조	
	포소화설비	전 부	(기준)제45조	
	이산화탄소 소화설비	전 부	(기준)제57조	
	할로겐화합물 소화설비	전 부	(기준)제63조	
	분말소화설비	전 부	(기준)제70조	
	자동화재탐지설비	전 부	(기준)제89조	축전지설비
	비상경보설비	전 부	(기준)제96조 의 2	축전지설비
	비상방송설비	전 부	(기준)제99조	
	유 도 등	전 부	(기준)제108조	
	비 상 조 명 등	전 부	(기준)제108조의 2	자가발전설비, 축전지설비(예비전원을 내장 한 것은 제외)
	제 연 설 비	전 부	(기준)제120조	자가발전설비, 축전지설비
	연결송수관설비	높이 70m이상 건물	(기준)제128조	자가발전설비, 축전지설비
	비상콘센트설비	7층이상으로 연면적 2000㎡ 이상, 지하층 바닥면적 3,000㎡ 이상	(기준)제135조	자가발전설비, 수전설비
	무선통신보조설비	전 부	(기준)세142조	설비자체에 부착
건축법	방 화 셔 터	전 부	(영)제46조 (고시)제327조	(주3) 참조
	비상용승강기	전 부	(기준)제10조	(주4) 참조

[주] 1. (기준)이라 표기한 것은 "소방기술기준 규칙"을 의미함
 2. (영)이라 표기한 것은 "건축법시행령"을 뜻하고, (고시)라고 표기된 것은 건설부고시 제327호 "자동방화 셔터의 기준"을 뜻함
 3. 자동방화 셔터의 예비전원은 자동충전장치, 시한충전장치를 가진 축전지로서 충전을 하지 않고 30분간 계속하여 셔터를 개폐시킬 수 있어야 함.
 4. 비상용 승강기의 예비전원은 정전시에 60초 이내에 정격전력용량을 발생하는 자동전환방식으로 하되 수동기동이 가능하도록 하고 2시간 이상 작동이 가능하여야 함.

제 10 장 방재보안설비

<표 10.5> 비상용 전원을 필요로 하는 방재설비와 예비전원의 선정(건축기준법)

방화설비			자가용 발전장치	축전지 설비	자가용 발전장치와 축전지설비	내연기관	용량 (이상)
비상용 조명장치	특수 건축물	거실		○	○		30분간
		피난시설 등		○	○		
	일반 건축물	거실	○[3]	○	○		
		피난시설 등		○	○		
	지하도(지하가)			○	○		
비상용 진입구(적색등)			○	○	○		30분간
배연설비	특별피난계단의 부실 비상용 엘리베이터의 승강 로비		○				30분간
	상기 이외		○			○	30분간
비상용 엘리베이터			○				30분간
비상용 배수설비			○				30분간
방화호·방화셔터 등				○			30분간
방화댐퍼 등·가동방연 수직벽				○			

[주] 1. 10분간 용량의 축전지설비와 40초 이내에 시동하는 자가용 발전장치에 한한다.
2. 전동기가 부착된 것에 한한다.
3. 10초 이내 시동하는 것에 한한다. 또, 비상용 조명장치의 예비전원으로서 즉시 시동성이 있는 「10초 기동 자가용 발전장치」도 포함되지만,
   가) 법 별표 제1란 (1)~(4)의 용도의 특수건축물의 모든 부분
   나) 일반건축물의 피난경로부분(복도, 계단 등)에 관하여는 즉시 점등하지 않으면 적용하지 않는다. 상기한 부분에 관하여는 반드시 축전지설비와 병용방식으로 하거나 축전지설비로 할 것.

제 10 장 방재보안설비

<표 10.6> 비상용 전원을 필요로 하는 방재설비와 예비전원의 선정(소방법)

방재설비 \ 방재전원	비상전원 전용 수전설비	자가 발전설비	축전지설비	축전지설비와 자가발전설비의 병용	용량 (이상)
옥내소화전설비	△	○	○	─	30분간
스프링클러설비	△	○	○	─	30분간
물분무소화설비	△	○	○	─	30분간
거품소화설비	△	○	○	─	30분간
이산화탄소 소화설비	─	○	○	─	60분간
할로겐화물 소화설비	─	○	○	─	60분간
분말소화설비	─	○	○	─	60분간
옥외소화설비	△	○	○	─	30분간
자동화재 보고설비	△	─	○	─	10분간
가스누설 화재경보설비	─	─	○	○[1]	10분간
비상경보설비	△	─	○	─	10분간
유도등	─	─	○	─	20분간
배연설비	△	○	○	─	30분간
연결송수관	△	○	○	─	120분간
비상콘센트설비	△	○	○	─	30분간
무선통신 보조설비	△	─	○	─	30분간

[비고] 1. 본 표의 기호는 다음과 같다.
  ○: 적응하는 것을 나타낸다.
  △: 특정 방화대상물 이외의 방화대상물 또는 특정 방화대상물로 총면적 1,000m^2 미만의 것에만 적응할 수 있는 것을 나타낸다.
  ─: 적응할 수 없는 것을 나타낸다.
 2. 비상전원의 대체로서 비상동력장치가 있어 설치에 해당하는 소방기관의 승인이 필요하다.
 3. 본 표는 소방법시행령 및 동시행규칙에 의한 것으로, 지방조례에 의해 약간 상위하는 경우가 있기 때문에 주의를 요한다.
[주] 1분간 이상 용량의 축전지설비와 40초 이내에 전력을 공급하는 자가발전설비에 한한다.

10.2.2 방재설비의 결선

방재설비는 법적으로 예비전원과 비상전원으로 구분되지만 설비로서는 일반적으로 공용하여 사용된다. <그림 10.16>, <그림 10.17>에 그 결선 예를 나타낸다.

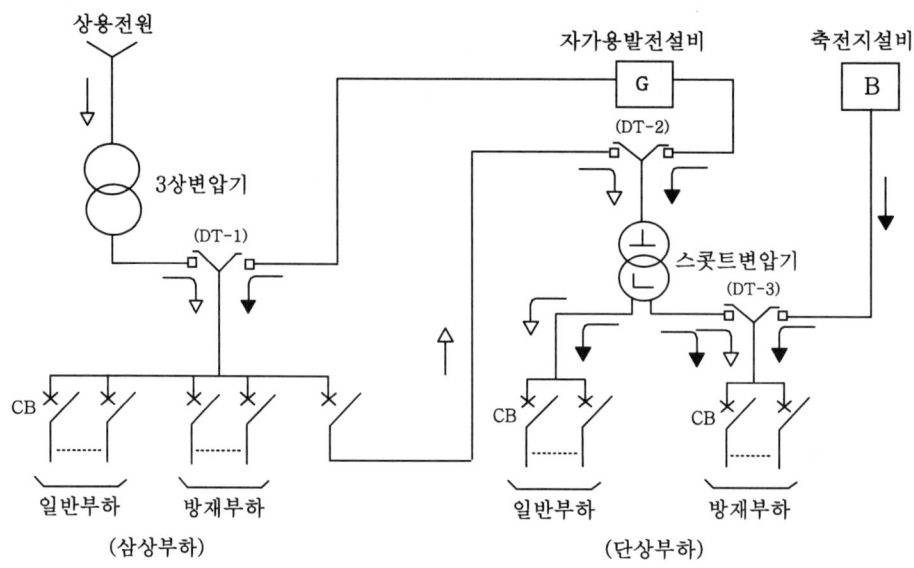

<그림 10.16> 방재전원 단선결선도(저압발전기) 예

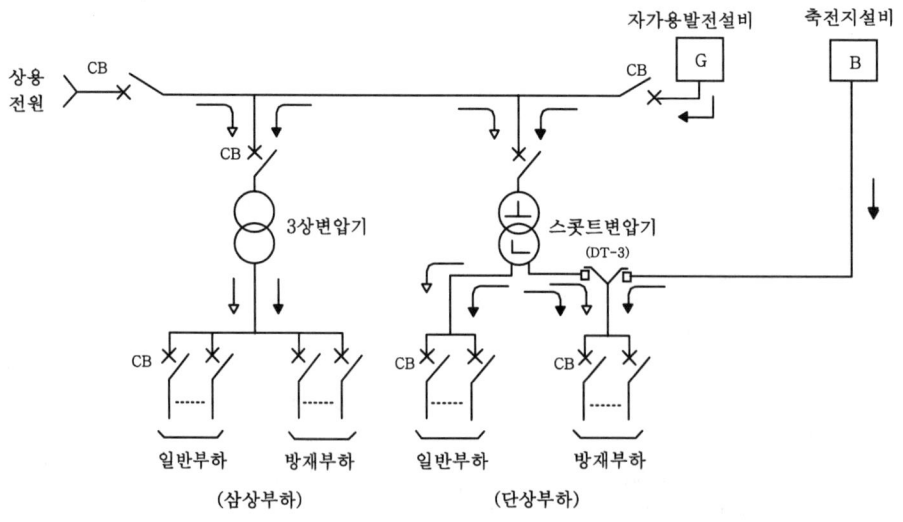

<그림 10.17> 방재전원단선결선도(고압발전기) 예

제 10 장 방재보안설비

[비고] 1. 스코트변압기 : 단상부하를 불평형부하가 되지 않도록 공급하기 위한 변압기.
  (DT-1~3) : 회로전환기로 정전시, 복전시, 전압확립시에 자동적으로 전환된다.
2. 방재부하란 법적으로 전원공급이 필요한 부하를, 일반부하란 방재부하 이외를 말한다.
3. ⇨ : 상용전원 공급회로
   ➡ : 방재전원 공급회로
4. 단상의 방재부하는 주로 비상조명부하이고, 비상조명용 축전지설비는 경제성을 고려한 용량으로 하기 위해서, 자가발전설비 전압 확립시(10초~40초 후)에(DT-3) 상용 전원측에 다시 절환되는 자가발전기설비에 의해 전원 공급된다.
5. 통상 자가발전기설비는 경제성을 고려한 용량으로 하기 위해서 일반부하와 방재부하의 용량의 각각의 총합의 큰 것의 용량을 갖는 발전기용량을 결정한다. 따라서, 방재신호 입력시는 일반부하용 CB가 트립되고 방재부하에만 전력이 공급된다.

10.3 방재배선

방재배선이란 예비전원 및 비상전원과 소방설비의 부하와 접속되는 전선을 말한다.

방재배선은 전기적 특성은 말할 것도 없이 화재라는 특수 상황을 고려해야 하므로 각 소방설비의 종류에 따라 그 목적이 완료될 때까지 열적장해를 일으키지 않는 내열성이 확보되어야 함은 물론, 불에 강한 내화성이어야 하며 내화·내열성을 확보하기 위해서는 전선자체뿐만 아니라 회로종별과 포설장소의 상황을 고려하여야 한다.

10.3.1 소방용 전선

소방용 설비 등에 관계되는 전기회로의 배선은 일반전기 배선과 같이 전기설비기술기준에 따라서 전기재해가 발생되지 않도록 안전하게 시공해야함은 물론 소방설비는 화재가 발생한 경우에도 전기공급을 계속할 필요가 있으므로 화재에 대응하는 대책이 부가되어야 한다.

따라서 일단 전기배선에 관한 규제 외에 내화·내열보호 및 일반 전기회로의 과부하 또는 단락시에 비상전원 회로에 영향을 주지 않는 보호강화를 하여야 한다. 이 내화·내열을 위한 배선의 종류에는 내화전선과 내열전선의 2종류가 있다.

1. 내화전선

내화전선은 강전 배전선로에 사용하고 0.4mm 이상의 내화보호층 위에 난연성시스 처리한 것으로 단심케이블, 평형케이블, 환형케이블이 있다.

가) 내화전선의 구조

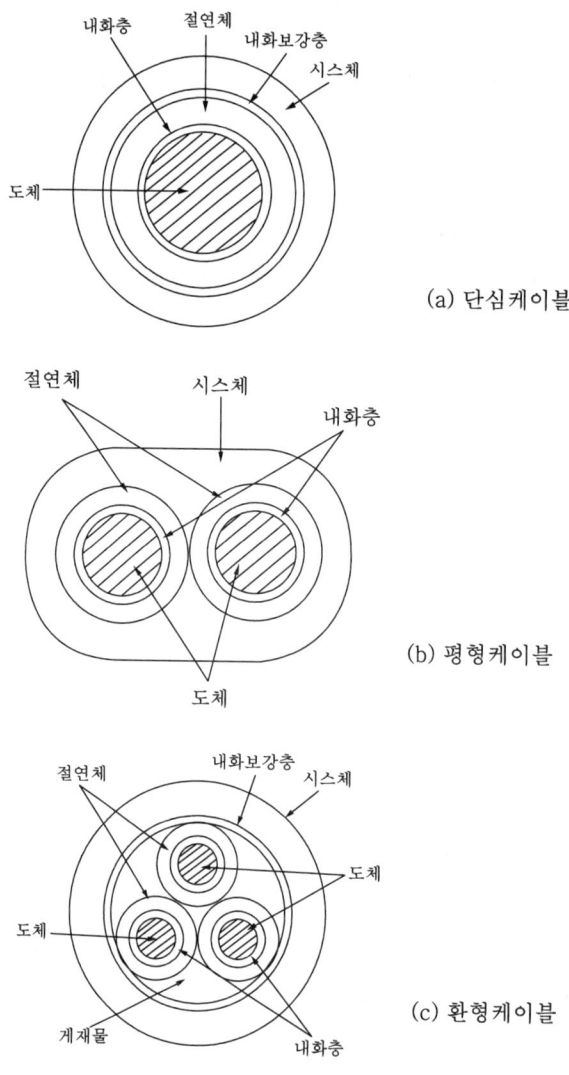

<그림 10.18> 내화케이블(FR-8) 구조

나) 허용전류

<표 10.7>은 내화케이블을 주위온도 40°에서 공중 포설하는 경우 도체 단면적당 허용전류이며, 600V 이하 회로의 비상전원장치 및 스프링클러 설비 배선, 옥내 소화전 배선, 제연설비, 유도등의 배선에 사용할 수 있다.

<표 10.7> 내화전선의 허용전류

도체단면적	1 심	2 심	3 심	4 심
1.6mm	28	25	21	-
2.0	36	2	27	-
2.6	50	44	37	-
3.2	64	56	47	-
2.0mm²	28	25	21	20
3.5	39	35	29	28
5.5	51	45	38	37
8	63	56	48	46
14	90	81	68	64
22	120	105	91	85
30	145	125	105	100
38	165	145	125	-
60	225	200	165	-
80	270	240	200	-
100	315	275	230	-

2. 내열전선

내열전선은 약전 배전선로 및 신호(Signal)·통신용에 사용하며 도체위에 특수절연물을 씌우고 내열 보강층으로 보호시킨 다음 그 위에 난연성시스 처리한 케이블이다.

가) 내열전선의 구조

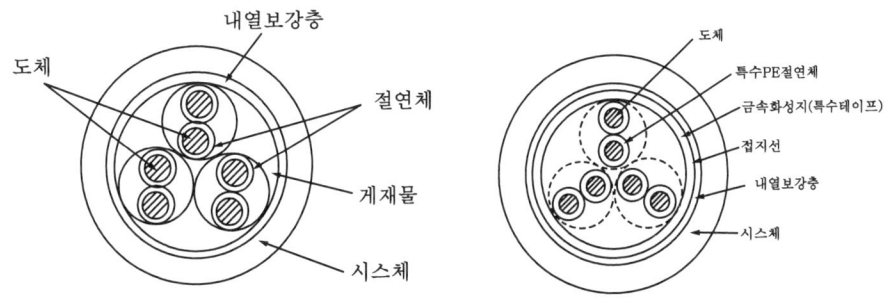

<그림 10.19> 내열전선(HIV)의 구조

제 10 장 방재보안설비

나) 내열전선의 종류

　내열전선의 종류에는 내열 A종전선, 내열 B종전선, 내열 C종전선으로 분류된다. 또, 내열전선의 가열곡선은 <그림 10.20>과 같다.

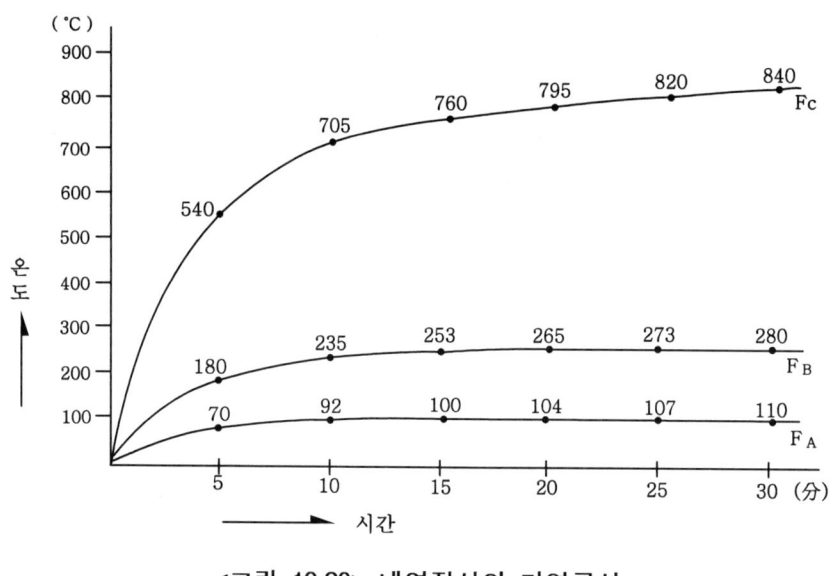

<그림 10.20> 내열전선의 가열곡선

(1) 내열 A종배선(F_A)

　가열곡선(화재온도곡선이라고 한다.)의 약 1/8의 곡선에 따라서 30분(이 때의 온도는 110℃) 가열을 하며, 이 사이에 이상 없이 통전될 수 있는 성능을 가지는 배선이다.

(2) 내열 B종배선(F_B)

　가열곡선의 약1/3의 곡선에 따라서 30분(이 때의 온도는 280℃) 가열을 하며, 이 사이에 이상 없이 통전될 수 있는 성능을 가지는 배선이고 또한, 15분간(이 때의 온도는 280℃) 가열을 하며, 이것에 견디는 성능을 가지는 배선도 내열 B종 배선으로 취급한다.

(3) 내열 C종배선(F_C)

　가열곡선에 따라서 30분(이 때의 온도는 840℃) 가열을 하며, 이 사이 이상 없이 통전될 수 있는 성능을 가지는 배선이다.

제 10 장 방재보안설비

3. 소방용 배선에 사용되는 전선의 종류 및 공사방법

가) 내화배선

사용전선의 종류	공사방법
600V 2종 비닐절연 전선, 가교 폴리에틸렌 절연비닐외장 케이블, 클로로플렌외장케이블, 강대외장케이블, 버스닥트 또는 내무부장관이 정하여 고시하는 전선	금속관, 2종금속제가요전선관 또는 합성수지관에 수납하여 내화구조로된 벽 또는 바닥 등에 벽 또는 바닥의 표면으로부터 25㎜ 이상의 깊이로 매설하여야 한다. 다만, 다음 각목의 기준에 적합하게 설치하는 경우에는 그러하지 아니하다. 가. 내화성능을 갖는 배선전용실 또는 배선을 배선용 샤프트·피트·닥트 등에 설치한 경우 나. 배선전용실 또는 배선용 샤프트·피트·닥트 등에 다른 설비의 배선이 있는 경우에는 이로부터 15㎝ 이상 떨어지게 하거나 옥내소화전설비의 배선과 인접한 다른 설비의 배선사이에 배선지름(배선의 지름이 다른 경우에는 가장 큰 것을 기준으로 한다)의 1.5배 이상의 높이의 불연성 격벽을 설치하는 경우
내화전선·MI케이블	케이블공사의 방법에 의하여 설치하여야 한다.

[비고] : 내화전선의 내화성능은 버어너의 노즐에서 75㎜의 거리에서 온도가 섭씨 750±5도인 불꽃으로 3시간 동안 가열한 다음 12시간 경과 후 전선간에 허용 전류용량 3A의 퓨우즈를 연결하여 내화시험전압을 가한 경우 퓨우즈가 단선되지 아니하는 것 또는 내무부장관이 정하여 고시한 내화전선의 성능시험기준에 적합한 것

제 10 장 방재보안설비

나) 내열배선

사용전선의 종류	공사방법
600V 2종 비닐절연 전선, 가교 폴리에틸렌 절연비닐외장케이블, 클로로플렌외장케이블, 강대외장케이블, 버스닥트 또는 내무부장관이 정하여 고시하는 전선	금속관, 금속제 가요전선관, 금속닥트 또는 케이블(불연성닥트에 설치하는 경우에 한한다)공사방법에 의하여야 한다. 다만, 다음 각목의 기준에 적합하게 설치하는 경우에는 그러하지 아니하다. 가. 배선을 내화성능을 갖는 배선전용실 또는 배선용 샤프트·피트·닥트 등에 설치한 경우 나. 배선전용실 또는 배선용 샤프트·피트·닥트 등에 다른 설비의 배선이 있는 경우에는 이로부터 15cm 이상 떨어지게 하거나 옥내소화전설비의 배선과 이웃 다른 설비의 배선사이에 배선지름(배선의 지름이 다른 경우에는 가장 큰 것을 기준으로 한다)의 1.5배 이상의 높이의 불연성 격벽을 설치하는 경우
내화전선·내열전선·엠아이케이블	케이블공사의 방법에 의하여 설치하여야 한다.

[비고] : 내열전선의 내열성능은 온도가 섭씨 816±10도인 불꽃으로 20분간 가한 후 불꽃을 제거하였을 때 10초 이내에 자연소화가 되고, 전선의 연소된 길이가 180㎜ 이하이거나 가열온도의 값을 한국산업규격(KS F 2257)에서 정한 건축구조부분의 내화시험 방법으로 15분동안 섭씨 380도까지 가열한 후 전선의 연소된 길이가 가열로의 벽으로부터 150㎜ 이하일 것 또는 내무부장관이 정하여 고시한 내열전선의 성능시험기준에 적합한 것

10.4 기타 방재설비

10.4.1 비상용 조명

비상용 조명기구는 건축기준법 시행령 제126조의 4(비상용 조명장치의 설치) 및 제126조의 5(비상용 조명장치의 구조)로 규정되어 있다. 비상용 조명은 재해시의 피난에 필요한 최저한도 이상의 조도가 확보될 수 있도록, 광원의 밝기 및 배치를 적절히 행하여, 일반 조명기구와의 밸런스를 고려할 필요가 있다.

필요조도는 직접조명으로서 마루의 면에서 수평조명조도 1lx(광원을 형광램프로 하는 것은 2lx) 이상으로 되어 있다. 비상용 조명의 예비전원을 별도 설치할 경우는 항상 비상조명을 일정시간 점등하기 위해서 필요한 전원용량을 적절히 산정하고 결정함과 동시에, 배선 등에 요구되는 내열성능을 가지게 할 필요가 있다.

10.4.2 금연표시등

소방법규에서 지정하는 장소로서 제1항「극장, 영화관, 연예장, 관람장, 공회당, 혹은 집회장의 무대 또는 객석」(제2항~4항 생략)에서는, 객석의 전면 그 밖의 보기 쉬운 개소에「금연」·「화기엄금」또는「위험물취급엄금」이라고 표시한 표지를 설치하여야 한다. 이 장소에서 표지의 색깔은 바탕을 적색, 문자를 백색으로 하고 있다.

법적으로는 의무를 부과하고 있지 않지만, 공연장의 운영방법, 건축의장 등으로 시계, 휴게시간표시안내 등을 포함하는 경우가 있다. 이 경우의 조작장소는 조광조작실, 영사실, 무대측면 조작반에서 행하는 것이 바람직하다.

10.4.3 무대용 특별보안설비(소방법 및 건축기준법으로 요구되는 것 이외의 보안설비)

소방법 및 건축기준법에 의한 설치의무는 없지만, 공연을 안전하게 행하며, 출연자 및 무대 관계자를 위험으로부터 보호하기 위해서 설치하는 것이 바람직한 설비로 다음과 같은 것이 있다.

1. 안전확인 통보설비

가) ITV, 모니터

조물설비로 중량물을 승강이동하는 경우나 무대상부 브리지 등은, ITV를 설치하여 감시한다. 무대 밑에 있는 승강장소나 개구부, 슬라이딩 스테이지, 회전분 등 위험이 따르는 장소에도 ITV를 설치하여, 무대측면 제어반 등의 모니터로 감시하여야 한다.

나) 인터폰, 버저, 램프

인터폰은 무대측면, 무대 밑, 조광조작실, 음향조작실 등을 서로 연락하는 설비로서 설치한다. 무대측면 조작반으로부터 무대 밑, 갤러리 등의 전역에 지시나 조광조작실에서 객석천장부의 실링 투광실에 지시를 한다. 또한, 상연중에는 무대측면으로부터 무대진행상의 지시를 각 조작장소에 전하기 위해서 사용되어야 한다.

무대 밑 등으로 승강하는 설비에는 위험을 표시하기 위한 적색램프의 점멸이나 명동을 단속적으로 행하는 버저를 설치하여 주의를 환기시킨다. 공연에 있어 점멸이나 명동이 지장을 초래하는 경우가 있기 때문에 들어가 절환 할 수 있는 스위치를 설치하여야 한다.

2. 조물시설

조물시설에는 상한 및 하한에 리미트 스위치를 설치한다. 리미트 스위치의 부동작이나 고장에 의한 사고방지를 위해 조물장치의 주전원을 끊어 긴급 정지시키는 파이널 스위치를 설치하여야 한다.

대도구용 조물시설에는 임의의 높이로 정지할 수 있도록 중간 리미트 스위치를 설치할 수 있다(컴퓨터제어는 별도). 이 경우 화재 등의 비상의 경우를 고려하여 중간 리미트 스위치회로는 소화활동을 할 수 있는 위치까지 무대측면 조작반에 의해 강제운전 될 수 있도록 하는 것이 바람직하다.

3. 무대 밑 장치

가) 닫힘 구조

닫힘 구조에는 상한 및 하한에 리미트 스위치를 설치하며 장치걸이와 같이 파이널 스위치를 설치한다. 승강구에는 안전봉을 설치하며, 이 안전봉이 개방되어 있는 상태에서는 닫힘이 시동되지 않는 기구를 설치하여야 한다.

안전봉의 개폐를 확인할 수 있는 파이롯트 램프 및 비상정지버튼을 무대측면 조작반 및 승강장소에 설치하여야 한다.

닫힘 승강시에 인체나 도구가 밀려 나와 있을 때는 무대바닥과의 간격이 좁혀지는 위험이 있기 때문에 닫히는 구멍 주위에 안전가드가 설정되어 안전가드에 접촉한 경우에는 즉시 닫힘이 정지하도록 안전가드에 정지스위치를 설치하여야 한다.

닫힘 승강시에는 무대 바닥면에 개구부가 되기 위해서 안전선반이 설치된다. 이 안전선반의 개폐와 닫힘 시동이 연동하는 기구를 설치하여 무대측면 조작반 및 무대 밑에 비상정지버튼을 설치한다.

나) 슬라이딩 스테이지, 회전분

슬라이딩 스테이지, 회전분 등 가동하는 스테이지 주변에는 안전표시등(개구표시등)을 설치하여 무대주변에서 작업을 하는 사람들에게 주의를 환기한다.

슬라이딩 스테이지, 회전분에는 오버런 방지를 위해 최종스위치를 설치한다. 또한, 운전중에 비상사태가 생길 경우는 무대측면 조작반 및 무대 밑 등으로 긴급정지를 할 수 있도록 비상정지버튼을 설치하여야 한다.

4. 보안조명

보수점검에는 작업등이 사용되고, 이 일부를 개연중의 보안조명으로서 사용하는 경우가 있다. 그러나 이들 작업등은 비교적 밝고, 개연중의 보안조명에 알맞지 않은 경우가 많다. 이 때문에 작업등과는 별도로 전용의 보안조명을 설치하는 경우도 있다.

가) 조물

무대가 암전중에 있어서의 승강은 접촉사고를 일으킬 위험성이 있기 때문에 무대에 영향이 없는 범위로 갤러리, 상부, 하부로부터 조물의 상태가 판별될 수 있는 정도의 조명을 설치한다. 무대측면 조작반 등에 점멸스위치를 설치하여 불필요할 때는 소등할 수 있도록 한다.

나) 무대 밑

닫힘 구조, 회전분, 슬라이딩 스테이지는 닫힘 구멍이 개구중에 사고를 일으킬 위

제 10 장 방재보안설비

험성이 있기 때문에 암전중에 있더라도 무대에 영향이 적은 차광성을 갖는 조명기구를 설치하며, 조물과 동일하게 점멸스위치를 설치하여야 한다.

　다) 무대

　　무대 뒤, 측면, 통로 등의 어두운 개소는 무대진행에 지장이 없는 방법으로 유도조명을 설치하여 출연자를 포함한 무대관계자의 안전을 도모하여야 한다.

5. 방송설비

관객 및 출연자 등은 장소에 익숙하지 않고 또한, 비상시에 당황할 우려가 있기 때문에 화재 및 그 밖의 비상사태가 발생한 경우에는 적절한 피난유도를 할 필요가 있다.

이 때문에 공연장 관리자와 주최자 등이 피난유도, 공연의 속행, 중지에 관해서 긴급연락을 하기 위한 방송설비를 설치함과 동시에 관객 및 출연자, 무대 관계자에게 피난유도를 하는 방송설비를 설치하여야 한다.

이 방송설비는 공연장 등의 상황에 따라 블록별 또는 일제히 방송을 하는 설비로서 방송용 기기는 객석방송실, 무대사무소, 관리사무소 등에 설치를 한다. 또한, 소방법상의 비상설비는 이것에 우선한다.

6. 자화통보 부수신반

화재 및 그 밖의 비상사태의 발생을 공연장관리자가 빠른 시기에 판별하여 관객 및 출연자, 무대 관계자에게 신속하고 또한, 적절한 피난유도가 될 수 있도록 부수신반을 설치한다.

부수신반은 소방법상에서 정하는 비상방송설비로부터 신호를 받는 것으로 관리사무실, 무대조정실에 설치한다.

제 11 장
안전관리

11.1 건축 및 설비 설계상의 유의점

11.2 설비의 제작, 시공상의 유의점

11.3 보수점검상의 유의점

제 11 장 안전관리

공연장과 같은 연출공간에서 많은 관객을 대상으로 연극, 쇼(show) 등이 행해지게 되며, 오랜 기간 기획되어 출연자를 초빙하고 장기간의 연습을 거듭하여 공연되고 있다. 관객은 그 모든 기간에 해당하는 요금을 지불하는 것이기 때문에, 무대공연은 개막으로부터 종연까지 진행상에 이상이 없도록 하여야 한다. 안전유지는 물론이고 가령 약간의 오동작, 오조작이라도 그 공연물의 효과는 반감되며 경우에 따라서는 공연을 중단할 수밖에 없는 상황도 발생한다. 또한 무대화재, 낙하사고, 인명사고로 발전하는 위험성도 충분히 대비하여야 한다.

이것은 공연장의 신뢰도를 떨어뜨릴 뿐만 아니라 대관의 경우는 그 공연물의 주최자에게 배상책임이 생기는 경우도 있으므로 매우 중요한 사항이다. 따라서 모든 설비를 항상 최고의 상태로 운전 조작할 수 있도록 만전을 기하여 설비해 놓을 필요가 있다. 따라서 보수점검의 필요성은 대단히 중요한 사항이라고 할 수 있으며, 이하에 특히 유의하여야 할 점은 다음과 같다.

11.1 건축 및 설비 설계상의 유의점

가) 보수점검을 하기위한 작업장소 및 통로는 이동로 및 천정의 높이를 충분히 고려하여 무리한 작업자세가 되지 않도록 하고, 안전한 작업이 이루어 질 수 있는 구조로 한다. 작업용의 조명설비와 공구, 전등용 콘센트를 적당히 배치한다.

나) 각 기기가 설치되는 장소는 보수점검을 하기 위한 충분한 넓이를 확보하여야 한다.

다) 객석내, 로비 등과 같이 천상이 높은 장소 및 마루가 경사 또는 계단형으로 되어 있는 장소의 천장 조명기구, 음향용 라우드 스피커 등의 기구는 천장 위에서 점검할 수 있도록 한다. 또한 전구나 기구의 교환을 할 수 있도록 하고, 보행할 수 있는 판 또는 통로를 설치한다.

라) 보수점검에 필요한 작업용 통로는 이용목적에 따라 동선을 편리하도록 설계하여야 한다. 예를 들어 객석의 천장 위를 지나지 않으면 일반사무실의 조명기구를 점검할 수 없는 구조로 된 경우는 운영상, 보수 관리상 적합하지 않을 것이다.

마) 객석천장, 로비 천장 등 천장이 높은 장소의 조명기구는 낙하를 방지할 수 있는 구조로 설비되어야 한다.

바) 조명회로의 배선계통은 사용목적에 따라 구분을 명확히 하고 설계하는 것이 바람직하다. 특히 공동 건물에 홀이 병설되어 있는 경우에는 전용설비로 하여 홀 밖과의 구분을 명확히 할 필요가 있다.

사) 작업 통로등 스위치, 객석천장 위 조명등 스위치 등은 표시등이 부착된 것으로 하여 출입구 부근에 설치한다.

11.2 설비의 제작, 시공상의 유의점

가) 설치되는 각각의 반(盤)은 전면에서 점검할 수 있는 구조로 하여 부품 교환을 할 때, 플러그인(plug-in)방식으로 간단히 교체할 수 있는 구조로 한다.
나) 배선의 말단은 각 계통별로 분리하여 도면과 대조하기 쉽도록 회로명을 붙이고 단자대로 처리하여 보수점검작업에 편리하도록 하여야 한다.
다) 기기반, 콘솔류의 부품은 계통별로 정리·배치하여 점검을 용이하게 할 수 있도록 한다.
라) 제어회로에는 백업(backup)설비를 준비하여 일상 점검할 수 있도록 하고, 점검 판넬(check panel) 등을 설치하여야 한다.
마) 보수에 필요한 점검공구 및 교환용 부품을 준비해 놓아야 한다.

11.3 보수점검상의 유의점

무대설비의 보수는 설비내용의 규모에 따라 발생하지만, 설비기기가 언제나 정상적으로 작동하여 적절한 조작을 할 수 있도록 하기 위해서는 무엇보다도 일상의 점검작업을 행하여 모든 기기의 상태를 파악하는 것이 중요하다. 실제적으로는 이러한 보수점검이 매일, 오랜 기간에 걸쳐 계속되어야 하므로 항상 관심을 갖고 기기를 다루도록 하여야 한다.

사람이 평소의 건강관리를 소중히 하기위해 정기 건강진단을 받고, 전문적인 처방을 받는 것과 같이 설비기기에도 일상적인 보수점검이 필요하고 기기의 보전, 내구성 향상에도 기여하게 된다.

보수점검작업은 공연장 관리자 및 기기 조작자에 의한 일상 보수점검작업과 제조자에 의한 정기 보수점검작업으로 대별되고, 각 점검자의 밀접한 연관이 정비작업을 정확하게 수행하는 데 있어서 보다 효율적인 상승효과를 가져온다.

11.3.1 일상 보수점검작업

일상 보수점검작업은 기기가 정상의 상태인지 확인하고, 불량 개소와 이상 상태를 발견하기 위한 작업이다. 공연에 앞서 당일 운전, 조작되는 기기를 시운전하여 조작 상태를 파악하고 나서 개막하는 것은 극장에서의 기본적인 준비작업이기도 한다.

제 11 장 안전관리

가) 일상의 동작항목의 테스트를 실시, 시동·정지하여 운전상태, 잡음, 진동의 유무를 확인한다.
나) 일상의 점검항목을 실시, 기기의 변형변색, 이상한 냄새, 과열열화, 단선의 유무를 확인한다.
다) 불량개소를 발견한 경우 응급처치 또는 부품을 교환한다.
라) 교환 부품은 교환한 년월일을 표시하여 판별을 명확히 한다.
마) 고장의 상태, 원인, 대책, 수리 등의 경과를 기록하여 정기보수점검의 정비자료로 한다.

11.3.2 정기 보수점검작업

가) 정기 보수점검작업은 시공을 한 제조사에 반드시 의뢰한다.
나) 정기 보수점검작업은 공연장의 사용상태 및 운영상황을 고려하여 연간 회수 및 점검항목을 결정한다.
다) 정기 보수점검작업을 시작하기 전에 일상 보수점검자의 상황설명 및 기록의 경과를 참고로 한다.
라) 정기 보수점검작업의 완료시에는 보수점검 시험표를 받아서 기기보전의 자료로 한다.
마) 불량 개소는 수리한 후 수리표를 받아서 이것을 보관한다.
바) 교환 부품의 정비를 한다.
사) 배선설비의 절연저항측정은 매년 일회 이상 실시하여 불량 개소는 수리를 한 후 시험성적표를 보관한다.

부 록

『부록 1』

고조파 대책 가이드라인(Guide line)

　최근의 전력 전자(electronics)기술의 급속한 진보에 의해서 반도체응용기기가 가정용으로부터 산업용 또는 공공 시스템 기기에 이르기까지 폭넓게 이용되고 있다.
　그러나 이들 기기로부터 발생하는 고조파전류에 의한 전력계통의 전압변형(일그러짐)이 증대하여 동일 전력계통에 접속된 다른 기기에도 영향을 미치고 있다. 이 때문에 선진국에서는 전기기기로부터 전력계통에 유출하는 고조파 전류를 억제하기 위한 고조파 관리기준을 설정하고 있다.
　국내의 경우에는 한국전력공사 전기공급 약관의 「전기사용에 따른 보호장치 등의 시설」에 「파형에 현저한 왜곡이 발생한 경우, 현저한 고조파를 발생한 경우에는 조정장치나 보호장치를 전기사용 장소에 시설해야 하며, 특히 필요할 경우에는 공급설비를 변경하거나 전용공급설비를 설치한 후 전기를 사용하도록 규정」하고 있으며, 전기공급약관세칙의「전기사용에 따른 협력」에 「6.6kV 이하에서는 전압왜형률은 지중 및 가공선로에서 3%, 154kV 이상에서는 전압왜형률은 지중 및 가공선로에서 1.5%」로 규정하고 있다.
　전기관련 기준인 전기설비기술기준, 내선규정 등에서는 규정하고 있지 않다.
　일본의 경우에는 전기기술기준 조사위원회에서는 고조파 억제대책을 원활하게 진행하기 위해 지금까지의 검토에 입각해서 고조파 전류에 의한 전력계통의 전압 왜곡 억제에 관한 조사 검토를 실시한 후 「고압 또는 특별고압으로 수전하는 수용가의 고조파 억제 대책 가이드라인」을 작성하였다.
　이 부록에서는 일본의 전기기술기준 조사위원회에서 작성한 고조파 억제 가이드라인을 참고적으로 기술하고자 한다.
　특히 공연장의 전기설비에 있어서도 사이리스터에 의한 전력제어를 사용한 조광설비, 최근 설비용량이 증가하고 있는 음향설비(콘덴서 입력의 정류 회로사용) 또는 인버터(inverter)전동기를 사용하는 기구설비 등 고조파전류를 발생하는 기기가 증가하고 있다.
　또한, 공연장 등의 전기설비는 소규모인 경우나 특수한 경우를 제외하고 전원계통으로서는 22.9kV 이상으로 수전하고 개개의 기기의 정격전류는 정격 20A/상을 초과하고 있기 때문에 「고압 또는 특별고압으로 수전하는 수용가의 고조파억제 가이드라인」에 준할 수 있다.

부록 1 고조파 대책 가이드라인

I. 고압 또는 특고압으로 수전하는 수용가의 고조파 억제대책 가이드라인의 개요

가) 고조파억제대책 가이드라인의 대상조건

(1) 특정 수용가

이 가이드라인의 적용대상이 되는 수용가(이하 「특정 수용가」라고 한다.)는 다음 어느 하나에 해당하는 것

㉮ 6.6kV의 계통으로부터 수전하는 수용가로써 그 시설하는 고조파발생 기기의 종류마다 고조파 발생률을 고려한 용량(이하 「등가용량」이라고 한다.)의 합계가 50kVA를 넘는 수용가(P>50kVA)

㉯ 22kV 또는 33kV의 계통으로부터 수전하는 수용가로서 등가용량의 합계가 300kVA를 넘는 수용가(P>300kVA)

㉰ 66kV이상의 계통으로부터 수전하는 수용가로서 등가용량의 합계가 2,000kVA를 넘는 수용가(P>2,000kVA)

㉱ 등가용량의 산출식

$$P_0 = \sum K_i P_i \qquad \text{(식 1)}$$

P_0 : 등가용량(kVA)(6 pulse 변환장치 환산)

K_i : 환산계수(<표 1> 참조)

P_i : 정격용량(kVA)

여기서 환산계수(K_i)는 기기의 회로종별마다 정해지고 있다. 가이드라인 부속서로부터 극장의 전기설비에 관련하는 곳을 발췌하면 <표 1>과 같다.

(2) 고조파발생 대상기기 및 시설

㉮ 등가용량을 산출하는 경우에 대상이 되는 고조파발생기기는 「가전·일반용품 고조파 억제대책 가이드라인」의 적용 대상이 되는 기기 이외의 기기로 한다.

㉯ 특정 수용가가 신설, 증설 또는 변경에 의해서 특정 수용가에 해당하는 것이 되는 수용가에 적용된다.

부록 1 고조파 대책 가이드라인

<표 1> 공연장 등 연출공간 전기설비관계의 환산계수

기기	회로종별		환산계수 (K_i)
사이리스터 조광기	교류전력 조정 장치 저항부하		K_{71} = 1.6
음향기기	단상 브리지(콘덴서 평활) 리액터 없음		K_{41} = 2.3
무대 기구	삼상브리지	6펄스변환장치	K_{11} = 1
		12펄스변환장치	K_{12} = 0.5
		24펄스변환장치	K_{13} = 0.25
	삼상브리지 (콘덴서 평활)	리액터 있음 (교류측)	K_{32} = 1.8
		리액터 없음 (교·직류측)	K_{34} = 1.4

※ 계산 예 : 주요간선 용량 300kVA의 사이리스터 조광기의
   등가용량 P_0 = 300 × 1.6 : 480 kVA 가 된다.

나) 고조파유출전류의 산출

(1) 고조파유출전류의 산출기준

고조파유출전류는 고조파발생기기의 정격운전상태에 있어서 발생하는 고조파전류를 합계하여 이것에 고조파발생기기의 최대의 가동률을 곱한 것으로 한다.

「고조파발생기기의 최대가동률」은 고조파발생기기의 총용량에 대한 실제 가동하고 있는 기기가 최대가 되는 용량과의 비로 한다. 실제 가동하고 있는 기기의 용량은 30분간의 평균값으로 한다.

㉮ 최대가동률의 산출법

고조파발생기기 전체를 대상으로 한 30분간의 최대가동률은 다음 식의 값의 시간 경과로부터 최대가 되는 30분간의 평균가동률에 의해서 요청 된다.

$$A = \frac{\sum(A_k \times I_k)}{\sum I_k} \qquad (식\ 2)$$

A : 고조파 발생기기 전체를 대상으로 하는 시간에서의 가동율

A_k : k 번째의 고조파 발생기기가 있는 시간에서의 가동률이고, 그 시간에서의 입력전류와 정격입력전류와의 비

I_k : k 번째의 고조파발생기기의 정격입력전류

부록 1 고조파 대책 가이드라인

㉯ 고조파발생기기 대수가 극단적으로 많은 경우
최대가동률 : (30분간의 최대전력사용전력량)/(전 부하설비용량)
㉰ 빌딩설비용 인버터(inverter) 등
a. 가동률
6.6kV의 수전으로 계약전력 2,000kW 이하 수용가의 인버터 구동빌딩 설비의 경우는 다음에 의한다.

$$k = k_1 \times k_2 \times k_3 \qquad (식\ 3)$$

k : 빌딩설비의 가동률

k_1 : 인버터(1대)의 실 부하 입력을 고려한 계수

k_2 : 연속운전에 의한 계수(연속, 간헐 운전 등)

k_3 : 시스템 등에 의한 계수(조광기·엘리베이터 등)

빌딩설비에 있어서는 일반적인 고조파 발생기기의 가동률이 통상의 가동상황에서는 거의 일률적이라고 생각되기 때문에 「고조파 억제대책기술지침」에서는 <표 2>에 나타내는 가동률을 표준값으로 하고 있다.

b. 또한, 일반적으로 빌딩의 규모가 커지면 종합가동률은 작아지기 때문에 계약전력의 크기에 의해서 이것을 보정한다.

6.6kV 수전으로 계약전력 2,000kW 이하의 특정 수용가에 대하는 규모에 의한 보정률(β)을 <표 3>에 나타낸다. 단지, 계약전력이 중간치의 경우는 직선보간(補間)으로 한다.

수전전압이 특별고압으로 수전하는 경우 또는 계약전력 2,000kW를 넘는 특정수용가 및 특수한 빌딩의 보정치는 수용률을 고려하여 전력회사와의 협의에 의해 정하는 것으로 한다.

(2) 고조파유출전류는 고조파의 차수마다 합계한다. 단지, 고조파의 차수마다의 합계는 각 차수내에서의 고조파전류의 위상차를 고려하지 않고 크기를 합계하는 것으로 한다.

(3) 대상으로 하는 고조파의 차수는 40차 이하로 한다. 다만, 대상 차수는 고차의 고조파가 특별히 지장이 되지 않은 경우는 5차 및 7차로 한다.

부록 1 고조파 대책 가이드라인

<표 2> 빌딩설비용 인버터 가동률

설비종류(n)	기기용량구분	인버터 운전 등 단일기기 가동률(k_n)			
		k_1	k_2	k_3	k
공조기기	200kW 이하	0.55	1.0	1.0	0.55
	200kW 초과	0.60			0.60
위생기기	-	0.60	0.50	1.0	0.30
엘리베이터	-	-	-	-	0.25
무대조명	주요간선개폐기를 입력용량으로 한다.	-			0.20
냉동냉장고	50kW 이하	0.60	1.0	1.0	0.60
UPS(6펄스)	200kVA 이하	0.60	1.0	1.0	0.60
의료기기	-	실측에 의함			
연구용 기기	-	실측에 의함			
무대음향	주요간선개폐기를 입력용량으로 한다.	-			0.16
무대기구 마루	-	-			0.06
무대기구 천장	-	-			0.01

<표 3> 규모에 의한 보정률(표준값)

계약전력 (kW)	보정률 (β)
300	1
500	0.90
1,000	0.85
2,000	0.80

(4) 특정 수용가의 구내에 고조파유출전류를 감소하는 설비가 있는 경우에는 그 감소효과를 고려할 수 있다.

「고조파 유출전류를 감소하는 설비」는 다음의 것 등을 말한다.

㉮ 필터(filter), 자가발전설비, 역율 개선용 콘덴서(저압도 포함), 전동기 등에 의한 흡수효과

㉯ Y-△(가까운 변전소의 동일모선을 통해 형성되는 것을 포함)가 조합하고, 능동 필터(active filter) 등에 의한 소멸(cancel)효과

㉰ 아크로의 가동 대수에 의한 소멸(cancel)효과

부록 1 고조파 대책 가이드라인

(5) 고조파유출 전류치의 계산

연출공간 전기설비는 빌딩설비에 포함되기 때문에 여기서는 빌딩설비의 계약전력에 대하는 고조파유출 전류치의 산출식을 나타낸다.

㉮ 설비종류마다의 고조파유출치의 계산

$$I_{kn} = k_n \alpha_k I_o \quad \text{(식 4)}$$

I_{kn} : 설비종류(n)의 고조파 발생기기로부터 유출하는 k 번째 차수의 고조파 유출 전류치(mA)

k_n : 설비종류(n)의 가동률 (<표 2> 참조)

α_k : 개별기기의 k 번째 차수 고조파전류 발생량(<표 4> 참조)

I_o : 고조파발생기기의 수전 전압 환산 정격입력전류(mA)

정격운전상태에 있어서 개별기기의 고조파전류 발생량(α_k)은 극장의 전기설비에 관련하는 것은 <표 4>에 나타낸다.

㉯ 계약전력에 대한 고조파유출 전류값

$$I_{ko} = \beta \times \sum I_{kn} \quad \text{(식 5)}$$

I_{ko} : 계약전력에 대한 k 번째 차수의 고조파의 총유출전류치(mA)

β : 특정 수용가의 규모에 의한 보정률 (<표 3> 참조)

<표 4> 고조파 전류 발생량

(단위 : %)

특별기기		고조파차수	5	7	11	13	17	19	23	25
사이리스터 조광기		교류전력조정장치 저항부하	12.9	12.7	7.6	5.5	4.2	4.1	3.4	2.9
음향기기		단상브리지 (콘덴서평활) 리액터 없음	50	24	5.1	4.0	1.5	1.4	-	-
기구 인버터 전동기	삼상 브리지	6펄스 변환장치	17.5	11.0	4.5	3.0	1.5	1.25	0.75	0.75
		12펄스 변환장치	2.0	1.5	4.5	3.0	0.2	0.15	0.75	0.75
		24펄스 변환장치	2.0	1.5	1.0	0.75	0.2	0.15	0.75	0.75
	삼상 브리지 콘덴서 평형	리액터 있음(교류측)	38	14.5	7.4	3.4	3.2	1.9	1.7	1.3
		리액터 있음(교, 직류)	28	9.1	7.2	4.1	3.2	2.4	1.6	1.4

부록 1 고조파 대책 가이드라인

다) 고조파 유출 전류값의 상한값

계약전력에 대해 고조파유출전류가 허용되는 상한값은 고조파의 차수마다 수용가의 계약전력 1kW에 해당되는 고조파유출전류의 상한값에 해당 수용가의 계약전력(kW를 단위로 하는)을 곱한 값으로 한다.

$$I_{km} = i_{km} \times P \qquad (식\ 6)$$

I_{km} : k 번째의 차수고조파의 계약전력에 대하는 고조파유출전류 허용 상한값 (mA) (<표 5> 참조)

i_{km} : k 번째의 차수고조파의 1kW에 해당하는 고조파유출전류의 상한값

P : 계약전력 (kW)

<표 5> 계약전력 1kW에 해당하는 고조파전류의 상한값

(단위:mA/kW)

수전전압 (kV)	5차	7차	11차	13차	17차	19차	23차	23차 초과
6.6	3.5	2.5	1.6	1.3	1.0	0.9	0.76	0.70
22	1.8	1.3	0.82	0.69	0.53	0.47	0.39	0.36
33	1.2	0.86	0.55	0.46	0.35	0.32	0.26	0.24
66	0.59	0.42	0.27	0.23	0.17	0.16	0.13	0.12
77	0.50	0.36	0.23	0.19	0.15	0.13	0.11	0.10
110	0.35	0.25	0.16	0.13	0.10	0.09	0.07	0.07
154	0.25	0.18	0.11	0.09	0.07	0.06	0.05	0.05
220	0.17	0.12	0.08	0.06	0.05	0.04	0.03	0.03
275	0.14	0.10	0.06	0.05	0.04	0.03	0.03	0.02

라) 고조파억제대책의 실시

(1) 고조파유출전류의 억제대책의 필요와 불필요

앞의 나), (5) 고조파유출 전류값이 앞의 다) 에서 산출한 고조파유출 전류 허용 상한값을 넘는 경우에는 허용 상한값이하가 되도록 필요한 대책을 강구하지 않으면 아니 된다. 즉,

$$I_{ko} \leq I_{km} \quad (대책\ 불필요) \qquad (식\ 7)$$

$$I_{ko} > I_{km} \quad (대책\ 필요) \qquad (식\ 8)$$

(식 8)의 경우는 (식 7)의 식을 만족할 때까지 앞의 나), (4)에 의하여 대책을 강구

하고 고조파유출전류를 감소하여야 한다.

(2) 고조파억제대책의 절차

특정 수용가가 전력회사와의 수급계약을 할 때에 계약전력에 의한 고조파유출전류의 산출값이 고조파유출전류의 상한값 이하인 것의 「고조파 유출전류계산서」를 첨부하여 수급계약을 한다.

2. 가동률 산정의 근거

가) 무대 조명설비의 가동률

사이리스터 조광기는 위상각제어에 의한 전력제어를 행하고 있기 때문에 톱니 형상파 전류가 전원선로에 흘러 이것이 고조파전류가 되기 때문에 점호 위상각에 의해서 고조파전류도 크게 변화한다.

소등하고 있는 조명회로의 고조파전류가 0인 것은 물론이고, 100%점등하고 있는 조명의 고조파전류도 0이다. 조광 도중에 있는 조명회로만 고조파전류를 발생한다.

따라서, 각종의 공연, 공연목적에 의해서 고조파전류는 크게 다르고, 이것이 사이리스터 조광의 가동률이 된다.

각종의 공연목적에 있어서의 사용실태의 조사를 실시한 결과 <표 2>에 나타낸 바와 같이 주요간선 차단기의 용량을 정격전력으로 했을 때 가동률은 0.2로 되었다.

이것은 무대 조명에 있어서의 일반적인 색채조명으로부터도 만족되는 값이다.

<표 6>은 일반적인 색채조명의 예이지만 이 표에서 있어서 조광도 100% 및 0%에서 고조파전류는 발생하지 않는다.

조광 상태에 있는 조명회로만 고조파전류를 발생한다. 따라서 가동률의 최고치는 3/16 = 0.19이고, 거의 0.2이다.

<표 6> 각각의 정경(情景)에 있어서의 고조파발생율

색채조명 \ 정경	낮의 장면	저녁의 장면	밤의 장면	새벽의 장면	아침의 장면	흰 장면	적색 장면	청색 장면
백색조명	1.0	조광 0.25	0	조광 0.25	조광 0.5	1.0	0	0
청색조명	조광 0.5	1.0	1.0	1.0	조광 0.25	0	0	1.0
녹색조명	0	0	0	0	0	0	0	0
적색조명	0	조광 0.5	조광 0.5	0	0	0	1.0	0
고조파발생율	1/4 × 1/2 = 1/8	1/4 × 3/4 = 3/16	1/4 × 1/2 = 1/8	1/4 × 1/4 = 1/16	1/4 × 3/4 = 3/16	0	0	0

[주] 1.0 ……… 조광출력 100% (전점등) 에 대한 고조파발생률은 0
　　 0 ……… 조광출력 0% (암전(暗轉))에 대한 고조파발생률은 0
　　 따라서 무대조명설비의 가동률은 0.2로 하는 것이 타당하다고 생각된다.

나) 무대기구설비의 가동률

　무대기구설비의 가동률은 조물기구와 마루기구로 나누어 검토되고 각각의 전체 전동기 용량과 같다. 각 기구의 용량비율은 대략 <표 7>과 같다.

<표 7> 조물 및 마루기구의 전동기 용량비

상부무대시설		하부무대시설	
기구명칭	비율	기구명칭	비율
○ 무대조명 장치걸이 (조명바톤(baton), 브리지(bridge))	7 ~ 10%	1) 대승강기	20 ~ 60%
○ 면막류	5 ~ 7.5%	2) 소승강기	15 ~ 70%
○ 조물 바톤	65 ~ 75%	3) 슬라이딩 스테이지 (sliding stage)	4 ~ 13.5%
○ 스크린, 포탈류 (음향반사판 포함)	2.5 ~ 3.5%	4) 회전무대	1.5 ~ 11%
○ 막(幕)류	5 ~ 10%	5) 오케스트라 승강기	1.5 ~ 26.5%

　무대에서의 작업은 안전이 우선이다. 한정된 시간 내에서의 준비 작업으로 조명기구를 바톤(baton) 등에 부착, 조사방향의 조절, 대도구의 부착, 대도구의 위치 선정 등이 긴밀한 시간표에 따라서 행해진다.

　그 때문에 효율적으로 신속하고, 안전하게 무대기구를 운전하고 있다. 똑같은 종류의 무대기구를 동시 운전시킬 때 생각하지 못한 사고로 이어지는 경우가 있기 때문에 특히 동시운전을 하지 않도록 작업을 진행하여야 한다.

공연 중 무대기구설비는 기본적으로 무대 전환을 위해 사용되기 때문에 대부분이 막간(幕間)에 동작하므로 관객의 눈에 보이지 않는다.

뮤지컬(Musical)이나 다수의 가수가 출연하는 가요 쇼에서 무대기구설비를 연출적으로 사용하는 경우가 있지만, 어디까지나 연출의 조역으로서의 동작이고, 출연자를 보좌하기 위해서 쓰인다. 따라서 출연자의 안전을 확보하기 위해서 조물기구와 마루기구를 동시에 운전을 하여서는 아니 된다.

무대기구는 연극장면의 구성을 목적으로 하고 있기 때문에 각 기구의 동작시간은 매우 적다. 또한, 같은 시간대로 운전하는 대수도 한정되고 있다.

따라서 무대기구설비의 가동률은 그 기능, 목적에 맞는 운전회수, 시간 등을 예상하여 구할 필요가 있다.

(1) 상부무대시설의 운용에 의한 가동률
   ㉮ 무대조명의 장치걸이

   연극, 행사의 준비단계 및 종연(終演) 후의 철수시에 있어서, 승강 동작하는 장치로 사용하고 일반적으로 공연 중에는 정지상태로 있다. 동작시간은 1분~2분 정도이다.

   조명이 포함되기 때문에 무대마루까지 하강하여 조명기구를 장치걸이의 위에 장착하고 동작하여 소정의 위치까지 상승시킨다.

   조명을 장착하는 시간은 일반적으로 30분 이상을 요하기 때문에 30분 이동 평균으로써 최대 2분의 가동시간이라고 생각된다.

   무대조명을 매다는 장치의 전동기용량의 비율을 10%로 하면 준비기간 및 종연 후의 철수시의 가동률(k)은

   k = (10%/100)×2(분)/30(분) = 0.0067 → 0.67% 가 된다.

   ㉯ 면막류

   공연의 시작과 끝에 승강 또는 개폐에 사용한다. 설비는 일반적으로 복수 설비되는 것이 많지만 동시에 동작하는 것은 없다.

   동작시간은 8초~10초(편도 동작시간) 정도이다.

   하나의 공연은 대개 3시간에서 4시간으로 공연의 시작, 막간(幕間) 휴식시, 공연이 끝날 때 동작이 된다.

   복수의 면막은 1회 1대의 동작이 되기 때문에 전동기용량을 7.5%로 한 경우, 1대의

설비용량은 3.75%, 30분 이동평균으로써 1회 왕복으로 하면 면막류의 가동률(k)은,

k = (3.75%/100)×20(초)/1800(초)=0.0004267 → 0.042%가 된다.

㈐ 장치걸이(baton)

연극 공연 중에 있어서 장면 전환시에 무대구성을 바꾸기 위해서 승강조작을 한다. 동작시간은 10초~20초 정도이다.

연극에 있어서 장면전환의 회수는 다양하지만 가장 많은 변환을 필요로 하는 연극의 무대진행을 상정하면 다음과 같이 예상된다.

하나의 장면의 시간(최소시간)	3분 ~ 5분
30분간에 전환하는 회수(최대회수)	3회 ~ 4회
1회의 전환으로 동작하는 장치의 수(최대대수)	2대 ~ 8대

(1회 1장치의 동작은 한쪽 운전이 되기 때문에 하나의 세트가 전환하는 경우, 1대는 승강 1대는 하강으로 동작하기 때문에 2대가 된다.)

장치걸이 1개의 전동기용량은 무대의 크기에 의해서 다르지만 2.2kW~5.5kW의 경우가 대부분이다. 일반적으로 전동기용량의 20% 이하라고 생각된다.

이상의 것부터 30분간의 최대 가동률(k)은,

동작시간	20초
30분간의 전환	4회
1회의 전환에 동작하는 장치수	8대/회
1장치의 전동기용량의 비율	2% 로 하면

k =(2%/100)×4(회)×8(대/회)×20(초)/1,800(초)=0.0071 → 0.71%가 된다.

㈑ 스크린(screen), 포탈류 등

극장을 영화관으로서 사용하는 경우에 설치하는 스크린(screen), 연극의 내용에 의해서 관객시계를 조절하는 장치머리막(painted border) 등은 그 극장 홀의 공연 준비단계에서의 동작이다.

이 장치가 동작할 때는 다른 조물기구의 동작이 행해지는 것은 없다. 따라서, 준비기간에 있어서의 독립된 동작이기 때문에 단독의 가동률이 된다.

또한 동작을 필요로 할 때는 준비와 철수시의 2회만 이라고 생각된다.(조명용 장치걸이와 중복 동작사용은 없다.)

스크린(screen), 포탈류 등의 가동률은 다음과 같다. 여기서는 동작시간을 3분으로 한다.

부록 1 고조파 대책 가이드라인

스크린(screen), 포탈류 등의 전동기용량의 비율을 3.5%로 한다. 실제는 스크린(screen)과 포탈 등의 동시사용은 없지만, 여기서는 전체용량으로서 계산한다.

k = (3.5%/100)×3분/30분 = 0.0035 → 0.35% 로 된다.

㈎ 막류(幕類)

하늘막, 끝막, 무대측면막, 머리막 등의 막류는 대부분의 연극, 행사의 준비단계에서 설치되지만 공연 중에 동작하는 연극도 있다. 그러나 그 동작회수는 하나의 공연에서 많아야 1~2회 정도라고 생각된다. 동작시간은 10초~20초 정도이다.

여기서는 최대가동을 필요로 하는 연극을 생각한 것이고, 공연중의 동작을 전 막류에 관해서 2회 행하는(대부분 생각할 수 있지 않은 동작이지만)것으로 가정하여 가동률을 구하면 다음과 같이 된다.

막류의 전동기용량 비율   10%
동작시간   20초
30분간 설비의 50%가 동작한 것으로 하면,

k = (10%/100)×(50%/100)×20초/1,800초 = 0.0006 → 0.06%

㈏ 상부무대시설의 가동률

이상의 것으로부터 상부무대시설의 가동률은 <표 8>와 같다.

<표 8> 상부무대시설의 계산상의 가동률

(단위 : %)

	준 비			개막	공연중		종막	철 수			
무대조명용 장치걸이	0.67						0.67				
면막류				0.042			0.042				
장치걸이(baton)		0.71				0.71			0.71		
스크린, 포탈			0.35							0.35	
막(幕)류					0.06						0.06
계	0.67	0.71	0.35	0.06	0.042	0.77	0.042	0.67	0.71	0.35	0.06

[비고] 시간경과에 따르는 30분 평균 가동률을 나타낸다.

그러므로 상부무대시설의 최대가동률은 공연중에 있어서의 값으로 되고 30분 이동 평균값으로서 0.77을 얻을 수 있다. 따라서 상부무대시설의 가동률은 1%라고 보면 충분하다.

(2) 하부무대시설의 운용에 의한 가동률
　㉮ 대승강기
　　　콘서트에서는 악단이든지 배경이 되는 세트를 싣기도 하고, 연극 등에서는 가옥 등과 같은 큰 세트를 실어 장면전환에 사용된다.
　　　일반적으로 대승강기는 안전을 위해 동작속도가 느리고, 동작시간은 1분~2분 정도이다.
　　　대승강기를 사용하는 연출은 장기공연의 연극 등의 일부에 한정되기 때문에 공연 중에는 승강 동작을 하지 않는 것이 많다(일반적으로 철수시에 대도구의 반입 반출에만 사용됨). 여기서는 1회 행하는 것으로 가정하고 그 때문에 준비시, 철수시에 각각 1회씩 승강 동작을 한다고 하면
　　　준비, 공연 중, 철수시의 대승강기의 가동률(k)은 다음과 같이 된다.
　　　대승강기의 전동기용량 비율을 40%로 하면,
　　　k = (40%/100)×2회×1.5분/30분 = 0.04 → 4%로 된다.

　㉯ 소승강기
　　　연극 공연 중에 출연자가 무대 밑의 장소로부터 무대 면으로 이동하는데 사용된다. 또한 그 반대의 동작을 하기 위해서 승강 동작을 한다. 대승강기와 비교하여 승강 거리가 짧기 때문에 승강 시간도 짧다.
　　　동작시간은 10초~30초(한쪽 동작시간) 정도이다.
　　　대승강기와 같이 공연 중에 1회, 승상 동작을 하는 것으로 하고, 준비 중에 동작 확인을 1회 한다고 하면,
　　　소승강기의 공연 중 가동률(k)은 다음과 같다.
　　　소승강기의 전동기용량 비율을 37%로 하면,
　　　k = (37%/100)×2회×20초/1,800초 = 0.0082 → 0.82%가 된다.

　㉰ 슬라이딩 무대 (sliding stage)
　　　대도구 또는 합창단을 태우고 무대 측면에서 주무대면으로 수평이동시키어 장면전환을 하기 때문에 동작속도는 위에 타고 있는 것이 쓰러지지 않을 속도이어야 한다. 동작시간 1분 전후(한쪽 동작시간)이다.
　　　무대전환을 위해 공연 중에 1회 왕복 동작을 한다고 하고, 그 때문에 준비와 철수 시에도 각각 1회씩 왕복 동작을 한다고 하면,

준비・공연 중・철수 시의 가동률(k)은 다음과 같다.
슬라이딩 무대의 전동기용량 비율을 6%로 하면

k = (6%/100)×2회×1분/30분 = 0.004 → 0.4%가 된다.

㉣ 회전무대

회전무대를 연출에 사용하는 행사는 대승강기와 마찬가지로 장기공연의 연극 등 일부에 한정되지만 여기서는 공연 중에 1회만 1회전 한다고 가정한다.

동작시간은 대도구를 실은 채로 회전시키기도 하고 회전에 맞추어 출연자가 역방향으로 걷기도 하기 때문에 회전무대 위의 대도구 및 사람이 쓰러지지 않을 정도의 속도이면 된다.

동작시간은 1분 전후(1회전 동작)이다.
1회의 회전동작에 있어서의 가동률(k)은 다음과 같다.
회전무대의 전동기용량 비율을 4%로 하면,

k = (4%/100)×1분/30분 = 0.0013 → 0.13%이 된다.

㉤ 오케스트라 승강기

오케스트라 승강기는 뮤지컬 등에서 연주자가 음악을 연주하는 곳이기 때문에 공연 중에는 무대 면에서 내려 간 위치로 사용되고 또한 승강 동작을 하지 않는다. 동작을 필요로 할 때는 준비와 철수시의 2회만 이라고 생각된다.

또한 조작자의 안전을 확보하기 위해서 다른 무대기구의 중복 동작사용은 행해지지 않는다.

동작시간은 연출에 사용하는 것은 없기 때문에 고속이지 않아도 된다. 동작시간은 1분 전후(한쪽 동작)이다.

준비, 철수 시 1회씩의 한쪽 운전에 의한 가동률(k)은 다음과 같다.
오케스트라 승강기의 전동기용량 비율을 13%로 하면

k = (13%/100)×1분/30분 = 0.0043 → 0.43% 이 된다.

㈏ 하부무대시설의 가동률

이상의 것으로부터 하부무대시설의 가동률은 <표 9>와 같다.

<표 9> 무대기구의 계산상 가동률

(단위 : %)

	준		비			공연중	철		수		
대승강기	4					4	4				
소승강기		0.82				0.82		0.82			
슬라이딩무대			0.4			0.4			0.4		
회전무대				0.13		0.13				0.13	
오케스트라 승강기					0.43						0.43
계	4	0.82	0.4	0.13	0.43	5.35	4	0.82	0.4	0.13	0.43

[비고] 시간경과에 따르는 30분 평균 가동률을 나타낸다.

<표 9>로부터 하부무대시설의 최대가동률은 공연 중에 있어서의 값이 되고, 30분 이동평균값으로써 5.35를 얻을 수 있다.

따라서 하부무대시설 가동률은 6%가 된다.

다) 무대음향설비의 가동률
(1) 무대음향설비의 구성 및 설비용량 비율은 개략 다음과 같이 나타난다.

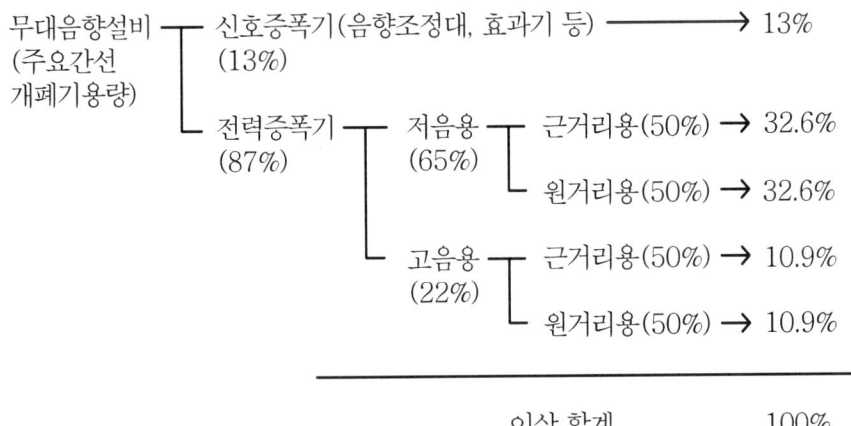

부록 1 고조파 대책 가이드라인

(2) 실제 구동 상태에 있어서의 동작 음높이 값은 고도의 음질을 유지하여 공연장 내부에 균일한 음의 장을 형성해야만 하기 때문에 각종의 음높이 보정이 이루어질 수 있고, 동작 음높이 값은 개략 <표 10>과 같다.

<표 10> 실제 구동 상태에 있어서의 동작 레벨(level)값

(단위:dB)

	저음용		고음용	
	근거리용	원거리용	근거리용	원거리용
기본동작 level	0	0	0	0
(1) 정형파와 고성신호의 차에 의한 보정	-9	-9	-9	-9
(2) 스피커의 주파수 특성에 의한 보정	-11	-11	+0.2	+0.2
(3) 고·저음용 스피커 능력 차에 의한 보정	0	0	-8	-8
(4) 음의 거리 감쇠에 의한 보정	-9.5	0	-9.5	0
실제 구동 동작 음높이	-29.5	-20	-26.3	-16.8

(3) 전력증폭의 출력에 대한 동작전류 및 제5차, 제7차 고조파전류의 실측치는 <그림 1>과 같다. 또한 가이드라인으로 표시되어 있는 고조파 발생량과 실측 발생량의 비를 구하여보면 <표 11>이 된다.

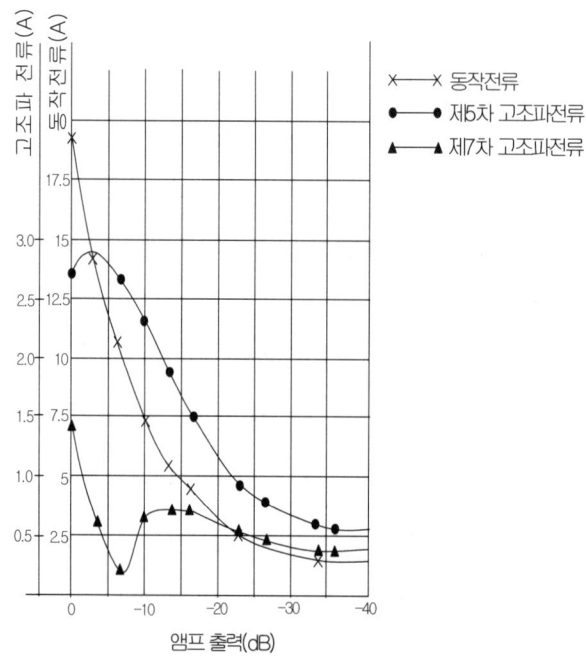

<그림 1> 앰프 출력에 따른 동작특성

부록 1 고조파 대책 가이드라인

<표 11> 실제 구동 동작전류와 고조파 발생비

항목	저음용		고음용	
	단거리용	장거리용	단거리용	장거리용
실제 구동 스피커의 레벨(level) (dB)	−29.5	−20	−26.3	−16.8
1) 동작전류 I_a (A)	1.68	3.03	1.95	4.17
2) 동작전류의 정격전류에 대한 비 (%)	8.01	14.43	9.27	19.84
3) 제5차 고조파전류 I_5 (A)	0.66	1.16	0.74	1.52
4) 제5차 고조파전류의 정격전류에 대한 비 (%)	39.0	38.4	38.0	36.5
5) 가이드라인의 발생율에 대한 비(5차) H_5	0.78	0.77	0.76	0.73
6) 제7차 고조파전류 I_7 (A)	0.37	0.59	0.4	0.67
7) 제7차 고조파전류의 정격전류에 대한 비 (%)	22.2	19.4	20.4	16.0
8) 가이드라인의 발생율에 대한 비(7차) H_7	0.92	0.81	0.85	0.67

H_5 = 제5차 고조파전류/동작전류 × 1/가이드라인 발생율 (=50)

H_7 = 제7차 고조파전류/동작전류 × 1/가이드라인 발생율 (=24)

(4) 신호증폭기의 발생량은 실측결과로부터 제5차 고조파가 27.5%, 제7차 고조파 1.07% 이었다. 이것은 신호증폭기가 소 전력기기로 사용트랜스의 용량이 대부분 20~60VA 이고, 내부임피던스가 높고, 직렬리액터가 등가 적으로 들어가 있는 것으로 생각할 수 있기 때문이다.

따라서 신호증폭기의 가이드라인 발생률에 대한 비는 다음과 같다.

H_5 = 제5차 발생량/가이드라인발생량(=50) = 27.5/50 = 0.55

H_7 = 제7차 발생량/가이드라인발생량(=24) = 1.07/24 = 0.045

부록 1 고조파 대책 가이드라인

(5) 이상의 요소를 정리하여 무대음향설비의 고조파 발생률을 산출하면 <표 12>로 나타난다.

<표 12> 무대음향설비의 고조파 발생률

항목	인용항목 또는 계산식	신호 증폭기 a=13%	전력증폭기(스피커) a=87%			
			저음스피커 b=75%		고음스피커 b=25%	
			근거리용 c=50%	원거리용 c=50%	근거리용 c=50%	원거리용 c=50%
1 설비용량(%)	a 또는 a×b×c	13	32.6	32.6	10.9	10.9
2 동작전류의 정격전류에 대한 비(%)	표 9.14	100	8.01	14.43	9.27	19.84
고조파 차수		5차 / 7차	5차 / 7차	5차 / 7차	5차 / 7차	5차 / 7차
3 실제발생율/ 가이드라인 발생량	라) 또는 표 9.14 5), 8)	0.55 / 0.045	0.78 / 0.92	0.77 / 0.81	0.76 / 0.85	0.73 / 0.67
4 설비 항목별 발생율 (%)	1항×2항 ×3항	7.15 / 0.59	2.04 / 2.41	3.62 / 3.81	0.77 / 0.86	1.58 / 1.44

주1) 무대음향설비의 고조파 발생률은 다음과 같다.
  ○ 신호증폭기의 발생률 :
    제5차 고조파   7.15%
    제7차 고조파   0.59%
  ○ 전력증폭기의 발생률 :
    제5차 고조파 = 2.04 + 3.62 + 0.77 + 1.58 = 8.01%
    제7차 고조파 = 2.41 + 3.81 + 0.86 + 1.44 = 8.52%
  ○ 신호증폭기와 전력증폭기를 합산한 발생률은
    제5차 고조파 = 7.15 + 8.01 = 15.16%
    제7차 고조파 = 0.59 + 8.52 = 9.11%

주2) 고조파 발생률은 제5차 고조파 분이 제7차 고조파보다 크기 때문에 제5차 값을 채용하여 음향설비의 주요간선 용량에 대한 가동률은 15.16 → 16%로 하는 것이 타당하다고 생각된다.

3. 고조파 유출전류의 계산 예

가) 무대 조명설비

(1) 계산조건

고조파 발생기기	사이리스터조광기
수전전압	V_1 = 6,600V
수전방식	△-Y
상수	3
정격전압	V_2 = 100V
정격입력용량(주요간선용량)	P_1 = 300kVA
대수	1
환산계수	$K_1 = K_n$ = 1.6(교류전력조정장치 저항부하)
가동률	k_n = 0.2

수전전압 환산 정격입력전류

$$I_0 = 300 \times 10^6 / (\sqrt{3} \times 6,600) = 26,242 \text{mA}$$

(2) 등가용량

$$P_o = K_i \times P_i = 300 \times 1.6 = 480 \text{kVA}$$

(3) 고조파유출전류

$$I_{kn} = K_n \times \alpha_k \times I_o = 0.2 \times \alpha_k \times 26,242 = 5,250 \times \alpha_k$$

<표 13> 사이리스터 조광기의 고조파전류 계산 예

고조파 차수	5차	7차	11차	13차	17차	19차	23차	25차
α_k	0.129	0.127	0.076	0.055	0.042	0.041	0.034	0.029
I_{kn}(mA)	677	667	399	289	221	215	179	152

나) 무대기계·기구

(1) 계산조건

고조파 발생기기	인버터(inverter) 전동기
수전전압	V_1 = 22,000V
수전방식	△-Y
상수	3
정격전압	V_2 = 220V

부록 1 고조파 대책 가이드라인

정격입력용량(주요간선용량)　P_1 = 400kVA
회로종별　　　　　　　　　　3상 브리지 12펄스 변환
설비합계용량　　상부무대시설　　inverter입력　275kVA
　　　　　　　　하부무대시설　　inverter입력　202kVA
환산계수　　　　　　　　　$K_i = K_{12} = 0.5$
가동률　　　　　상부무대시설　k_n = 1.0%
　　　　　　　　하부무대시설　k_n = 6.0%
수전전압 환산 정격입력전류
　상부무대시설　$I_0 = 275 \times 10^6 / (\sqrt{3} \times 22,000) = 7,217$ mA
　하부무대시설　$I_0 = 202 \times 10^6 / (\sqrt{3} \times 22,000) = 5,301$ mA

(2) 등가용량

$P_o = K_i \times P_i$

상부무대시설　　$P_o = 275 \times 0.5 = 137.5$ kVA
하부무대시설　　$P_o = 202 \times 0.5 = 101.0$ kVA

(3) 고조파유출전류
　㉮ 상부무대시설

$I_{kn} = K_n \times \alpha_k \times I_o = 0.01 \times \alpha_k \times 7,217 = 72.2 \times \alpha_k$

<표 14> 상부무대시설 인버터의 고조파전류 계산 예

고조파 차수	5차	7차	11차	13차	17차	19차	23차	25차
α_k	0.02	0.015	0.045	0.03	0.002	0.0015	0.0075	0.0075
I_{kn}(mA)	1.44	1.08	3.25	2.17	0.14	0.11	0.54	0.54

㉯ 하부무대시설

$I_{kn} = K_n \times \alpha_k \times I_o = 0.06 \times \alpha_k \times 5,301 = 318 \times \alpha_k$

<표 15> 무대기구 인버터의 고조파전류 계산 예

고조파 차수	5차	7차	11차	13차	17차	19차	23차	25차
α_k	0.02	0.015	0.045	0.03	0.002	0.0015	0.0075	0.0075
I_{kn}(mA)	6.36	4.77	14.31	9.54	0.64	0.48	2.39	2.39

부록 1 고조파 대책 가이드라인

다) 무대음향설비

(1) 계산 조건

고조파 발생기기

음향기기(평활용 콘덴서의 단상브리지 정류회로)

수전전압	V_1 = 6,600V
수전방식	△-Y
상수	3
정격전압	V_2 = 100V
정격입력용량	P_1 = 30kVA
(주요간선용량)	
대수	1
환산계수	$K_i = K_{41}$ = 2.3
	(단상브리지 평활콘덴서 리액터)
가동률	k_n = 0.16

수전전압환산정격입력전류

$$I_0 = 30 \times 10^6 / (\sqrt{3} \times 6,600) = 2,624 \text{mA}$$

(2) 등가용량

$$P_o = K_i \times P_i = 30 \times 2.3 = 69 \text{kVA}$$

(3) 고조파유출전류

$$I_{kn} = K_n \times \alpha_k \times I_o = 0.16 \times \alpha_k \times 2,624 = 420 \times \alpha_k$$

<표 16> 음향기기의 고조파전류 계산 예

고조파차수	5차	7차	11차	13차	17차	19차	23차	25차
α_k	0.5	0.24	0.051	0.04	0.015	0.014	-	-
I_{kn}(mA)	210	101	21	17	6.3	5.9	-	-

참고문헌

[참 고 문 헌]

[1] National Electrical Code, National Fire Protection Association 70E, 1999

[2] IEC 60598-1, Luminaires - Part 1 : General Requirements and Test, 1999

[3] IEC 60598-2-17 Amendment 2, Luminaires Part 2 : Particular Requirements Section Seventeen - Luminaires for Stage Lighting, Television, Film and Photographic Studios(Outdoor and Indoor), 1990

[3] IEC 60884-2-6, Plugs and Socket-Outlets for Household and Similar Purposes - Part 2-6 : Particular Requirements for Switched Socket-Outlets with Interlock for Fixed Installations, 1997

[4] IEC 61000-5-2, Electromagnetic Compatibility(EMC) - Part 5 : Installation and Mitigation Guidelines - Section 2 : Earthing and Cabling, 1997

[5] USITT, Recommended Practice for DMX 512, 1994

[6] KS C 8000, 조명기구 통칙

[7] KS C 8305, 배선용 꽂음 접속기

[8] KS C 2625, 공업용 단자대

[9] KS C 2620, 동선용 압착 단자

[10] KS C 8320, 분전반 통칙

[11] KS C 7523, 할로겐 전구

[12] KS A 3011, 조도기준

[13] KS C 8321, 배선용 차단기

[14] KS C 4504, 교류 전자 개폐기

[15] London District Surveyors Association, Model Technical Regulations for Places of Public Entertainment, 1991

[16] Steven Louis Shelley, A Practical Guide to Stage Lighting, 1999

[17] EC&M, Understanding NEC Code Rules on Lighting 2nd Ed. 1996

참 고 문 헌

[18] Ulf Sandstrom, Stage Lighting Controls, 1997

[19] Francis Reid, The ABC of Stage Technology, 1995

[20] Roderick Ham, Theatres(Planning Guidance for Design and Adaptation), 1988

[21] John Vasey, Concert Sound and Lighting Systems, 1999

[22] Gray Davis & Ralph Jones, The Sound Reinforcement Handbook, 1990

[23] Philip Giddings, Audio Systems Design and Installation, 1990

[24] 日本照明家協會, 舞臺・テレビジョン照明[基礎編], 1993

[25] 日本照明家協會, 新編・舞臺テレビジョン照明[技能編], 2000

[26] 日本照明家協會, 照明の操作から制御へ, 1993

[27] 日本照明家協會, 照明設備と機器, 1985

[28] 日本電氣設備學會, 劇場演出空間技術協會, 劇場等演出空間電氣設備指針, 1999

[29] 한국문화정책개발원 전국문예회관연합회, 2000 문예회관 운영 표준모델 연구, 2000

[30] 산업기술시험원 무대시설안전진단지원센터, 2002년도 공연장 관리자 전문기술교육, 2002

[31] 정보통신부 고시 제1999-46호, 특정소출력무선국용 무선설비의 기기, 1998

[32] 문화관광부, 공연장 무대시설 안전진단 시행세칙, 2002

[33] 이영배/무대예술전문인 자격검정위원회, 공연장 안전 및 관련법규, 2000

[34] 신일수/무대예술전문인 자격검정위원회, 극장 상식 및 용어, 2000

[35] 고희선/무대예술전문인 자격검정위원회, 무대조명, 2000

[36] 이돈응/무대예술전문인 자격검정위원회, 무대음향, 2000

[37] 신일수/무대예술전문인 자격검정위원회, 무대기술, 2000

[38] 한국전기안전공사, 감전・화재사고 취약장소의 전기설비 시설지침, 1999

[39] 이태섭 외 2, 공연제작의 실제, 2001

[40] 건축세계(주), 문화시설 공연・전시시설, 2000

[41] LG 연암문화재단, LG 아트센터건설지, 2000

[42] 생산기술연구원 부설 산업기술시험평가연구소, 공연장 무대시설 안전에 관한 연구, 1995

참고문헌

[43] 민경찬, 노이즈 종합대책, 1992

[44] 박동화 외 2, 수·변전설비의 계획과 설계, 1994

[45] 국립극장, 기사로 보는 국립극장 2001 새로워진 국립극장, 2001

[46] 한국전기공사협회, 2000 전기공사 시공도집, 1999

[47] 이운근 외 2, 보고 알 수 있는 노이즈이 시험법과 대책, 2001

[48] 이장원, 알기쉬운 무대조명기술, 2001

[49] 강성훈, 방송음향총론, 2000

[50] 강성훈, 알기쉬운 교회음향, 2001

[51] 사운드 아트, 음향영상설비 매뉴얼 2000, 2000

[52] 남궁재찬, 음향영상설비 매뉴얼, 1999

[53] 장호준, 음향시스템 핸드북, 2001

[54] 대한전기협회, 전기관계법령집, 2001

[55] 대한전기협회, 내선규정, 2000

[56] 전기제품안전진흥원, 전기용품안전관리법, 전기용품안전관리법 시행령, 2002

[57] 백동현, 소방전기시설론, 2001

[58] 이복희 외 1, 접지의 핵심기초기술, 2000

[59] 곽희로 외 1, 전기설비의 핵심기초기술, 2000

[60] 전기설비자재백과 편집위원회, 전기설비자재백과, 1999

[61] Don Davis & Carolyn Davis, Sound System Engineering, 1997

지침제정 자문위원

위원장	한국전기안전공사	안전연구이사	강 춘 근
위 원	산업자원부	사 무 관	김 태 우
〃	전력연구원	센 터 장	박 상 덕
〃	대한전기협회	실 장	김 한 수
〃	광운대학교	교 수	정 승 기
〃	상명대학교	교 수	이 성 호
〃	대전보건대학	교 수	강 성 훈
〃	산업기술시험원	팀 장	강 인 구
〃	엘지아트센터	팀 장	박 영 철
〃	한국전기안전공사	기술사업처장	정 종 규
〃	전기안전연구원	원 장	오 정 열

서면자문위원

○ 방재 및 보안설비 분야

위 원	서울소방방재본부	예방과	김 완 섭
〃	아이비에스	사 장	손 호 섭

○ 고조파대책 분야

위 원	건국대학교	교 수	목 형 수
〃	에이스기술단	차 장	김 왕 태

실무위원

○ 무대조명설비 분야

위원장	전기안전연구원	원 장	오 정 열
위 원	예술의 전당	조명감독	천 세 기
〃	문예진흥원	조명감독	최 형 오
〃	춘천문화예술회관	조명감독	윤 재 구
〃	디지트로닉스	사 장	이 장 원
〃	씨엔씨전자	부 장	김 기 연
〃	전기공사협회	과 장	유 기 현
〃	한국전기안전공사	부 장	김 만 건

○ 무대기계·기구설비 분야

위원장	전기안전연구원	원 장	오 정 열
위 원	국립극장	기계감독	김 동 기
〃	세종문화회관	실 장	김 용 식
〃	쟈스비젼	부 장	유 재 우
〃	성스테이지	부 장	한 기 필
〃	산업기술시험원	선임연구원	이 주 환
〃	전기공사협회	과 장	유 기 현

○ 무대음향 및 무대운영용설비 분야

위원장	전기안전연구원	원 장	오 정 열
위 원	예술의 전당	음향감독	변 영 태
〃	호암아트홀	음향감독	이 동 현
〃	액티브컨설팅	사 장	장 기 만
〃	인터엠	부 장	신 주 철
〃	동화음향	차 장	박 승 붕
〃	전기공사협회	과 장	유 기 현

연구진

○ 전기안전연구원 안전기준연구그룹

그룹장	배 석 명
부 장	김 한 상
연구원	이 건 호

[인 지]

공연장 전기설비의 계획과 설계

2005년 12월 26일 초판 인쇄
2005년 12월 30일 초판 발행

관리주체 : 한국전기안전공사 부설 전기안전연구원
　　　　　경기도 가평군 청평면 상천리 27
　　　　　TEL : (031)580-3071
　　　　　FAX : (031)580-3070

출판 및 : (주)도서출판 技多利
배　본　　서울시 성동구 성수1가 2동 13-187
　　　　　TEL : (02)497-1322
　　　　　FAX : (02)497-1326
　　　　　등록 : 1975년 3월 31일 No. 제6-25호

정가 42,000원

ISBN 89-7374-267-1 93560

이 도서는 산업자원부에서 시행한 전력산업연구개발사업비의 지원을 받아 수행한 "다중이용시설 중 공연장의 전기설비시설지침 연구"의 결과를 활용한 것으로 한국전기안전공사의 위임을 받아 (주)도서출판 기다리에서 복제·배포함으로 무단 복사·복제를 금합니다.